年轻人要懂得的人生哲理

年轻人要懂得的
人生哲理

文思源　编著

中国华侨出版社
北京

图书在版编目 (CIP) 数据

年轻人要懂得的人生哲理 / 文思源编著 . —北京：中国华侨出版社，2014.10
（2019.7 重印）

ISBN 978-7-5113-4944-6

Ⅰ . ①年… Ⅱ . ①文… Ⅲ . ①人生哲学－青年读物 Ⅳ . ① B821-49

中国版本图书馆 CIP 数据核字（2014）第 232284 号

年轻人要懂得的人生哲理

编　　著：文思源
责任编辑：若　涛
封面设计：李艾红
文字编辑：刘雅君
美术编辑：张　诚
经　　销：新华书店
开　　本：720mm×1020mm　1/16　印张：28　字数：500 千字
印　　刷：北京鑫海达印刷有限公司
版　　次：2014 年 12 月第 1 版　2019 年 7 月第 3 次印刷
书　　号：ISBN 978-7-5113-4944-6
定　　价：68.00 元

中国华侨出版社　北京市朝阳区静安里 26 号通成达大厦 3 层　邮编：100028
法律顾问：陈鹰律师事务所
发 行 部：（010）58815874　　　　　传　　真：（010）58815857
网　　址：www.oveaschin.com　　　　E－m a i l：oveaschin@sina.com

前言

　　哲理之于人生，就像照亮黑夜的明星、航海用的罗盘，没有其指引，人们将永远在盲目与混乱中摸索挣扎、举步维艰，找不到正确的方向。人生哲理，年轻时不明白，也不曾想要去明白；中年时想要明白，却经常想不明白；年老时都已明白，失去的东西却已太多。人生的太多遗憾和悔恨莫过于此。因此，早一天领悟人生哲理，就早一天少走弯路、少受挫折，在人生的道路上也就走得更平稳、更顺利，从而使我们加快走向成功的步伐，早日拥有属于自己的一片蓝天。

　　人生哲理，早一天领悟，早一天走向成功；早一天掌握，早一天拥有幸福。一位哲人说："如果倒着活，即从80岁开始活到1岁，将有80%的人成为伟人。"很多人对此颇为认同，因为一个80岁的老者必然已经懂得和掌握了人生的种种智慧，如果可以倒着活，他就可以轻而易举地避开人生中的障碍和陷阱，明白什么是可以抓住幸福的机会、什么只是耗费光阴的诱惑，从而收获最大的幸福和成功。而假如我们在40岁、30岁，甚至在20岁的时候便已经拥有了如何使生命闪光的智慧，那么，我们就能够为自己的人生写就更为精彩的辉煌篇章。

　　在人生的道路上，很少有平坦的捷径，往往充满着坎坷和崎岖。然而，无论在工作还是生活中，我们总会犯一些这样那样的错误，遭受一些这样那样的挫折。如何才能正确地把握人生？如何才能领会生活的真谛？如何做生活的智者？答案就是掌握并领悟人生哲理。因为哲理是无数前人成功经验和失败教训的总结，是生活智慧的结晶，是一盏盏指引我们绕开阻碍、顺利奔向理想的明灯。只有懂得并掌握了人生的智慧，我们的人生才能如鱼得水、游刃有余。它会给你安慰、给你力量，让你在人生的道路上永远立于不败之地。

　　每个人的生命从诞生的那一刻起，便被赋予了一个严肃的话题，那就是人生。生命从起点到终点，其间不论长短，都是一次人生的终结，但同样的"生与死"

1

却是不一样的个体价值。或许可以这么说，生使所有人站在同一条水平线上，死却让卓越的人崭露头角。那么，究竟是什么样的力量导致我们的人生质量如此不同呢？人生的真谛究竟是什么？我们活着又是为了什么？这一切关于人生与生命的叩问，在每个夜深人静之时，在每次孤独寂寞之时，它们如同潮水般涌向每一颗思索的心。在一次又一次的无功而返后，随着岁月的年轮不断增长，我们终于向"人生"妥协，我们开始不去追寻人生的意义，渐渐地，在我们的心底留下了一个关于人生、关于生命的无解问题。也许这样说也不够准确，有时我们甚至又觉得它是多解的，就如同数学里的"X"这一符号，它具有无限的可能，似乎无论我们如何作答都行得通。

在人生的旅途上，每个人都难免遇到一个个难题。如果把这些难题比作人生的"坎儿"，那么本书讲述的哲理就是人生智慧的锦囊；如果把难题比作一扇扇有待开启的大门，那么本书的哲理就是一把把开启它们的钥匙。此刻我们将它们双手奉上，希望能得到你的妥善保管、认真利用。衷心祝愿每一位获此人生"锦囊"的人都能实现自己心中的梦想，成就美满、幸福的人生。米兰·昆德拉说："生活是一张永远无法完成的草图，是一次永远无法正式上演的彩排，人们在面对抉择时完全没有判断的依据。我们既不能把它们与我们以前的生活相比，也无法使其完美之后再来度过。"

本书汇集了古今中外对人生最具启发和指导意义的哲理，故事内容缤纷多彩，涉及成败、心态、机遇、幸福、宽容、品德、命运、处世、亲情、婚姻等人生的方方面面，让年轻人在轻松的阅读中得到全面的人生启迪，学会为人处世及立足社会的必备技能，更深刻地理解和把握人生，从容地面对生活中的各种问题。本书旨在帮助年轻人及早了解人生百态，尽快把握人生，在未来的人生旅程中，多一些得，少一些失；多一些成，少一些败。这些凝聚着前人智慧和经验的哲理是我们受益一生的法宝。只要你领悟其中的道理，娴熟地掌握、运用，相信你一定能够成就自我，你的人生就不会留下遗憾。

目录

第一章

读懂人生，才能成就一生

　　人生的真谛究竟是什么？我们活着又是为了什么？这一切关于人生与生命的叩问，在每个夜深人静之时，在每次孤独寂寞之时，它们如同潮水般涌向每一个思索的心房。

　　在一次又一次的无功而返后，在岁月的年轮不断增长时，我们终于向"人生"妥协，我们开始不去追寻人生的意义，渐渐地，在我们的心底留下了一个关于人生、关于生命的无解问题。

对人生多一些反思，生活会少一点盲目

一个名叫"我"的人做了个梦。

"我"在梦中见到了上帝。

上帝问"我"："你想采访我吗？"

"我"说："我很想采访你，但不知你是否有时间。"

上帝笑道："我的时间是永恒的。你有什么问题吗？"

"你感到人类最奇怪的是什么？"

上帝答道："他们厌倦童年生活，急于长大，而后又渴望返老还童；他们牺牲自己的健康来换取金钱，而后又牺牲金钱来恢复健康；他们对未来充满忧虑，但却忘记了现在；于是，他们既不生活于现在之中，也不生活于未来之中；他们活着的时候好像从不会死去，但是死去以后又好像从未活过……"

上帝握住"我"的手，"我"沉默了片刻。

"我"问道："作为长辈，你有什么生活经验要告诉子女的？"

上帝笑着答道："他们应该知道，不可能取悦所有人，他们所能做的只是让自己被人所爱；他们应该知道，一生中最有价值的不是拥有什么东西，而是拥有什么人；他们应该知道，与他人攀比是不好的；他们应该知道，富有的人并不拥有最多，而是需要最少；他们应该知道，要在所爱的人身上造成深度的创伤只要几秒钟，但是治疗创伤却要花几年的时间；他们应该知道，有些人深深地爱着他们，但却不知道如何表达自己的感情；他们应该知道，金钱可以买到任何东西，却买不到幸福；他们应该知道，两个人看同一个事物，会看出不同的东西；他们应该知道，得到别人的宽恕是不够的，他们也应当宽恕自己；他们应该知道，我始终存在。"

人生感悟

反思令人知得失、晓进退，不必总是马不停蹄地奔跑，偶尔停下来思考一下你的人生、生活，或许这样更能让你明白生活的真谛。

理一理恐惧清单，原来都是自己吓唬自己

一个平凡的上班族麦克·英泰尔，37 岁那年做了一个大胆的决定，放弃薪水优厚的记者工作，把身上仅有的 3 美元捐给街角的流浪汉，只带了干净的内衣裤，从阳光明媚的加州出发，靠搭便车与陌生人的帮助，横越美国。

他的目的地是美国东海岸北卡罗来纳州的恐怖角。

这是他精神快崩溃时做的一个仓促决定。某个午后他忽然哭了，因为他问了自己一个问题：如果有人通知我今天死期到了，我会后悔吗？答案竟是那么肯定。虽然他有不错的工作，有美丽的女友，有至亲好友，但他发现自己这辈子从来没有下过什么赌注，平顺的人生从没有高峰或谷底。

他为自己懦弱的前半生而哭。

一念之间，他选择了北卡罗来纳州的恐怖角作为最终目的地，借以象征他征服生命中所有恐惧的决心。

他检讨自己，很诚实地为自己的恐惧开出一张清单：打小他就怕保姆、怕邮差、怕鸟、怕猫、怕蛇、怕蝙蝠、怕黑暗、怕大海、怕城市、怕荒野，怕热闹又怕孤独、怕失败又怕成功、怕精神崩溃……他无所不怕，却似乎"英勇"地当了记者。

这个懦弱的 37 岁男人上路前竟还接到老奶奶的字条："你一定会在路上被人欺侮。"但他成功了，4000 多千米路、78 顿餐，仰赖 82 个陌生人的帮助。

没有接受过任何金钱的馈赠，在雷雨交加中睡在潮湿的睡袋里；也有几个像公路分尸案杀手或抢匪的家伙使他心惊胆战；在游民之家靠打工换取住宿；住过几个陌生的家庭；碰到过患有精神疾病的好心人。他终于来到恐怖角，接到女友寄给他的提款卡（他看见那个包裹时恨不得跳上柜台拥抱邮局职员）。他不是为了证明金钱无用，只是用这种正常人难以忍受的艰辛旅程来使自己面对所有的恐惧。

恐怖角到了，但恐怖角并不恐怖。原来"恐怖角"这个名称，是由一位 16世纪的探险家取的，本来叫"Cape Faire"，被讹写为"Cape Fear"。只是一个失误。

麦克·英泰尔终于明白："这名字的不当，就像我自己的恐惧一样。我现在明白自己一直害怕做错事，我最大的耻辱不是恐惧死亡，而是恐惧生命。"

花了 6 个星期的时间，到了一个和自己想象差异如此巨大的地方，他得到了什么？重要的不是目的，而是过程。

人生感悟

人生的难题有很多，有的令人生畏，有的棘手难处理。然而，事实上，许多难题都是一个蒙着面纱的纸老虎，只要付出行动就会戳破它的面纱。

时间如白驹过隙，积少亦可成多

卡尔·华尔德曾经是爱尔斯金（美国近代诗人、小说家和出色的钢琴家）的钢琴教师。有一天，他给爱尔斯金教课的时候，忽然问他："你每天要花多少时间练习钢琴？"

爱尔斯金说："大约每天 3 个小时。"

"你每次练习，时间都很长吗？是不是有个把钟头的时间？"

"我想这样才好。"

"不，不要这样！"卡尔说，"你将来长大以后，每天不会有长时间的空闲的。你可以养成习惯，一有空闲就几分钟几分钟地练习。比如在你上学以前，或在午饭以后，或在工作的休息余闲，花上 5 分钟去练习，这样，弹钢琴就成了你日常生活中的一部分了。"

14 岁的爱尔斯金对卡尔的忠告未加注意，但后来回想起来真是至理名言，并且他从中得到了不可限量的益处。

当爱尔斯金在哥伦比亚大学教书的时候，他想兼职从事创作。可是上课、看卷子、开会等事情把他白天和晚上的时间完全占满了。差不多有两个年头，他不曾动笔，他的借口是"没有时间"。后来，他突然想起了卡尔告诉他的话。到了下一个星期，他就把卡尔的话实践起来。只要有 5 分钟左右的空闲时间，他就坐下来写作 100 字或短短的几行。

出乎意料，在那个星期快结束的时候，爱尔斯金竟写出了相当多的稿子。后来，他用同样积少成多的方法，创作长篇小说。爱尔斯金的授课工作虽一天比一天繁重，但是每天仍有许多可以利用的短短余闲。他同时还练习钢琴，发现每天小小的间歇时间，足够他从事创作与弹琴两项工作。

利用短时间，其中有一个诀窍：你要把工作进行得迅速，如果只有 5 分钟的时间给你写作，你切不可把 4 分钟消磨在咬你的铅笔尾巴上。事前要有所准备，工作的时候，立刻把心神集中在工作上。迅速集中脑力，做起来并不像你想象的那样困难。

极短的时间，如果能毫不拖延地充分加以利用，就能积少成多地供给你更多成功的机会。

艾伦·哈特葛伦博士是一位博学多才的老人，他以前是一所大教堂的牧师，后来退休了。他曾经问过一位年轻人是否了解南非树蛙，年轻人坦白地说："不知道。"

博士诚恳地说："如果你想知道，你可以每天花 5 分钟的时间阅读相关资料，这样，5 年内你就会成为最了解南非树蛙的人，你会成为这一领域中最具权威的人。"

人生感悟

时间不能增加一个人的寿命，然而珍惜光阴可使生命变得更有价值。

人生有 5 枚金币，善用每一枚独特的金币

在广袤的科尔沁大草原上，生活着幸福的阿巴格一家。

有一次，年少的阿巴格和爸爸在草原上迷了路，阿巴格又累又怕，到最后快走不动了。爸爸就从兜里掏出 5 枚硬币，把一枚硬币埋在草地里，把其余 4 枚放在阿巴格的手上，说："人生有 5 枚金币，童年、少年、青年、中年、老年各有 1 枚，你现在才用了 1 枚，就是埋在草地里的那 1 枚，你不能把 5 枚都扔在草原里，你要一点点地用，每一次都用出不同来，这样才不枉人生一世。今天我们一定要走出草原，你将来也一定要走出草原。世界很大，人活着，就要多走些地方，多看看，不要让你的金币没发挥作用就扔掉。"

在父亲的鼓励下，那天阿巴格走出了草原。长大后，阿巴格离开了家乡，成了一名优秀的船长。

人生感悟

人生不同的阶段有不同的使命，活着的义务之一就是要完成一个又一个崇高的使命。唯有如此，生命才显示出高贵和尊严。

你一定还有遗漏，别把最重要的自己给丢弃

庙里新来了一个小和尚，他积极主动地跑到方丈面前，殷勤诚恳地说："我初来乍到，先干些什么呢？请前辈指教。"

方丈微微一笑，对小和尚说："你先认识一下寺里的众僧吧。"

第二天，小和尚又来见方丈，殷勤诚恳地说："寺里的众僧我都认识了，下边该干什么呢？"

方丈微微一笑，洞明睿智地说："肯定还有遗漏，再接着去了解、去认识吧。"

3天过去了，小和尚再次来见方丈说："寺里的所有僧侣我都认识了，我想做点事。"

方丈微微一笑："还有一人，你没认识，而且，这个人对你特别重要。"

小和尚疑惑地走出方丈的禅房，一个人一个人地询问、一间屋一间屋地寻找。在阳光里、在月光下，他一遍遍地琢磨，一遍遍地寻思着……

不知过了多少天，一头雾水的小和尚，在一口水井里忽然看到自己的身影，他豁然醒悟，赶忙跑去见方丈……

人生感悟

世界上有一个人，离你最近也最远；世界上有一个人，与你最亲也最疏；世界上有一个人你常常想起，也最容易忘记……这个人，就是你自己。

生命的恩赐，也许不是繁花似锦

在生命的黎明时分，走来一位带着篮子的仁慈仙女，她对一个少年说：

"篮子里都是礼物，你挑一样吧，而且只能带走一样。小心些，做出明智的选择。哦，之所以要你做出明智的抉择，因为，这些礼物当中只有一样是宝贵的。"

礼物有5种：名望、爱情、财富、欢乐、死亡。少年迫不及待地说："这根本没有必要考虑，我选择欢乐。"

他踏进社会，寻欢作乐，沉湎其中。可是，到头来每一次欢乐都是短暂、沮丧、虚妄的。它们在行将消逝时都嘲笑他。最后，他颇为后悔地说："这些年我都

6

白过了。假如我能重新挑选，我一定会做出明智的选择。"

话音未落，仙女出现了，说：

"还剩4样礼物，再挑一次吧，哦，记住，光阴似箭，要做出明智的选择。这些礼物当中只有一样是宝贵的。"

当初的少年已成为男人，他这次很慎重，沉思良久，然后挑选了爱情。仙女见此，眼里涌出了泪花。但是，这个男人并没有觉察到。

很多年过去了，这个男人坐在一间空屋里，守着一口棺材。他神情沮丧，喃喃自语道："她们一个个抛下我走了。如今，最后一个最亲密的人也躺在这儿了。一阵阵孤寂朝我袭来。爱情这个滑头的商人，每卖给我一小时的欢娱，我就需要付出一个小时的悲伤。我从心底里诅咒它呀。"

"重新挑吧，"仙女又出现了，说，"岁月无疑把你教聪明了。还剩3样礼物。记住，它们当中只有一样是有价值的，注意选择。"

这个男人沉吟良久，然后小心翼翼地挑了名望。仙女叹了口气，扬长而去。

很多年以后，仙女又回来了。此时，那个男人正独坐在暮色中冥想。她站在他的身后，她明白他的心思：

"我名扬全球，有口皆碑。我虽有一时之喜，但毕竟转瞬即逝！忌妒、诽谤、中伤、嫉恨、迫害却接踵而来，然后便是嘲笑，这是收场的开端；一切的末了，则是怜悯，它是名望的葬礼。出名的辛酸和悲伤啊！声名卓著时，遭人唾骂；声名狼藉时，受人轻蔑和怜悯。"

"再挑吧。"仙女开口说，"别绝望，还剩两样礼物，记住我的礼物中只有一样是宝贵的，而且你很幸运，它还在这儿呢。"

"财富，它就是权力！我真瞎了眼呀！"那个男人疯狂地叫喊着，"现在，我终于挑选到生命中最有价值的礼物了。我要挥金如土，大肆炫耀。那些惯于嘲笑和蔑视的人将匍匐在我脚前的污泥中。我要用他们的忌妒来喂饱我饥饿的心魂。我要享受一切奢华、一切快乐，以及精神上的一切陶醉，肉体上的一切满足。我要买名望、买遵从、买崇敬——庸碌的人间商场所能提供的人生的种种虚荣享受。在这之前，那些糊涂的选择让我失去了许多时间。那时我懵然无知，尽挑那些貌似最好的东西。"

短暂的3年过去了。一天，那个男人坐在一间简陋的顶楼里瑟瑟发抖。他衣衫褴褛，身体憔悴，脸色苍白，双眼凹陷。他一边咀嚼一块干面包，一边愤愤地嘀咕道：

"为了那种种卑劣的事端和镀金的谎言，我要诅咒人间的一切礼物，以及一切徒有虚名的东西！它们根本不是礼物，只是些暂借的东西罢了。欢乐、爱情、名望、财富，都只是些暂时的伪装，它们永恒的真相是痛苦、悲伤、羞辱、贫穷。仙女说得一点不错，她的礼物之中只有一样是宝贵的，只有一样是有价值的。现在我知道，与那无价之宝相比，这些东西是多么可怜卑贱啊！那珍贵、甜蜜、仁厚的礼物呀！沉浸在无梦的永久酣睡之中，折磨肉体的痛苦和咬啮心灵的羞辱、悲伤便一了百了。给我吧！我疲倦了，我要安息。"

仙女又出现了，而且又带来了 4 样礼物，唯独没有死亡。她说：

"我把它给了一个母亲的爱儿——一个小孩子。他虽懵然无知，却信任我，求我代他挑选。你没要求我替你选择啊！"

"哦，我真惨啊！那么留给我的是什么呢？"

"侮辱，你只配遭受垂垂暮年的反复无常的侮辱。"

人生感悟

万事万物，世间的一切名誉、地位最终统统都会随风而逝，而个人的终极命运则是"荒冢一堆草"。生让所有人平等，而死亡则会使卓越的人凸显出来。

给人生算账，绝不含糊过日子

人们对于金钱的开支，大多比较留心，但对于时间的支出，却往往不大在意。如果对人们在工作生活等方面所用去的时间——予以记录，列出一份"生命的账单"，不仅十分有趣，而且可能会令人有所感悟，有所警醒。

著名的《兴趣》杂志对人一生在时间的支配上做过一次调查，结果是这样的：站着，30 年；睡觉，23 年；坐着，17 年；走着，16 年；跑着，1 年零 75 天；吃饭，7 年；看电视，6 年；闲聊，5 年零 258 天；开车，5 年；生气，4 年；做饭，3 年零 195 天；穿衣，1 年零 166 天；排队，1 年零 135 天；过节，1 年零 75 天；喝酒，2 年；如厕，195 天；刷牙，92 天；哭，50 天；说"你好"，8 天；看时间，3 天。

英国广播公司也曾委托人体研究专家对人的一生进行了"量化"分析，有些数字可以作为上面推算的补充：沐浴，2 年；等候入睡，18 周；打电话，2 年半；等人回电话，14 周；无所事事，2 年半。以上推算和量化分析并不全面，而且有些数字也不具有很强的说服力和可信性，但为我们大致列出了一个生命的账单。

古时有一首《莲花落》的词写道："人生七十古稀，我年七十为奇，前十年幼小，后十年衰老，中间只有五十年，一半又在夜里过了。算来只有廿五年在世，受尽多少奔波烦恼……"

25 年，倘若再除去劳碌纷争，属于我们的欢笑就更少得可怜了。

有本叫作《相约星期二》的书，写的是一位叫莫尔的教授，不幸身患绝症，在生命的最后，他跟他的学生慨叹道："我们总觉得自己有的是时间，其实，生命是多么的短暂、多么的有限。要知道'来日无多'，生活中永远别说'太迟了'。"

人生感悟

不知道你看了这份"生命账单"是否感到触目惊心。这份账单上的时间开支，有一些是非花销不可的，但有的却完全可以节省。

所以，每个人在生活的每一天都必须考虑并安排好：我该为哪些事花费时间？哪些可以忽略或缩短？

只有像计较金钱那样计较时间，我们才能在有限的人生中做更多有意义的事情。

善恶只在一念间

一位老僧坐在路旁，双目紧闭，盘着双腿，两手交握在衣襟之下，陷入沉思。

突然，他的冥思被打断。打断他的是武士嘶哑而恳求的声音："老头！告诉我什么是天堂！什么是地狱！"

老僧毫无反应，好像什么也没听到。但渐渐地他睁开双眼，嘴角露出一丝微笑。武士站在旁边，迫不及待，有如热锅上的蚂蚁。

"你想知道天堂和地狱的秘密？"老僧说道，"你这等粗野之人，手脚沾满污泥，头发蓬乱，胡须肮脏，剑上铁锈斑斑，一看就知道没有好好保管，你这等丑陋的家伙，你娘把你打扮得像个小丑，你还来问我天堂和地狱的秘密？"

武士恶狠狠地骂了一句。"刷"地拔出剑来，举到老僧头上。他满脸血红，

脖子上青筋暴露，就要砍下老僧的人头。

利剑将要落下，老僧忽然轻轻地说道："这就是地狱。"

霎时，武士惊愕不已，肃然起敬，对眼前这个敢以生命来教导他的老僧充满怜悯和爱意。他的剑停在半空，他的眼里噙满了感激的泪水。

"这就是天堂。"老僧说道。

人生感悟

善恶常在一念之间。一切恶念、恶言、恶行，对于自己和他人都是地狱；一切善念、善言、善举对于自己和他人都是天堂。如果人人都能弃恶从善，即使是地狱也能成为天堂。

因此，每个人都要静坐常思己过，经常检点审视自己的内心，摒除心中的恶念，放弃伤人的恶言、恶行，让自己的心灵纯净，才会得到真正的内心的平静和安宁。

不完满才是人生，不必追求完美

一位名叫奥里森的人希望寻找到一个完美的人生，他某天有幸遇到了一位女士，她告诉奥里森她能帮他实现愿望，并把他带到了一所房子前让他选择他的命运。

奥里森谢过了她，向隔壁的房间走去。

里面的房间有两个门，第一个门上写着"终生的伴侣"，另一个门上写的是"至死不变心"。奥里森忌讳那个"死"字，于是便迈进了第一个门。接着，又看见两个门，左边写着"美丽、年轻的姑娘"，右面则是"富有经验、成熟的妇女和寡妇们"。

当然可想而知，左边的那扇门更能吸引奥里森的心。可是，进去以后，又有两个门。上面分别写的是"苗条、标准的身材"和"略微肥胖、体型稍有缺陷者"。用不着多想，苗条的姑娘更中奥里森的意。

奥里森感到自己好像进了一个庞大的分拣器，在被不断地筛选着。下面分别看到的是他未来的伴侣操持家务的能力，一扇门上是"爱织毛衣、会做衣服、擅长烹调"，另一扇门上则是"爱打扑克、喜欢旅游、需要保姆"。当然爱织毛衣的姑娘又赢得了奥里森的心。

他推开了把手，岂料又遇到两个门。这一次，令人高兴的是，介绍所把各位候选人的内在品质也都分了类，两个门分别介绍了她们的精神修养和道德状态："忠诚、多情、缺乏经验"和"有天才、具有高度的智力"。

奥里森确信，他自己的才能已能够应付全家的生活，于是，便迈进了第一个房间。里面，右侧的门上写着"疼爱自己的丈夫"，左侧写的是"需要丈夫随时陪伴她"。当然奥里森需要一个疼爱他的妻子。下面的两个门对奥里森来说是一个极为重要的抉择，上面分别写的是"有遗产，生活富裕，有一幢漂亮的住宅"和"凭工资吃饭"。

理所当然地，奥里森选择了前者。

奥里森推开了那扇门，天啊……已经上了马路啦！那位身穿浅蓝色制服的门卫向奥里森走来。他什么话也没有说，彬彬有礼地递给奥里森一个玫瑰色的信封。奥里森打开一看，里面有一张字条，上面写着："您已经挑花了眼。人不总是十全十美的。在提出自己的要求之前，应当客观地认识自己。"

人生感悟

> 人生当有不足，因为不完美才让人们有盼头、有希望。古人常说，人生不如意事十之八九，聪明的人常想一二。

生命中最重要的不是昨天和明天，而是今天

1871年春天，一个蒙特端综合医院的学生偶然拿起一本书，看到了书上的一句话，就是这句话，改变了这个年轻人的一生。它使这个原来只知道担心自己的期末考试成绩、自己将来的生活何去何从的年轻的医学院的学生，最后成为他那一代最有名的医学家。他创建了举世闻名的约翰·霍普金斯学院，被聘为牛津大学医学院的讲座教授，还被英国国王册封为爵士。他死后，用厚达1466页的两大卷书才记述完他的一生。

他就是威廉·奥斯勒爵士，而下面，就是他在1871年看到的由汤冯士·卡莱里所写的那句话："人的一生最重要的不是期望模糊的未来，而是重视手边清楚的现在。"

威廉·奥斯勒爵士曾在耶鲁大学做了一场演讲，他告诉那些大学生，在别人眼里，曾经当过4年大学教授，写过一本畅销书的他，拥有的应该是一个特殊的头脑，可是，他的好朋友们都知道，他其实也是个普通人。他的一生得益

于那句话："人的一生最重要的不是期望模糊的未来，而是重视手边清楚的现在。"

人生感悟

对于我们每个生命个体而言，最重要的是把今天的事做好，而非为不切实际的虚幻未来担忧，也不是为了不可改变的昨天，我们只为今天而活。

有些真相还是不知道为好，了解越多内心只会越烦乱

一名男子百无聊赖地在大街上闲逛。

他看到有一家商店的橱窗里什么也没有，便把脸贴在玻璃上使劲往里看，想看看这家商店到底是卖什么东西的，只见货架的牌子上写着各种各样的真相。

他感到很奇怪，便走了进去。

在一个柜台前，他向小姐问道："这是卖真相的商店吗？"

小姐答道："是的，先生，您要买什么真相？部分真相、相对真相、统计真相，还是完全真相？"

他没有想到会有一个能买到真相的商店，感到很有意思。太多的欺骗、隐瞒、谎言和假货使他伤透心了，于是他不假思索地说道："我要买完全真相！"

于是，小姐把他带到另外一个柜台前，那里有一名男店员。他对那位表情严肃的男店员说："我要买完全真相。"

"对不起，先生，您知道买完全真相要付出什么代价吗？"男店员问道。

"不知道。"他嘴上这样说，可是心里想，为了买到完全真相，不论什么代价他都愿意付出。

男店员告诉他，如果他要买走完全真相，需要付出的代价是自己永生不得安宁。他听后大吃一惊，没有想到买真相要付出如此巨大的代价，于是急匆匆地走出了商店。

他有些悲哀地意识到，他毕竟还需要一些谎言和借口把某些事情隐藏起来，他还没有勇气直面所有赤裸裸的真相。

人生感悟

有些事眼不见为净，知道得越多越危险。人生的许多事情拆穿了就没有意思了，还不如轻轻松松地睁一只眼、闭一只眼来得逍遥自在。

完美是种理想，允许修改多次也会有遗憾

有个叫伊凡的青年，读了契诃夫"要是已经活过来的那段人生，只是个草稿，有一次誊写，该有多好"这段话，十分神往，打了份报告递给上帝，请求在他的身上做个试验。

上帝沉默了一会儿，看在契诃夫的名望和伊凡的执着份上，决定让伊凡在寻找伴侣一事上试一试。

到了结婚年龄，伊凡碰上了一位绝顶漂亮的姑娘，姑娘也倾心于他，伊凡感到非常理想，他们很快结成夫妻。

不久，伊凡发觉姑娘虽然漂亮，可她一说话就"豁边"，一做事就"翻船"，两人心灵无法沟通，他把这一次婚姻作为草稿抹了。

伊凡第二次的婚姻对象，除了绝顶漂亮以外，又加上绝顶能干和绝顶聪明。可是也没多久，他发现这个女人脾气很坏，个性极强，聪明成了她讽刺伊凡的"利器"，能干成了她捉弄伊凡的手段。他不像她的丈夫，倒像她的牛马、她的工具。伊凡无法忍受这种折磨，他祈求上帝，既然人生允许有草稿，请准予三稿。

上帝笑了笑，也允了。

伊凡第三次成婚时，他妻子的优点，又加上了脾气特好一条。婚后两人和睦亲热，都很满意。半年下来，不料娇妻患上重病，卧床不起，一张病态黄脸很快抹去了年轻和漂亮，能干如水中之月，聪明也一无所用，只剩下了毫无可言的好脾气。

从道德角度看，伊凡应与她厮守终生；但从生活角度看，无疑是相当不幸的，人生只有一次，一次无比珍贵，他试探能否再给他一次"草稿"和"誊写"。上帝面有愠色，但想到是试点，最后还是容许他再作修改。

伊凡经历了这几次折腾，个性已成熟，交际也老练了，最后终于选到了一位年轻漂亮能干、温顺健康、要怎么好就怎么好的"天使"女郎。他非常满意，正想向上帝报告成功，向契诃夫称道睿智，不想"天使"竟要变卦，她了解到伊凡是一个朝三暮四、贪得无厌、连病人也不体恤的浪荡男人，提出要解除婚约。

上帝很为难，但为了确保伊凡的试点，未允。

"天使"说："我们许多人被伊凡做了草稿，如果试验是为了推广，难道我

们就不能有一次草稿和誊写的机会？"

上帝理屈，无法自圆，最后只好让伊凡也作为草稿，誊写在外。

满腹狐疑的伊凡，正在人生路上踟蹰，忽见前方新竖一杆路标，是契诃夫二世写的："完美是种理想，允许你修改 10 次也不会没有遗憾！"

人生感悟

　　过分苛求完美只能带给自己终身遗憾，人的内心对一些事物、一些人总感觉无法满足，感到不够完美，殊不知，缺憾美正是人生的主旋律。

　　对人生不要苛求太多，释放心中的遗憾吧。

不能明辨是非，最终要伤到自己

1856 年，亚历山大商场发生了一起盗窃案，共失窃 8 只金表，损失 16 万美元，在当时，这是相当庞大的数目。

就在案子侦破前，有个纽约商人到此地进货，随身携带了 4 万美元现金。当他到达下榻的酒店后，先办理了贵重物品的保存手续，接着将钱存进了酒店的保险柜中，随即出门去吃早餐。

在咖啡厅里，他听见邻桌的人在谈论前阵子的金表失窃案，因为是一般社会新闻，这个商人并不当一回事。

中午吃饭时，他又听见邻桌的人谈及此事，他们还说有人用 1 万美元买了两只金表，转手后即净赚 3 万美元，其他人纷纷投以羡慕的眼光说："如果让我遇上，不知道该有多好！"

然而，商人听到后，却怀疑地想："哪有这么好的事？"

到了晚餐时间，金表的话题居然再次在他耳边响起，等到他吃完饭，回到房间后，忽然接到一个神秘的电话："你对金表有兴趣吗？老实跟你说，我知道你是做大买卖的商人，这些金表在本地并不好脱手，如果你有兴趣，我们可以商量，品质方面，你可以到附近的珠宝店鉴定，如何？"

商人听到后，不禁怦然心动，他想这笔生意可获取的利润比一般生意优厚许多，便答应与对方会面详谈，结果以 4 万美元买下了传说中被盗的 8 只金表中的 3 只。

但是第二天，他拿起金表仔细观看后，却觉得有些不对劲，于是他将金表带到熟人那里鉴定，没想到鉴定的结果是，这些金表居然都是假货，全部只值几千美元而已。直到这帮骗子落网后，商人才明白，从他一进酒店存钱，这帮骗子就盯上了他，而他听到的金表话题也是他们故意安排设计的。

骗子的计划是，如果第一天商人没有上当，接下来他们还会有许多花招准备诱骗他，直到他掏出钱为止。

人生感悟

　　贪婪自私的人往往目光如豆，所以他们只瞧见眼前的利益，看不见身边隐藏的危机，也看不见自己生活的方向。贪欲越多的人，往往生活在日益加剧的痛苦中，一旦欲望无法获得满足，他们便会失去正确的人生目标，陷入对蝇头小利的追逐中。

　　贪婪者往往自掘坟墓而不自知。

在绝境中，我们才能感受到真正的自己

父亲狄克携着儿子布莱克在山间漫游，借着山水当中的灵秀之气，父亲不断地给布莱克在智慧及灵性上予以开导。

突然，布莱克一声惊叫，指着远方急切地喊道："爸爸，您看——"

老狄克一眼望去，看到一只恶狼正全力追着一只仓皇而逃走的兔子。

小布莱克当下便问道："爸爸，要不要救救那只兔子？我看它跑得好可怜。"

老狄克笑了笑，说："不急，我出个题目：你猜，这只恶狼能不能追上那只兔子呢？"

小布莱克想了想，回答道："应该很快就追上了吧！"

老狄克正色道："不对，恶狼追不上兔子。"

小布莱克诧异地问："为什么？"

狄克慈祥地说："那是因为恶狼所在乎的，不过只是一顿午餐，追不上兔子它可以转而再捕食其他的东西。但是对兔子而言，那就大大不同了，它若是被恶狼追上，自己的性命也就完了。当然兔子会用尽全力来逃命。所以我说，恶狼追不上兔子！你看吧——"

小布莱克转身一看，果然如父亲所说的，狼与兔子之间的距离愈来愈远。到最后，恶狼终于放弃继续追兔子，转过头去，再另寻其他的食物。

小布莱克在佩服父亲的真知灼见之余，又想到一个问题："爸爸，照这么说来，恶狼明知永远追不上兔子，那么一开始，它又为什么想要去追兔子呢？"

老狄克摸着小布莱克的头，说："也不能说恶狼永远追不上兔子，只要狼群一起行动，兔子跑得再快，还是逃不出它们的围捕。也许那只恶狼在开始追兔子时，也希望能遇上伙伴的支援吧？"

人生感悟

在古希腊的一座神庙上刻着的神谕告诫我们："认识你自己！"我们本身就是一个取之不尽的宝藏。当你不断攻克各个难关、创造奇迹时，你会发现你本身就是一个奇迹！在追求更好的雕琢过程中，我们才能一步一步变得更好。生命的追求、生命的意义就在这一步一步的超越自己中得到了升华！

生命是一场旅行，不要急于到达终点

从前，有个年轻的农夫和情人相约在一棵大树下见面。他性子急，很早就来了。虽然春光明媚，鲜花烂漫，但他急躁不安，无心观赏，颓丧地坐在大树下长吁短叹。

忽然他面前出现了一个小精灵。"你等得不耐烦了吧！"精灵说，"把这个纽扣缝在衣服上吧。要是遇上不想等待的时候，向右旋转一下纽扣，你想跳过多长时间都行。"

小伙子高兴得不得了，握着纽扣，轻轻地转了一下。啊！真是奇妙！情人出现在他的眼前，正含情脉脉地凝望着他呢！"要是现在就举行婚礼该有多棒啊！"他心里暗暗地想着。他又转了一下，隆重的婚礼、丰盛的酒席出现在他的面前；美若天仙的新娘依偎着他；乐队奏响着欢快的音乐，他深深地陶醉其中。他看着美丽的新娘，又想："如果现在只有我们俩该多好！"不知不觉中纽扣又转动了一点，立刻夜阑人静……

他心中的愿望层出不穷："还要一所大房子，前面是自己的花园和果园。"他转动着纽扣，还想要一大群可爱的孩子。顿时，一群活泼健康的孩子在宽敞的客厅里愉快地玩耍。他又迫不及待地将纽扣向右转了一大半。

时光如梭，还没有看到花园里开放的鲜花和果园里累累的果实，一切就被茫茫的大雪覆盖了。再看看自己，须发皆白，已经老态龙钟了。

他懊悔不已："我情愿一步步走完一生，也不要这样匆匆而过，还是让我耐心等待吧！"扣子猛地向左转动了，他又在那棵大树下等着可爱的情人。他的焦躁烟消云散了，心平气和地看着蔚蓝的天空。原来，人生不能跳跃着前行，耐心等待才能让生命的历程充满乐趣。

人生感悟

　　每个人的一生就是一部历史，应该好好享受每一个过程，而不要急不可耐地将它翻到最后一页。

不能认识自我的人，肯定要迷失在人生的道路上

　　有一位老师，常常教导他的学生说：人贵有自知之明，做人就要做一个自知的人。唯有自知，方能知人。有个学生在课堂上提问道："请问老师，您是否知道您自己呢？"

　　"是呀，我是否知道我自己呢？"老师想，"嗯，我回去后一定要好好观察、思考、了解一下我自己的个性、我自己的心灵。"

　　回到家里，老师拿来一面镜子，仔细观察自己的容貌、表情，然后再来分析自己的个性。

　　首先，他看到了自己亮闪闪的秃顶。"嗯，不错，莎士比亚就有个亮闪闪的秃顶。"他想。

　　他看到了自己的鹰钩鼻。"嗯，英国大侦探福尔摩斯——世界级的聪明大师就有一个漂亮的鹰钩鼻。"他想。

　　他看到自己的大长脸。"嗨！伟大的林肯总统就有一张大长脸。"他想。

　　他发现自己个子矮小。"哈哈！拿破仑个子矮小，我也同样矮小。"他想。

　　他发现自己具有一双大撇撇脚。"呀，卓别林就有一双大撇撇脚！"他想。于是，他终于有了"自知"之明。

　　"古今中外名人、伟人、聪明人的特点集于我一身，我是一个不同于一般的人，我将前途无量。"第二天，他对他的学生说。

人生感悟

　　知人者智，自知者明，这是中国古代思想家老子对我们的忠告。正如尼采所言："聪明的人只要能认识自己，便什么也不会失去。"

所有丰硕的果实，曾经都是美丽的鲜花

有个风华正茂的青年，时常轻视饱经风霜的老人。

一天，父子俩同游公园。青年顺手摘下一朵鲜花，说道："爸爸，我们青年人就像这朵鲜花一样，洋溢着生命的活力。你们老年人，怎么能和青年人相比呢？"

父亲听罢，在经过小卖部的时候，顺便买了一包核桃，取了一颗，托在掌心里，说道："孩子，你比喻得不错。如果你是鲜花，我就是这干皱的果实。不过，事实告诉人们：鲜花，喜欢让生命显露在炫目的花瓣上；而果实，却爱把生命凝结在深藏的种子里！"

年轻人还是不服气："要是没有鲜花，哪儿来的果实呢？"

父亲哈哈大笑："是啊，所有的果实，都曾经是鲜花；然而，却不是所有的鲜花都能够成为果实！"

人生感悟

衡量人生的标准是看其是否有意义，而不是看其有多长。人生是一座伟大的宝藏，你必须懂得去摘取最有意义的珍宝。

生命的真谛，在于不断重新开始

一位拳术高手跪在宗师的面前，接受得来不易的黑带的仪式。这个徒弟经过多年的严格训练，终于出人头地了。

"在授予你黑带之前，你必须接受一个考验。"武学宗师说。

"我准备好了。"徒弟答道，以为可能是最后一个回合的练拳。

"你必须回答最基本的问题：黑带的真正含义是什么。"

"是我习武的结束。"徒弟答道，"是我辛苦练功应该得到的奖励。"

宗师等待着他再说些什么，显然他不满意徒弟的回答。最后他开口了："你还没有到拿黑带的时候，一年以后再来。"

一年以后，徒弟再度跪在宗师的面前，师傅问："黑带的真正含义是什么？"

"是本门武学中最杰出和最高荣誉的象征。"徒弟说。

宗师等啊等，过了好几分钟，徒弟还是不说话。显然，他很不满意，最后说："你仍然没有到拿黑带的时候，一年以后再来。"

一年以后，徒弟又跪在宗师的面前，师傅问："黑带的真正含义是什么？"

"黑带代表开始——代表无休止的磨炼、奋斗和追求更高标准的里程的起点。"

"好，你已经可以接受黑带开始奋斗了。"

人生感悟

> 禅宗里有这么一个说法，先是"看山是山，看水是水"，然后再到"看山不是山，看水不是水"，最后则是"看山还是山，看水还是水"的境界。人的生命也如此，总要经历否定之否定，不断重新开始，才能得到真正的真理。

给自己一个悬崖

有一个老人在山里打柴时，拾到一只很小的样子怪怪的鸟，那只怪鸟和出生刚满月的小鸡一样大小，也许因为它实在太小了，还不会飞，老人就把这只怪鸟带回家给小孙子玩耍。老人的孙子很调皮，他将怪鸟放在小鸡群里，充当母鸡的孩子，让母鸡养育。母鸡没有发现这个异类，全权负起一个母亲的责任。怪鸟一天天长大了，后来人们发现那只怪鸟竟是一只鹰，人们担心鹰再长大一些会吃鸡。为了保护鸡，人们一致强烈要求：要么杀了那只鹰，要么将它放生，让它永远也别回来。因为和鹰相处的时间长了，有了感情，这一家人自然舍不得杀它，他们决定将鹰放生，让它回归大自然。然而他们用了许多办法都无法让鹰重返大自然。他们把鹰带到很远的地方放生，过不了几天那只鹰又飞回来了，他们驱赶它，不让它进家门，他们甚至将它打得遍体鳞伤……许多办法试过了

都不奏效。最后他们终于明白：原来鹰是眷恋它从小长大的家园，舍不得那个温暖舒适的窝。

后来村里的一位老人说：把鹰交给我吧，我会让它重返蓝天，永远不再回来。老人将鹰带到附近一个最陡峭的悬崖绝壁旁，然后将鹰狠狠向悬崖下的深涧扔去。那只鹰开始也如石头般向下坠去，然而快要到洞底时它终于展开双翅托住了身体，开始缓缓滑翔，然后轻轻拍了拍翅膀，就飞向蔚蓝的天空，它越飞越自由舒展，越飞动作越漂亮。它越飞越高，越飞越远，渐渐变成了一个小黑点，飞出了人们的视野，永远地飞走了，再也没有回来。

人生感悟

其实我们每个人又何尝不像那只鹰一样，总是对现有的东西不忍放弃，对舒适安稳的生活恋恋不舍？

因此，一个人要想让自己的人生有所转机，就必须懂得在关键时刻把自己带到人生的悬崖。给自己一个悬崖，其实就是给自己一片蔚蓝的天空。

无论参加什么比赛，都是规则比速度更重要

虎大王的府邸需要一名守卫，虎大王决定采取公开招聘的办法确定守卫由谁来当。

有关招聘的通知发出以后，动物们纷纷报名。经过层层筛选，黄牛、狐狸、老鼠胜出，进入最后的选拔程序。这三名动物各有所长，都身手不凡。黄牛力大无穷，且忠心耿耿；狐狸聪明绝顶，行动敏捷；老鼠十分机警，并善于打洞。总之，三位都是动物中的佼佼者，谁都有能力胜任守卫一职。然而，守卫的名额只有一个，只能采取公平竞争的方式进行淘汰。

最后的选拔采取现场比赛的办法。比赛的内容是：三名竞聘者从山底出发奔向山顶那棵老松树，要求沿着山间那条羊肠小道奔向目标。这条羊肠小道弯弯曲曲，是老弱病残者常走的道。

比赛开始了。狐狸沿着羊肠小道飞奔一阵后，心想：我能找到一百条通向山顶老松树的路，哪条路都比那条羊肠小道近。它向四周望了望，没有看到其他动物，于是，它迅速离开羊肠小道，沿着一条捷径奔向山顶。老鼠沿着羊肠小道跑了一阵后，心想，傻瓜才按规定的路线跑呢。它很熟练地钻进路旁的一个地洞，这洞

直通山顶。黄牛则不然，黄牛也能找到通往山顶的捷径，但它想，比赛规定是沿羊肠小道奔向山顶，如果走捷径那就是欺诈行为，而黄牛的处世原则是不欺诈。这个原则，黄牛在任何时候都不会放弃。

老鼠第一个到达老松树下，它的脸上露出得意的微笑，好像是在说：瞧，我赢了。狐狸第二个到达目的地，它看到老鼠先到了，脸上露出不服气的神情。黄牛最后一个到达山顶，它看了看先到的老鼠和狐狸，心里很平静，它早已料到了这一结果。

虎大王早已在山顶等候。三名动物到达山顶后，它宣布比赛结果：黄牛胜利了，守卫一职由黄牛担当。

大家对此结果感到莫名其妙。

明明是黄牛落在后面，怎么能认定它赢了呢？

老鼠、狐狸都表示不服，在虎大王面前要讨个说法。

只见虎大王不紧不慢地说，这次比赛是规则测试，考的是谁能遵守规则，规则比速度更重要，你们懂吗？

闻听此言，大家如梦方醒。

人生感悟

遵守规则的人给人忠诚可靠的印象；而常常投机取巧、喜欢耍小聪明的人则给人滑头、靠不住的感觉。所以，相比之下，前者在人们心目中的地位要明显高于后者。

心累人才累，定期修复你的灵魂

曾经有一个都市白领在日记中这样写道：

前几天，遇到一个好久不见的朋友，聊天的时候，他问了我这样一句话："你是怎么休假的？"面对这个极其普通的问题，我竟半天答不上来。后来，静下心来仔细想想，我最大的苦恼，就是很难找到真正属于自己的时间。一周 5 天，一天 8 个小时，工作时的紧张繁忙自不必说，连准时下班对我来说都是一种奢侈，因为多半时候到了下班时间还无法结束工作。

生活中需要一些属于我们自己的时间。巴尔扎克说过，躬身自问和沉思默想能够充实我们的头脑。生活中，我们需要为自己找出一段完全属于自己的时间，和自己的心灵对话，体味生命的意义。有人问古希腊大学问家安提司泰尼："你从哲学中获得什么呢？"

他回答说："同自己谈话的能力。"同自己谈话，就是发现自己，发现另一个更加真实的自己。

其实很多时候我们就是自己最好的知音，世界上还有谁能比自己更了解自己？还有谁能比自己更能替自己保守秘密呢？因此，当你烦躁、无聊的时候，不妨给自己一点时间，和自己的心灵认真地对话，让心灵退入自己的灵魂中，静下心来聆听自己心灵的声音，问问自己：

1. 我拥有什么

通常，我们会为自己没有的东西而苦恼，却看不到自己拥有的，例如，健康——可以听、可以看、可以爱与被爱，每天拥有食物供我们享用等。正如那句口口相传的话所说的："失去了才知道珍贵。"让我们走出哀怨，这样就可以看到什么是我们拥有的。

2. 我应该为什么感到自豪

我们可以为自己已经取得的成绩而自豪。成绩不分大小，每一次成绩都意味着向前迈了一步。你可以为你刚刚战胜的一个挑战感到骄傲，可以为你帮助了一个陌生人而感到幸福，可以为帮助了一个朋友露出微笑，也可以为结识了新朋友或读了一本新书而高兴。总之，所有的一切都值得你自豪。

3. 我应对什么心存感激

每天都有很多事情让我们为之心存感激，同时也有很多人值得我们感激，因为他们在无形中教会了我们一些事情。生活的每一天，对于我们来说都是一份珍贵的礼物。

4. 我今天能解决什么问题

设法把原本想留到明天才解决的那些问题今天就解决掉，尽量在当天完成手边的工作，要敢于面对那些棘手的问题，并换一种角度看待它们。

5. 我能抛下过去的包袱

"过去的包袱"就是指那些常年积累起来的伤心的经历和怨气。背着这些沉重的包袱有什么用呢？建议你对过去做一个总结，把值得借鉴的经验保存起来，然后永远地卸下重负。

6. 我怎样过好今天

要过好今天，我们就应该尝试着做些与往常不一样的事情。如果我们走出常规，学会享受生活，那么生活就是丰富多彩的。我们要敢于创造和创新。

7. 今天我要拥抱谁

拥抱是我们的精神食粮。曾经有一位心理学家说过，要想健康，每天要至少拥抱 8 次。身体接触是人最为基础的要求，它甚至可以帮助我们开发大脑。

8. 我现在就开始行动

其实，每天的生活都不是你想象中的那样，是让生活过得索然无味，还是积极向上，决定权都在自己的手中。从现在开始，行动起来，努力过上幸福的生活，你就不会失去什么。

记住雨果的话："笑就是阳光，它能消除人们脸上的冬色。"

人生感悟

当你的生活变得干涸乏味，当你的内心需要审视自己的时候，给自己留出一段时间，试着安静下来，认真倾听自己内心最真实的声音。

学会从生活中采撷情调

我们的生活可以很平淡、很简单，但是不可以缺少情趣。20 几岁的年轻人要懂得从生活中的点滴琐细中，采撷出五彩缤纷的情趣。

杨蕊是一个大三的穷学生。一个男生喜欢她，同时也喜欢另一个家境很好的女生。在他眼里，她们都很优秀，他不知道应该选谁做妻子。有一次，他到杨蕊家玩，她的房间非常简陋，没什么像样的家具。但当他走到窗前时，发现窗台上放了一瓶花——瓶子只是一个普通的水杯，花是在田野里采来的野花。就在那一瞬，他下定了决心，选择杨蕊作为自己的终身伴侣。促使他下这个决心的理由很简单，杨蕊虽然穷，却是个懂得如何生活的人，将来无论他们遇到什么困难，他相信她都不会失去对生活的信心。

刘玉是个普通的职员，过着很平淡的日子。她常和同事说笑："如果我将来有了钱……"同事以为她一定会说买房子买车子，而她的回答是："我就每天买一束鲜花回家！"不是她现在买不起，而是觉得按她目前的收入，到花店买花有些奢侈。有一天她走过人行天桥，看见一个乡下人在卖花，他身边的塑料桶里放着好几把康乃馨，她不由得停了下来。这些花一把才 5 元钱，如果是在花店，起码要 15 元，她毫不犹豫地掏钱买了一把。这把从天桥上买回来的康乃馨，在她的精心呵护下开了一个月。每隔两三天，她就为花换一次水，再放一粒维生素 C，据说这样可以让鲜花开放的时间更长一些。每当刘玉和孩子一起做这一切的时候，都觉得特别开心。

年轻人要懂得生活的情调，懂得在平凡的生活细节中拣拾生活的情趣。亨利·梭罗说过："我们来到这个世上，就有理由享受生活的乐趣"。当然，享受生活并不需要太多的物质支持，因为无论是穷人还是富人，他们在对幸福的感受方面并没有很大的区别，我们可以通过摄影、收藏、从事业余爱好等途径培养生活情趣。

音乐也是一种享受生活情调的重要方法。如若没有音乐，生活将变得单调乏味，给人一种度日如年的感觉。有了音乐，阴天会变成晴天；有了音乐，忧郁会变为开心；有了音乐，贫穷会变得富有。正因为如此，年轻人的生活中也应该学会让音乐无处不在——

1. 厨房

在厨房里放爱情歌曲最为合适。听得久了，都不知道我们是在烹饪食品，还是在烹饪爱情了。

2. 餐桌

音乐这道食品，只能赏心，不能悦目。它是一道开胃小品，吃得再多也不会发胖。再难吃的东西，如若有音乐相伴，也会变得香甜可口。

3. 卧室

卧室里的音乐自然带有神秘色彩，女人喜欢神秘，神秘的东西具有诱惑力。卧室里的音乐暧昧，让人呼吸不定，心跳加速。有音乐陪伴每天的生活，这种感觉是美好的。

年轻人懂得采撷生活情调，才能更好地享受生活。

人生感悟

生活中，没有一件小事可以被忽略。一次家庭聚会，一件普通的不能再普通的家务都可以为我们的生活带来无穷的乐趣与活力。

第二章

得意时泰然，失意时淡然

　　人的一生，总会有得意的时候，也难免有失意的时候。今天春风得意，明天就可能马失前蹄。官场、职场、商场，乃至情场上，莫不如是。

　　得意不一定就能永远得好，失意也不一定就是完全失败。得意时，不可冲昏了头脑，当冷静思考退路和余地。月盈则亏，过犹不及，一味高歌猛进往往会碰壁。失意时，不可寒了自己的心，当积极准备，重新出发。人生即便掉到了谷底也不必惶恐，抬头看，往哪边走都是上坡路。失意不快口，得意不快心。

心态决定你的人生，不要试图和自己过不去

两个有着亚洲血统的孤儿，后来都被来自欧洲的外交官家庭所收养。两个人都上过世界各地有名的学校。但他们两个人之间存在着不小的差别：其中一位是40岁出头的成功商人，他实际上已经可以退休享受人生了；而另一个是学校教师，收入低，并且一直觉得自己很失败。

有一天，他们在一起吃晚饭。晚餐在烛光映照中开场了，不久话题进入了在国外的生活。因为在座的几个人都有过周游列国的经历，所以他们开始谈论在异国他乡的趣闻轶事。随着话题的一步步展开，那位学校教师开始越来越多地讲述自己的不幸：她是一个如何可怜的亚细亚孤儿，又如何被欧洲来的父母领养到遥远的瑞士，她觉得自己是如何的孤独。

开始的时候，大家都表现出同情。随着她的怨气越来越重，那位商人变得越来越不耐烦，终于忍不住在她面前把手一挥，制止了她的叙述："够了！你说完了没有？！你一直在讲自己有多么不幸。你有没有想过如果你的养父母当初在成百上千个孤儿中挑了别人又会怎样？"

学校教师直视着商人说："你不知道，我不开心的根源在于……"然后接着描述她所遭遇的不公正待遇。

最终，商人朋友说："我不敢相信你还在这么想！我记得自己25岁的时候无法忍受周围的世界，我恨周围的每一件事，我恨周围的每一个人，好像所有的人都在和我作对似的。我很伤心无奈，也很沮丧。我那时的想法和你现在的想法一样，我们都有足够的理由报怨。"他越说越激动。"我劝你不要再这样对待自己了！想一想你有多幸运，你不必像真正的孤儿那样度过悲惨的一生，实际上你接受了非常好的教育。你负有帮助别人脱离贫困的责任，而不是找一堆自怨自艾的借口把自己围起来。在我摆脱了顾影自怜，同时意识到自己究竟有多幸运之后，我才获得了现在的成功！"

那位教师深受震动。这是第一次有人否定她的想法，打断了她的凄苦回忆，而这一切回忆曾是多么容易引起他人的同情。

商人朋友很清楚地说明他二人在同样的环境下历经挣扎，而不同的是他通过清醒的自我选择，让自己看到了有利的方面，而不是不利的阴影，"凡墙都

是门"，即使你面前的墙将你封堵得密不透风，你也依然可以把它视作你的一种出路。

人生感悟

人，就是一条河，河里的水流到哪里都还是水，这是无异议的。但是，河有窄、有宽、有平静、有清澈、有冰冷、有混浊等现象，而人也一样。

同样的梦境不同的解，在于解梦者如何看待

一位秀才第三次进京赶考，考试前两天他做了 3 个梦。

第一个他梦到自己在墙上种了棵白菜；第二个他梦见自己在下雨天戴着斗笠还打着伞；第三个他梦见自己跟心爱的表妹躺在一起，但却是背靠背。

这 3 个梦似乎有些深奥，秀才第二天赶紧去找算命先生解梦。算命的一听，连拍大腿说："你还是回家吧。你想想，高墙上种菜不是白费劲吗？戴斗笠打雨伞不是多此一举吗？跟表妹躺在一张床上了，却背靠背，这不是没戏吗？"

秀才一听，心灰意冷，回到入住的客栈收拾包袱准备回家。店老板非常奇怪，问："不是明天才考试吗？今天你怎么就回乡了？"秀才如此这般说了一番。

店老板笑着说："我也会解梦的，我倒觉得你这次一定要留下来。你想想，墙上种菜不是高中吗？戴斗笠打伞不是说明你这次有备无患吗？跟你表妹背靠背躺在床上，不是说明你翻身的时候就要到了吗？"

秀才一听，觉得这番解析更有道理，于是精神振奋地参加了考试——他竟然中了个探花。

人有时就是这样，陷入或者迈过自己的陷阱。

人生感悟

每个人的内心都有一面魔镜：正面是阳光普照、春暖花开；反面是阴沉愁闷。用哪一面来引领你的人生之路就在于你常常拂拭哪一面明镜。

相信困难会过去，一切都会过去

一位失意的青年，在情感、事业上屡屡碰壁。一天，他在随手打开的杂志上，发现上面刊载着古洛布·帕达逊的一篇文章。那是这位伟大的新闻记者写下的一篇经典之作。

"从前有一个少年站在桥上倚着栏杆凝视桥下的流水，只见圆木、木片等垃圾不断漂流过去，不久河面变干净了。几百年、几千年、几万年以来，河水都没有改变，不停地在桥下流过。有时流得快有时流得慢，从未停下脚步。"

那天，少年因为观看流水发现了一件事。那既不是用手摸得到的，也不是眼睛看得见的，而是"想法"。他突然领悟到：人生中的一切事物，有一天都会像河水一样从桥下流过去。少年十分喜欢"和桥下的流水一样"这句话。

后来，这个想法在他的人生中发挥了极大的效用。每逢遭遇困难或痛苦时，因为持有这样的想法所以都能一一克服。当失败已无法挽回，或某种东西再也拿不回来时，此刻已经长大成人的他就说"和桥下的流水一样"。他绝不会因失败而感到懊恼，也不会因此一蹶不振，因为他认为那些都和桥下的流水一样。

青年大悟。

当我们为成功而喜悦时，或为失意而忧伤时，当我们志得意满时，或困苦潦倒时，当我们沉迷在爱河时，或因分手而痛不欲生时，不要忘记：一切都会过去。

人生感悟

告别曾经的伤痕和错误，着眼于前方的路吧。一切应向前看，向前找寻答案。

希望，造就积极心态

鲁迅曾经说过："希望是附着于存在的，有存在，便有希望，有希望，便是光明。"的确，人活着不能没有希望，否则会像失去控制的小船，随波浮沉。希望是热情之母，它孕育着荣誉，孕育着力量，孕育着生命，它使濒临死亡的人看到了生存，使屡遭挫折的人看到了成功，使身处绝境的人看到了力挽狂澜的可能。

曾热播一时的韩剧《大长今》是一个美好的励志与希望故事。平民、青春、追梦、残酷竞争……从一个懵懂小宫女成长为厨艺非凡的最高尚宫、医术高超的正三品御医，一步步都走得异常辛苦。一次次御膳竞赛，她的对手或是经验丰富，或是厨艺天才，稍有闪失，就可能被逐出宫廷；一次次医术实验，她的病人是皇宫贵族，对手是老到高明的御医，动辄性命攸关。她每得到一点成就，付出的都是多出别人十分的努力。

正是长今这种对梦想的坚持、不屈不挠，在任何困难面前都永怀希望、勇往向前的精神感动了我们。

许多人都喜欢长今被流放到多栽轩时讲的一句话："不做事就没有精神，哪怕是种一棵草、一株花，也要怀着希望去做。"

英国史学家卡莱尔经过多年的艰辛耕耘，终于完成了《法国大革命史》的全部文稿，却在发表前意外地被佣人付之一炬。当初他每写完一章，便随手把原来的笔记、草稿撕得粉碎，这意味着他若想继续，一切就必须从零开始。他的确是绝望极了，但是向子孙后代讲述法国大革命史的希望渐渐驱散了绝望之云。他又重新搜集整理素材，开始了又一次呕心沥血的写作，第二次完成了《法国大革命史》。卡莱尔虽然厄运当头，却没有失去心中的希望。正是这希望，使他走出阴影，振作精神，重新以极大的热情投入到写作中去。

古今中外，许多曾经胸怀大志的人最终一事无成，其中一个重要原因，就是在困难面前他们失去了希望。西班牙思想家松苏内吉曾说过："我唯一不能缺少的东西就是希望。"当拥有了希望，无论在怎样的黑暗之中也会看到光明，无论怎样的痛苦也会感到快乐。在漫漫的人生道路上，拥有希望就像是无边大海中的灯塔，指引着我们前进。

人生感悟

有希望，才有积极的心。
只要心中有一颗希望的种子，就一定会创造出幸福的奇迹。

态度决定人生的高度

一天，有位哲学家带弟子们出行。途中，他问弟子们："有一种东西，跑得比光速还快，瞬间能穿越银河系，到达遥远的地方……这是什么？"弟子们争着回答："我知道、我知道，是思想！"

哲学家微笑着点点头："那么，有另外一种东西，跑得比乌龟慢，当春花怒放时，它还停留在冬天；当头发雪白时，它仍然是个小孩子的模样，那又是什么？"

弟子们不知如何回答。

"还有，不前进也不后退，没出生也不死亡，始终漂浮在一个定点。谁能告诉我，这又是什么？"

弟子们更加茫然，面面相觑。

"答案都是思想！它们是思想的三种表现，换个角度来看，也可比喻成三种人生。"

望着聚精会神的弟子们，哲学家解释说："第一种是积极奋斗的人生：当一个人不断力争上游，对明天永远充满希望和信心，这种人的心灵不受时空限制，他就好比一只射出的箭矢，总有一天会超越光速，驾驭万物之上。"

"第二种是懒惰的人生：他永远落在别人的屁股后面，捡拾他人丢弃的东西，这种人注定被遗忘。"

"第三种是醉生梦死的人生：当一个人放弃努力、苟且偷安时，他的命运是冰封的，没有任何机会来敲门，不快乐也无所谓痛苦。这是一个注定悲哀的人，像水母的空壳漂浮于海中，不存在于现实世界，也不在梦境里……"

弟子们大悟。播种怎样的人生态度，将收获怎样的生命高度和深度。

人生感悟

> 人的一生中，要紧处只有几步，如何使自己的生命更有意义，态度至关重要。

生活如镜，给它以微笑，它必将报你以微笑

生活需要微笑。面对人生的风雨、情感的失意、事业的低谷，不妨淡淡一笑。

笑代表着乐观、达观；笑是一种胸怀；笑更是一种生活的境界；笑还是对生活的勇气和信心。

给生活以微笑，生活必将还你以微笑。

当我们冷落了快乐、幸福时，多读一读美国作家奥格·曼迪诺的《笑遍世界》，你会从中寻见幸福的踪影：

我要笑遍世界。

世上种种到头来都会成为过去。心力衰竭时，我安慰自己，这一切都会过去；当我因成功洋洋得意时，我提醒自己，这一切都会过去；穷困潦倒时，我告诉自己，这一切都会过去；腰缠万贯时，我也告诉自己，这一切都会过去。是的，昔日修筑金字塔的人早已作古，埋在冰冷的石头下面，而金字塔有朝一日，也会埋在沙子下面。如果世上种种终必成空，我又为何为今日的得失斤斤计较。

我要笑遍世界。

我要用笑声点缀今天，我要用歌声照亮黑夜。我不再苦苦寻觅快乐，我要在繁忙中忘记悲伤。

我要笑遍世界。

笑声中，一切都显露本色。我笑自己的失败，它们将化为梦的云彩；我笑自己的成功，它们终将恢复本来面目；我笑邪恶，它们远我而去；我笑善良，它们发扬光大。我要用我的笑容感染别人，虽然我的目的自私，因为皱起眉头会让顾客弃我而去。

我要笑遍世界。从今往后，我只因幸福而落泪，因为悲伤而悔恨，挫折的泪水毫无价值，只有微笑可以换来财富，善言可以建起一座城堡。

我不再允许自己因为变得重要、聪明、体面、强大而忘记嘲笑自己和周围的一切。在这一点上，我要永远像小孩子一样，因为只有做回小孩子，我才能尊敬别人，我才不会自以为是。

我要笑遍世界。

只要我能笑，就永远不会贫穷。这也是天赋，我不再浪费它。只有在笑声和快乐中，我才能真正体会到成功的滋味，只有在笑声和快乐中，我才能享受劳动的果实，如果不是这样的话，我会失败，因为快乐是提味的美酒佳酿。要享受成功，必须先有快乐，而笑声便是那伴娘。

我要笑遍世界。

人生感悟

人生需要笑声。笑，是人生的智慧，是生活的艺术，是绽放在脸上的欢乐花朵，是从心底迸发的喜悦音符。

知足，人生才能富足

大哲人老子曾说过："祸莫大于不知足，咎莫大于欲得。"这句话在今天有着尤其特殊的意义。纵观今日一些落马之人，探其缘由，"祸咎"概莫能出其"不知足"和"欲得"之外。贪婪的欲望使得一个又一个春风得意的"能人"，从马上倏然坠地，沦为"阶下囚"，甚至走上"断头台"。

自老子以后，很多先哲都提倡"知足知止"的教条，这个教条也确实在紧紧地约束着中国人的行止。比如庄子就是一个清心寡欲的人，他曾告诫人们："知足者，不以利自累也。"王廷相则说："君子不辞乎福，而能知足也；不去乎利，而能知足也。故随遇而安，有天下而不与也，其道至矣乎！"吕坤也有一言曰："万物安于知足，死于无厌。"

由古至今，人类始终难以摆脱欲望，同时在欲望的追逐中不乏涌现出一些有明智之举的理性人物。

希腊哲学家克里安德，当年虽已80高龄，但依然仙风鹤骨，非常健壮，有人问他："谁是世上最富有的人！"

克里安德斩钉截铁地说："知足的人。"

这句话恰和老子的"知足者富"的说法如出一辙。

曾有人问当代美国最富有的石油大王史泰莱："怎样才能致富？"

这位石油大王不假思索地回答："节约。"

"谁比你更富有？"

"知足的人。"

"知足就是最大的财富吗？"

史泰莱引用了罗马哲学家塞涅卡的一句名言来回答说："最大的财富，在于无欲。"

塞涅卡还有一句智慧的话："如果你不能对现在的一切感到满足，那么纵使让你拥有全世界，你也不会幸福。"

最妙的是，罗马大政治家兼哲学家西塞罗也曾有类似的说法："对于我们现在有的一切感到满足，就是财富上的最大保证。"

知足者常乐，知足便不作非分之想；知足便不好高骛远；知足便安若止水、气静心平；知足便不贪婪、不奢求、不巧取豪夺。知足者温饱不虑便是幸事；知足者无病无灾便是福泽。"知份心自足，委顺常自安"，这其中的玄机，就靠自己去参悟了。过分地贪婪、无理的要求，只是徒然带给自己烦恼而已，在日日夜夜的焦虑企盼中，还没有尝到快乐之前，已饱受痛苦煎熬了。因此古人说："养心莫善于寡欲。"我们如果能够把握住自己的心，驾驭好自己的欲望，不贪得、不觊觎，做到寡欲无求，役物而不为物役，生活自然能够知足常乐、随遇而安了。

人生感悟

　　知足不是自满和自负，不是装饰，不是自谦，而是知荣辱，乐自然。真正知足，才会真正快乐。

心中有乐者，人生字典里没有"倒霉"二字

以智慧著称的犹太人说："这个世界上卖豆子的人应该是最快乐的！因为他们永远不必担心豆子卖不出去。"假如他们的豆子卖不出去，可以拿回家磨成豆浆，然后拿出来卖给行人，如果豆浆卖不完，可以制成豆腐，如果豆腐卖不成，变硬了，就当作豆腐干来卖。如果豆腐干卖不出去的话，就把这些豆腐干腌制起来变成腐乳。

另外一种选择是：卖豆子的人把卖不出去的豆子拿回家，加上水，让豆子发芽，几天后就可以改卖豆芽了。豆芽如果卖不动，就让它长大些，变成豆苗。如果豆苗还是卖不动，就让它再长大些，移植到花盆，当作盆景来卖，如果盆景卖不出去的话，那么再把它移植到泥土里，让它生长，几个月后，它结出许多新豆子，一颗豆子变成上百颗豆子，想想是多划算的事！

原来，小小的豆子，也可以让人如此快乐。

生活中，我们经常看到许多人，成天乐呵呵的，自己十分羡慕，却又学不来。总觉得现实中烦人的事经常出现，哪能乐得起来呢？其实，诚如古语所说："仁者乐山，智者乐水。"欧阳修说："山水之乐，得之心而寓之酒也。"即是说，如果自己心中无乐，再好的山水也不会使你快乐。

永远保持乐观的精神状态，经常笑一笑，不仅可以"十年少"，而且对我们事业的成功也大有裨益。俄国伟大的诗人普希金，曾写诗劝慰他的一位对人生充

满失望与忧伤的朋友，希望这位朋友从痛苦的阴影中走出来，重新焕发对生活的乐观情绪。诗的结尾这样说：

　　啜饮欢乐到最后一滴吧！

　　潇洒地活着，不要忧心！

　　顺遂生命的瞬息过程吧！

　　在年轻的时候，你该年轻！

这饱含深情的嘱语，很值得人们思忖。

人生感悟

> 　　罗曼·罗兰说："所谓内心的快乐，是一个人过着健全的、正常的、和谐的生活所感到的快乐。"对于一个乐观者而言，"倒霉"与他绝缘。

厄运就像一阵风

塞翁失马，焉知非福。有位名人说过："没有永久的幸运，也没有永久的不幸。"厄运虽然令人忧愁，令人不快，甚至给人不断的打击和折磨，但厄运就像一阵风，它不会持久存在。

宾夕法尼亚州匹兹堡有一个女人，她34岁，过着平静、舒适的中产阶层的家庭生活。但是，她突然连遭四重厄运的打击。丈夫在一次事故中丧生，留下两个小孩。没过多久，一个女儿被烤面包的油脂烫伤了脸，医生告诉她孩子脸上的伤疤终生难消，母亲为此伤透了心。她在一家小商店找了份工作，可没过多久，这家商店就关门倒闭了。丈夫给她留下一份小额保险，但是她耽误了最后一次保费的续交期，因此保险公司拒绝支付保费。

碰到一连串不幸事件后，女人近于绝望。她左思右想，为了自救，她决定再做一次努力，尽力拿到保险补偿。在此之前，她一直与

保险公司的下级员工打交道。当她想面见经理时，一位接待员告诉她经理出去了。她站在办公室门口无所适从，就在这时，接待员离开了办公桌。机遇来了。她毫不犹豫地走进里面的办公室，结果，看见经理独自一人在那里。经理很有礼貌地问候了她。她受到了鼓励，沉着镇静地讲述了索赔时碰到的难题。经理派人取来她的档案，经过再三思索，决定应当以德为先，给予赔偿，虽然从法律上讲公司没有承担赔偿的义务。工作人员按照经理的决定为她办了赔偿手续。

但是，由此引发的好运并没有到此中止。经理尚未结婚，对这位年轻寡妇一见倾心。他给她打了电话，几星期后，他为寡妇推荐了一位医生，医生为她的女儿治好了病，脸上的伤疤被清除干净；经理通过在一家大百货公司工作的朋友给寡妇安排了一份工作，这比以前那份工作好多了。不久，经理向她求婚。几个月后，他们结为夫妻，而且婚姻生活相当美满。

人生感悟

当你接二连三地遇到倒霉的事情时，不要绝望，不要哀叹，只要相信你充满希望，只要你积极地为改变厄运动手去做点什么，你总会有收获的。

失意时要懂得心宽

月有阴晴圆缺，人生也是如此。亲人反目、朋友失和、情场失意、工作不得志……某个时候，人生之路会突然堵车，让你无所适从。

古人说："人生得意须尽欢。"其实，人生失意时也不能停下脚步，与沉沦为伍。

历史上许多有成就者都有过失意的时候，但他们都能失意不失志，都能做到胜不骄、败不馁。司马迁因李陵一案而身受腐刑，但他没有被打垮，反而成就了他"史家之绝唱，无韵之离骚"的传世之作。

失意，会使人细细品味人生，反复咀嚼苦辣，培养自身悟性，不断完善自己，失意而不失志，痛定思痛，重创业绩。失意不是一束鲜花而是一丛荆棘。鲜花虽令人怡情，但常常使人失去警惕；荆棘虽叫人心悸，但却使人头脑清醒。

失意，犹如逆境，而逆境是到达理想境界的通途。英国学者贝弗里奇曾说过："人们最出色的工作，往往在处于逆境的情况下做出，思想上的压力，甚至肉体上的痛苦，都可能成为精神上的兴奋剂。"善待失意，常常会产生一种无形的鞭策，催人奋进。

失意，是一帖清醒剂，而清醒剂是一条鞭子，它使人知不足。知不足则思学习，学习便有知识，知识愈多愈能善待失意，将失意当作攀登时的手杖。

失意，是一面镜子，而镜子能照见人的污浊。见朽而小怒，悉心审视自身，再闯新路。一次失意就灰心失望的人，永远是个失败者。善待失意，因为人生本就是一场无休止的战斗，而失意便是无形的敌人，善待失意就能战胜失意。

人生得意，可歌可泣；人生失意，亦需善待。因为人生难免不如意，每个人的一生中，随时都会碰上湍流和险境。如果低下头来，看到的只是险恶与绝望，在眩晕之中失去了生命的斗志，就使自己堕入地狱里。而我们若能抬头，看到的则是一片辽阔的天空，那是一个充满了希望，并让我们飞翔的天地。

人生感悟

　　失意是一场必经的风雨，是一段必走的路程。失意似荆棘，似良药，固然伤人、苦口，但能使人痛定思痛，头脑清醒。善待失意，才能走出人生的低谷，赢得属于自己的一片天空。

原谅生活，是为了更好地生活

人生在世，我们不必总跟自己过不去，也别跟生活过不去，没理由不滋润、不快活，关键是我们选择什么样的角度看生活与看自己。我们有我们的悲哀，生活有生活的难处，应当学会原谅生活。

宋代大诗人苏轼说："人有悲欢离合，月有阴晴圆缺，此事古难全。"古人有古人的悲哀，可古人很看得开，其把人世间的悲欢离合比作月的阴晴圆缺，一切全出于自然，其中有永恒不变的真理，它像一只无形的手在那里翻云覆雨，演绎着多姿多彩的世界，今人也有今人的苦恼，因为"此事古难全"。

苦恼和悲哀常常引起人们对生活的抱怨，哀自己的命运，怨生活的不公。其实生活仍然是生活，关键看你取什么角度。人生是什么？从某种意义上说，人生就像一场赌局，用你的青春去赌事业，用你的痛苦去赌欢乐，用你的爱去赌别人的爱。要不诗人顾城怎么会说："如果你觉得活得没意思了，那就该死了。"

每逢沮丧失落时，我们对一切感到乏味，生活的天空阴云密布，看什么都不顺眼，像 T 恤衫上印着的：别理我，烦着呢！生活中有很多时候我们心情不好。面对落榜，面对失恋，面对解释不清的误会，我们的确不易很快地超脱。但是人有逆反心理，只要你能想得开，忧郁就会被生气勃勃的憧憬所取代。烦些什么？你的敌人就是你自己，战胜不了自己，没法不失败；想不开、钻死胡同，全是自己所为。

人生感悟

　　原谅生活有那么多阴差阳错，因为它要让你学会坚强、珍惜。生活在这个世界上，我们不得不怀着一颗宽大的心去原谅诸多人和事，原谅上天对人的不公，因为它总要去考验一些人、捉弄一些人……

简单即幸福

　　住在田边的蚂蚱对住在路边的蚂蚱说："你这里太危险，搬来跟我住吧！"路边的蚂蚱说："我已经习惯了，懒得搬了。"几天后，田边的蚂蚱去探望路边的蚂蚱，却发现它已被车子压死了。

　　——原来掌握命运的方法很简单，远离懒惰就可以了。

　　一只小鸡破壳而出的时候，刚好有只乌龟经过，从此以后，小鸡就打算背着蛋壳过一生。它受了很多苦，直到有一天，它遇到了一只大公鸡。

　　——原来摆脱沉重的负荷很简单，寻求名师指点就可以了。

　　一个孩子对母亲说："妈妈你今天好漂亮。"母亲问："为什么？"孩子说："因为妈妈今天一天都没有生气。"

　　——原来要拥有漂亮很简单，只要不生气就可以了。

　　一位农夫，叫他的孩子每天在田地里辛勤工作，朋友对他说："你不需要让孩子如此辛苦，农作物一样会长得很好的。"农夫回答说："我不是在培养农作物，我是在培养我的孩子。"

　　——原来培养孩子很简单，让他吃点苦头就可以了。

　　有一家商店经常灯火通明，有人问："你们店里到底是用什么牌子的灯管？那么耐用。"店家回答说："我们的灯管也常常坏，只是我们坏了就换而已。"

　　——原来保持明亮的方法很简单，只要常常换掉坏的灯管就可以了。

　　有一支淘金队伍在沙漠中行走，大家都步伐沉重，痛苦不堪，只有一个人快乐地走着，别人问："你为何如此惬意？"他笑着说："因为我带的东西最少。"

——原来快乐很简单，只要放弃多余的包袱就可以了。

当代作家刘心武曾说："在五光十色的现代世界中，应该记住这样古老的真理：活得简单才能活得自由。"

简单是一种美，是一种朴实且散发着灵魂香味的美。

简单不是粗陋，不是做作，而是一种真正的大彻大悟之后的升华。

现代人的生活太复杂了，到处都充斥着金钱、功名、利欲的角逐，到处都充斥着新奇和时髦的事物。被这样复杂的生活所牵扯，我们能不疲惫吗？

美国哲学家梭罗有一句名言感人至深："简单点儿，再简单点儿！奢侈与舒适的生活，实际上妨碍了人类的进步。"他发现，当他生活上的需要简化到最低限度时，生活反而更加充实。因为他已经无须为了满足那些不必要的欲望而使心神分散。

简单地做人，简单地生活，不依附权势，不贪求金钱，心静如水，无怨无争，拥有一份简单的生活，不也是一种很惬意的人生。

人生感悟

多一分用心，多一些简单，生活真的很美好。

幸福生活的秘诀

有一篇《健康快乐的秘诀》，文章劝勉人们在日常生活中，以下面的生活姿态去创造幸福。

1. 做一做那些你想做却没时间做的事情。

2. 给一个疏于联络的老朋友打电话。

3. 忘记过去某个时间让你生气的某个人或某件事。用记忆中快乐的片断来代替不愉快。

4. 与一个闷闷不乐的人共读一则笑话——笑话是灵丹妙药。

5. 不要轻易许诺。

6. 鼓励别人，给予他人帮助。

7. 尽量与你的家人和朋友在一起。

8. 多赞美别人，因为这可能是他最需要的礼物。

9.当你发现做错了事情时立即道歉，道歉不是弱小的表现，而是勇气的象征；不要自夸，如果你做了好事，最终会有人发现。

10.试着去理解一些与你的想法迥异的观点。

11.放松，当你想发脾气的时候，告诉自己这件事情可能会影响你一个星期。

12.交一个朋友，就如在你的面前展现了一个新的世界。

13.不要对一个孤注一掷做事的人说泄气话。乐观一点，有助于达到目标。

14.对好事表示欣赏，这样既阐明了你的观点，又培养了良好的心境。

15.读一本好书，扔掉那些坏书。

16.需要勇敢的时候，问问自己："人生能有几回搏？"

17.好好照顾自己。对食物有所选择会让你感觉更好，外表也会更美观。

18.不要任烟雾污染你的空间，及时制止在你周围吸烟的人。

19.还掉你借的书，整理衣柜中的衣物。

20.把抽屉里的照片取出来，装入影集。

21.看到人行道上有果皮，拾起来扔进垃圾箱里，别置之不理。

22.不要说你自己都怀疑是对是错的话，不要做你也不知道是对是错的事情。

23.满怀喜悦地看待世界的景观。

24.昂首挺胸地走路，多些微笑，你看起来至少要年轻 10 岁。

25.不要害怕说"我爱你"——这世界上最美丽的语言，生命中有爱做伴，你就会有所收获。

人生感悟

一个小小的举动、一句暖暖的话语，足以触及幸福生活的内涵和秘密。

用一颗平常心对待生活

在果园的核桃树旁边，长着一棵桃树，它的嫉妒心很重，一看到核桃树上挂满的果实，心里就觉得很不是滋味。

"为什么核桃树结的果子要比我多呢？"桃树愤愤不平地抱怨着，"我有哪一点不如它呢？老天爷真是太不公平了！不行，明年我一定要和它比个高低，结出比它还要多的桃子！让它看看我的本事！"

"你不要无端嫉妒别人啦，"长在桃树附近的老李子树劝诫道，"难道你没有发现，核桃树有着多么粗壮的树干、多么坚韧的枝条吗？你也不动动脑想一想，如果你也结出那么多的果实，你那瘦弱的枝干能承受得了吗？我劝你还是安分守己，老老实实地过日子吧！"

自傲的桃树可听不进李子树的忠告，嫉妒心蒙住了它的耳朵和眼睛，不管多么有理的规劝，对它都起不到任何作用了。桃树命令它的树根尽力钻得深些、再深些，要紧紧地咬住大地，把土壤中能够汲取的营养和水分统统都吸收上来。它还命令树枝使出全部的力气，拼命地开花，开得越多越好，而且要保证让所有的花朵都结出果实。

它的命令生效了，第二年花期一过，这棵桃树浑身上下密密麻麻地挂满了桃子。桃树高兴极了，它认为今年可以和核桃树好好比个高低了。

充盈的果汁使得桃子一天天加重了分量，渐渐地，桃树的树枝、树杈都被压弯了腰，连气都喘不过来了。可是桃树不肯放弃即将到来的荣耀，它下令树枝与树杈要坚持住，不能半途而废。

一天，不堪重负的桃树发出一阵哀鸣，紧接着就听到"咔嚓"一声，树干齐腰折断了。尚未完全成熟的桃子滚落了一地，在核桃树脚下渐渐地腐烂了。

拥有平常心，你也就拥有了人格魅力，也就能"任云卷云舒去留无意"。平常心是宠辱不惊的心，它能够使你视金钱如粪土，视功名为过眼烟云。拜伦说："真有血性的人，绝不乞求别人的重视，也不怕被人忽视。"爱因斯坦用钞票当书签，居里夫人把诺贝尔奖牌给女儿当玩具。莫笑他们的"荒唐"之举，这正是他们淡泊名利的平常心的表现，是他们崇高精神的折射。

当你用一颗平常心去对待生活时，你就会发现真情就在你身边。平常心是理解、宽容、忍让的心，就是欢乐别人的欢乐、痛苦别人的痛苦、喜悦别人的喜悦。多一分理解和关爱，世界就多一分真善美。

拥有平常心，你就会奋发进取。平常心是颗尊重别人的心，就是尊重别人的劳动、人格、理想、信仰等。尊重使自己无形间得到好的修养，感受到精神的美。平常心是颗坚强的心，不畏泥泞路，不怕风雪夜。它使人始终奋勇向前，永不倒下。

一棵柔弱的小草，在陡峭的断岩上，在狂风中它几乎要被连根拔起，但它摇曳的身姿却透出它的坚强不屈与从容不迫。

平常心不是看破红尘，也不是消极遁世。平常心是一种境界，平常心是一种积极的心态。以平常心观不平常事，则事事平常。不以物喜，不以己悲。工作本极平常，以平常心视之，则利于敬业不衰，充分发挥自身潜力。

希望那些缺乏自知之明、贪慕虚荣而又缺少平常心的人能从这则故事中得到有益的教育和启示。

人生感悟

当你用一颗平常心去对待生活时，你就会发现：真情，就在你身边。

知足才能常乐

有一个村庄，里面住着独眼的瞎爷。

瞎爷的左眼是在他 9 岁那年瞎的。一场高烧之后，他忽然对他的爹娘说："我的左眼看不见东西了！"两位老人一惊，忙过来用手在他左眼前晃，而那只左眼果然像坏了的钟摆一样一动不动。他爹娘顿时泪流满面，独生的儿子瞎了一只眼睛可怎么办呀！没料到爹娘哭得伤心的时候，他却慢腾腾地说："爹娘，你们哭啥，应该笑才对！这场病不是只弄坏了我一只眼吗？左眼瞎了，右眼还能看得见呢！总比两只眼都弄坏了要好嘛！你们想一想，我比起世界上的那些双目失明的人，不是要强多了吗？"儿子的一番话，把两位老人惊住了，后来想想也有理，于是停止了流泪。

他的家境不好，爹娘无力供他读书，只好让他去私塾里旁听。他的爹娘为此十分伤心，瞎爷当时却劝道："我如今也已识了些字，虽然不多，但总比那些一天书没念，一个字不识的孩子强多了吧！"爹娘一听也觉得安然了许多。

后来，瞎爷娶了个嘴巴很大的媳妇。爹娘又觉得对不住儿子，瞎爷劝他们说："能娶到这样的一个媳妇已经很不错了，和世界上的许多光棍汉比起来，简直可以说是好到天上去了！"这个媳妇勤快、能干，可脾气不好，不温柔、不驯服，把婆婆气得心口疼。儿子劝道："娘，你这个媳妇是有些不大称你的心意，可是你想想，天底下比她差得多的媳妇还有不少。你的儿媳妇脾气虽是暴躁了些，不过还是很勤快，又不骂人。"爹娘一听真有些道理，怄的气也少了。

瞎爷的孩子都是闺女，于是媳妇总觉得对不起他们家，瞎爷又劝他的媳妇道："这有什么值得愧疚的呢？我认为你还是个很有能耐的女人哩！世界上有好多结了婚的女人，压根儿就没有孩子，别说五个女儿，她们连一个女儿都生不出来。咱们这五个女儿，等到长大之后就会有五个女婿，日后等咱们老了，逢年过节的时候，五个女儿女婿一起提了酒、拎了肉回来孝敬咱们两个老人，那该多热闹！

那些家虽有儿子几个，却妯娌不和，婆媳之间争得不得安宁，我们与这样的家相比，不知要强多少倍！"

可是，瞎爷家确实贫寒得很，妻子实在熬不下去了，便不断抱怨。瞎爷说："你只跟那些住进深宅大院、家有万贯资财、顿顿吃肉喝酒的人家相比，你自然是越比越觉得咱这日子是没法过了，但是你只要瞧瞧那些拖儿带女四处讨饭的人家，白天饱一顿饥一顿，晚上睡在别人家的屋檐下，弄不好还会被狗咬一口，你就会觉得咱家这日子还真是不赖。虽然咱没有馍吃，可是咱们还有稀饭可以喝；虽然咱们家买不起新衣服，可是总还有旧的衣裳穿，我们家这房子虽然有些漏雨的地方，可总还是住在屋子里边，和那些讨饭维持生活的人相比，我们家的日子可以算是天堂了……"

瞎爷老了，想在合眼前把棺材做好，然后安安心心地走。可做的棺材属于非常寒酸的那一种，妻子愧疚不已，瞎爷劝说："这棺材比起富豪家的上等柏木是差远了，可是比起那些穷得连棺材都买不起、尸体用草席卷的人，不是要强多了吗？"

瞎爷活到72岁，无疾而终。在他临死之前，对哭泣的老伴说："有啥好哭的，我已经活到72岁，比起那些活到八九十岁的人，不算高寿，可是比起那些四五十岁就死了的人，我不是好多了吗？"

瞎爷死的时候，面孔安详，眼角还留有笑容……

瞎爷的人生观，正是一种乐天知足的人生观，一种只和那些境况不如自己的人相比，而永远不和那些比自己强的人攀比，并以此而找到了快乐的人生哲学。

美国人艾迪·雷根伯克在探险时，与他的同伴迷失在浩瀚的太平洋里，他们毫无希望地在救生筏上漂流了21天之久。艾迪说："我从那次经验里所学到的最重要的一课是：如果你有足够的新鲜的水可以喝，有足够的食物可以吃，你就绝不要再抱怨任何事情了。"艾迪在他浴室的镜子上贴着这样几句话，好让自己每天早上刮胡子的时候都能看到：

"人家骑马我骑驴，

回头看看推车汉，

比上不足，比下有余。"

知足是对欲望的一种理性的审视。如果你有一颗牙痛起来，那你就要欢欢喜喜，因为你不是满口牙都痛。你手上扎了一根刺，你高兴地喊一声："幸亏不是扎在眼睛里！"

　　知足是一种境界，知足的人总是微笑着面对生活，在知足的人眼里，世界上没有解决不了的问题，没有过不去的河，他们会为自己寻找合适的台阶，而绝不会庸人自扰。知足是一种大度，大"肚"能容天下事，在知足者的眼里，一切过分的纷争和索取都显得多余，在他们的天平上，没有比知足更容易求得心理平衡了。知足是一种宽容，对他人宽容，对社会宽容，对自己宽容，这样才会得到一个相对宽松的生存环境。知足常乐，此之谓也。

人生感悟

　　俄国作家契诃夫对知足常乐有深刻的体会，他说："为了让内心不断感到幸福，甚至在忧伤悲愁的时候也不变，那就需要：善于满足于现状；高兴地体会到'本来事情可能更糟'。"

下山的也是英雄

　　人们习惯于对爬上高山之巅的人顶礼膜拜，把高山之巅的人看作是偶像、英雄，却很少将目光投放在下山的人身上。这是人之常理，但是实际上，能够及时主动地从光环中隐退的下山者也是"英雄"。

　　有多少人把"隐退"当成"失败"。曾经有过非常多的例子显示，对于那些惯于享受欢呼与掌声的人而言，一旦从高空中掉落下来，就像是艺人失掉了舞台，将军失掉了战场，往往因为一时难以适应，而自陷于绝望的谷底。

　　心理专家分析，一个人若是能在适当的时间选择做短暂的隐退（不论是自愿还是被迫），都是一个很好的转机，因为它能让你留出时间观察和思考，使你在独处的时候找到自己内在真正的世界。

　　唯有离开自己当主角的舞台，才能防止自我膨胀。虽然，失去掌声令人惋惜，但换一种思维看问题，心理专家认为，"隐退"就是进行深层学习。一方面挖掘自己的阴影，一方面重新上发条，平衡日后的生活。当你志得意满的时候，是很难想象没有掌声的日子的。但如果你要一辈子获得持久的掌声，就要懂得享受"隐退"。

　　作家班塞说过一段令人印象深刻的话："在其位的时候，总觉得什么都不能舍，一旦真的舍了之后，又发现好像什么都可以舍。"曾经做过杂志主编，翻译出版过许多知名畅销书的班塞，在他事业巅峰的时候退下来，选择当个自由人，重新思考人生的出路。

40岁那年，欧文从人事经理被提升为总经理。3年后，他自动"开除"自己，舍弃堂堂"总经理"的头衔，改任没有实权的顾问。

正值人生最巅峰的阶段，欧文却奋勇地从急流中跳出，他的说法是："我不是退休，而是转进。"

"总经理"三个字对多数人而言，代表着财富、地位，是事业身份的象征。然而，短短3年的总经理生涯，令欧文感触颇深的，却是诸多的"无可奈何"与"不得已而为"。

他全面地打量自己，他的工作确实让他过得很光鲜，周围想巴结自己的人更是不在少数，然而，除了让他每天疲于奔命，穷于应付之外，他其实活得并不开心。这个想法，促使他决定辞职。"人要回到原点，才能更轻松自在。"他说。

辞职以后，司机、车子一并还给公司，应酬也减到最低。不当总经理的欧文，感觉时间突然多了起来，他把大半的精力拿来写作，抒发自己在广告领域多年的观察与心得。

"我很想试试看，人生是不是还有别的路可走。"他笃定地说。

事实上，欧文在写作上很有天分，而且多年的职场经历给他积累了大量的素材。现在欧文已经是某知名杂志的专栏作家，期间还完成了两本管理学著作，欧文迎来了他的第二个人生辉煌。

事实上，"隐退"很可能只是转移阵地，或者是为了下一场战役储备新的能量。但是，很多人认不清这点，反而一直缅怀着过去的光荣，他们始终难以忘情"我曾经如何如何"，不甘于从此做个默默无闻的小人物。走下山来，你同样可以创造辉煌，同样是个大英雄！

人生感悟

> 唯有离开自己当主角的舞台，才能防止自我膨胀。虽然，失去掌声令人惋惜，但换一种思维看问题，这何尝不是另一种惬意的生活呢。

第三章

成功时看得起别人，
失败时看得起自己

　　人难免有成功、失败之时，关键不在成功与失败的本身，而在人们面对它们时的态度。成功的时候不要过高评估自己，失败的时候也不要过低评价自己，这样才能做到得意不忘形、失意不沮丧。

　　古今中外从事各种不同事业的成功人士都有一种共同点，那就是不管他们事业遭受挫折处于低谷，还是攀上了成功顶峰的时候，他们始终都能够保持平常心态，得不喜、失不忧、成不骄、败不馁，不偏不倚、不懈不满的镇定和正常的心理状态。因为这样的心态，才能在人生的每一步路上都走得踏踏实实，走得无怨无悔。

相信自己，别人才能相信你

现实中，许多人说：我相信我自己，我是最棒的！当我们在喊这些口号时，我们是否真的相信自己？我们会不会一出门或遇到一点困难，就忘掉刚才所喊的这句话呢？

自信是一种可贵的心理品质，它一方面需要培养，一方面也要依赖知识、体能、技能的储备。

在培养自信时，要注意以下两点：一是注重暗示的作用。"暗示"是一个心理学名词，主要指人的主观感受、主观意识对人的行为的一种引导、控制作用。在做一件事情之前，心中默念"我能干好"或"我能行"之类的话，这样可使自己从心理上放松，久而久之也逐渐地培养了自信的品质。

二是从行为方式上给人以自信的印象。行为方式是人的思想品质的外在体现，如果行动上畏畏缩缩，或者不知所措，很难令人把你同自信联系起来。与人谈话时，要看着对方的眼睛（当然不能死死地盯着），不躲避对方的目光；说话时要尽量清晰而有条理地表达，不让声音憋在嗓子里。如果对要表述的内容心中没底，就预演一番，这样心里就有把握了。

有一位顶尖的杂技高手，一次，他参加了一个极具挑战的演出，这次演出的主题是在两座山之间的悬崖上架一条钢丝，而他的表演节目是从钢丝的这边走到另一边。杂技高手走到悬在山上钢丝的一头，然后注视着前方的目标，并伸开双臂，慢慢地挪动着步子，终于顺利地走了过去。这时，整座山响起了热烈的掌声和欢呼声。

"我要再表演一次，这次我要绑住我的双手走到另一边，你们相信我可以做到吗？"杂技高手对所有的人说。我们知道走钢丝靠的是双手的平衡，而他竟然要把双手绑上。但是，因为大家都想知道结果，所以都说："我们相信你，你是最棒的！"杂技

高手真的用绳子绑住了双手，然后用同样的方式一步、两步……终于又走了过去。"太棒了，太不可思议了！"所有的人都报以热烈的掌声。但没想到的是杂技高手又对所有的人说："我再表演一次，这次我同样绑住双手然后把眼睛蒙上，你们相信我可以走过去吗？"所有的人都说："我们相信你！你是最棒的！你一定可以做到！"

杂技高手从身上拿出一块黑布蒙住了眼睛，用脚慢慢地摸索到钢丝，然后一步一步地往前走，所有的人都屏住呼吸，为他捏一把汗。终于，他走过去了！表演好像还没有结束，只见杂技高手从人群中找到一个孩子，然后对所有的人说："这是我的儿子，我要把他放到我的肩膀上，我同样还是绑住双手、蒙住眼睛走到钢丝的另一边，你们相信我吗？"所有的人都说："我们相信你！你是最棒的！你一定可以走过去的！"

"真的相信我吗？"杂技高手问道。

"相信你！真的相信你！"所有人都这样说。

"我再问一次，你们真的相信我吗？"

"相信！绝对相信你！你是最棒的！"所有的人都大声回答。

"那好，既然你们都相信我，那我把我的儿子放下来，换上你们的孩子，有愿意的吗？"杂技高手说。

这时，整座山上鸦雀无声，再也没有人敢说相信了。

人生感悟

　　知识、技能的储备是自信的基础，具备了足够的知识和实际能力，自信就会发自内心，不必强装。否则，越是显得自信，就越是不自信。

　　只有自己真的相信自己，才能让别人相信你。

失意人面前莫谈你的得意，这是对人起码的尊重

有一次，王丰约了几个朋友来家里吃饭，这些朋友彼此间都很熟识。王丰把他们聚拢来主要是想借着热闹的气氛让一位目前正陷于低潮的朋友心情好一些。

这位朋友不久前因经营不善结束了一家公司的经营，妻子也因为不堪生活的压力正与他闹离婚，内外交迫，他实在痛苦极了。

来吃饭的朋友都知道这位朋友目前的遭遇，大家都避免谈与事业有关的事。可是其中一位因为目前发了大财，赚了很多钱，酒一下肚忍不住就开始谈他的赚钱本领和花钱工夫，那种得意的神情连王丰看了都有些不舒服。王丰那位失意的朋友低头不语，脸色非常难看，一会儿去上厕所，一会儿去洗脸，后来还是提早离开了。王丰送他出去，走到巷口时，他愤愤地说："老吴有本事赚钱也不必在我面前吹嘘嘛！"

人生感悟

谁都有不顺心的时候，在他人失意时提及自己的得意，便于无形中伤害了别人的自尊。尽量避免谈自己的成就，这是对他人的一种敬重。

繁花尽开花易落，得意之时莫忘形

唐朝郭子仪爵封汾阳王，王府建在首都长安的亲仁里。汾阳王府自落成后，每天都是府门大开，任凭人们自由进进出出，而郭子仪不允许其府中的人对此加以干涉。有一天，郭子仪帐下的一名将官要调到外地任职，来王府辞行。他知道郭子仪府中百无禁忌，就一直走进了内宅。恰巧，他看见郭子仪的夫人和他的爱女正在梳妆打扮，而王爷郭子仪正在一旁侍奉她们，她们一会儿要王爷递毛巾，一会儿要他去端水，使唤王爷就好像奴仆一样。这位将官当时不敢讥笑郭子仪，回家后，他禁不住讲给他的家人听，于是一传十，十传百，没几天，整个京城的人都把这件事当成笑话来谈论。郭子仪听了倒没有什么，他的几个儿子听了却觉得大丢王爷的面子，他们决定对父亲提出建议。

他们相约一齐来找父亲，要他下令，像别的王府一样，关起大门，不让闲杂人等出入。郭子仪听了哈哈一笑，几个儿子哭着跪下来求他，一个儿子说："父王您功业显赫，普天下的人都尊敬您，可是您自己却不尊重自己，不管什么人，您都让他们随意进入内宅。孩儿们认为，即使商朝的贤相伊尹、汉朝的大将霍光也无法做到您这样。"

郭子仪听了这些话，收敛了笑容，对他的儿子们语重心长地说："我敞开府门，任人进出，不是为了追求浮名虚誉，而是为了自保，为了保全我们全家人的性命。"

儿子们感到十分惊讶，忙问其中的道理。

郭子仪叹了一口气，说道："你们光看到郭家显赫的声势，而没有看到这声势有丧失的危险。我爵封汾阳王，往前走，再没有更大的富贵可求了。月盈而蚀，盛极而衰，这是必然的道理。所以，人们常说要急流勇退。可是眼下朝廷尚要用我，怎肯让我归隐，再说，即使归隐，也找不到一块能够容纳我郭府一千余口人的隐居地呀。可以说，我现在是进不得也退不得。在这种情况下，如果我们紧闭大门，不与外面来往，只要有一个人与我郭家结下仇怨，诬陷我们对朝廷怀有二心，就必然会有专门落井下石、妨害贤能的小人从中添油加醋，制造冤案。那时，我们郭家的九族老小都要死无葬身之地了。"

郭子仪所以让府门敞开，是因为他深知官场的险恶，正因为他具有很高的政治眼光，又有一定的德性修养，善于忍受各种复杂的政治环境，因此即使在自己功勋卓著的日子，也时时做好了准备应付可能发生的危险。

人生感悟

《红楼梦》中有一段元春死后托梦的诗句："身后有余忘缩手，眼前无路想回头。"做人要永远为自己留条后路。永远记住花未全开、月未全圆才最好，一旦花怒放就要面临萎谢，所以人在得意之时切莫放纵自己。

将姿态放低，赢得他人敬重

在美国第 16 任总统林肯的故居里，挂着他的两张画像，一张有胡子，一张没有胡子。在画像旁边墙上贴着一张纸，上面歪歪扭扭地写着：

亲爱的先生：

我是一个 11 岁的小女孩，非常希望您能当选美国总统，因此请您不要见怪我给您这样一位伟人写这封信。

如果您有一个和我一样的女儿，就请您代我向她问好。要是您不能给我回信，就请她给我写吧。我有 4 个哥哥，他们中有两人已决定投您的票。如果您能把胡子留起来，我就能让另外两个哥哥也选您。您的脸太瘦了，如果留起胡子就会更好看。所有女人都喜欢胡子，那时她们也会让她们的丈夫投您的票。这样，您一定会当选总统。

格雷西

1860 年 10 月 15 日

在收到小格雷西的信后，林肯立即回了一封信。

我亲爱的小妹妹：

收到你 15 日的来信，非常高兴。我很难过，因为我没有女儿。我有 3 个儿子，一个 17 岁，一个 9 岁，一个 7 岁。我的家庭就是由他们和他们的妈妈组成的。关于胡子，我从来没有留过，如果我从现在起留胡子，你认为人们会不会觉得有点可笑？

真诚地祝愿你

林肯

第二年 2 月，当选的林肯在前往白宫就职途中，特地在小女孩的小城韦斯特菲尔德车站停了下来。他对欢迎的人群说："这里有我的一个小朋友，我的胡子就是为她留的。如果她在这儿，我要和她谈谈。她叫格雷西。"这时，小格雷西跑到林肯面前，林肯把她抱了起来，亲吻她的面颊。小格雷西高兴地抚摸他又浓又密的胡子。林肯对她笑着说："你看，我让它为你长出来了。"

人生感悟

伟人在高处还能够弯腰，恰恰证明了他的伟大。在他人面前将自己的姿态放得越低，越能赢得他人的敬重。

为人处世要谦恭

苏东坡在湖州做了 3 年官，任满回京。想当年，因得罪王安石，落得被贬的结局，这次回来应投门拜见才是。于是，便往宰相府去。

此时，王安石正在午睡，书童便将苏轼迎入东书房等候。

苏轼闲坐无事，见砚下有一方素笺，原来是王安石两句未完诗稿，题是咏菊。苏东坡不由笑道：

"想当年我在京为官时，此老下笔数千言，不假思索。3 年后，却是江郎才尽，起了两句头便续不下去了。"

他把这两句念了一遍，不由叫道：

"呀，原来连这两句诗都是不通的。"

诗是这样写的：

"西风昨夜过园林，吹落黄花满地金。"

在苏东坡看来，西风盛行于秋，而菊花在深秋盛开，最能耐久，随你焦干枯烂，却不会落瓣。一念及此，苏东坡按捺不住，依韵添了两句：

"秋花不比春花落，说与诗人仔细吟。"

待写下后，又想如此抢白宰相，只怕又会惹来麻烦，若把诗稿撕了，不成体统。左思右想，都觉不妥，便将诗稿放回原处，告辞回去了。

第二天，皇上降诏，贬苏轼为黄州团练副使。

苏东坡在黄州任职将近一年，转眼便已深秋，这几日忽然起了大风。风息之后，后园菊花棚下，满地铺金，枝上全无一朵。苏东坡一时目瞪口呆，半晌无语。此时方知黄州菊花果然落瓣！不由对友人道：

"小弟被贬，只以为宰相是公报私仇。谁知是我错了。切记啊，不可轻易讥笑人，正所谓经一失、长一智呀。"

苏东坡心中含愧，便想找个机会向王安石赔罪。想起临出京时，王安石曾托自己取三峡之中峡水用来冲阳羡茶，由于心中一直不服气，早把取水一事抛在脑后。现在便想趁冬至节送贺表到京的机会，带着中峡水给宰相赔罪。

此时已近冬至，苏轼告了假，带着因病返乡的夫人经四川进发了。在夔州与夫人分手后，苏轼独自顺江而下，不想因连日鞍马劳顿，竟睡着了，及至醒来，已是下峡，再回船取中峡水又怕误了上京时辰，听当地老人道："三峡相连，并无阻隔。一般样水，难分好歹。"便装了一瓷坛下峡水，带着上京去了。

上京来，先到宰相府拜见宰相。

王安石命门官带苏轼到东书房。苏轼想到去年在此改诗，心下愧然。又见柱上所贴诗稿，更是羞惭，便跪下谢罪。

王安石原谅了苏轼以前没见过菊花落瓣。待苏轼献上瓷坛，书童取水煮了阳羡茶。

王安石问水从何来，苏东坡道：

"巫峡。"

王安石笑道：

"又来欺瞒我了，此明明是下峡之水，怎么冒充中峡？"

苏东坡大惊，急忙辩解道："误听当地人言，三峡相连，一般江水，但不知宰相何以能辨别？"

王安石语重心长地说道：

"读书人不可轻举妄动，定要细心察理。我若不是到过黄州，亲见菊花落瓣，怎敢在诗中乱道？三峡水性之说，出于《水经补注》，上峡水太急，下峡水太缓，唯中峡缓急相伴，如果用来冲阳羡茶，则上峡味浓，下峡味淡，中峡浓淡之间，今见茶色半晌方见，故知是下峡。"

苏东坡敬服。

王安石又把书橱尽数打开，对苏东坡言道：

"你只管从这二十四橱中取书一册，念上文一句，我若答不上下句，就算我是无学之辈。"

苏东坡专拣那些积灰较多，显然久不观看的书来考王安石，谁知王安石竟对答如流。

苏东坡不禁折服：

"老太师学问渊深，非我晚辈浅学可及！"

苏东坡乃一代文豪，诗词歌赋，都有佳作传世，只因恃才傲物，口出妄言，竟3次被王安石所屈，从此再也不敢轻易讥笑他人了。

人生感悟

我们不可能对万事万物都了如指掌，为人谦恭既是对他人的敬重，也是保护自己的良策。

要与人为善，不要和人争斗

在风景如画的美国加利福尼亚，年轻的海洋生物学家布兰姆做了一个十分重要的观察实验。这天，他潜入深水，看到了一个奇异的场面：一条银灰色的大鱼离开鱼群，向一条金黄色的小鱼快速游去。布兰姆以为，这条小鱼已在劫难逃了。然而，大鱼并没有恶狠狠地向小鱼扑去，而是停在小鱼面前，平静地张开了鱼鳍，一动也不动。那小鱼见了，便毫不犹豫地迎上前去，紧贴着大鱼的身体，用尖嘴东啄啄西啄啄，好像在吮吸什么似的。最后，它竟将半截身子钻入大鱼的鳃盖中。几分钟以后，它们分手了，小鱼潜入海草丛中，那大鱼则轻松地追赶自己的同伴去了。在这以后的数月里，布兰姆进行了一系列的跟踪观察研究，他多次见到这种情景。看来，现象并不是偶然的。经过一番仔细的观察，布兰姆认为，小鱼是"水晶宫"里的"大夫"，它是在为大鱼治病。

鱼"大夫"身长只有三四厘米，这种小鱼色彩艳丽，游动时就像条飘动的彩带，因而当地人称它为"彩女鱼"。鱼"大夫"喜欢在珊瑚礁或海草丛生的地方游来游去，那是它们开设的"流动医院"。栖息在珊瑚礁中的各种鱼，一见到彩女鱼就会游过去，把它团团围住。有一次，布兰姆发现，几百条鱼围住了一条彩女鱼。这条彩女鱼时而拱向这一条，时而拱向另一条，用尖嘴在它们身上啄食着什么东西。而这些大鱼怡然自得地摆出了各种姿势，有的头朝上，有的头向下，也有的侧身横躺，甚至腹部朝天。这多像个大病房啊！

布兰姆把这条彩女鱼捉住，剖开它的胃，发现里面装满了各种寄生虫、小鱼以及腐蚀的鱼虫。为大鱼清除伤口的坏死组织，啄掉鱼鳞、鱼鳍和鱼鳃上的寄生虫，这些脏东西又成了鱼"大夫"的美味佳肴。这种合作对双方都很有好处，生物学上将这种现象称为"共生"。

在大海中，类似彩女鱼这样的鱼"大夫"共有 45 种，它们都有尖而长的嘴巴和鲜艳的色彩。

这些鱼"大夫"的工作效率十分惊人。有人在巴哈马群岛附近发现，那儿的一个鱼"大夫"，在 6 小时里竟接待了 300 多条病鱼。前来"求医"的大多是雄鱼，这是因为雄鱼好斗，受伤的机会较多；同时雄鱼比雌鱼爱清洁，除去脏东西后，它们便容光焕发，容易得到雌鱼的垂青。有趣的是，小小的彩女鱼在与凶猛的大鱼打交道时，不但没受到欺侮，还会得到保护呢！布兰姆对几百条凶猛的鱼进行了观察，在它们的胃里都没有发现彩女鱼。然而，他却多次看到，这些小鱼进入大鲈鱼张开的口中，去啄食里面的寄生虫。一旦敌人来临，大鲈鱼自身难保时，它便先吐出彩女鱼，不让自己的朋友遭殃，然后逃之夭夭，或前去对付敌人。

人生感悟

人的存在，就像篓子里的一堆螃蟹，你中有我、我中有你，纵横交错，息息相关，又相互伤害。唯有与人为善，方能减少这种伤害。

失败是迈向成功的阶梯

龙小姐从旅游学院毕业不久，就到一家著名饭店当接待员。参加工作不久，她就遇到了一个棘手的问题。

那天，一位来自美国的客人焦急地向值班经理反映，来中国前，他就预订了美国——日本——香港——北京——哈尔滨——深圳——新加坡的联票。但是，由于疏忽，一张去哈尔滨的机票没有及时确认，预定的航班被香港航空公司取消了。这一下他急了，他到哈尔滨是去签订合同。如不能及时赶到，将造成很大的损失。

酒店的老总当即安排龙小姐和另外一位老接待员解决这一问题。她们一起到民航售票处，向民航的售票员介绍了有关情况，希望她能够帮忙解决这一问题。

但售票员的回答是："是香港航空公司取消的航班，和我们没有关系。"

还有其他什么办法吗？要不重新买一张票吧。但一问，票已经全部卖完了。

于是她们再一次向售票员重申，这是一个很重要的外国客人，如不能及时赶到会造成很大的损失。但售票员的回答仍然是："对不起，我也无能为力。"

龙小姐问："难道就再没有别的办法吗？"

售票员说："如果是重要客人，你们可以去贵宾室试试。"

她们立即赶到了贵宾室。但在门口就被拦住了，工作人员要求她们出示贵宾证。这一下她们又傻眼了。此时此刻，到哪里去办贵宾证啊？

龙小姐不甘心，又向工作人员重申了一遍情况，但工作人员还是不同意让她们进去。她突然动了一个念头，于是问了一句："假如要买机动票，应该找谁？"

回答是："只有总经理。不过我劝你们还是别去找了，现在票紧张得很呢！"

碰了这么多次壁，同去的接待员已经灰心丧气了。她想：要找总经理，那恐怕更是没有希望。于是，她拉着龙小姐的手说："算了吧，肯定没希望了，还是回去吧，反正我们已经尽力了。"

那一瞬间，龙小姐也有点动摇了，但很快她又否定了自己的想法，还是毫不犹豫地向总经理办公室走去。见到总经理后，她将事情的来龙去脉又讲述了一遍。总经理听完之后，看着她满是汗水的脸，微微一笑，问："你从事这项工作多长时间了？"

得知她刚刚参加工作，总经理被她认真负责的态度感动了，说："我们只有一张机动票了，本来是准备留下来给其他重要客人的。但是，你的敬业精神和对客人负责的态度让我非常感动。这样吧，票就给你了。"

当她把机票送到望眼欲穿的客人手上时，客人简直是喜出望外。酒店的总经理知道这件事后，当着所有员工的面对她进行了表扬。不久，她被破格提拔为主管。

一次，她对一个朋友讲述了这个故事。朋友问她："你为何能做到这点？"

她回答说："其实，当我的同事说一点希望也没有的时候，我也很想放弃。

我已经被拒绝多次了，我也怕见到总经理后，会遭到拒绝。但是，我突然想起罗斯福曾讲过的一句名言：'我们唯一值得恐惧的就是恐惧本身——模糊的、轻率的、毫无道理的恐惧本身。'它给了我继续努力的勇气。"

在工作和生活中，我们经常犯这样的错误：还没有真正与问题接触，就将其无端放大，以至于很快心生恐惧，一味逃避，最终将自己打败。

实际上，问题绝大多数时候并不如我们想象的那样严重，只要我们撕破轻率恐惧的面纱，就能很好地解决它。

著名将军巴顿曾经说过："如果勇敢便是没有畏惧，那么我从来不曾见过一位勇敢的人。"即使再勇敢的人，也有畏惧的时候。

那么，怎样才能撕破轻率恐惧的面纱，从恐惧中解放出来、培养真正的勇气呢？最有效的方法，莫过于强迫自己面对。

美国总统艾森豪威尔小时候有过这样一段经历。5岁的时候，有一次去叔叔家玩。叔叔的房子后面养了一对大鹅，结果公鹅一见他就一边怪叫着一边向他扑来。他哪儿受得了这种恐吓！于是他拼命跑开，向大人哭诉。

受了几次惊吓后，叔叔找了个旧扫帚交给他，然后指着大鹅对他说："你一定能战胜它！"

当鹅再次向他冲来时，他手里拿着扫帚，浑身不住地颤抖。猛然间，他鼓足勇气大吼一声，挥起扫帚向鹅冲去。鹅掉头便跑，他紧追不舍，最后狠狠地给了鹅一下，鹅惨叫着逃跑了。从那以后，鹅只要一见他，就会远远地躲开。

从此，他懂得了一个道理：只要勇敢迎战，就能战胜对手。

有一段时间，他每天放学回家的时候，都被一个与他年龄相仿、粗壮好斗的男孩追赶。一天，这一幕正好被他父亲看见，于是冲他大喊："你干吗容忍那小子追得你满街跑？去把那小子给我赶走！"

于是，他不得不停下来，面对自己很怕的对手。他开始猛烈的反击，这一招立刻把对手吓住了，慌忙夺路而逃。艾森豪威尔顿时勇气大增，一把将对手抓住，正言厉色地警告他："如果你再敢找我的麻烦，我就每天打你一顿。"

通过这件事，他进一步悟出一个道理：别看有些人耀武扬威，其实不过是外强中干，唬人而已。

人生感悟

实际上，问题绝大多数时候并不如我们想象的那样严重，只要我们撕破轻率恐惧的面纱，就能很好地解决它。

胸怀雅量

生活中，你心中有善，你就能成为好人；你心中有恶，你就会成为恶人。从本质上讲，我们每个人的一生，都是由自己的心灵造就的。

有首打油诗写道："占便宜处失便宜，吃得亏时天自知。但把此心存正直，不愁一世被人欺。"内心正直、胸怀雅量，才能包容万物，才能以美好善良之心看待万物。

有一次，苏东坡来到寺院找佛印大师与其参禅打坐，坐了很长时间，大师问他在他的对面看到了什么？苏东坡坐在那里并没有真正参禅打坐，眯着眼睛，偷偷地看了佛印大师一眼，佛印大师长得黑黑的，又矮又胖，于是对着大师说："在我的面前，我仿佛看到狗屎一堆……大师，你的面前看到了什么？"大师声色不变，沉稳地说道："在我面前我仿佛看到如来本体。"

这下把苏东坡乐坏了，心想：我可占到便宜了，我把佛印说成狗屎一堆，而他却说我像如来本体。苏东坡高兴地回到家里，把事情的经过跟妹妹苏小妹说了一遍，苏小妹虽然年纪小，但却是个胸怀大志的女性，看到哥哥得意的样子就大声地对他说："哥哥，你还在那得意，这下你可输惨了，佛家讲的是心镜，你心里想到的是什么，你看到的就是什么，你说佛印是狗屎一堆，其实你就是狗屎一堆，他心里想到你是如来本体，其实他自己就是如来本体……"听到这儿，苏东坡恍然大悟，脸顿时热了起来。

人生感悟

如何培养雅量呢？

凡是小事，不要太过计较，要原谅别人的过失；

不如意的事来临时，泰然处之，不为所累；

受人讥讽，不要睚眦必报；

学会吃亏，便宜让给别人；

多看别人的优点，少盯着别人的缺点。

当别人看扁我们的时候，只有成绩才是最好的证明

阿兰·米穆是一位历经辛酸从社会最底层拼搏出来的法国当代著名长跑运动员，法国10000米长跑纪录创造者、第14届伦敦奥运会10000米赛亚军、第15届赫尔辛基奥运会5000米亚军、第16届墨尔本奥运会马拉松赛冠军，后来在法国国家体育学院执教。

米穆出生在一个相当贫穷的家庭。从孩提时代起，他就非常喜欢运动。可是，家里很穷，他甚至连饭都吃不饱。这对任何一个喜欢运动的人来讲都是很难堪的。例如，踢足球，米穆就是光着脚踢的，他没有鞋子。他母亲好不容易替他买了双草底帆布鞋，为的是让他去学校念书穿的。如果米穆的父亲看见他穿着这双鞋子踢足球，就会狠狠地揍他一顿，因为父亲不想让他把鞋子踢破。

12岁时，米穆已经有了小学毕业文凭，而且评语很好。他母亲对他说："你终于有文凭了，这太好了！"妈妈去为他申请助学金。但是，遭到了拒绝！

没有钱念书，于是米穆就当了咖啡馆里跑堂的。他每天要一直工作到深夜，但还是坚持长跑。为了能进行锻炼，他每天早上5点钟就得起来，累得他脚跟都发炎了。为了有碗饭吃，米穆没有多少工夫去训练。不过，他还是咬紧牙关报名参加了法国田径冠军赛。米穆仅仅进行了一个半月的训练。他先是参加了10000米比赛，可是只得了第三名。第二天，他决定再参加5000米比赛。幸运的是，他得了第二名。就这样，米穆被选中并被带进了伦敦奥林匹克运动会。

对米穆来说，这简直是不可思议的事情！他在当时甚至还不知道什么是奥林匹克运动会，也从来想象不到奥运会是如此宏伟壮观。全世界好像都凝缩在那里了。在这个时刻，他知道自己代表法国。

但有些事情让米穆感到不快，那就是，他并没有被人认为是一名法国选手，没有一个人看得起他。比赛前几个小时，米穆想请人替自己按摩一下，于是他便很不好意思地去敲了敲法国队按摩医生的房门。

得到允许以后，他就进去了。按摩医生转身对他说："有什么事吗，我的小伙计？"

米穆说："先生，我要跑10000米，您是否可以帮助我？"

医生一边继续为一个躺在床上的运动员按摩，一边对他说："请原谅，我的

小伙计，我是被派来为冠军们服务的。"

米穆知道，医生拒绝替自己按摩，无非就是因为自己不过是咖啡馆里的一名小跑堂罢了。

那天下午，米穆参加了对他来讲具有历史意义的 10000 米决赛。他当时仅仅希望能取得一个好名次，因为伦敦那天的天气异常干热，很像暴风雨的前夕。比赛开始了，同伴们一个又一个地落在他的后面。米穆成了第四名，随后是第三名。很快，他发现，只有捷克著名的长跑运动员扎托倍克一个人跑在他前面。米穆最后得了第二名。

米穆就是这样为法国也为自己赢得了第一枚奥运银牌的。然而，最使米穆感到难受的，是当时法国的体育报刊和新闻记者。他们在第二天早上便边打听边嚷嚷："那个跑了第二名的家伙是谁呀？啊，准是一个北非人。天气热，他就是因为天热而得到第二名的！"瞧瞧，多令人心酸！

米穆感到欣慰的是，在伦敦奥运会 4 年以后，他又被选中代表法国去赫尔辛基参加第十五届奥运会了。在那里，他打破了 10000 米法国纪录，并在被称之为"本世纪 5000 米决赛"的比赛中，再一次为法国赢得了一枚银牌。

随后，在墨尔本奥运会上，米穆参加了马拉松比赛。他以 1 分 40 秒跑完了最后 400 米，终于成了奥运会冠军！

人生感悟

人生就像一张洁白的纸，全凭人生之笔去描绘，玩弄纸笔者，白纸上只能涂成一摊胡乱的墨迹；认真书写者，白纸上才会留下一篇优美的文章。

不断地自我挑战，终究会看到上帝的微笑

海伦刚出生的时候，是个正常的婴孩，能看、能听，也会咿呀学语。可是，一场疾病使她变成既盲又聋的小聋哑人，那时，小海伦刚刚 1 岁半。

这样的打击，对于小海伦来说无疑是巨大的。每当遇到稍不顺心的事，她便会乱敲乱打，野蛮地用双手抓食物塞入口里。若试图去纠正她，她就会在地上打滚，乱嚷乱叫，简直是个十恶不赦的"小暴君"。父母在绝望之余，只好将她送至波士顿的一所盲人学校，特别聘请沙莉文老师照顾她。

在老师的教导和关怀下，小海伦渐渐地变得坚强起来，在学习上十分努力。

一次，老师对她说：希腊诗人荷马也是一个盲人，但他没有对自己丧失信心，而是以刻苦努力的精神战胜了厄运，成为世界上最伟大的诗人。如果你想实现自己的追求，就要在你的心中牢牢地记住"努力"这个可以改变你一生的词，因为只要你选对了方向，而且努力地去拼搏，那么在这个世界上就没有比脚更高的山。

老师的话，犹如黑夜中的明灯，照亮了小海伦的心，她牢牢地记住了老师的话。

从那以后，小海伦在所有的事情上都比别人多付出了 10 倍的努力。

在她刚刚 10 岁的时候，名字就已传遍全美国，成为残疾人士的模范、一位真正的强者。

1893 年 5 月 8 日，是海伦最开心的一天，这也是电话发明者贝尔博士值得纪念的一日。贝尔在这一日建立了著名的国际聋人教育基金会，而为会址奠基的正是 13 岁的小海伦。

若说小海伦没有自卑感，那是不正确的，也是不公正的。幸运的是，她自小就在心底里树起了颠扑不灭的信心，完成了对自卑的超越。

小海伦成名后，并未因此而自满，她继续孜孜不倦地努力学习。1900 年，这个年仅 20 岁，学习了指语法、凸字及发声，并通过这些方法获得超过常人知识的姑娘，进入了哈佛大学拉德克利夫学院学习。

她说出的第一句话是："我已经不是哑巴了！"她发觉自己的努力没有白费，兴奋异常，不断地重复说："我已经不是哑巴了！"

在她 24 岁的时候，作为世界上第一个受到大学教育的盲聋哑人，她以优异的成绩毕业于世界著名的哈佛大学。

海伦不仅学会了说话，还学会了用打字机著书和写稿。她虽然是位盲人，但读过的书却比视力正常的人还多。而且，她写了 7 册书，她比正常人更会鉴赏音乐。

海伦的触觉极为敏锐，只需用手指头轻轻地放在对方的嘴唇上，就能知道对方在说什么；她把手放在钢琴、小提琴的木质部分，就能"鉴赏"音乐；她能通过收音机和音箱的振动来辨明声音，还能够通过手指轻轻地碰触对方的喉咙来"听歌"。

如果你和海伦·凯勒握过手，5 年后你们再见面握手时，她也能凭着握手认出你来，知道你是美丽的、强壮的、幽默的，或者是满腹牢骚的人。

这个克服了常人无法克服的残疾的人，其事迹在全世界引起了震惊和赞赏。

她大学毕业那年，人们在圣路易博览会上设立了"海伦·凯勒日"。

她始终对生命充满了信心，充满了热爱。

在第二次世界大战后，海伦·凯勒以一颗爱心在欧洲、亚洲、非洲各地巡回演讲，唤起了社会大众对身体残疾者的注意，被《大英百科全书》称颂为有史以来残疾人士最有成就的由弱而强者。

美国作家马克·吐温评价说："19世纪中，最值得一提的人物是拿破仑和海伦·凯勒。"身受盲聋哑三重痛苦，却能克服残疾并向全世界投射出光明的海伦·凯勒，以及她的老师沙莉文女士的成功事迹，说明了什么问题呢？答案是很简单的：如果你在人生的道路上，选择信心与热爱以及努力作为支点，再高的山峰也会被踩在脚下，你就会攀登上生命之巅。

人生感悟

每个人成长的道路都不可能是一帆风顺的，但为什么有的人在不平坦的人生道路上摘取了迷人的桂冠，而有的人却碌碌无为呢？成功者之所以取得了成功，就在于他们在人生的旅程中，选择了努力作为人生和生命的支点，直到登上了理想的高峰。

想获得他人的掌声，先要做个坚强的人

世界上的雄辩家，有很多都是在最初被认为说话笨拙的人，狄里斯就是其中一个。

狄里斯生于公元382年，在西欧被称为"历史性的雄辩家"。据说，他的声音很低，而呼吸很短促，口齿不清，旁人经常听不懂他在说些什么。不过，他的知识非常渊博，因此他的思想也相当深奥，他很擅长分析事理，几乎无人能出其右。

当时，在狄里斯的祖国首都雅典，有很严重的政治纷争，因此，能言善辩的人格外受到重视，一向能先提出时代潮流和趋势的狄里斯，认为自己缺乏说话技巧是很不适宜的，于是他作了一番充分的考虑，并且准备好演讲的内容，从容走上了演讲台。但是，很不幸，他遭遇了失败。

原因就在于他发出的低音和肺活量不足，口齿不清，以至于别人无法听清楚他所说的话，但是，狄里斯并不灰心，他反而比过去更努力了，努力训练自己的胆量和意志力。

他每天都跑到海边去，对着浪花拍打的岩石大声喊叫，回家以后，又对着镜子练习说话嘴型，进行发音练习，一直持续不辍。狄里斯就这样努力了好几年，直到他 27 岁时，终于再度走上台向众人演说。

辛苦的努力总算有了成果，他这次盛大的演讲，得到了许多喝彩与掌声，而狄里斯的名气，也就这样打响了。

人生感悟

> 人的天性就是敬仰强者，唾弃弱者。想得到他人的认可，自己先要变得强而有力。

面对逆境，只有坚毅者才能到达荣誉的圣殿

凡尔纳是享誉世界的法国著名科幻小说家，但是在他成名之前可谓饱尝挫败的滋味。凡尔纳的父亲是一名颇有成就的律师，正因为此，父亲希望他能够子承父业，然而这并不是凡尔纳的兴致所在。

他从小喜欢幻想，爱海洋，也爱冒险，一次他偷偷地报名作为海上见习生航行印度，但计划未能如愿，因为他的行踪被家人获悉。回到家后等待他的是一顿猛烈的拳头。从此，凡尔纳开始了他的幻想之旅，利用想象来表达他眼中的世界。"天将降大任于斯人也"，一个伟大作家的诞生注定要一波三折。

1863 年冬天的一个上午，凡尔纳刚吃过早饭，正准备到邮局去，突然听到一阵敲门声，凡尔纳开门一看，原来是一个邮政工人。工人把一包鼓囊囊的邮件递到了凡尔纳的手里。一看到这样的邮件，凡尔纳就预感到不妙，自从他几个月前把他的第一部科幻小说《乘气球五周记》寄到各出版社后，收到这样的邮件已经是第 14 次了，他怀着忐忑不安的心情拆开一看，上面写道："凡尔纳先生：尊稿经我们审读后，不拟刊用，特此奉还。某某出版社。"每看到这样的退稿信，凡尔纳都是心里一阵绞痛：这次是第 15 次了，还是未被采用。

凡尔纳此时已深知，对于出版社的编辑来说，一个籍籍无名的作者是多么微不足道。他愤怒地发誓，从此再也不写了，他拿起手稿向壁炉走去，准备把这些稿子付之一炬。凡尔纳的妻子赶过来，一把抢过手稿紧紧抱在胸前，此时的凡尔纳余怒未息，说什么也要把稿子烧掉。他妻子急中生智，以满怀关切的感情安慰丈夫："亲爱的，不要灰心，不妨再试一次，也许这次能交上好运的。要知道在荣誉的大道上，从来没有放弃的容身之处。"听了这句话以后，凡尔纳抢夺手稿

的手，慢慢放下了，他沉默了好一会儿，然后接受了妻子的劝告，又抱起这一大包手稿到第16家出版社去碰运气。

这次没有落空，读完手稿后，这家出版社立即决定出版此书，并与凡尔纳签订了20年的出版合同。

没有他妻子的疏导，没有永不放弃的精神，我们也许根本无法读到凡尔纳笔下那些脍炙人口的科幻故事，人类就会失去一份极其珍贵的精神财富。

人生感悟

在人生的旅途中谁都不会一帆风顺。在遇到挫折时，不要太早放弃努力，也许你与成功就差一点。一切都是暂时的状态，对此我们要对自己说："我只是还未成功。"切莫因放弃而与荣誉失之交臂。

没有经历风雨的生命，不会收获丰硕的果实

很久以前，上帝住在地球上。有一天，一个农夫找到上帝，对他说："我的神啊，也许是您创造了世界，但是您毕竟不是农夫，我要教您点儿东西。"

上帝借着胡子的遮掩，偷偷笑了，对他说："那你就告诉我吧。"

农夫说："给我一年时间，在这一年里，按照我所说的去做，我会让您看见，世界上再不会有贫穷和饥饿。"在这一年里，上帝满足了农夫提出的所有要求，没有狂风暴雨，没有电闪雷鸣，没有任何对庄稼有危险的自然灾害发生。当农夫觉得该出太阳了，就会阳光普照；要是觉得该下雨了，就会有雨滴落下，而且想让雨停雨就停。

风调雨顺的环境真是太好了，小麦的长势特别喜人。

一年的时间到了，农夫看到麦子长得那么好，就又到上帝那儿去了，对上帝说："您瞧，要是再这么过10年，就会有足够的粮食来养活所有的人。人们就算不干活也可以安逸地生活了。"然而，等人们收割小麦的时候，却发现麦穗里什么都没有，这些长得那么好的麦子，竟然什么都没结出来。农夫惊讶极了，于是又跑到上帝那儿去了："上帝啊，这究竟是怎么回事呀？"

"那是因为小麦都过得太舒服了，没有经历任何打击是不行的。这一年里，它们没经过任何风吹雨打，也没受到过烈日煎熬。你帮它们避免了一切可能伤害它们的东西。没错，它们长得又高又好，但是你也看见了，麦穗里什么都结不出来，

小麦也还是时不时需要些挫折的，我的孩子。"上帝说。

人生感悟

> 人的生命似洪水在奔流，不遇岛屿、暗礁，难以激起美丽的浪花。

苦难是所让人受益的学校

在法国里昂的一次宴会上，人们对一幅是表现古希腊神话还是历史的油画发生了争论。主人眼看争论越来越激烈，就转身找他的一个仆人来解释这幅画。使客人们大为惊讶的是，这仆人的说明是那样清晰明了，那样深具说服力。辩论马上就平息了下来。

"先生，您是从什么学校毕业的？"一位客人对这个仆人很尊敬地问。

"我在很多学校学习过，先生，"这年轻人回答，"但是，我学的时间最长、收益最大的学校是苦难。"

这个年轻人为苦难所付出的学费是很有益的。尽管他当时只是一个贫穷低微的仆人，但不久以后他就以其超群的智慧震惊了整个欧洲。

他就是那个时代法国最伟大的天才——法国哲学家和作家卢梭。

人生感悟

> 凡是天生刚毅的人必定有自强不息的精神。但凡在年轻时遭遇苦难而能做到坚忍不拔的人，在以后的人生道路上多半会变得豁达、从容。

没有退路时，必须相信自己

老教授和他的两个学生准备进溶洞考察。溶洞在当地人们的眼里是一个"魔洞"，曾经有胆大的人进去过，但都一去不复返。

随身携带的计时器显示着，他们在漆黑的溶洞里走过了 14 个小时，这时一个有半个足球场大小的水晶岩洞呈现在他们的面前。他们兴奋地奔了过去，尽情欣赏、抚摸着那迷人水晶。待激动的心情平静下来之后，其中那个负责画路标的学生忽然惊叫道："刚才我忘记刻箭头了！"他们再仔细看时，四周竟有上百个大小各异的洞口。那些洞口就像迷宫一样，洞洞相连，他们转了很久，始终没能找到出路。

老教授在众多洞口前默默地搜寻着，突然他惊喜地喊道："在这儿有一个标志！"他们决定顺着标志的方向走。老教授走在前面，每一次都是他先发现标志的。

终于，他们的眼睛被强烈的太阳光刺疼了，这就意味着他们已经走出了"魔洞"。那两个学生竟像孩子似的，掩面哭泣起来，他们对老教授说："如果没有那位前人……"而老教授缓缓地从衣兜里掏出一块被磨去半截的石灰石递到他俩面前，意味深长地说："在没有退路可言的时候，我们唯有相信自己。"

人生感悟

在绝境时相信自己或许还能看到柳暗花明又一村的景象；怀疑自己，只会让自己在困境的泥潭中越陷越深。

怕苦，苦一世；不怕苦，苦一时

拿破仑出生于科西嘉穷困的没落贵族家庭。

在父亲的安排下，拿破仑9岁就到法兰西共和国布里埃纳军校接受教育。他的同学都很富有，他们大肆讽刺他的穷苦。拿破仑非常愤怒，却一筹莫展，屈服在威势之下。就这样，他忍受了5年。但是，每一种嘲笑，每一种欺侮，每一种轻视的态度，都使他暗下决心，发誓要做给他们看看，以此证明他确实是高于他们的。

他是如何做的呢？这当然不是一件容易的事，他一点也不空口自夸。他只是心里暗暗计划，决定利用这些没有头脑却傲慢的人作为桥梁，使自己既富有又出名。

他经常避开同学们兴高采烈的游戏活动，躲进图书馆，如饥似渴地研究科西嘉的历史地理，他对伏尔泰、卢梭等人的书尤感兴趣。

在他16岁当少尉那年，他遭受了另外一个打击，那就是他父亲的去世。由于哥哥约瑟夫既无能又懒惰，家庭的重担就落在拿破仑身上。在那以后，他不得不从极少的薪金中，省出一部分来帮助母亲。当他接受第一次军事征召时，必须步行到遥远的发隆斯去加入部队。

等他到达部队时，看见他的同伴正在闲暇时间追求女人和赌博。而他那不受人欢迎的性格使他没有资格得到以前的那个职位，同时，他的贫困也使他失去了后来争取到的职位。于是，他改变策略，用埋头读书的方法去努力和他们竞争。

读书是和呼吸一样自由的，因为他可以不花钱在图书馆里借书读，这使他得到了很大的收获。

他并不是读没有意义的书，也不是专以读书来消遣自己的烦闷，而是为自己将来的理想做准备。他下定决心要让全天下的人知道自己的才华。因此，在他选择图书时，也就往往有一个选择的范围。他住在一个既小又闷的房间内，在这里，他脸无血色，孤寂、沉闷，但他却在不停地读书。

通过几年的学习，他所摘抄下来的记录，印刷出来的就有 400 多页。他想象自己是一个总司令，将科西嘉岛的地图画出来，地图上清楚地指出哪些地方应当布置防范，这是用数学的方法精确地计算出来的。因此，他数学的才能获得了提高，这是他第一次有机会表示他能做什么。

他的长官看见拿破仑的学问很好，便派他在操练场上执行一些任务，这是需要极复杂的计算能力的。他的工作做得极好，于是他获得了新的机会，开始走上晋升的道路。

这时，一切的情形都改变了。从前嘲笑他的人，现在都拥到他面前来，想分享一点他得到的奖金；从前轻视他的人，现在都希望成为他的朋友；从前揶揄他是一个矮小、无用、死用功的人，现在也都尊重他。他们都变成了他的拥戴者。

人生感悟

　　丘吉尔说："做人就要做坚强和刚猛的大雄狮！"
　　人生是一个与困难作战的过程，你不打败困难，困难就会打败你。当困难降临在你头上，你是勇敢地迎接挑战呢，还是知难而退，落荒逃走？这是做人的一个大问题。

要想得到成功的鲜花，就要有屡败屡战的精神

当塞洛斯·W.菲尔德从商界引退的时候，他已经积累了大量的财富。而这时他却对在大西洋中铺设海底电缆这一构想产生了极大的兴趣。塞洛斯·W.菲尔德倾其所有来完成这一事业。前期的准备工作包括建造一条从纽约到纽芬兰的圣约翰的电话线路，全长 1600 多公里。这其中有 600 多公里需要穿过一片原始森林，为此他们不得不在铺设电话线的同时修建一条穿越纽芬兰的道路。这条线路中还有 200 多公里要通过法国的布列塔尼，建设者们在那儿也投入了大量的人力。与此相

同的还有铺设通过圣劳伦斯的电缆。

通过艰苦的努力，菲尔德得到了英国政府对他的公司的援助。但是在国会里，他遭到了一个很有影响力的团体的强烈反对，在参议院表决时，菲尔德的方案仅以一票的优势勉强获得通过。英国海军派出了驻塞瓦斯托波尔舰队的旗舰"阿伽门农"号来铺设电缆，而美国则由新建的护卫舰"尼亚加拉"号来承担这一工作。但是由于一次意外，已铺设了8公里长的电缆卡在了机器里，被折断了。在第二次实验中，船驶出300多公里时，电流突然消失了，人们在甲板上焦急沮丧地来回走动，似乎死期就要来临。正当菲尔德要下令切断电缆的时候，电流就像它消失时那样，突然又神奇地恢复了。接下来的一个晚上，船以每小时6公里的速度移动，而电缆以每小时10公里的速度延伸，但由于刹车过于突然，船猛烈地倾斜了一下，电缆又被卡断了。

菲尔德不是一个轻言放弃的人。他重新购买了1100多公里长的电缆，委托一位精通此行的专家设计一套更好的铺设电缆的机器设备。美国和英国的发明家齐心协力地工作，最后决定从大西洋中央开始铺设两段电缆。于是两艘船开始分头工作，一艘往爱尔兰方向，另一艘驶往纽芬兰，每艘船各自承担一头的铺设工作。大家希望这样能够把两个大陆连接起来。就在两艘船相距5公里时，电缆断了。人们重新连上了电缆，但是当两艘船相距120多公里时，电流又消失了。电缆再次连上了，大约又铺设了300公里之后，在距"阿伽门农"号不远处，不幸电缆又断了，"阿伽门农"号随即返回了爱尔兰海岸。

项目负责人都感到非常沮丧，公众开始怀疑，投资商开始退却。如果不是菲尔德不屈不挠、夜以继日、废寝忘食地工作，说服众人，整个工程项目早就被放弃了。终于开始了第三次尝试，这一次成功了，整条电缆线顺利地完成铺设。几个信号在大西洋上传送了将近1000多公里之后，电流突然中断了。

很多人都失去了信心，只有菲尔德和他的一两个朋友仍然对此抱有希望。他们继续坚持工作，并且说服了人们继续投资进行试验。一条崭新的更为高级的电缆由"大东部"号负责铺设。"大东部"号慢慢地驶向大西洋，一边前进一边铺设。一切都进行得很顺利，直到距离纽芬兰1000公里处，电缆突然折断沉入海底。几次捞起电缆的尝试都失败了，这一项目也因此停顿了将近一年。

但是菲尔德并没有被这些困难吓倒，他继续为自己的目标努力。他组建了新公司，并制造了一条当时最为先进的电缆。1866年7月13日，试验开始了，这一次成功地向纽约传送了信息，全文如下：

无比满足，7月27日。

我们于早上9点到达，一切顺利。感谢上帝！电缆铺设成功，运行良好。

塞洛斯·W.菲尔德

那条旧的电缆也找到了，重新连接起来，通往纽芬兰。这两条线路现在仍在使用，而且将来也会用。

人生感悟

　　人生在世，不可能事事如愿。遇见了令人失望的事情，不必灰心丧气。你应当下决心，想法子争回这口气才对。

每个人都有两个简历，一个叫成功，另一个叫失败

1832年，林肯失业了。这使他很伤心，但他下决心要当政治家，当州议员。糟糕的是，他竞选失败了。在一年里遭受两次打击，这对他来说无疑是痛苦的。

接着，林肯着手自己开办企业，可一年不到，这家企业又倒闭了。在以后的17年间，他不得不为偿还企业倒闭时所欠的债务而到处奔波，历尽磨难。

随后，林肯再一次决定参加竞选州议员，这次他成功了。他内心萌发了一丝希望，认为自己的生活有了转机："可能我可以成功了！"

1835年，他订婚了。但离结婚还差几个月的时候，未婚妻不幸去世。这对他的打击实在太大了，他心力交瘁，数月卧床不起。1836年，他得了神经衰弱症。

1838年，林肯觉得身体状况良好，于是决定竞选州议会议长，可他失败了。1843年，他又参加竞选美国国会议员，但这次仍然没有成功。

林肯虽然一次次地尝试，但却是一次次地遭受失败：企业倒闭、情人去世、竞选败北。要是你碰到这一切，你会不会放弃，放弃这些对你来说是重要的事情？

林肯没有放弃。1846年，他又一次参加竞选国会议员，最后终于当选了。

两年任期很快过去了，他决定要争取连任。他认为自己作为国会议员表现是出色的，相信选民会继续选举他。但结果很遗憾，他落选了。

因为这次竞选他赔了一大笔钱，林肯申请当本州的土地官员。但州政府把他的申请退了回来，并指出："做本州的土地官员要求有卓越的才能和超常的智力，你的申请未能满足这些要求。"

接连又是两次失败。在这种情况下你会坚持继续努力吗？你会不会说"我失

败了"？

然而，林肯没有服输。1854 年，他竞选参议员，但失败了；两年后他竞选美国副总统提名，结果被对手击败；又过了两年，他再一次竞选参议员，还是失败了。

林肯尝试了 11 次，可只成功了两次，他一直没放弃自己的追求，他一直在做自己生活的主宰。1860 年，他当选为美国总统。

人生感悟

没有人会轻易地平步青云，在成功的背后隐匿着许多他人所不了解的辛酸与苦楚，个中滋味也许只有当事人自己清楚。

打不垮的意志，跌不破的成就

一个农民，初中只读了两年，家里就没钱继续供他上学了。他辍学回家，帮父亲耕种 3 亩薄田。在他 19 岁时，父亲去世了，家庭的重担全部压在了他的肩上。他要照顾身体不好的母亲和瘫痪在床的祖母。

20 世纪 80 年代，农田承包到户。他把一块水洼挖成池塘，想养鱼。但乡里的干部告诉他，水田不能养鱼，只能种庄稼，他只好又把水塘填平。这件事成了一个笑话——在别人的眼里，他是一个想发财但又非常愚蠢的人。

听说养鸡能赚钱，他向亲戚借了 500 元钱，养起了鸡。但是一场洪水后，鸡得了鸡瘟，几天内全部死光了。500 元对别人来说可能不算什么，对一个只靠 3 亩薄田生活的家庭而言，不啻天文数字。他的母亲受不了这个刺激，竟然忧郁而死。

他后来酿过酒、捕过鱼，甚至还在石矿的悬崖上帮人打过炮眼……可都没有赚到钱。

35 岁的时候，他还没有娶到媳妇。即使是离异的有孩子的女人也看不上他。因为他只有一间土屋，并且随时有可能在一场大雨后倒塌。娶不上老婆的男人，在农村是没有人看得起的。

但他还想搏一搏，就四处借钱买了一辆手扶拖拉机。不料，上路不到半个月，这辆拖拉机就载着他冲入一条河里。他断了一条腿，成了瘸子。而那辆拖拉机，被人捞起来后已经支离破碎，他只能拆开它，当作废铁卖。

几乎所有的人都说他这辈子完了。但是后来他却成了一家公司的老总，手中有两亿元的资产。现在，许多人都知道他苦难的过去和富有传奇色彩的创业经历。

许多媒体采访过他，许多报告文学描述过他。有这样一个情节，记者问他："在苦难的日子里，你凭什么一次又一次毫不退缩？"

他坐在宽大豪华的老板台后面，喝完了手里的一杯水。然后，他把玻璃杯子握在手里，反问记者："如果我松手，这只杯子会怎样？"

记者说："摔在地上，碎了。"

"那我们试试看。"他说。

他手一松，杯子掉到地上发出清脆的声音，但并没有破碎，而是完好无损。他说："即使有 10 个人在场，他们都会认为这只杯子必碎无疑。但是，这只杯子不是普通的玻璃杯，而是用玻璃钢制作的。"

这样的人，即使只有一口气，他也会努力去拉住成功的手，除非上苍剥夺了他的生命。

人生感悟

> 人生在世，不可能事事如愿。只要坚持，成功一定会向你招手。

半粒豌豆也有春天

父亲把豌豆种子撒在了地里。

小女孩注视着父亲撒在地上的种子，惊讶地说："爸爸，你看这里面有几颗种子是半粒的，肯定不能发芽了，你把它们挑出来扔掉吧！"

父亲弯腰把那几颗半粒的种子挑出来，并种在了花盆中。小女孩不解，问："它们都残损了，不会发芽了，你为什么还要把它们种上？"

父亲微笑着说："看看会不会有奇迹发生吧！"

在这之后，小女孩天天去查看豌豆的发芽情况。一天，她惊喜地发现，地里的豌豆发芽了，稚嫩的小叶子在风中颤动着。可是，那盆里的半粒豌豆一点也没有发芽的迹象。

她觉得，肯定不会发芽了，跟自己预想的一样，残损的种子怎么会发芽？可是，不几天，那花盆里的豌豆也抽出了嫩叶，叶子一点点长大……日复一日，花盆里已经绿油油的一片，长势丝毫不比地里的豌豆差。

小女孩不理解，残损的种子怎么能发芽、长大。一个傍晚，她和父亲坐在屋檐下，父亲对她说了一句话："只要精心呵护，残损的豌豆一样有春天，你也一样，只要不放弃自己的梦想，也可以有你的春天。"

小女孩从此变得积极进取起来。她开始与自己的命运做斗争，之前，她在做脚踝手术时，神经受到损伤，导致右膝受伤、左腿瘫痪。她以为自己的一生没有希望了，如同那颗残损的种子一样，不会发芽了，可是奇迹发生了，她觉得自己的人生也会出现奇迹。

她对生活重新充满了希望，积极地参加康复训练。两年后，她参加了残疾人自行车比赛，并获得冠军。可是，她并没有满足，而且继续向着自己的梦想进发。现实是残酷的，一场突如其来的车祸，导致她下半身完全瘫痪了。这时，她又想起了那半粒种子，继续与命运抗争。

在一次训练中，她被一名选手从背后撞倒，她不得不再一次接受治疗。可是，奇迹出现了，她的腿部居然有了知觉和刺痛，并能轻微活动，没多久，双腿居然可以移动行走了。

这个小女孩就是莫尼克·范德沃斯特，荷兰传奇式的自行车运动员，她为自己赢得了春天。

人生感悟

　　人世间有许多奇迹，而奇迹只出现在相信它的人眼中，它建立在我们的无所畏惧中，它出现在我们充满信仰和意志的时候。

第四章

世界上没有失败，
只有暂时的不成功

　　每个人成长的道路都不可能是一帆风顺的，但为什么有的人在不平坦的人生道路上摘取了迷人的桂冠，而有的人却碌碌无为呢？成功者之所以取得了成功，就在于他们在人生的旅程中，选择了努力作为人生和生命的支点，直到登上了理想的高峰。

成功无定律，要靠自己去寻找

20世纪50年代初期，有个叫丹尼尔的年轻人，从美国西部一个偏僻的山村来到纽约。走在繁华的都市街头，啃着干硬冰冷的面包，他发誓一定要闯出一片属于自己的天空。

然而，对于没有进过大学校门的丹尼尔来说，要想在这座城市里找到一份称心如意的工作，简直比登天还难，几乎所有的公司都拒绝了他的求职请求。

就在他心灰意冷之时，有一天，他接到一家日用品公司让他去面试的通知。他兴冲冲地去应聘，但是面对主考官有关各种商品的性能和如何使用的提问，他吞吞吐吐一句话也答不出来。说实话，摆在他眼前的许多东西他从未接触过，有的连名字都叫不出来。

眼看唯一的机会就要消失，丹尼尔在转身退出主考官办公室的一刹那，他有些不甘心地问："请问阁下，你们到底需要什么样的人才？"

主考官彼特微笑着告诉他："这很简单，我们需要能把仓库里的商品销售出去的人。"

回到住处，丹尼尔回味着主考官的话，他突然有了奇妙的感想：不管哪个地方招聘，其实都是在寻找能够帮自己解决实际问题的人。既然如此，何不主动出击，去寻找那些需要帮助的人？他想，总有一种帮助是他能够提供的。

不久，在当地的一家报纸上，刊登了一则颇为奇特的启事。文中有这样一段话：谨以我本人人生信用作担保，如果你或者贵公司遇到难处，如果你需要得到帮助，而且我也正好有这样的能力给予帮助，我一定竭力提供最优质的服务……

让丹尼尔没有料到的是，这则并不起眼的启事登出后，他接到了许多来自不同地区的求助电话和信件。

原本只想找一份适合自己工作的丹尼尔，这时又有了更有趣的发现：老约翰为自己的花猫咪生下小猫照顾不过来而发愁，而凯茜却为自己的宝贝女儿吵着要猫咪找不到卖主而着急；北边的一所小学急需大量鲜奶，而东边的一处牧场却奶源过剩……诸如此类的事情一一呈现在他面前。

丹尼尔将这些情况整理分类，一一记录下来，然后毫无保留地告诉那些需要帮助的人。而他，也在一家需要市场推广员的公司找到了适合自己的工作。不久，一些得到他帮助的人给他寄来了汇款，以表谢意。

据此，丹尼尔灵机一动，辞职后注册了自己的信息公司，业务越做越大，他很快成为纽约最年轻的百万富翁之一。

后来，丹尼尔告诫自己的孩子：成功无定律，幸运从来不主动光顾你，要靠自己去寻找。有时候，给别人帮助的同时，其实也为自己创造了最好的成功机会。

人生感悟

> 世上没有万能的成功公式，也没有什么万能的成功定律。"条条大路通罗马"，通往成功的路也有多条，总有一条是属于你的，但到底走哪条路，要靠自己去寻找。

要想使人生出现转机，就要做到出新出奇

毛姆是英国著名作家，写下了《人性的枷锁》等著名长篇小说，他的短篇小说在世界上也非常具有影响力。

可谁知道，这位大作家在成名之前，生活却十分艰难，常常饿着肚子写作。

有一天，快到山穷水尽的毛姆来到一家报社广告部，找到主任后，结结巴巴地说："先生，请帮我一把吧，我要推销我的小说。想来想去，只能求助于报社刊登广告了。还请您帮忙，在各大报纸上都刊登。"

"各大报纸？"广告部主任瞪大了眼睛，"毛姆先生，你有钱来登广告吗？"

"有，这个广告刊登后，我的书肯定会销售一空的，你肯先帮我垫付吗？到时加倍还您。"毛姆自信地说。

面对主任一脸的迷惘，毛姆递上了自己拟好的广告词。主任飞速地看完，立即一拍桌子："好，这主意棒极了，我帮你！"

第二天，各大报纸同时登出了一则令人注目的征婚启事："本人喜欢音乐和运动，是个年轻而有教养的百万富翁，希望能和毛姆小说中的主角完全一样的女性结婚。"

女性读者们看到这则广告，马上飞奔到书店，抢购毛姆的小说，回到家后，更是闭门苦读，让自己向小说中的女性靠拢。

男性读者也不甘落后，他们也争相阅读，他们的目的是想研究女性心理，然后对症下药，以防范自己的女友投进富翁的怀抱。

短短几天时间，毛姆的小说就被抢购一空，毛姆一举成名。他的生活终于迎来了巨大的转机。

人生感悟

创新是一种智慧。一个人越有创新能力，他的观点和想法就越多，他的能力就越强，他成功的可能性就越大。要想使自己的人生出现转机，最好的办法就是做到出新出奇。

有时动机越简单，往往就越容易成功

美国有个叫杰福斯的牧童，他的工作是每天把羊群赶到牧场，并监视羊群不越过牧场的铁丝栅栏到相邻的菜园里吃菜。

有一天，小杰福斯在牧场上不知不觉地睡着了。不知过了多久，他被一阵怒骂声惊醒。只见老板怒目圆睁，大声吼道："你这个没用的东西，菜园被羊群搅得一塌糊涂，你还在这里睡大觉！"

小杰福斯吓得面如土色，不敢回话。

这件事发生后，机灵的小杰福斯就想，怎么才能使羊群不再越过铁丝栅栏呢？他发现，那片有玫瑰花的地方，并没有牢固的栅栏，但羊群从不过去，因为羊群怕玫瑰花的刺。"有了，"小杰福斯高兴地跳了起来，"如果在铁丝上加上一些刺，就可以挡住羊群了。"

于是，他先将铁丝剪成了5厘米左右的小段，然后把它接在铁丝上当刺。接好之后，他再放羊的时候，发现羊群起初也试图越过铁丝栅栏去菜园，但每次被刺疼后，都惊恐地缩了回来。被多次刺疼之后，羊群再也不敢越过栅栏了。

小杰福斯成功了。

半年后，他申请了这项专利，并获批准。后来，这种带刺的铁丝网便风行全世界。

人生感悟

在做事时，有时动机越直接、越简单，目标就越明确，最后也就越容易成功。所以，在日常生活中，遇到无法解决的问题时，不要把它复杂化，只要抓住问题的关键，就很容易解决。

经验教训缺一不可

不经历风雨怎能见彩虹？小孩子是在摔倒了无数次之后才学会走路的，伟人的发明创造更是经历了无数次失败之后才成功的。没有经历过教训的人生是有缺憾的人生，没有经历过失败的成功是不完美的成功。教训和失败是人生不可缺少的财富。

有个渔人有着一流的捕鱼技术，被人们尊称为"渔王"。然而"渔王"年老的时候非常苦恼，因为他的三个儿子的渔技都很平庸。

于是他经常向人诉说心中的苦恼："我真不明白，我捕鱼的技术这么好，儿子们的技术为什么这么差？我从他们懂事起就传授捕鱼技术给他们，从最基本的东西教起，告诉他们怎样织网最容易捕捉到鱼、怎样划船最不会惊动鱼、怎样下网最容易请鱼入瓮。他们长大了，我又教他们怎样识潮汐、辨鱼汛……凡是我长年辛辛苦苦总结出来的经验，我都毫无保留地传授给了他们，可他们的捕鱼技术竟然赶不上技术比我差的渔民的儿子！"

一位路人听了他的诉说后，问："你一直手把手地教他们吗？"

"是的，为了让他们得到一流的捕鱼技术，我教得很仔细很耐心。"

"他们一直跟随着你吗？"

"是的，为了让他们少走弯路，我一直让他们跟着我学。"

路人说："这样说来，你的错误就很明显了。你只传授给了他们技术，却没传授给他们教训，对于才能来说，没有教训与没有经验一样，都不能使人成大器。"

人生感悟

我们在学习时，不能只看到别人的成功、只学习别人成功的经验，更要看到别人的失败，从别人的失败中去总结思考出可以借鉴的东西，善于吸取教训能使我们进步得更快。

世界上没有失败，只有暂时的不成功

西娅在维伦公司担任高级主管，待遇优厚。很长一段时间，她都为到底去什么地方度假而烦恼。但是情况很快就变得糟糕起来。为了应对激烈的竞争，公司开始裁员，而西娅则是被裁掉的其中一员。那一年，她43岁。

"我在学校里一直表现不错，"她向朋友说道，"但没有哪一项特别突出。后来，我开始从事市场销售。在30岁的时候，我加入了那家大公司，担任高级主管。"

"我以为一切都会很好，但在我43岁的时候，我失业了。那感觉就像有人给了我的鼻子一拳。"她接着说，"简直糟糕透了。"西娅似乎又回到了那段灰暗的日子，语气也沉重了许多。

在那段灰暗的日子里，西娅不能接受自己失业的事实。躲在家里不敢出门，因为每当看到忙碌的人们，她都会觉得自己没用，脾气也越来越大，孩子们也越来越怕她。情况越来越糟糕。

但就在这时，转机出现了。一个月后，一个出版界的朋友询问她，如何向化妆业出售广告。这是她擅长的东西，她似乎又重新找到了自己的方向：为很多的公司提供建议、出谋划策。

两年后，西娅已经拥有的自己的咨询公司。她已经不再是一个打工者，而是一个老板，收入自然也比以前多很多。

"被裁员是一件糟糕的事情，但那绝对不是地狱。也许，对你自己来说，可能还是一个改变命运的机会，比如现在的我。其实，重要的是如何面对。我记得那句名言：世界上没有失败，只有暂时的不成功。"西娅总结道。

人生感悟

没有人能够永远成功，也没有人永远失败；世界上没有失败，只有暂时的不成功。所以，当我们遭遇挫折时，不要灰心和失望，要相信，失败只是暂时的，成功就在前面。

成败不是由命运和神明决定的，它取决于自己

欧洲的某个城镇又热闹起来了，这里正在举行一年一度的电单车竞赛，全球的高手都陆续涌进这个城镇。许多竞赛好手都提前两三个星期到当地训练，以适应现场的地理环境。

在众多好手中，有 3 个不同信仰的华侨青年。

第一个相信宿命论。有一次他在竞赛时滑倒了，无论他后来如何拼搏都无法改变失败的结果。此后，每遇比赛，一旦他不幸滑倒就会自动弃权，因为他认为那是命中注定的。他将整个竞赛的成败，寄托于冥冥之中的"命运"。

第二个青年，从小就依从父母，膜拜三国时代的关公。每逢竞赛之前，他一定跟从父母到附近唐人街的一间关帝庙去烧香，向庙内的"关老爷"（乩童）询问结果。若那名乩童点头准许他参加竞赛的话，他便有信心去参赛，否则，便放弃。至于这次参赛，他父母亲已到关帝庙询问过了，乩童很有信心地告诉他父母，这次一定可以成功地夺取冠军，他会得到关老爷相助的。这名青年将整个竞赛的夺标机会，交给一种超自然的神秘力量。

最后一个青年，是第一次参赛，他这次的参赛目的也是为了夺取冠军，以赢取 10 万美元的奖金，好让他病重的母亲到外国去治疗。他每天都勤奋地练习，跌倒了，又爬起来，他不断鼓励自己：我一定要得到冠军！我一定要！他将这场比赛的胜利掌握在自己手中。

不久，比赛开始了。一声枪响，上百名选手便往前冲去。现在，让我们将注意力放在那 3 个年轻人身上。

第一个青年在比赛开始后不久，因路滑跌倒，他便将单车推到路旁，很无奈地看着许多选手从他的眼前驰过。"唉，这是上天的安排，有什么办法呢！"

第二个青年因有"神"的保佑而拼命地奔驰，突然，在一个转弯处，他一不留神，发生意外，人仰车翻，不省人事。当他的父母从电视上看到这个情景时，便很生气地赶到那间庙堂去责问那个乩童。乩童刚好在睡午觉，被他们的突然登门而吵醒。"关老爷，你说保佑我的儿子平安无事，一定得冠军，你看他现在已发生了意外，你到底有没有保佑他？"那青年的母亲很生气地说。乩童揉着蒙眬睡眼说："唉，我已尽力帮助你的儿子，当他要跌倒时，我也尽力赶去扶助他，但他骑的是电单车，

我骑的是老马，怎么追得上呢？"

至于那第三个竞赛者，他也很拼命地奔驰。一旦跌倒了，他又赶快爬起来，忍痛继续冲刺。滚滚沙尘，炎炎烈日，均无法遮盖他那颗炽热的心。由于他将成败握在自己手中，终于夺得了冠军。

人生感悟

有许多人把成败归于命运的安排或是神明的决定，这是一种极其消极的态度。其实，成败并不是由命运和神明决定的，成功或失败只取决于自己——是否具有积极的心态，是否付出了努力。

想要取得成功，就要善于发现和抢占机会

1951年夏天，凯蒙斯·威尔逊驾驶一辆大汽车，带着全家老小开往华盛顿特区旅游观光。一路上，美丽的风光使他心旷神怡，可住宿的遭遇却让他十分恼火：客房既小又脏，水暖设备差，洗澡不方便，很少见汽车旅馆有餐厅，即使有的话，所供应的食物也很差，收费也不低，一家人合住一间客房，每个孩子还要再另收费。

"孩子睡在地板上还要加钱，太不应该了。"凯蒙斯对妻子抱怨道："设施齐全、服务周到的汽车旅馆居然一家都没有！"

"都是这样的，在外就将就些吧。"妻子劝慰说。

那一刻，凯蒙斯的眼睛一亮：汽车旅馆普遍差，这不是蕴含着巨大的商机吗？如果我建造一些宾馆式的汽车旅馆，不就能赚大钱吗？

他兴奋地对妻子说："我打算建造许多新型的汽车旅馆，和父母同住客房的儿童，也决不另外收取费用。我要做到人们一看到旅馆的招牌，就像到了自己的家。出外度假所宿旅馆必须舒适和方便，这正是现在汽车旅馆所缺少的。我想，我是极其平常的人，我喜欢的东西，别人也会喜欢。"

1952年8月1日，他的第一家假日酒店正式开张营业。

旅馆位于孟菲斯市萨默大街上，是汽车从东进入孟菲斯的主要通道，也是来往美国东西部的一条重要机动车道路。

在路旁，一块18米高的黄绿两色"假日酒店"的大招牌特别引人注目。到了晚上，招牌上的霓虹灯闪闪发光，更是醒目。汽车无论行驶在高速公路上的

哪个方向，都能远远地一眼就望到假日酒店的招牌。凯蒙斯花费 1.3 万美元做了这块招牌，这块招牌让无论是成人还是小孩子都会联想到这是一个有趣的地方。

走进酒店，你会发现服务设施特别周全：走廊上备有软饮料和制冰机，旅客可以免费取用；客房里的空调让人感到十分凉爽；游泳池里清波荡漾；走几步就是餐厅，可供全家用餐，餐桌上还有特地为儿童设计的菜单；你住进酒店，工作人员叫得出你的名字，这让你备感亲切，他们见了你就微笑——这是凯蒙斯要求他们这样做的。他说："世界上的语言有几百种，但微笑是通用的语言。微笑不需要翻译。"旅客需要服务，马上会有人来，并且决不收取小费；天气好的话，旅客可以在晚饭后出外散步，享受郊外的宁静感觉……而享受这一切，价格绝对便宜：单人房才收 4 美元，双人房 6 美元。凯蒙斯规定，和父母一起住的孩子，一概不另外收费。

"高级膳宿，中档收费。"凯蒙斯说，"既不完全是汽车旅馆，也不完全是宾馆，但提供它们两者都有的服务。"

旅客纷纷前来，有的旅客走进酒店，房间已经住满，服务的先生或小姐会为其和附近的旅馆联系住宿——这又是凯蒙斯发明的服务。

一炮打响，凯蒙斯马上着手建造更多的假日酒店。他采取特许经营办法，向社会出售特许经营权，从而迅速推动假日酒店在全美各地到处开花……

20 世纪 60 年代初，人们对电脑还是很陌生的。可凯蒙斯却在想，如何应用这个新的技术来为酒店服务。他有一种预感，电脑会给酒店带来许多好处。他想，为旅客预订外地假日酒店客房唯一的办法就是打长途电话，长途电话费太贵了。能不能利用电脑，为各地的假日酒店相互之间建立"快车道"呢？他委托国际商用机器公司 IBM 设计安装一套电脑系统，它可以即时找出或预订在任何地方的任何一家假日酒店的可供投宿的客房，代价是 800 万美元。

后来，那套电脑系统设计出来了，并且取得了成功。当时其他的连锁旅馆都没有这种先进设备，假日酒店一下子拥有了巨大的优势。

人生感悟

机会不是等来的，机会是需要发现的，是需要抢占的。很多人之所以能够成功，就是因为他们有敏锐的眼光，能够发现别人没有发现的机会，并能抢占先机。

成功没有固定的模式，一味地模仿不可能取得大的成就

托马斯·杰斐逊是美国第三任总统，他在给孙子的忠告里，提到了以下 10 点生活的原则：

1. 今天能做的事情绝对不要推到明天。

2. 自己能做的事情绝对不要麻烦别人。

3. 决不要花还没有到手的钱。

4. 决不要贪图便宜购买你不需要的东西。

5. 绝对不要骄傲，那比饥饿和寒冷更有害。

6. 不要贪食，吃得过少不会使人懊悔。

7. 不要做勉强的事情，只有心甘情愿才能把事情做好。

8. 对于不可能发生的事情不要庸人自扰。

9. 凡事要讲究方式方法。

10. 当你气恼时，先数到 10 再说话，如果还气恼，那就数到 100。

约翰·丹佛是美国硅谷著名的股票经纪人，也是有名的亿万富翁，在对记者的一次答辩中，他也发表了对以上几个问题的看法。从鲜明的对比中，我们可以看出一个政治家和一个商人的截然不同。

1. 今天能做的事情如果放到明天去做，你就会发现很有趣的结果。尤其是买卖股票的时候。

2. 别人能做的事情，我绝对不自己动手去做。因为我相信，只有别人做不了的事情才值得我去做。

3. 如果可以花别人的钱来为自己赚钱，我就绝对不从自己的口袋里掏一个子儿。

4. 我经常在商品打折的时候去买很多东西，哪怕那些东西现在用不着，可是总有用得着的时候，这是一个预测功能。就像我只在股票低迷的时候买进，需要的是同样的预测功能。

5. 很多人认为我是一个狂妄自大的人，这有什么不对吗？我的父母我的朋友们在为我骄傲，我找不出我有什么理由不为自己骄傲，我做得很好，我成功了。

6. 我从来不认为节食这么无聊的话题有什么值得讨论的。哪怕是为了让我

们的营养学家们高兴，我也要做出喜欢美食的样子，事实上，我的确喜欢美妙的食物，我相信大多数人有跟我一样的喜好。

7. 我常常不得不做我不喜欢的事情。我想在这个世界上，我们都没有办法完全按照自己的意愿做事。正像我的理想是一个音乐家，最后却成为一个股票经纪人。

8. 我常常预测灾难的发生，哪怕那个灾难的可能性在别人看来几乎为零。正是我的这种本能使我的公司在美国的历次金融危机中逃生。

9. 我认为只要目的确定，我就不惜代价去实现它。

10. 我从不隐瞒我的个人爱好，以及我对一个人的看法，尤其是当我气恼的时候，我一定要用大声吼叫的方式发泄出来。

人生感悟

> 不同的行业，不同的人，有不同的生活方式和做人原则。也就是说，成功没有固定的模式，一味地模仿别人的人不可能取得大的成就。所以，我们必须用合乎情理的行为方式，去探索和追求属于自己的成功。

一个人若想成功，往往要经历很多惨痛的事

安德莱耶维奇手拿报纸，坐在沙发上打盹儿。突然，有人急促地敲窗，这使安德莱耶维奇有些不知所措，因为他住在8楼，而且他这套房间是没有阳台的。起初，他只当是自己的幻觉。但是，敲窗声再次传来。陡然，窗户自动打开，窗台上显现出一个男子的身影，这人穿着长长的白衬衫。

安德莱耶维奇惊恐地想："是个梦游病患者吧，他要把我怎么样？"只见那男子从窗台跳到地板上，背后的两个翅膀摆动了一下。接着，他走到沙发前，挨着安德莱耶维奇坐下，说："深夜来访，请您原谅。不过，这是我的工作。有人说，我们天使逍遥自在，终日吃喝玩乐，其实那是胡言乱语。实际上，他对我任意欺压，刻薄着呢。"

安德莱耶维奇一下子没弄懂，问："这个'他'是谁呀？"天使压低声音回答："我告诉你吧，是上帝！""哦，明白了，明白了。那么，上帝或者您，找我有事儿吗？"天使说："您要知道，我是奉他的命令来找您的。我负责分配上帝所赐的东西，也就是智慧。每个人都应该分配到智慧，或多或少罢了。可是昨天我

查明，我一时疏忽，您遭到了不公正的对待，也就是说，我忘了分配智慧给您。"

安德莱耶维奇怒气冲冲，从沙发上一跃而起："什么，什么！您怎么能够如此粗心大意！快把我应有的一份给我！别人的我管不着，可我的一份，劳驾，快给我吧。哼，难道我低人一等？"天使安慰他："我正是为此而来。我完全承认自己的过错。我尽力弥补，为您效劳。我给您送来的，不仅是智慧，而且是大智慧！"天使从怀里取出一只小塑料袋，里面五颜六色，流光溢彩。安德莱耶维奇接过小塑料袋，藏进床头柜的抽屉里，转身说："谢谢您想起了我！要不然，我就会一点智慧也没有、傻头傻脑地混一辈子了！""如今全安排好了！我真为您高兴！现在，您将享受到苦苦怀疑的幸福！""什么，什么？怎样的怀疑？"

"苦苦的怀疑。""这是为什么？非苦不可吗？""那当然。此外，您还将狠狠地摔跤，飞速地升迁？"安德莱耶维奇没听清楚："飞速地升迁？那好哇，还有什么？""狠狠地摔跤！"安德莱耶维奇警觉起来，"唔，那么，还会怎么样？""您还会由于暂时不被理解的孤立而感到一种崇高的自豪。"

"暂时不被理解？您不骗人？的确是暂时的吗？""当然，暂时的！不过，这段时间可能比您的一生还长得多，但是您将经常具有一种创造的冲动！"安德莱耶维奇皱眉蹙额地说："创造的冲动？还有什么？您全爽爽快快说出来吧，别折磨人了。""哦，还多着呢。也许，甚至要为所抱的信念而牺牲生命，死而无憾！""一定得……得死吗？""要有充分的思想准备。这是获得人们敬仰的、万世流芳的伟大幸福。"

安德莱耶维奇沉默片刻，使劲地握握天使的手，说："哦，好吧，谢谢您，感谢之至！"等天使飞出窗户，安德莱耶维奇就从抽屉里取出小塑料袋，准备丢进垃圾通道。

转念一想，又下了楼，走进院子，找了个阴暗角落，把一塑料袋大智慧深深地埋入土中。

人生感悟

成功是每个人都梦寐以求的事，但一个人若想成功，往往要经历很多惨痛。这些惨痛的事包括"苦苦的怀疑""大起大落"，甚至是"失去生命"。所以，如果你想成功，那么就要做好这些心理准备。

只有充分了解自己，才能握住成功的手

龟兔经过三次赛跑，似乎皆大欢喜。可兔子还总是有些别扭和烦恼，又得了寒热病，瘫在灌木丛中，一会儿浑身冒汗，一会儿又冷得发抖，痛苦不堪。

碰巧爬来一只热衷美容的乌龟。兔子对他说："好心人……水……我头发晕，浑身无力……池塘就在附近，只有几步远！"

乌龟见状怎能拒绝这种请求？可时间一分钟一分钟地过去，兔子从早上等到了黄昏，始终没见乌龟的踪影，兔子生气地骂道："这个笨蛋！龟孙子！你在什么地方磨蹭哪？就为等你一口水……"

"你骂谁哪？"草丛微微晃动。

"你总算回来啦！"兔子喜叹道。

"还没哪，兔子。我想买辆宝马汽车送给你，你自己开车去，车就在专卖店呢。可又一想，如果总开车，兔子将来不就退化了吗，还是不送了。别急，我这就去打水。"

其实乌龟就没将兔子的请求当回事，一直由织布鸟在为他重新装修着龟壳，做着长远的规划……

过了几天，重塑形象的乌龟给狮王递上呈文，要求委以重任。

狗问乌龟："你想高攀什么职位？"

乌龟说："想当跟车的仆人。"

"这哪儿成？"狗纳闷儿，"你怎能胜任这个职务？你爬一步才前进一寸，而跟车的仆人要有飞毛腿般的奔跑能力，你真是异想天开。看来，你从没侍候过富家豪门。"

乌龟道："如今这世道，不看你是否有真才实学，只要有孝心，老天爷安排，就一定能让他们满意。"

结果呢？通过三亲六友拉"裙带"，乌龟果然当上了这个官差。这么一来，赞颂之辞漫天飞，都夸乌龟跑得快，是个了不起的奇才。

在这种评价下，乌龟更加自信，又产生了更宏伟的设想，于是找到了鹰王说："请教我飞翔吧！只上一堂课我就能冲上云霄，穿过大气层，翻飞在太空。在那里，我看太阳、月亮，还有成千上万的星星。我还可神速地降落，逍遥自在地掠过一个又一个城市，在短短的几天中饱览所有风光！"

鹰王嘲笑乌龟的荒唐，奉劝他知命守分，耐心地用自己的方式生存。可乌龟却固执己见，坚持要鹰王把飞翔的本领教给他。

鹰王无奈，只好抓起乌龟直飞云端，并对乌龟说："看，你怎样飞翔！"说着鹰王爪子一松，乌龟掉了下来，摔得粉身碎骨。

人生感悟

在社会生活中，只有充分了解自己，才能握住成功的手。决不能因为得到一些美誉就飘飘然起来，忘记了自己是谁、有多大能耐。盲目地作超出自身实际能力的决策，最后只会把自己搞得遍体鳞伤。

成功的第一秘诀

对自身的蔑视和残忍有不同的表现方式，自卑便是最常见的对自我的憎恨和与自己过不去，轻视自己，没有主见，用别人的判断标准扼杀自己的信心，这是许多悲剧的根源所在。因此，自卑是自信的天敌，是人生的陷阱。

科学家爱迪生说："自信是成功的第一秘诀。"自信是独立个性的一个重要成分，是人们从事任何事业的最可靠的资本，自信能排除各种障碍，克服种种困难，使事业获得完美的成功。

多年前的一个傍晚，一位叫亨利的青年移民，站在河边发呆。那天是他30岁生日，可他不知道自己是否还有活下去的必要。因为亨利从小在福利院长大，身材矮小，长相也不漂亮，讲话又带着浓厚的法国乡下口音，所以他一直很瞧不起自己，认为自己是一个既丑又笨的乡巴佬，连最普通的工作都不敢去应聘，没有工作，也没有家。

别跑，你行的。

就在亨利徘徊于生死之间的时候，与他一起在福利院长大的好朋友约翰兴冲冲地跑过来对他说："亨利，告诉你一个好消息！"

"好消息从来不属于我。"亨利一脸悲戚。

"不，我刚刚从收音机里听到一则消息，拿破仑曾经丢失了一个孙子。播音员描述的相貌特征，与你丝毫不差！"

"真的吗，我竟然是拿破仑的孙子？"亨利一下子精神大振。联想到爷爷曾经以矮小的身材指挥千军万马，用带着泥土芳香的法语发出威严的命令。他顿时感到自己矮小的身材同样充满力量，讲话时的法国口音也带着几分高贵和威严。

第二天一大早，亨利便满怀自信地来到一家大公司应聘。他竟然一应即被聘了。

20年后，已成为这家公司总裁的亨利，查证自己并非拿破仑的孙子，但这早已不重要了。

人生感悟

　　不是因为有些事情难以做到，我们才失去自信；而是因为我们失去了自信，有些事情才难以做到。所以，学会接纳自己，学会欣赏自己，将所有的自卑抛到九霄云外，是成功最重要的前提。

拥有强烈的自信，就等于成功了一半

1926年，毕业于东京大学法律系的大村文年进入"三菱矿业"做了一名小职员。

当公司举行新人欢迎会时，他对那些与他同时进入公司的同事说："我将来一定要成为这家公司的总经理。"

一番豪言壮语之后，他开始了自己的长远计划。他凭借旺盛的斗志与惊人的体力，数十年如一日，孜孜不倦地工作，后来远远超过众多资深的干部与同事，在毫无背景之下，完全凭借本人实力，冲破险境，终于在35年之后当上"三菱矿业"的总经理。

以三菱财阀的历史而言，未到60岁就成为直系公司的总经理是史无前例的。他的就职的确惊动日本工商界人士，人们无不惊讶，并深感佩服。

再来看下面的这个故事。

在1949年，一个24岁的年轻人，充满自信地走进美国通用汽车公司，应聘做会计工作，他只是为了父亲曾说过的"通用汽车公司是一家经营良好的公司"，并建议他去看一看。

在应聘时，他的自信使考官印象十分深刻。当时只有一个空缺，而考官告诉他，那个职位十分艰苦难当，一个新手可能很难应付得来。但他当时只有一个念头，即进入通用汽车公司，展现他足以胜任的能力与超人的规划能力。

当考官在雇用这位年轻人之后，曾对他的秘书说："我刚刚雇用一个想成为通用汽车公司董事长的人！"

这位年轻人就是从 1981 时出任通用汽车董事长的罗杰·史密斯。

罗杰刚进公司的第一位朋友阿特·韦斯特回忆说："合作的一个月中，罗杰正经地告诉我，他将来要成为通用的总裁。"高度的自信，指引他永远朝成功迈进，也是引导他登上董事长宝座的法宝。

人生感悟

一个自信的人，会把"不可能"三个字，变成"我能行"。谁拥有了自信，谁就成功了一半，另一半成功则是靠付诸行动。

不要畏惧失败，要在失败中学到一些东西

1906 年 11 月，本田宗一郎出生在日本荒僻的兵库县的一个贫穷家庭。由于家庭贫穷，9 个孩子中有 5 个因营养不良而夭折。

他家离索尼公司创始人盛田昭夫的家不远。盛田昭夫出生在一个拥有一个网球场的优裕家庭，而本田宗一郎却是一个修理自行车的穷铁匠的儿子。这种早期环境的影响对本田宗一郎很有好处。

本田宗一郎在上学的时候非常喜欢逃课，这让他的父亲伤透了脑筋。用本田宗一郎自己的话说："那种正规的教育真是让人厌恶！"但是，对于学校的实验课，他却非常喜欢，所以他经常逃课去别的班级上他们的实验课。早期的这种富于探索的精神，为他以后的事业奠定了良好的基础。

后来，本田宗一郎创立了自己的摩托车制造公司。当时摩托车行业已经快要趋于饱和了，但是他没有畏惧，依然硬着脑袋挤了进去。在 5 年内，他打败了250 个竞争对手，实现了儿时的制造更先进的摩托车的梦想。当然，这期间他经历了一系列失败。

当本田宗一郎成功的时候，他说："回首我的工作，我感到我除了错误，一

系列失败、一系列后悔外什么也没有做。但是有一点使我很自豪，虽然我接连犯错误，但这些错误和失败都不是同一原因造成的。这使我在失败中学到了很多东西。"

本田宗一郎总结道："企业家必须善于瞄准不可能的目标和拥有失败的自由。"这句话言简意赅地阐明了做大事的人所必须拥有的心态，对很多人产生了深远的影响。

人生感悟

　　人生没有一帆风顺的，都要经历一些挫折和失败。挫折和失败并不可怕，可怕的是因为挫折和失败而放弃对成功的追求。只有那些把挫折和失败当成动因并能从中学到一些东西的人，才会成功。

无论做什么事，我们都要用心把它做好

第二次世界大战结束的时候，美国的国旗上只有48颗星，它代表着当时美国联邦政府的48个州。但20世纪50年代后期，2个新的州即将加入联邦政府，这样，有着50个州的美国，再用48颗星的国旗就显得很不合适了。那么谁是新国旗的设计者呢？出人意料的是，50颗星的新国旗的设计者，在当时仅仅是个17岁的高中生，他的家在俄亥俄州的兰开斯特市。

那是1958年春天的一个星期五下午，高中生罗伯特·C.赫弗特坐着校车回家。他一路上都在思考历史课老师普拉特先生布置的家庭作业。老师要求全班同学各自独立完成一个课题，这个课题要能表达他们对历史这门学科的兴趣。要求是：有可视性，有独创性。作业要在下星期一完成。做什么好呢？

罗伯特所乘坐的校车驶过兰开斯特市的闹市区时，他一眼看见了飘扬在市政厅屋顶上的美国国旗。"就是它了，我要设计一面新的国旗。"他对自己说。

当时，阿拉斯加很快就将成为美国的第49个州，他有一个预感，其时由共和党占统治地位的夏威夷，也一定会在不久的将来，成为美国的第50个州。

回到家，一放下书包，罗伯待便着手设计心目中的新的美国国旗。他画出了50个小格子，每一个格子里画上一颗五角星。思路一打开，便一发不可收拾，他一口气将脑海中的图案定格于稿纸上：每行6颗星，一共有5行，另外还有4行，每行5颗星。

第二天早上，他从衣柜里找出家里备用的当时的国旗，在客厅里，用剪刀剪下了蓝底上印有48颗星的那一角。

妈妈看见罗伯特用剪刀剪国旗，着实吓了一跳。她责备罗伯特亵渎神圣的国旗。可罗伯特争辩说，这是在做学校布置的家庭作业。"妈妈，我保证，我不会把国旗给搞糟的。"罗伯特说。

罗伯特骑车到商店买来了一块蓝色的棉布，还有一些补衣服用的胶布。只要用熨斗一熨，这些胶布就会黏在棉布上。他先用硬纸板剪好五角星，然后照着样子在胶布上画下100颗五角星，剪下来，这样，他就可以在蓝布的两面各贴上50颗星了。

本来，罗伯特打算请妈妈帮他把做好的旗面缝到那面旧国旗上，但是妈妈不愿意"胡来"。于是，罗伯特只好自己用脚踏缝纫机把这一角缝了上去，连他自己都惊讶，自己居然会无师自通地使用缝纫机。最后，他用熨斗把缝好的国旗熨烫平整。家庭作业完成了。

但结果并不像罗伯特所希望的那样能得到个"A"。老师普拉特先生仔细看了罗伯特的杰作，摇了摇头说："这不是我们真实的国旗，我们的国旗上哪来50颗星？"尽管罗伯特解释了又解释，但普拉特先生坚持只给罗伯特打个"及格"。罗伯特又气又恼，非常扫兴。他据理力争，这是他第一次为自己的分数与老师争辩："我认为我的作业应该得到更好的分数。另一个同学做了一幅树叶黏贴画都得了'A'，我的作业为什么不能？何况我的作业还发挥了一定的想象力呢！"

普拉特先生冷静地看着罗伯特，宣布说："如果你不喜欢我给你的分数，那你自己把旗帜扛到华盛顿去，看他们能接受不？"

这正是罗伯特心中所希望做的事。他马上骑车去了当地议员沃尔特·莫勒先生的家。敲开议员的家门，罗伯特把他自己设计的、新做的国旗拿给沃尔特·莫勒先生看，并陈述了他为什么要这样设计新国旗的原因。这个稚气未脱的17岁的高中生问议员先生："您能把我设计的新国旗带到首都华盛顿去吗？如果要举行为50个州的美利坚合众国设计新国旗的比赛，议员先生，您能把这面旗帜推荐去参加比赛吗？"面对这位情绪激动的中学生，莫勒先生显得手足无措，最终答应下来。

"也许他是想赶紧把我打发走。"罗伯特后来对人讲起这事时笑着说。

在接下来的两年中，罗伯特一直怀着希望等待着。1959年1月，美国总统艾森豪威尔签署了公告，宣布阿拉斯加成为美国的第49个州。就像其他的州一样，按规定，代表阿拉斯加州的这一颗星，应该在7月4日美国国庆这一天加进国旗里。但是，显而易见，49颗星的美国国旗几乎立即就要过时，因为到这一年的8月，夏威夷就将成为美国的第50个州。这正是罗伯特所预料和期望的。

这时，罗伯特已经高中毕业了，普拉特先生给那次作业判下的可悲分数"及格"仍然记录在登记本里。罗伯特成了一家工业公司的制图员。"我设计的那幅国旗不知怎么样了？"他时常想到它。他已经听说有成千上万的国旗设计方案交了上去。国会成立了一个专门的委员会负责审查，最后选出5个方案上报给艾森豪威尔总统。

到了那年6月份的时候，一天，罗伯特正在公司的制图室工作，一位秘书上气不接下气地跑来叫他："有你的电话，是一位国会议员打来的，快去接。"

是莫勒先生，罗伯特一下子就听出了他的声音。"孩子，我为你骄傲，艾森豪威尔总统选择了你的新国旗设计方案。祝贺你！"

罗伯特高兴得跳了起来。他买了机票飞到华盛顿，为的是亲眼去看看自己设计的新国旗被人们挂起来的样子。这是它第一次高高地飘扬在国会大厦的房顶上！那时，虽然还有成千上万的人也提出了类似的设计，但是罗伯特的方案是最先交上去的，而且，它不仅仅是一个草图，它是一面真实的旗帜。这正是罗伯特的方案胜出的优越条件。从此，罗伯特设计的美国新国旗便成了这个国家正式的国旗，它很快插遍全美各地；它在每一个州的议会大厦上高高飘扬；也遍插了美国驻世界各国大使馆的屋顶。

人生感悟

机遇无时无刻不在我们的周围，我们千万不能因一时疏忽或别人的阻挠而关闭了迎接它的窗和门。无论做什么事，我们都要用心把它做好，或许一个微不足道的小举动，就可能创造出奇迹。

认准并发挥自己的特长，就有机会成功

有这样一个关于军人和拿破仑·希尔的故事。

多年以前，一个年轻的退伍军人来找成功学大师拿破仑·希尔。

这位军人想要找一份工作，但是他觉得很茫然也很沮丧：只希望能养活自己，并且找到一个栖身之处就够了。他黯然的眼神告诉希尔，哀莫大于心死。这个年

轻人本来前途大有可为，但却胸无大志。希尔非常清楚，是否能够赚取财富，都在他的一念之间。

于是希尔问他："你想不想成为千万富翁？赚大钱轻而易举，你为什么只求卑微地过日子？"

他回答："不要开玩笑了，我肚子饿，需要一份工作。"

希尔说，"我不是在开玩笑，我非常认真。你只要运用现有的资产，就能够赚到几百万元。"

"资产？什么意思？"他问，"我除了穿在身上的衣服之外，什么都没有。"

从谈话之中，希尔逐渐了解到，这个年轻人在从军之前，曾经担任富勒·布拉许的业务员，在军中他学得一手好厨艺。换句话说，除了健康的身体、积极的进取心，他所拥有的资产，还包括烹调的手艺及销售的技能。

当然，推销或烹饪无法使一个人晋身百万富翁，但是这个退役军人找到了自己的方向，许多机会就会呈现在眼前。

希尔和他谈了两个小时，看到他从深陷绝望的深渊中，变成积极的思考者。一个灵感鼓舞了他："你为什么不运用销售的技巧，说服家庭主妇，邀请邻居来家里吃便饭，然后把烹调的器具卖给他们？"

希尔借给他足够的钱，买一些像样的衣服及第一套烹调器具，然后放手让他去做。

第一个星期，他卖出铝制的烹调器具，赚了100美元。第二个星期他的收入加倍。然后他开始训练业务员，帮他销售同样式的成套烹调器具。

过了4年以后，他每年的收入都在100万美元以上，他还自行设厂生产。

人生感悟

很多人对自己没有信心，认为自己没有成功的机会。其实，我们每个人都有自己的一技之长，找到并发挥其能力，就有机会获得成功。

把精力集中到一个目标上，迟早会有所成就

拉马克于1744年8月1日生在法国的毕加底，他是兄弟姐妹11人中最小的一个，也最受父母宠爱。拉马克的父亲希望他长大后当个牧师，送他到神学院读书。

后来，由于德法战争爆发，拉马克当了兵，因病退伍后，他爱上了气象学，

想自学当个气象学家，于是整天仰首望着多变的天空。

再后来，拉马克在银行里找到了工作，想当个金融家。

很快，拉马克又爱上了音乐，整天拉小提琴，想成为一个音乐家。

这时，他的一位哥哥劝他当医生，拉马克学医 4 年，可是对医学没有多大兴趣。

正在这时，24 岁的拉马克在植物园散步时遇上了法国著名的思想家、哲学家、文学家卢梭，卢梭很喜欢拉马克，常带他到自己的研究室去。在那里这位"南思北想"的青年深深地被科学迷住了。

从此，拉马克花了整整 11 年的时间，系统地研究了植物学，写出了名著《法国植物志》。拉马克 35 岁时，当上了法国植物标本馆的管理员，又花了 15 年，研究植物学。当拉马克 50 岁的时候，开始研究动物学。此后，他为动物学花了 35 年时间。

也就是说，拉马克在 24 岁以前，虽然做过很多事，但一无所成。从 24 岁起，他集中精力，目标专一，用了 26 年时间研究植物学，用 35 年时间研究动物学，于是，拉马克成了一位著名的博物学家。

人生感悟

　　卡莱尔说："即使是最弱的人，只要集中其精力于单一目标，也能有所成就；反之，最强的人，分心于太多的事务，可能一无所成。"一个人的精力是有限的，目标太多，往往什么事都做不好，所以，目标要专一才能有收获。

只要敢想敢干，你就有可能做成任何大事

　　一位黑人母亲带女儿到伯明翰买衣服。一位白人女店员挡住黑人的女儿，不让她进试衣间试穿，傲慢地说："此试衣间只有白人才能用，你们只能去储藏室里一间专供黑人用的试衣间。"可母亲根本不理睬，她冷冰冰地对女店员说："我女儿今天如果不能进这间试衣间，我就换一家店购衣！"女店员为留住生意，只好让她们进了这间试衣间，自己则站在门口望风，生怕有人看到。那情那景，让女儿感触良深。

　　又一次，女儿在一家店里摸了摸帽子而受到白人店员的训斥，这位母亲再次挺身而出："请不要这样对我的女儿说话。"然后，她对女儿说："康蒂，你现在把这店里的每一顶帽子都摸一下吧。"女儿快乐地按母亲的吩咐，真把每顶自

己喜爱的帽子都摸了一遍，那个女店员只能站一旁干瞪眼。

对这些歧视和不公，母亲对女儿说："记住，孩子，这一切都会改变的。这种不公正不是你的错，你的肤色和你的家庭是你不可分割的一部分，这无法改变也没有什么不对。要改变自己低下的社会地位，只有做得比别人好、更好，你才会有机会。"

从那一刻起，不卑不屈成了女儿受用一生的财富。她坚信只有教育才能让自己获得知识，做得比别人更好；教育不仅是她自身完善的手段，还是她捍卫自尊和超越平凡的武器！

后来，这位出生在亚拉巴马伯明翰种族隔离区的黑丫头，荣登《福布斯》杂志"2004年全世界最有权势女人"宝座，她就是美国前国务卿赖斯。

赖斯回忆说："母亲对我说，康蒂，你的人生目标不是从'白人专用'的店里买到汉堡包，而是，只要你想并且为之奋斗，你就有可能做成任何大事。"

人生感悟

　　很多时候，现实是无奈的，有很多东西我们无法选择，但我们却可以选择奋斗。虽然歧视和不公制造了灰暗，但同时也催生了奋斗。所以，只要我们充满自信并挺直脊梁，就没有人能让我们自惭形秽。

始终怀有赢的激情，必然能创造辉煌的人生

世界传媒巨子雷石东始终怀有一种赢的激情。

1923年，雷石东出生在美国波士顿一个清贫的犹太人家庭，17岁就读于美国哈佛大学，20岁被选拔服役，从事破译日军电报密码工作。31岁时，他放弃了给他带来丰厚收入的律师工作，开始了第一次创业，经营"国家娱乐有限公司"。几十年后，他积累了5亿美元的财富。

然而，不幸的事情发生了。1979年，雷石东在参加华纳兄弟公司的一个聚会时，在酒店遭遇了一场火灾。火灾中，他身体45%的皮肤都被大火烧毁，右手腕也几乎脱离了身体。对于一个56岁的人而言，生存成了一个严峻的问题。

然而，雷石东凭借自己那种赢的激情和坚忍不拔的意志，与死神展开了激烈的搏斗，并最终取得了胜利，度过了生命中最艰难的岁月。56岁的雷石东就像凤凰涅槃，浴火重生，并让生命散发出更为夺目的光彩。

63 岁时，他二次创业收购维亚康姆公司；70 岁时，收购派拉蒙电影公司；76 岁时，收购哥伦比亚广播公司；78 岁时，被《福布斯》评为全球排行第 18 位的富豪；2005 年，82 岁的他还管理着全球最大的传媒娱乐公司，并且正积极进军中国传媒市场，为事业发展再创高峰。

谈起那场几乎吞噬他生命的大火，他说："我个人的信念并没有因为这场大火而发生任何变化，我的价值观与发生大火前没有什么不同。无论在高中、大学、法学院学习，还是后来建立自己的媒体王国，我的价值观始终不曾改变。我始终怀有赢的激情，这种激情体现了我生命的全部意义。"

人生感悟

激情是战胜所有困难的强大力量，它能使我们的头脑变得灵活，能使我们的意志变得坚强。赢的激情更是一种强大的潜在的力量，始终怀有赢的激情，必然能创造辉煌的人生。

失败也是一种资本，它可以成为我们走向成功的基石

在外人看来，一个绰号叫斯帕奇的小男孩在学校里的日子应该是难以忍受的。他读小学时各门功课常常亮红灯。到了中学，他的物理成绩通常都是零分，他成了所在学校有史以来物理成绩最糟糕的学生。

斯帕奇在拉丁语、代数以及英语等科目上的表现同样惨不忍睹，体育也不见得好多少。虽然他参加了学校的高尔夫球队，但在赛季唯一一次重要比赛中，他输得干净利落。即使是在随后为失败者举行的安慰赛中，他的表现也一塌糊涂。

在自己的整个成长时期，斯帕奇笨嘴拙舌，社交场合从来就不见他的人影。这并不是说，其他人都不喜欢他或讨厌他。事实是，在大家眼里，他这个人压根儿就不存在。如果有哪位同学在学校外主动向他问候一声，他会受宠若惊并感动不已。

他跟女孩子约会时会是怎样的情形，大概只有天知道。因为斯帕奇从来没有邀请哪个女孩子一起出去玩过，他太害羞了，生怕被人拒绝。

斯帕奇似乎个无可救药的失败者。每个认识他的人都知道这一点，他本人也清清楚楚，然而他对自己的表现似乎并不十分在乎。从小到大，他只在乎一件事

情——画画。

他深信自己拥有不凡的绘画才能，并为自己的作品深感自豪。但是，除了他本人以外，他的那些涂鸦之作从来没有其他人看得上眼。上中学时，他向毕业年刊的编辑提交了几幅漫画，但最终一幅也没被采纳。尽管有多次被退稿的痛苦经历，斯帕奇从未对自己的画画才能失去信心，他决心成为一名职业漫画家。

中学毕业那年，斯帕奇向当时的沃尔特·迪士尼公司写了一封自荐信。该公司让他把自己的漫画作品寄来看看，同时规定了漫画的主题。于是，斯帕奇开始为自己的前途奋斗。他投入了巨大的精力与时间，以一丝不苟的态度完成了许多幅漫画。然而，漫画作品寄出后却如石沉大海，最终迪士尼公司没有录用他——失败者再一次遭遇了失败。

生活对斯帕奇来说只有黑夜。走投无路之际，他尝试着用画笔来描绘自己平淡无奇的人生经历。他以漫画语言讲述了自己灰暗的童年、不争气的青少年时光——一个学业糟糕的不及格生、一个屡遭退稿的所谓艺术家、一个没人注意的失败者。他的画也融入了自己多年来对画画的执着追求和对生活的真实体验。

连他自己都没想到，他所塑造的漫画角色一炮走红，连环漫画《花生》很快就风靡全世界。从他的画笔下走出了一个名叫查理·布朗的小男孩，这也是一名失败者：他的风筝从来就没有飞起来过，他也从来没踢好过一场足球赛，他的朋友一向叫他"木头脑袋"。

熟悉斯帕奇的人都知道，这正是漫画作者本人——日后成为大名鼎鼎漫画家的查尔斯·舒尔茨早年平庸生活的真实写照。

人生感悟

　　失败并不可怕，可怕的是在失败之后失去继续奋斗的信心和意志。有时，失败的经历也是一种资本，它可以成为我们走向成功的基石。所以，一个人要想成功，就要有屡败屡战的勇气，要对未来充满必胜的信心。

坚持错误的方向，只会离成功越来越远

有一个落魄潦倒的穷画家，一直坚持着自己的理想，除了画画之外，不愿从事其他的工作。

而他画出来的作品，一张也卖不出去，搞得一日三餐总是没有着落，幸好街角餐厅的老板心地很好，总是让他赊欠每天吃饭的餐费，穷画家也就天天到这家餐厅来用餐。

一天，穷画家在餐厅里吃饭，突然间灵感泉涌，不顾三七二十一，拿起桌上洁白的餐巾，用随身携带的画笔，蘸着餐桌上的酱油、番茄酱等各式调味料，当场作起画来。餐厅的老板也不制止他，反倒趁着店内客人不多的时候，站在画家身后，专心地看着他画画。

过了好一会儿，画家终于完成他的作品，他拿着餐巾左盼右顾，摇头晃脑地欣赏着自己的杰作，深觉这是有生以来画得最好的一幅作品。

餐厅老板这时开口道："嗨！你可不可以把这幅作品给我？我打算把你所积欠的饭钱一笔勾销，就当作买你这幅画的费用，你看这样好不好啊？"

穷画家感动莫名，惊异道："什么？连你也看得出来我这幅画的价值？啊！看来，我真的是离成功不远了。"

餐厅老板连忙道："不！请你不要误会，事情是这样的，我有一个儿子，他也像你一样，成天只想着要当一个画家。我之所以要买这幅画，是想把它挂起来，好时时刻刻警惕我的孩子，千万不要落到像你这样的下场。"

人生感悟

一个人要想成功，在其奋斗目标切实可行的前提之下，必须要有不达目的誓不罢休的精神。但如果固执地坚持错误的方向，而且始终都不愿修正，那么非但不会成功，反而会离成功越来越远。

适时撤退或放弃，有时是走向成功的捷径

有人向一位企业家讨教他成功的秘诀。企业家毫不犹豫地说："第一是坚持，第二是坚持，第三还是坚持，第四是放弃。"

人们不解，作为一个成功的企业家怎么可以轻言放弃？

企业家说："该放弃的时候就要放弃。如果你确实努力再努力了，还不成功的话，那就不是你努力不够的原因，恐怕是努力的方向以及你的才能是否匹配的事情了。这时候最明智的选择就是赶快放弃，及时调整，及时调头，寻找新的努力方向，千万不要在一棵树上吊死。"

据说，乾隆皇帝曾经在殿试的时候给举子们出了一个上联"烟锁池塘柳"，

要求对下联。一个举子想了一下就直接回答说对不上来，另外的举子们还都在苦思冥想时，乾隆就直接点了那个回答说"对不上来"的举子为状元。因为这个上联的五个字以"金木水火土"五行为偏旁，几乎可以说是绝对，第一个说放弃的考生肯定思维敏捷，很快就看出了其中的难度，而敢于说放弃，又说明他有自知之明，不愿意把时间浪费在几乎不可能的事情上。

"童话大王"郑渊洁曾经说过："每个人都有自己的最佳才能区，除非他是白痴，要拿自己的长处和别人的短处竞争，打得过就打，打不过就跑。"

人生感悟

聪明的人不会作无谓的浪费和牺牲，因为他们知道，虽然做什么事都需要努力，但如果自己付出了足够的汗水仍取胜无望的话，就要及时调整战略，或撤退或放弃。明智地选择放弃，有时是走向成功的捷径。

只要脚步不停歇，那么失败就只是暂时的

犹太女作家内丁·戈迪默，无疑是犹太民族的骄傲。她是 25 年来第一位获诺贝尔文学奖的女作家，也是诺贝尔文学奖设立以来的第七位女性获奖者。然而，这份荣誉是她用 40 年的心血和汗水浇铸的，这当中，她多次面临困厄与失败，但她从不沉沦，毫不气馁。

戈迪默于 1923 年出生在约翰内斯堡附近的小镇——斯普林斯村。她的父亲是犹太珠宝商，母亲是英国人，富裕的家庭生活，造就了小戈迪默无限的憧憬和遐想。

6 岁那年，她做起了当一位芭蕾舞演员的梦，舞蹈生涯最能淋漓尽致地表现人的修养和思想情感，也许这就是她追求的事业。于是，她报了名，加入了小芭蕾剧团的行列。事与愿违，由于体质太弱，她对大活动量的舞蹈并不适应，时不时一些小病小灾纠缠她，小戈迪默被迫放弃了对这项事业的追求。

遗憾之余，这位倔强的女性暗暗发誓：条条大道通罗马，我终究要找到适合自己的成功之路。然而，命运不但没有赐福给她，反而把她逼上越发痛苦的深渊。

8 岁时，她又因患病离开了学校，中断了学业，只好终日与书为伴了。一个偶然的机会，戈迪默发现了斯普林斯图书馆，此后，她一头扎进了这家图书馆，

整日泡在书堆里，尽情而贪婪地吮吸着知识的营养。终于，她那嫩弱的小手拿起了笔，一股股似喷泉一样的情感流淌在了白纸上。那年，她刚刚 9 岁，文学生涯就此开头。15 岁时，她的第一篇小说在当地一家文学杂志上发表了。

1953 年，戈迪默的第一部长篇小说《说谎的日子》问世。优美的笔调，深刻的思想内涵，轰动了当时的文坛。戏剧界、文学界几乎同时将关注的目光投向了这位非同一般的女作家——内丁·戈迪默。像一匹脱缰的野马，戈迪默的创作一发不可收拾。漫长的创作生涯，她相继写出 10 部长篇小说和 200 篇短篇小说。多产伴着上等的质量，使她连连获奖：1961 年，她的《星期五的足迹》获英国史密斯奖；1974 年，她又获得了英国的文学奖。

创作上的黄金季节，使戈迪默越发勤奋刻苦。她说：“我要用心浸泡笔端，讴歌黑人生活。”满腔的热忱很快就得到回报，她的《对体面的追求》一出版，就成为成名之作，受到了瑞典文学院的注意。接着，她创作的《没落的资产阶级世界》《陌生人的世界》和《上宾》等佳作，轻而易举地打入诺贝尔文学奖评选的角逐圈。然而，虽然几次都获诺贝尔文学奖提名，但每次都因种种原因而未能得奖。

面对打击，这位女性若有所失。但是，失败并没有阻碍她向前的脚步，更没有影响到她对事业的追求，她继续努力着、奋斗着，一刻也没放松文学创作。终于，在 1991 年时，她从荆棘中闯出了一条成功的路，如愿以偿地获得了诺贝尔文学奖。

人生感悟

失败只是一种暂时的状态，是人生道路上的一道障碍，成功的脚步不因此而停留。只有跨过了这道障碍，成功之花才会绽放。

一个人只要是快乐的，那么他就是成功的

一位少年梦想成为帕格尼尼那样的小提琴演奏家。他一有空闲就练琴，练得心醉神痴，走火入魔，却进步甚微，连父母都觉得这可怜的孩子拉得实在太蹩脚了，完全没有音乐天赋，但又怕讲出真话会伤害少年的自尊心。

有一天，少年去请教一位老琴师，老琴师说：“孩子，你先拉一支曲子给我听听。”少年拉了帕格尼尼 24 首练习曲中的第三首，简直破绽百出。一曲终了，

老琴师问少年："你为什么特别喜欢拉小提琴？"少年说："我想成功，我想成为帕格尼尼那样伟大的小提琴演奏家。"老琴师又问道："你快乐吗？"少年回答："我非常快乐。"老琴师把少年带到自家的花园里，对他说："孩子，你非常快乐，这说明你已经成功了，又何必非要成为帕格尼尼那样伟大的小提琴演奏家不可？在我看来，快乐本身就是成功。"

少年听了琴师的话，深受触动，他终于明白过来，快乐是世间成本最低、风险也最低的成功，却能给人真实的受用。倘若舍此而别求，就很可能会陷入失望、怅惘和郁闷的沼泽。少年心头的那团狂热之火从此冷静下来，他仍然常拉小提琴，但不再受困于帕格尼尼的梦想。

这位少年就是阿尔伯特·爱因斯坦。他一生仍然喜欢小提琴，拉得十分蹩脚，却能自得其乐。

人生感悟

　　成功绝不仅仅指在事业上大有建树，名利双收。快乐即是成功。那些在现实生活中身心愉悦地生活着，活出了趣味的人，他们虽与功成名就不怎么沾边，但他们很快乐，我们同样也应该认为他们很成功。

第五章

因为痛，所以叫青春

　　我们二十出头的年纪，虽然已被社会认定为成年人，但剥去表面的成熟，我们并未做好由里到外变成成年人的准备。我们被社会上一股必须要成功的强迫感裹挟，哪怕是停下来喘口气都觉得不安，因而无法发现自己身上的无限可能。

　　这种来自对悬而未决的未来的不安，才是人生中最本质的问题。青春施加给人生的真正压力，并非是那些需要积累的证书和业绩，而是看不到未来的不安感。因为看不清，因为对未来一无所知，所以时时感到迷茫和恐惧。

给自我加重，是一个人不被打倒的唯一的方法

一艘货轮卸货后返航，在浩瀚的大海上，突然遭遇巨大风暴。

老船长果断下令："打开所有的船舱，立刻往里面灌水。"

水手们担忧："险上加险，不是自找死路吗？"

船长镇定地说："大家见过根深干粗的树被暴风刮倒吗？被刮倒的往往是没有根基的小树。空船时，最容易发生危险，船在负重的时候，才是最安全的。"

水手们半信半疑地照着做了，虽然暴风巨浪依旧那么猛烈，但随着货仓里的水越来越满，货轮渐渐地平衡了。

再来看下面的这个故事。

一个黑人小孩在他父亲的葡萄酒厂看守橡木桶。每天早上，他用抹布将一个个木桶擦拭干净，然后一排排整齐地摆放好。令他生气的是，往往一夜之间，风就把他排列整齐的木桶吹得东倒西歪。

小男孩很委屈地哭了。父亲摸着男孩的头说："孩子，别伤心，我们可以想办法去征服风。"

于是，小男孩擦干了眼泪坐在木桶边想啊想啊，想了半天终于想出了一个办法。他从井里挑来一桶一桶的清水，然后把它们倒进那些空空的橡木桶里，然后他就忐忑不安地回家睡觉了。

第二天，天刚蒙蒙亮，小男孩就匆匆爬了起来，他跑到放桶的地方一看，那些橡木桶一个个排列得整整齐齐，没有一个被风吹倒，也没有一个被风吹歪。小男孩高兴地笑了，他对父亲说："木桶要想不被风吹倒，就要加重木桶自己的重量。"男孩的父亲赞许地微笑了。

人生感悟

在这个世界上，有很多我们改变不了的东西，但是我们却可以改变自己，改变我们自己心灵的重量，这样我们就可以稳稳地站住脚，不被风和其他东西吹倒和打倒。可以说，给自我加重，是一个人不被打倒的唯一的方法。

不要等别人来拉你，要自己先站起来

从前，有个得麻风病的病人，病了近40年，一直躺在路旁，等人把他送到有神奇力量的水池边。但是他躺在那儿近40年，仍然没有往水池迈进半步。

有一天，天神碰见了他，问道："先生，你要不要被医治，解除病魔？"

麻风病人说："当然要！可是人心好险恶，他们只顾自己，绝不会帮我。"

天神听后，再问他说："你要不要被医治？"

"要，当然要啦！但是等我爬过去时，水都干涸了。"

天神听了那麻风病人的话后，有点生气，再问他一次："你到底要不要被医治？"

他说："要！"

天神回答说："好，那你现在就站起来自己走到那水池边去，不要老是找一些不能完成的理由为自己辩解。"

听后，那麻风病人深感羞愧，立即站起身来，走向池水边去，用手心盛着神水喝了几口。刹那间，他那纠缠了近40年的麻风病竟然好了！

人生感悟

当你跌倒时，不要等着别人来拉你，你先要自己站起来。不要为目前的处境找寻失败的借口，而应该立刻行动起来。很多时候，我们都能够依靠自己站起来。

想做就立刻去做，不要有半点迟疑

孟列·史威济非常喜欢打猎和钓鱼，他最喜欢的生活是带着钓鱼竿和猎枪步行50里到森林里，过几天以后再回来，虽然精疲力尽、满身污泥，但他快乐无比。这类嗜好唯一不便的是，他是个保险推销员，打猎钓鱼太花时间。

有一天，当他依依不舍地离开心爱的鲈鱼湖，准备打道回府时突发异想：在这荒山野地里会不会也有居民需要保险？那他不就可以同时工作又有户外时间了吗？结果他发现果真有这种人，他们是阿拉斯加铁路公司的员工。他们散居在沿线五百里各段路轨的附近。他可不可以沿铁路向这些铁路工作人员、猎人和淘金者推销保险呢？

史威济就在想到这个主意的当天开始积极计划。他向一个旅行社打听清楚以后，就开始整理行装。他没有停下来让恐惧乘虚而入，他也不左思右想找借口，他只是搭上船直接前往阿拉斯加的"西湖"。

史威济沿着铁路走了好几趟，那里的人都叫他"步行的史威济"，他成为那些与世隔绝的家庭最欢迎的人。同时，他也代表了外面的世界。不但如此，他还学会理发，替当地人免费服务。他还无师自通地学会了烹饪。由于那些单身汉吃厌了罐头食品和腌肉之类，他的手艺当然使他变成最受欢迎的贵客。而在这同时，他也正在做一件自然而然的事，正在做自己想做的事：徜徉于山野之间、打猎、钓鱼，并且像他所说的"过史威济的生活"。

在人寿保险事业里，对于一年卖出 100 万元以上的人设有光荣的特别头衔，叫作"百万圆桌"。史威济的故事中，最不平常而使人惊讶的是：在他把突发的一念付诸实行以后，在动身前往阿拉斯加的荒原以后，在沿线走过没人愿意前来的铁路以后，他一年之内就做成了百万元的生意，因而赢得"百万圆桌"上的一席之位。假使他在突发奇想时，对于做事的秘诀有半点迟疑，这一切都不可能发生。

人生感悟

很多事本来是可以做成的，但由于当时犹豫不决而错过了时机，或由于考虑太多而放弃了去做。如果下定决心后，就要立刻去做，这样会激发你的潜能，会使你最渴望的梦想得以实现。

只有一只手的油漆匠

詹姆斯原本在一家汽车公司上班。但由于一次机器故障，他的左眼不幸受损，最后医生不得不摘除了他的左眼球。

原本十分乐观的詹姆斯现在却变成了一个沉默寡言的人。他现在很少出去，因为他害怕别人用异样的眼光看他。也因为这个原因，他一再延长自己的假期，这样一来，家庭的重担就落在了妻子玛丽的身上。玛丽深爱着丈夫，她多么盼望丈夫早日走出阴影，她深信这只是时间问题。

一个早晨，当詹姆斯问玛丽在院子里踢球的那个人是谁时，玛丽惊讶极了，他看了看正在踢球的儿子，心头一阵酸涩，要是在以前，儿子即使到更远的地方，詹姆斯也是能看见的！很不幸，詹姆斯另一只眼睛的视力也受到了影响。明白了这一点，玛丽什么也没有说，只是走近丈夫，轻轻抱住他的头。看到玛丽这样，詹姆斯轻轻地说："亲爱的，我明白了，以后可能会更严重，我已经意识到了。"

玛丽的泪不知不觉流了下来。詹姆斯知道自己要失明后，反而镇静多了，连玛丽也感到奇怪。

知道詹姆斯能见到光明的日子不多后，玛丽总想为丈夫留下点什么。但她到底能做什么呢？

她想自己能做的也就是让丈夫在失明前看到自己的家温馨美好，自己和孩子能够快乐。于是她每天把自己和儿子打扮得漂漂亮亮的，在詹姆斯面前，不论她心里多么悲伤，她总是努力微笑。她想自己一定要让丈夫在失明前看到最美的东西。

第二天，家里来了一个油漆匠，玛丽想把家具和墙壁粉刷一遍。

油漆匠是一个快乐的小伙子，干起活来很认真，在他工作的这一个星期里，詹姆斯的家里时常洋溢着欢乐的口哨声，詹姆斯也受到了这种愉悦氛围的影响，这一周他的状态都不错。当油漆匠终于把所有的家具和墙壁刷好时他也知道了詹姆斯的情况。

"对不起，我干得很慢。"油漆匠对詹姆斯说。

"你每天的好心情，也让我感到很高兴。"詹姆斯回答道。

算工钱的时候，油漆匠少算了 100 美元。

玛丽和詹姆斯说："你少算了工钱。"

油漆匠说："这些已经够了，你在快失明的情况下还能保持这么乐观的心态，让我明白了勇气的意义。"

詹姆斯坚持让油漆匠再多拿 100 美元，他说："你也让我明白了即使一个人身体上有残疾，仍然可以自食其力、快乐地生活。"

原来，油漆匠只有一只手。

人生感悟

人生没有承受不了的事，关键的是我们的态度。以消极的态度面对明天，明天就不会晴朗；以积极的态度面对明天，明天一定会风和日丽。

贫穷是一所学校，只有通过劳动才能毕业

汤姆的父亲去世了，当时他只有十岁，别的孩子还都在尽情玩耍的时候，汤姆却承担起了家庭的重担，他要和妈妈一起支撑家庭。他知道这不是一件简单的事，但他必须这样做，因为他是家里唯一的男子汉。

他从来不张口向母亲要任何东西，但是这一次，他需要一本字典，这样才能把那门课上好。但怎么向妈妈要这些钱呢？看到母亲整天省吃俭用为了这个家而操劳，汤姆心里实在不是滋味。

躺在床上他彻夜未眠，天快亮的时候才昏昏沉沉地睡去。第二天醒来的时候，大雪盖住了所有的路，寒风吹得每个人都不想去扫雪。

但汤姆可不这样想，他知道自己挣钱的机会到了。于是，他跑到邻居家，提出替他们清扫屋前的积雪，这个建议被邻居接受了。当他完成这项工作后，他得到了自己应得的报酬。

看来还有其他的人也愿意让人替他们扫雪，就这样汤姆换了一家又一家，整整一天他都在为别人家扫雪，最后他赚的钱足够买一本字典了，而且还有剩余。

当他回到家的时候，发现自己家门口的雪早已经被扫干净了。母亲做好了热呼呼的饭，正在家里等他回家呢。母亲知道他干什么去了，她用鼓励的眼神看着自己的孩子，她相信汤姆是最懂事的孩子，他将来一定会取得很大成就的。

汤姆坐在自己的座位上，在所有的孩子中他是最开心的，因为他手里有一本用自己赚的钱买的字典。

长大后的汤姆成了一家大型公司的董事长。

再来看下面的这个故事。

亨利的父亲过世了，他还有一个两岁大的妹妹，母亲为了这个家整日操劳，但是赚的钱难以让这个家的每个人都能填饱肚子。看着母亲日渐憔悴的样子，亨利决定帮妈妈赚钱养家，因为他已经长大了，应该为这个家贡献一份自己的力量了。

一天，他帮助一位先生找到了他丢失的笔记本，那位先生为了答谢他，给了他一美元。

亨利用这一美元买了三把鞋刷和一盒鞋油，还自己动手做了个木头箱子。带

着这些工具，他来到了街上，每当他看见路人的皮鞋上全是灰尘的时候，就对那位先生说："先生，我想您的鞋需要擦油了，让我来为您效劳吧？"

他对所有的人都是那样有礼貌，语气是那么真诚，以至于每一个听他说话的人都愿意让这样一个懂礼貌的孩子为自己的鞋擦油。他们实在不愿意让一个可怜的孩子感到失望，他们知道这个孩子肯定是一个懂事的孩子，面对这么懂事的孩子，怎么忍心拒绝他呢！

就这样，第一天他就带回家五十美分，他用这些钱买了一些食品。他知道，从此以后每一个人都不需要再挨饿了，母亲也不用像以前那样操劳了，这是他能办到的。

当母亲看到他背着擦鞋箱，带回来这些食品的时候，她流下了高兴的泪水。"你真的长大了，亨利。我不能赚足够的钱让你们过得更好，但是我相信我们将来可以过得更好。"妈妈说。就这样，亨利白天工作，晚上去学校上课。他赚的钱不仅为自己交了学费，还足够维持母亲和小妹妹的生活了。他知道工作不分贵贱，只要是靠自己的劳动赚钱就是光荣的。

长大后的亨利成了一个远近闻名的百万富翁。

人生感悟

很多成功人士的家境原先都很贫穷，但正是由于贫穷，才迫使他们早早地学会了劳动——因为劳动可以改变贫穷。贫穷是一所学校，只有通过劳动才能得到金光灿灿的"毕业证书"。

勇敢地迎接挑战，才能无愧于人生

艾森豪威尔是美国第34任总统，他年轻时经常和家人一起玩纸牌游戏。

一天晚饭后，他像往常一样和家人打牌。这一次，他的运气特别不好，每次抓到的都是很差的牌。开始时他只是有些抱怨，后来，他实在是忍无可忍，便发起了少爷脾气。

一旁的母亲看不下去了，正色道："既然要打牌，你就必须用手中的牌打下去，不管牌是好是坏。好运气是不可能都让你碰上的！"

艾森豪威尔听不进去，依然忿忿不平。母亲于是又说："人生就和打牌一样，发牌的是上帝。不管你名下的牌是好是坏，你都必须拿着，你都必须面对。你能做的，就是让浮躁的心情平静下来，然后认真对待，把自己的牌打好，力争达到最好的效果。这样打牌，这样对待人生才有意义！"

艾森豪威尔此后一直牢记母亲的话，并激励自己积极进取。就这样，他一步一个脚印地向前迈进，成为中校、盟军统帅，最后登上了美国总统之位。

一味埋怨是没有半点用处的，也无法改变现状。印度前总理尼赫鲁也曾经说过这样一句话："生活就像是玩扑克，发到手的牌是定了的，但你的打法却取决于自己的意志。"

人生感悟

> 我们无法选择也无力改变自身的生存环境，但如何适应环境则全靠自己把握。面对挫折，心浮气躁、怨天尤人解决不了任何问题。我们只有端正态度，勇敢地迎接挑战，并尽力做好每一件事，才能无愧于人生。

很多事情不是不可能，而是看你有多大的决心去尝试

1992 年的时候，张明正还是个手里拿着 5000 美元在洛杉矶创业刚刚两年多的小人物，他的"趋势科技"公司在全球的高科技行业中很少有人知道，他还名不见经传。

但是跨入 21 世纪以后，他的公司市值达到 100 亿美元。他本人连续两年被美国《商业周刊》选为"亚洲之星"。在全球的高科技行业中，不知道他的人已经很少了。

他的事业的转折点就在他名不见经传的 1992 年。一天，他突发奇想，要与著名的英特尔公司合作。

机会终于来了。英特尔网络部门的主管将在纽约参加一个研讨会，张明正前去求见。

第一次去，秘书上下打量着他，看看这个陌生的没有名气的普通的年轻人，然后冷冷地说了一句："主管没有时间。"

第二次去，秘书见是他，不假思索地说："没时间。"

第三次去，秘书见又是他，马上说："主管太忙了，他没有时间。"

第四次、第五次……张明正下决心非要见到主管不可。

他锲而不舍地求见，终于使秘书的态度软了下来，告诉他："主管在开会，

什么时候结束说不清楚，您如果愿意可以等他。"

张明正当然愿意等。他一分钟一分钟地等，一小时一小时地等。在等过了5个小时之后，他终于见到了日夜盼望的主管。

他告诉主管，他找了他多少次，等了他多少个小时，主管大为惊讶。

主管想：他费这么大劲儿找我，一定有重要事情。于是，他耐心地倾听了这个年轻人讲述自己的公司和公司的产品防毒软件。听着听着，这位主管产生了兴趣，答应使用他们的防毒软件，不仅下了大量订单，竟然还同意张明正以英特尔的品牌行销。

张明正没想到后面的事情竟然来得这样顺利。他知道，像英特尔这样的大牌公司从来不与名不见经传的小公司合作，能够与他合作，真是绝无仅有，他感到万分幸运。

后来在接受采访时，他感慨万千地说："很多事情不是不可能，而是看你有多大的决心去尝试。"浅尝辄止，尝试了也等于没有尝试。非得本着破釜沉舟的态度，志在必得，才有成功的希望。他说，怕什么呢？他不理你，反复让你吃闭门羹，你又损失了什么呢？什么也不损失，反而得到了磨练的机会。

人生感悟

　　哪怕有百分之一的机会，我们都应该努力去反复尝试，很多事情不是不可能，而是看你有多大的决心去尝试。对于我们每一个人来说，把握机会并且付诸行动，想成功并不是件难事。

勇敢地面对别人轻视嘲笑的目光，做生活中真正的强者

丹尼斯·罗杰斯上高中时，只有1.5米的身高，36公斤的体重，是一个地道的"矮子"。他的脊柱有些弯曲，整个上身看上去弯成一个问号的样子，那也是他面向自己将来人生的疑问："我是谁？我将来能干什么？"他不知道。唯一确知的是，自己是一个矮子，他的身高连普通标准都达不到。

由于罗杰斯身材矮小，身单力薄，学校体育队的队员们老叫他"侏儒"。他们常拿他取笑。知道他打不过他们，便常来欺负他，故意绊倒他，抢他手里的书。罗杰斯经常生活在被恐吓的阴影之中。而且，学校里每一个人都可能是潜在的恐吓者。体育课是他最难受的一门课，有竞赛的项目，哪一方也不愿要他，他常像

皮球一样被踢来踢去。

一天，老师把罗杰斯叫到一边："丹尼斯，我们决定替你转一个班，从现在起，你到特殊教育班去上课吧！"

"特教班？可那是为残疾学生开的班呀！"

"我很抱歉，"他说，拍拍罗杰斯的肩膀，"但是我们是为你着想。"

放学了，罗杰斯回到家，"砰"的一声关上房门，在镜子前仔细端详自己：弯腰驼背，手臂细得可怜。他失望地倒在床上。"为什么？为什么我会长成这样？"罗杰斯站起身来，望着父亲在院子里干活的身影发呆。父亲虽然也是小个子，却曾在军队服役，身上肌肉发达，没人敢欺负他。罗杰斯暗自下了决心。

父亲帮助他自制了一个举重用的杠铃。每天晚上，他都到楼下的储藏室去练习举重。一次次地，罗杰斯逐渐能举起杠铃了。他又不时往上加重量，往往一次加上 5 磅，他必须要拼足全部力气才能举起来。对罗杰斯来说，这不仅仅是举杠铃，这是向自我挑战。

他要改变自己弱不禁风的形象。怎么办？他开始吃大量富含蛋白质的牛奶、鸡蛋等营养品，并在各种健美杂志中寻求帮助。6 个月后，在罗杰斯 17 岁生日的这一天，他仍然只有 1.52 米高，体重 40 公斤。

父亲替人做船上用的帆布帐篷。罗杰斯常帮父亲干活。一天，他把一卷帆布从汽车里搬到山坡上的工场去。这卷帆布大概有 6 英尺长、80 多公斤重。他把它扛上肩，往前迈了一步。哟！好重！但是，他不能扔下！他跟跟跄跄地爬上山坡，累得满头大汗。但是，最终他一个人把这卷帆布扛上了山坡！他惊讶不已，简直不敢相信自己的锻炼已经初见成效！

罗杰斯做了一个实验：在杠铃上放上迄今为止能举起的重量，然后再加上额外的 50 磅。"不要去想你的个子，"他告诉自己，"举就是了，你能行。"他举了，居然举起来了！他知道为什么自己能举起这么重的东西了。过去，他总认为自己的个子小，越是这样，就越是限制了自己潜能的挖掘，更说不上发挥了。

从此，罗杰斯开始正规地学习举重，每天都去体育馆训练。他的肌肉增加了，力气增大了，微驼的脊背伸直了。有不少在这里锻炼的人都爱扳手腕，他也加入进去。最初，当罗杰斯在他们面前坐下的时候，他们都以嘲笑的眼光看着他。罗杰斯不理会这些，他把他们一个一个地都打败了。但是，罗杰斯输给了一个叫鲍勃的人。

一天，罗杰斯在健美杂志上看见一则东海岸将举行扳手腕比赛的广告，欢迎各路精英参加。他告诉鲍勃，自己也想去参加比赛。

"想都别想，"鲍勃说，"那都是一些专业人士，他们一年到头都在训练。弄不好，你还会受伤的。"

罗杰斯不相信，他走进了东海岸扳手腕比赛的现场。罗杰斯遇到了同样轻视嘲笑的目光。然而，他打败了所有的对手。比赛结束的时候，罗杰斯成了冠军，一个真正的强者。

人生感悟

> 别人看不起我们没关系，重要的是我们自己要肯定自己，绝不能自暴自弃。只有充满信心，不断磨练自己，让自身逐步完善壮大，才能击碎别人轻视嘲笑的目光，做生活中真正的强者。

决不能失去自己的性格，有个性才有竞争力

曾任卡内基基金会主席的瓦尔坦·格雷戈里安的童年十分不幸，在他6岁的时候，他的母亲便因病去世了。他是由祖母一手带大的。

格雷戈里安的祖母也是一个很不幸的女人。虽然命运对她十分不公，但她却并未因此失去对生活的信心。

为了让格雷戈里安从失去亲人的阴影中走出来，并健康快乐地成长，祖母经常教导他说："孩子，有两件事一定要记牢。第一是命运，那是你无法控制的；第二是你的性格，那可是在你掌握之中的。你可以失去你的美丽，也可以失去你的健康和财富，但是你决不能失去你的性格，因为它是掌握在你自己手中的。"

祖母的这句话在格雷戈里安的成长道路上，起到了十分关键的作用。

人生感悟

> 一个人可以失去美丽、健康和财富等，却决不能失去自己的性格。有个性的人才有竞争力。失去了财富还可以努力挣得，而失去了性格就失去了竞争力，注定只能是个失败者。

拿出 150% 的努力，不管做什么事都要这样

卡罗斯·桑塔纳是一位世界级的吉他大师，他出生在墨西哥，17 岁的时候随父母移居美国。由于英语太差，刚开始桑塔纳在学校的功课一团糟。

有一天，他的美术老师克努森把他叫到办公室，说："桑塔纳，我翻看了一下你来美国以后的各科成绩，除了'及格'就是'不及格'，真是太糟了。但是你的美术成绩却有很多'优'，我看得出你有绘画的天分，而且我还看得出你是个音乐天才。如果你想成为艺术家，那么我可以带你到旧金山的美术学院去参观，这样你就能知道你所面临的挑战了。"

几天以后，克努森便真的把全班同学都带到旧金山美术学院参观。在那里，桑塔纳亲眼看到了别人是如何作画的，深切地感到自己与他们的巨大差距。

克努森告诉他说："心不在焉、不求进取的人根本进不了这里。你应该拿出 150% 的努力，不管你做什么或想做什么都要这样。"

克努森的这句话对桑塔纳影响至深，并成为他的座右铭。2000 年，桑塔纳以《超自然》专辑一举获得了 8 项格莱美音乐大奖。

人生感悟

很多时候，一个人不能成功往往并不是因为天分不足，而是因为没有付出足够的努力。无论做什么事，要想成功，都必须找出差距，然后付出比别人多得多的努力来填补这一差距，只有这样才能赶上并超过别人。

第六章

保持积极的心态

　　积极的心态是一个人对人生、对世界的积极看法和态度。可以说，心态是我们真正的主人，心态决定了我们的命运。积极心态可以使人学会处世的智慧和做人的道理，使你的人生之路越走越宽，生命的价值越来越大，从而成就事业，获得幸福；消极心态则很有可能会使人生的航船驶入浅滩，从而失去发展的机会，一生与困苦和不幸相伴。

　　心态具有强大的力量，从里到外影响着一个人。有怎样的心态，就会产生怎样的行动。同一件事情，由具有不同心态的人去做，其结果必会不同。积极的心态就像阳光一样，是能量之源，是快乐之本。当我们的心灵充满阳光时，我们的生活也一定会变得充满欢笑、丰富多彩。无数成功人士所走过的成功之路均证实了这样一个真理：积极的心态是成功的关键。

改变了心态，生活也会随之改变

塞尔玛陪伴丈夫驻扎在一个沙漠的陆军基地里。丈夫奉命到沙漠里去演习，她一个人留在陆军的小铁皮房子里，天气热得受不了。她没有人可谈天——身边只有当地人，而他们不会说英语。她非常难过，于是就写信给父母，说要抛弃一切回家去。

她父亲的回信只有两行，这两行字却永远留在她心中，完全改变了她的生活。这两行字是：

两个人从牢中的铁窗望出去，

一个看到泥土，一个却看到了星星。

塞尔玛一再读这封信，觉得非常惭愧。她决定要在沙漠中找到星星。

塞尔玛开始和当地人交朋友，他们的反应使她非常惊奇，她对他们的纺织、陶器表示兴趣，他们就把最喜欢但舍不得卖给观光客人的纺织品和陶器送给了她。

塞尔玛研究那些引人入迷的仙人掌和各种沙漠植物、物态，又学习有关土拨鼠的知识。她观看沙漠日落，还寻找海螺壳，这些海螺壳是几万年前，这沙漠还是海洋时留下来的……原来难以忍受的环境竟变成了令人兴奋、流连忘返的奇景。

是什么使塞尔玛的内心发生了这么大的转变呢？

沙漠没有改变，当地人也没有改变，但是塞尔玛的观念改变了，心态改变了。一念之差，使她把原先认为恶劣的情况，变为一生中最有意义的冒险。她为发现新世界而兴奋不已，并为此写了一本书，以《快乐的城堡》为书名出版了。

她从自己造的牢房里看出去，终于看到了星星。

人生感悟

很多时候，我们之所以感到生活枯燥乏味，是因为我们的心态是枯燥乏味的。如果想使生活变得有滋有味，就要改变心态，变消极心态为积极心态。只有这样，我们才能改变自己的生活。

即使在厄运面前，也要保持积极的心态

亚兰是美国联合保险公司的一位推销员，他想成为这个公司的明星推销员。

他努力应用他在励志书籍和杂志中所读到的积极心态的原则。不久，他遭遇了厄运，这给了他一个发挥心态的良机，他有效地发挥了自己的积极心态。

寒冬的一天，亚兰在威斯康星州一个城市的街区推销保险单，却没有做成一笔生意。当然，他对自己很不满意。但他没有因此而气馁，而是选择了积极的心态，将这种不满转变为一种励志的动力。

他记起他所读过的书，于是，他应用了积极心态的原则。

第二天，当他从办事处出发时，他向同事们讲述了前天所遭遇的失败，接着他说："等着瞧吧！今天我将再次拜访那些顾客，我将售出比你们售出的总和还要多的保险单。"

亚兰做到了。他回到那个街区，又拜访了前一天同他谈过话的每一个人，结果售出了 66 张新的事故保险单。

这的确是一个不平常的成就，而这个成就是由厄运造成的。那时亚兰在风雷中穿街过巷，跋涉了 8 个小时，却没有卖出一张保险单。可是亚兰能够把头一天大多数人在失败的情况下所感觉到的消极不满，在第二天就转化成励志性的动力，并且取得了成功。

亚兰成了这个公司的最佳销售员，后来他被提升为销售经理。

人生感悟

人的一生中不可能没有失败和挫折。有的人一旦遇到失败和挫折，就会丧失意志和勇气，从此一蹶不振；而在那些真正的成功者，他们会使用积极心态的力量，把失败变成走向成功的动力。

保持积极的心态，积极地行动起来

美国联合保险公司董事长克里蒙·斯通是美国巨富之一、世界保险业巨子。

斯通生于 1902 年，父亲早逝，母亲把他抚养长大。斯通的母亲早在斯通十几岁的时候，就把辛辛苦苦积攒下的一点钱，投到底特律的一家小保险经纪社。这家保险经纪社替底特律的美国伤损保险公司，推销意外保险和健康保险。推销员仅一人，那就是斯通的母亲。每推出一笔保险，她就会收到一笔佣金——这是她唯一的收入。

斯通16岁时，念中学。那个夏天，母亲指导他去推销保险。他走到母亲指导给他的大楼前，犹豫不决。这时，他默默地念着自己信奉的座右铭："如果你做了，没有损失，还可能有大收获，那就下手去做。马上就做！"

于是，他勇敢地走入大楼，逐门进行推销。结果，只有两个人买了保险；但在了解自己和推销术方面，他收获不小。第二天，他卖出了4份保险；第三天，6份。假期时，他居然创造了一天卖出10份的好成绩，后来一天10份、20份。

那时他发觉，他的成功是因为自己有积极的心态并能积极行动起来的缘故。

20岁时，他在芝加哥开了一家保险经纪社——"联合登记保险公司"，全公司只有他一个人。开业头一天销出54份保险。后来，事业一天比一天兴旺。有一天，居然创造了122份的纪录。

后来，他在各州招人，在各处扩展他的事业；各州有一名推销总管，领导推销员，他自己管理各地总管，那时，斯通还不到30岁。

但那时候，整个美国笼罩在经济大恐慌之中，大家都没有钱买健康和意外保险，真正有钱的又宁愿把钱存下来以防万一。这时，斯通给自己加了几条应付困难的座右铭："销售是否成功，决定于推销员，而不是顾客。如果你以坚定的、乐观的心态面对艰难，你反而能从中获得益处。"结果，他每天成交的份数，竟与以前鼎盛时期的相同。

1938年底，斯通成了一名富翁，而他所领导保险公司，也成为了美国保险业首屈一指的大企业。

人生感悟

> 翻阅成功人士的成功史，我们不难发现，他们之所以能够领先于别人而出人头地，是因为他们都能保持积极的心态并能积极行动起来的缘故。积极的心态加上积极的行动，是取得成功的秘诀。

无论发生了什么，都没有什么大不了的

如果一个人在 46 岁的时候，在一次很惨的意外事故中被烧得不成人形，4 年后又在一次坠机事故后腰部以下全部瘫痪，会怎么办？

接下来，我们能想象他会变成百万富翁、受人爱戴的公共演说家、洋洋得意的新郎官及成功的企业家吗？我们能想象他会去泛舟、玩跳伞、在政坛角逐一席之地吗？

但这一切，米契尔全做到了，甚至有过之而无不及。在经历了两次可怕的意外事故后，他的脸因植皮而变成一块彩色板，手指没有了，双腿如此细小，无法行动，只能瘫痪在轮椅上。

那次意外事故，把他身上六成以上的皮肤都烧坏了，为此他动了 16 次手术，手术后，他无法拿起叉子，无法拨电话，也无法一个人上厕所，但以前曾是海军陆战队员的米契尔从不认为他被打败了。他说："我完全可以掌控我自己的人生之船，那是我的浮沉，我可以选择把目前的状况看成倒退或是一个起点。"6 个月之后，他又能开飞机了！

米契尔为自己在科罗拉多州买了一幢维多利亚式的房子，另外也买了房子、一架飞机及一家酒吧，后来他和两个朋友合资开了一家公司，专门生产以木材为燃料的炉子，这家公司后来变成佛蒙特州第二大私企公司。

意外事故发生后 4 年，米契尔所开的飞机在起飞时又摔回跑道，把他胸部的 12 条脊椎骨全压得粉碎，腰部以下永远瘫痪！

米契尔仍不屈不挠，日夜努力使自己能达到最高限度的独立自主，他被选为科罗拉多州孤峰顶镇的镇长，以保护小镇的美景及环境，使之不因矿产的开采而遭受破坏。米契尔后来也竞选国会议员，他用一句"不只是另一张小白脸"的口号，将自己难看的脸转化成一项有利的资产。

尽管刚开始面貌骇人、行动不便，米契尔却开始泛舟，他坠入爱河且完成终身大事，他拿到了公共行政硕士学位，并持续他的飞行活动、环保运动及公共演说。

米契尔屹立不倒的正面态度，使他得以在《今天看我秀》及《早安美国》节目中露脸，同时《前进杂志》《时代周刊》《纽约时报》及其他出版物也都有米契尔的人物特写。

米契尔说："我瘫痪之前可以做 1 万件事，现在我只能做 9000 件，我可以把注意力放在我无法再做的 1000 件事上，或是把目光放在我还能做的 9000 件事上。告诉大家，我的人生曾遭受过两次重大的挫折，而我不能把挫折拿来当成放弃努力的借口。或许你们可以用一个新的角度，来看待一些一直让你们裹足不前的经历。你可以退一步，想开一点，然后，你就有机会说：'或许那也没什么大不了的！'"

人生感悟

这世上有幸运，也就会有不幸。当不幸来临时，无论是发生了什么事，都要保持一种积极向上的心态和顽强的拼搏精神。我们要告诉自己："这没什么大不了的，我依然可以做以前想做的事，而且会把能做的事做得更好。"

当弱点受到挑战时，用强项去迎接挑战

多年前的那个周末舞会，女孩是秀发披肩、亭亭玉立的大学毕业生，她像一朵六月的新莲在沸腾的舞池中，翩翩起舞，飘逸而芬芳。

在目光的包围和无休无止地旋转后，她累了，坐在一隅休息。

这时，一个男孩走过来，向她微微鞠躬，伸出手："我可以请你跳一曲吗？"他彬彬有礼，像一个古代的王子，让人不忍拒绝。

带着一丝疲倦，她站了起来。当两个人面对面地站在舞池中，静等音乐响起的片刻，她突然发现，那个男孩竟然比她似乎还矮一点。也许并不真的比她矮，但是女孩子觉得，如果哪个男孩与她等高，那就已经是很矮了。

"我比你还高哪！"女孩子悄悄地说，笑着，像小时与小伙伴比高矮时得胜后高兴的样子。其实是心无城府的，因为她从小就比身边所有的朋友长得高，已习惯了在与他们的比较中骄傲地笑。但眼前的男孩并不是自己的朋友，只是舞会上偶尔邂逅的舞伴。女孩立刻为自己的口无遮拦而后悔了。她的脸刷的一下红了。

一切发生得太快了，男孩子有点猝不及防。稍稍愣了一下，脸上的笑还来不及褪去，新的一波笑意竟浮了上来。

他不愠不恼地说："是吗？我要迎接挑战。"

后面四个字稍稍有点重。女孩无语，歉意地笑，躲过他的目光，但却有点紧张地捕捉来自他的信息。只见他下意识地挺直了腰胸，轻描淡写地说："把我所

发表过的文章垫在我的脚底下，我就比你高了。"

原来，他也有他的骄傲。

舞会后不久，他们成了恋人。后来，因为阴差阳错，他们并没能走到一起。但是，女孩却从来没有忘记过他，没有忘记当年在舞会上的那一幕，尤其是那两句不卑不亢的话："我要迎接挑战。把我所发表的文章垫在我的脚底下，我就比你高了。"

人生感悟

每个人都会有自己的弱点或缺陷，每个人也都有自己的强项，当弱点或缺陷受到挑战时，不要退缩，而要勇敢地去迎接它，用自己的强项击败挑战。

一切都会过去

古希腊有一位国王，拥有至高无上的权势、享用不尽的荣华富贵，但他并不快乐。他可以主宰自己的臣民，却难以操控自己的情绪，种种莫名其妙的焦虑和忧郁不时让他闷闷不乐、寝食难安。

于是，他召来了当时最负盛名的智者苏菲，要求他找出一句人间最有哲理的箴言，而且这句浓缩了人生智慧的话必须有一语惊心之效，能让人胜不骄、败不馁，得意而不忘形、失意而不伤神，始终保持一颗平常心。苏菲答应了国王，条件是国王将佩戴的那枚戒指交给他。

几天后，苏菲将戒指还给了国王，并再三劝告他："不到万不得已，别轻易取出戒指上镶嵌的宝石，否则，它就不灵验了。"

没过多久，邻国大举入侵，国王率部拼死抵抗，但最终整个城邦沦陷于敌手，于是，国王四处亡命。

有一天，为逃避敌兵的搜捕，他藏身在河边的茅草丛中，当他掬水解渴，猛然看到自己的倒影时，不禁伤心欲绝——谁能相信如今这个蓬头垢面、衣衫褴褛的人，就是那个曾经气宇轩昂、威风凛凛的国王呢？

就在他双手掩面欲投河轻生之际，他想到了戒指。他急切地抠下了上面的宝石，只见宝石里侧镌刻着一句话——这也会过去！

顿时，国王的心头重新燃起希望的火花。从此，他忍辱负重、卧薪尝胆，重招旧部并东山再起，最终赶走了外敌，赢回了王国。

而当他再一次返回王宫后，所做的第一件事便是将"这也会过去"这句五字箴言，镌刻在象征王位的宝座上。

后来，他被誉为最有智慧的国王而名垂青史。据说，在临终之际，他特意留下遗嘱：死后，双手空空地露出灵柩之外，以此向世人昭示那句五字箴言。

人生感悟

普希金说，一切都是暂时的，转瞬即逝……因此，在我们身处顺境时，要学会惜福与感恩；身处逆境时，要学会坚忍和等待，要相信逆境只是暂时的。告诉自己："这也会过去，一切都会过去。"

如果一次不成，那就再试一次

有个年轻人去微软公司应聘，而该公司并没有刊登过招聘广告。见总经理疑惑不解，年轻人用不太娴熟的英语解释说，自己是碰巧路过这里，就贸然进来了。

总经理感觉很新鲜，破例让他一试。面试的结果出人意料，年轻人表现糟糕。他对总经理的解释是事先没有准备，总经理以为他不过是找个托词下台阶，就随口应道："等你准备好了再来试吧。"

一周后，年轻人再次走进微软公司的大门，这次他依然没有成功。但比起第一次，他的表现要好得多。

而总经理给他的回答仍然同上次一样："等你准备好了再来试。"

就这样，这个青年先后5次踏进微软公司的大门，最终被公司录用，成为公司的重点培养对象。

与这个年轻人有相同经历的还有一个叫克里弗德的小伙子。

瑞德公司的面试通知，像一缕阳光照亮了克里弗德焦急期待的心。面试那天，克里弗德精心地梳洗打扮了一番，又换了一条新领带，以祝福自己好运。上午10点钟，他走进了瑞德公司人力资源部。等秘书小姐向经理通报后，克里弗德静了静心，提着手提包来到经理办公室门前，轻轻地敲了两下门。

"是克里弗德先生吗？"屋里传出问询声。

"经理先生，你好！我是克里弗德。"克里弗德慢慢地推开门。

"抱歉，克里弗德先生。你能再敲一次门吗？"端坐在沙发转椅上的经理悠闲地注视着克里弗德，表情有些冷淡。

经理先生的话虽令克里弗德有些疑惑，但他并未多想，关上门，重新敲了两下，然后推门走进去。

"不，克里弗德先生，这次没有第一次好，你能再来一次吗？"经理示意他出去重来。

克里弗德重新敲门，又一次踏进房间。

"先生，这样可以吗？"

"这样说话不好——"

克里弗德又一次走进去："我是克里弗德，见到你很高兴，经理先生。"

"请别这样。"经理依然淡淡道，"还得再来一次。"

克里弗德又作了一次尝试："抱歉，打扰你工作了。"

"这回差不多了，如果你能再来一次会更好，你能再试一次吗？"

当克里弗德第十次退出来时，他内心的喜悦和憧憬已消失殆尽，开始有些恼火。心想，进门打招呼哪有这么多讲究？这哪是招聘面试呀，分明是在刁难戏弄人。克里弗德生气地转身离开，可刚走几步又停了下来，心想：不行，我不能就这样逃开，即使瑞德公司不打算录用我，也得听到他们当面对我说。

于是，克里弗德稍稍地舒了一口气，第十一次敲响了门。这次，他得到的不是难堪，而是热烈欢迎的掌声。克里弗德没有想到，第十一次敲门，叩开的竟是一扇成功之门。原来，瑞德公司此次是打算招聘一名市场调查员。而一名优秀的市场调查员，不仅要具备学识素质，更要具备耐心和毅力等心理素质。这11次的敲门和问候，就是考查一个人的心理素质。

人生感悟

　　在这个世上，没有轻而易举就能做成的事。如果一次不成，那么就再试一次。再试一次，是一种自信，是一种勇气，是再给自己一次机会。坚持，再试一次，遭受挫折的次数越多，就越接近成功。

世界是公平的，给谁的都不会太多

欧洲某国的一位著名的女高音歌唱家，仅30岁就已经誉满全球，而且她拥有一位如意的郎君和一个美满幸福的家庭。一次，举行完一个成功的音乐会后，歌唱家和丈夫、儿子被一群狂热的观众团团围住。人们七嘴八舌地与歌唱家攀谈起来，赞美与羡慕之词洋溢了整个会场。

有的人恭维歌唱家少年得志，大学刚毕业就走进了国家级剧院，成了一名主要演员；有的人恭维歌唱家 25 岁就被评为世界十大女高音之一，年轻有为；也有人恭维歌唱家有一个优秀的丈夫，而膝下又有了活泼可爱、脸上永远洋溢着笑容的儿子。

在人们议论的时候，歌唱家只是静静地听，什么也没有表示。当大家把话说完后，她才缓缓地说："首先我要谢谢大家对我和我家人的赞美，我希望在这些方面能够和你们共享快乐。但是，你们只看到了一个方面，而另一方面你们却没有看到，那就是你们夸奖的我的儿子，不幸的是他是一个哑巴，而且他还有一个经常要被关在屋里精神分裂的姐姐。"

人们震惊了，你看看我，我看看你，似乎很难接受这样的事实。这时，歌唱家又心平气和地对人们说："这一切说明什么呢？恐怕只能说明一个道理，那就是，上帝是公平的，给谁的都不会太多。"

人生感悟

> 世界是公平的，给谁的都不会太少，给谁的都不会太多。所以，不要只看到或羡慕别人的拥有，而看不到自己的拥有。应该想一想，自己拥有的而别人却没有拥有的东西。

不要猜疑自己的健康，要保持健康的心理

有一位年轻的汽车销售经理，他的面前本是一条充满阳光的大道，然而他的情绪却非常消沉。他认为自己要死了！他甚至为自己选购了一块墓地，并为自己的葬礼做好了一切准备。实际上，他只是经常感到呼吸急促，心跳很快，喉咙梗塞。他的家庭医生是位很成功的内科和外科医生，他劝他休息，泰然处理生活，退出他所热爱的销售汽车的事业。

这位销售经理在家里休息了一段时间，但是由于恐惧，他的心里仍不安宁。他的呼吸变得更加急促，心跳得更快，喉咙仍然梗塞。这时，他的医生劝他到科罗拉多州去度假。

科罗拉多州虽有使人健康的气候、壮丽的高山，但仍不能阻止这位销售经理陷入恐惧。一周后，他回到家里，他觉得死神即将降临。

"打消你的猜疑！"一位朋友告诉这位销售经理，"如果你到一个诊所去，到明尼苏达州罗契斯特市的梅欧兄弟诊所，你就可以彻底弄清病情，而不会失去什么。立即行动！"按照建议，他的一位亲戚开车送他到了罗契斯特市。实际上，他很害怕自己会死于途中。

梅欧兄弟诊所的医生给他做了全面检查。医生告诉他："你的症结是吸进了过多的氧气。"他笑起来说："那太愚蠢了，我怎样对付这种情况呢？"

医生说："当你感觉到呼吸困难、心跳加快的时候，你可以向一个纸袋里呼气，或暂且屏住气息。"医生递给他一个纸袋，他就遵医嘱行事。结果他的心跳和呼吸变得正常了，喉咙也不再梗塞了。他离开这个诊所时，是一个愉快的人。

此后，每当他的疾病症状发生时，他总是屏住呼吸一会儿，使身体正常发挥功能。几个月以后，他不再恐惧，病症也随之消失。其实，他的病主要是心病。

这件事发生在几十年前。自从那时以来，他再也没有找医生看过病。

人生感悟

很多人身体不舒服时，就老怀疑自己得了病，整天陷入恐慌之中。其实，很多时候，只不过是心病而已。心病还需心药医，不要猜疑自己的健康，要保持健康的心理状态，心病自然会消除。

从别人的过错中挖掘对方的长处

有一天，英国首相威尔逊为了推行其政策，在一个广场上举行公开演说。当时广场上聚集了数千人，突然，从听众中扔来一个鸡蛋，正好打中他的脸。安全人员马上下去搜寻闹事者，结果发现扔鸡蛋的是一个小孩。

威尔逊得知后，先是指示属下放走小孩，后来马上又叫住了小孩，并当众叫助手记录下小孩的名字、家里的电话与地址。

台下听众猜想威尔逊是不是要处罚小孩，于是开始骚乱起来。

这时，威尔逊对大家说："我的人生哲学是要在对方的错误中去发现我的责任。方才那位小朋友用鸡蛋打我，这种行为是很不礼貌的。尽管如此，身为英国的首相，我有责任为国家储备人才。那位小朋友从下面那么远的地方，能够将鸡蛋扔得这么准，证明他可能是一个很好的人才，所以我要将他的名字记下来，以便让体育大臣注意栽培他，使其将来能成为我国的棒球选手，为国效力。"

威尔逊的一席话把听众都说乐了，演说的场面也更加融洽。

人生感悟

在别人犯错误时，不要轻易指责，要从别人的过错中发掘对方的长处。积极寻找具有建设性的建议，这不仅会让不愉快的事情随风而逝，而且有时还会将坏事变成好事，帮助自己摆脱尴尬的处境。

即使在最绝望的时候，也要再努力一次

如果你参观过开罗博物馆，你会看到从图坦·卡蒙法老王墓挖出的宝藏，令人目不暇接。庞大建筑物的第二层楼大部分放的都是灿烂夺目的宝藏：黄金、珍贵的珠宝、饰品、大理石容器、战车、象牙与黄金棺木，巧夺天工的工艺至今仍无人能及。

如果不是霍华德·卡特决定再多挖一天，这些不可思议的宝藏也许仍在地下不见天日。

1922 年的冬天，卡特几乎放弃了寻找年轻法老王坟墓的希望，他的赞助者也即将取消赞助。卡特在自传中写道：

"这将是我们待在山谷中的最后一季，我们已经挖掘了整整 6 季了，春去秋来毫无所获。我们一鼓作气工作了好几个月却没有发现什么，只有挖掘者才能体会这种彻底的绝望感；我们几乎已经认定自己被打败了，正准备离开山谷到别的地方去碰碰运气。然而，要不是我们最后垂死的一锤努力，我们永远也不会发现这远超出我们梦想所及的宝藏。"

霍华德·卡特最后垂死的努力成了全世界的头条新闻，他发现了近代唯一的一个完整出土的法老王坟墓。

人生感悟

最浪费时间的一件事就是及早放弃。人们经常在做了 90% 的工作后，放弃了最后可以让他们成功的 10%。这不但输掉了开始的投资，更丧失了经由最后的努力而发现宝藏的喜悦。即使在最绝望的时候，也要再努力一次。

在困境中，要相信一切都能应付过去

辛·吉尼普的父亲病重的时候已经60岁了，仗着他曾经是全州的拳击冠军，有着硬朗的身子，才一直挺了过来。

那天，吃罢晚饭，父亲把全家人召到病榻前。他一阵接一阵地咳嗽，脸色苍白。他艰难地扫了每个人一眼，缓缓地说："那是在一次全州冠军对抗赛上，对手是个人高马大的黑人拳击手，而我个子矮小，一次次被对方击倒，牙齿也出血了。休息时，教练鼓励我说：'辛，你不痛，你能挺到第十二局！'我也说：'不痛，我能应付过去！'我感到自己的身子像一块石头、像一块钢板，对手的拳头击打在我身上发出空洞的声音。跌倒了又爬起来，爬起来又被击倒了，但我终于熬到了第十二局。对手战栗了，我开始了反攻，我是用我的意志在击打，长拳、勾拳，又一记重拳，我的血同他的血混在一起。眼前有无数个影子在晃，我对准中间的那一个狠命地打去……他倒下了，而我终于挺过来了。哦，那是我唯一的一枚金牌。"

说话间，父亲又咳嗽起来，额头的汗珠滚滚而下。他紧握着吉尼普的手，苦涩地一笑："不要紧，才一点点痛，我能应付过去。"

第二天，父亲就因咳血去世了。那段日子，正碰上全美经济危机，吉尼普和妻子都先后失业了，经济拮据。父亲又患上了肺结核，因为没有钱，请不来大夫医治，只好一直拖到死。

父亲死后，家里境况更加艰难。吉尼普和妻子天天跑出去找工作，晚上回来，总是面对面地摇头，但他们不气馁，互相鼓励说："不要紧，我们会应付过去的。"

后来，吉尼普和妻子都重新找到了工作。当他们坐在餐桌旁静静地吃着晚餐的时候，他们总要想到父亲，想到父亲的那句话："我能应付过去。"

人生感悟

　当我们感到生活艰苦难耐的时候，要咬牙坚持，学会在困境中对自己说："一切都会好起来的！我能应付过去！"那么，一切都会过去，一切都会好起来。

调整心态，走出困境

失意，是一面镜子，能照见人的污浊；失意，也是一副清醒剂，是一条鞭子，可以使你在抽打中清醒。

失意，会使你冷静地反思自责，正视自己的缺点和弱项，努力克服不足，以求一搏；失意，会使人细细品味人生，反复咀嚼人生甘苦，培养自身悟性，不断完善自己；失意，不是一束鲜花，而是一丛荆棘，鲜花虽令人怡情，但常使人失去警惕，荆棘虽叫人心悸，却使人头脑清醒。

美国从事个性分析的专家罗伯特·菲力浦有一次在办公室接待了一个因自己开办的企业倒闭、负债累累、离开妻女的流浪者。那人进门打招呼说："我来这儿，是想见见这本书的作者。"说着，他从口袋中拿出一本名为《自信心》的书，那是罗伯特许多年前写的。流浪者继续说："一定是命运之神在昨天下午把这本书放入我的口袋中的，因为我当时决定跳到密西根湖，了此残生。我已经看破一切，认为一切已经绝望，所有的人已经抛弃了我，但还好，我看到了这本书，使我产生新的看法，为我带来了勇气及希望，并支持我度过昨天晚上。我已下定决心，只要我能见到这本书的作者，他一定能协助我再度站起来。现在，我来了，我想知道你能替我这样的人做些什么。"

在他说话的时候，罗伯特从头到脚打量流浪者，发现他茫然的眼神、沮丧的皱纹、十来天未刮的胡须以及紧张的神态，这一切都显示，他已经无可救药了。但罗伯特不忍心对他这样说。因此，请他坐下，要他把他的故事完完整整地说出来。

听完流浪汉的故事，罗伯特想了想，说："虽然我没有办法帮助你，但如果你愿意的话，我可以介绍你去见本大楼的一个人，他可以帮助你赚回

你所损失的钱，并且协助你东山再起。"罗伯特刚说完，流浪汉立刻跳了起来，抓住他的手，说道："看在上天的份上，请带我去见这个人。"

他会为了"上天的份上"而做此要求，显示他心中仍然存在着一丝希望。所以，罗伯特拉着他的手，引导他来到从事个性分析的心理试验室里，和他一起站在一块窗帘布之前。罗伯特把窗帘布拉开，露出一面高大的镜子，罗伯特指着镜子里的流浪汉说："就是这个人。在这世界上，只有一个人能够使你东山再起，除非你坐下来，彻底认识这个人——当作你从前并未认识他——否则，你只能跳密西根湖，因为在你对这个人作充分的认识之前，对于你自己或这个世界来说，你都将是一个没有任何价值的废物。"

他朝着镜子走了几步，用手摸摸他长满胡须的脸孔，对着镜子里的人从头到脚打量了几分钟，然后后退几步，低下头，开始哭泣起来。过了一会儿，罗伯特领他走到电梯间，送他离去。

几天后，罗伯特在街上碰到了这个人，他不再是一个流浪汉形象，他西装革履，步伐轻快有力，头抬得高高的，原来那种衰老、不安、紧张的姿态已经消失不见。他说，他感谢罗伯特先生，让他找回了自己，并很快找到了工作。

后来，那个人真的东山再起，成为芝加哥的富翁。

人生感悟

　　面对失意，不能丧志，要重新调整自己的心态和情绪，调整人生的坐标和航线，重新寻找和把握机会，找到自己的位置，发出自己的光芒。

你是第一，因为每个人都是独一无二的

基安勒很小的时候便随母亲从意大利来到了美国，在汽车城底特律度过了悲惨的童年，痛苦和自卑成为他的不良印痕。

他那碌碌无为的父亲告诉他："认命吧，你将一事无成。"这个说法令他沮丧，他老是想着自己苦闷的前程。

有一天，母亲告诉他："世界上没有谁跟你一样，你是独一无二的。"

从此，他燃起了希望之火，他认定他是第一，没人比得上他。自信奠定了成功的基础。

他第一次去应聘时，这家公司的秘书要他的名片，他递上一张黑桃 A。结果立刻得到面试的机会。经理问他："你是黑桃 A？"

"是的。"他说。

"为什么是黑桃 A？"

"因为 A 代表第一，而我刚好是第一。"

这样，他被录用了。

想知道后来的基安勒吗？他成功了，真的成了世界第一。他一年推销了 1425 辆车，创造了吉尼斯纪录。

基安勒每天临睡前都要重复几遍说："我是第一。"然后才入睡。这种鼓舞性的暗示坚定了他的信心和勇气，使他的个性得到了有力的强化。

人生感悟

自信是一种鼓舞性的暗示，它能坚定一个人的信心和勇气，并使其个性得到有力的强化。在这个世界上，我们每个人都是独一无二的，所以，我们应该始终告诉自己："我是第一。"

不放弃最后一次希望，往往会出现转机

美国海关没收了一批脚踏车，在公告后决定拍卖。在拍卖会现场，每次叫价的时候，总有一个 10 岁出头的男孩喊价，他总是以 5 美元开始出价，然后眼睁睁地看着脚踏车被别人用 30 美元、40 美元买去。拍卖暂停休息时，拍卖员问那小男孩为什么不出较高的价格来买。男孩说，他只有 5 美元。

拍卖会又开始了，那男孩还是给每辆脚踏车相同的价钱，然后被别人用较高的价钱买去。后来聚集的观众开始注意到那个总是首先出价的男孩，他们也开始察觉到会有什么结果。直到最后一刻，拍卖会要结束了。这时，只剩一辆最棒的脚踏车，车身光亮如新，有多种排档、十段杆式变速器、双向手煞车、速度显示器和一套夜间电动灯光装置。

拍卖员问："有谁出价呢？"

这时，站在最前面，而几乎已经放弃希望的那个小男孩轻声的再说一次："5 美元。"拍卖会停止唱价，只是停下来站在那里。

这时，所有在场的人全部盯住这位小男孩，没有人出声，没有人举手，也没有人喊价。直到拍卖员唱价 3 次后，他大声说："这辆脚踏车卖给这位穿短裤白球鞋的小男孩！"

此话一出，全场鼓掌。那小男孩拿出握在手中仅有的 5 美元，买了那辆毫无疑问是世上最漂亮的脚踏车时，他脸上流露出从未见过的灿烂笑容。

人生感悟

我们的生命中，除了要有胜过别人、压过别人、超越别人的信心之外，我们更应该抱持着不肯放弃最后一丝希望的决心。这不但可以赢得别人的同情和敬佩，也会赢得成功。

把受到的打击，变成上进的原动力

司退里 16 岁的时候，在一家大五金商号里做店员，这正是他所希望的一个职位。他的前途是光明远大的，他努力工作，努力学习，盼望着做一个成功的五金销售员。

司退里以为自己是上进的，但是其经理却看法不同："我不想用你了，你是绝不会做生意的，你到塞强铸造厂去做一个工人吧。你那种蛮力，除了做这种工作之外，没有什么别的用途。"

这简直是对一个年轻人的侮辱，司退里受了很大的打击，显然他被打倒了。他的首次冲刺失败了，但是他重整旗鼓，决心要得到胜利。

"你可以辞退我，但是你不能削弱我的志气，"他对那残酷的经理反抗说，"有一天如果我还活着的话，我也要开一个像这样的大的五金店。"

司退里的话并不是一种气愤的发泄。这个青年因第一次的失败而驱使他不停地努力，一直到他成立全国最大的五金制品商之一。

后来有人评价说："如果没有受到那次打击，恐怕司退里永远是一个平庸的销售员而已。在受到打击之前，他一直很有自信心，他以为自己的工作是很好的——这种自满心足以消灭他那种求上进的刺激。他在那个粗鲁的经理那里所受的打击，正是促使他上进的必要原动力。"

人生感悟

当一个人受到打击时，尤其是受到别人对自己自信心的打击时，这种打击可能导致其消沉，也可能激励他奋发向上。所以，如果你想战胜自己，最有效的方法是受一次重的打击。

盲人教师贝蒂

贝蒂出生于 1963 年，她天资聪颖，思维敏捷，从小就被称为难得一见的"神童"。

15 岁时，当别的孩子还在中学嬉笑打闹，她已经成为巴西第一学府圣保罗大学德语系的一名学生，毕业之后直接留校，教授德语精读课。23 岁时，以优异的成绩赴德留学。

可以说，29 岁之前，她都过得顺风顺水，收到无数赞誉和掌声，是同龄人钦佩的榜样。

然而，天妒英才，谁能想到正值人生最璀璨阶段的她，患上了一种叫作"黄斑变性"的眼疾。五彩斑斓的世界慢慢从她眼前消失了，由雾蒙蒙到白花花，直到完全黑暗。无数人为她扼腕叹息，深深忧虑，不知道这个天才怎么渡过这从天而降的劫难。

然而，勤奋好学的贝蒂并没有让自己长时间处于消极低落中，而是坦然接受了失明的事实，还积极地行动起来适应这种生活。

首先，她用超乎常人的毅力学会了盲文，为日后的阅读和学习打下了坚实的基础。

其次，作为一个老师，她开始艰难地练习在黑板上写字。自从患病后，贝蒂总是随身携带一个袖珍型的小录音机，就是一个简单的电话号码，她也会用录音机录下来。上课的时候，左手贴在黑板上悄悄估计字的大小，右手紧跟着奋笔疾书。为了一行漂亮的板书，她不知在家里练了多少遍，在房门上、在硬纸板上，让自己慢慢感觉以往所忽略的身体律动，来协调左右手之间的搭配。她还在语音教室平面操作台的各种按钮上贴上一小块一小块的胶布，作为记号，争取不因自己的不便影响讲课的质量。

就是这样坚韧不拔的努力，让她在教学品质评量表上屡屡收获 100 分的骄人成绩。

每到毕业时分，无数学生就会在留言簿上深情地写道："贝蒂老师，我们无法用言辞来形容您的风采，您的内涵如此丰富，您的境界如此崇高，您的授课如此生动，除了获取知识外，我们还获得了不少乐趣和做人的道理……"

面对这些赞誉，贝蒂只是平淡地说："我从没觉得自己与其他人有什么不同，站到讲台上我就是老师，和其他所有的老师一样，把自己所知道的教给学生。或许我们每个人的人生道路不一样，但我相信每个人都有一种强烈的生存欲望，我只是尽全力让这种欲望变成现实而已。"

欲望不是坏事，看它以怎样的方式进行、从哪个方向来。人的绝望很多时候是被一种欲望战胜的——生的渴望，快乐的欲望。我们要多设想一些美好的事物，比如健康、强壮、富裕和幸福，将贫困、疾病、恐惧和焦虑驱赶出我们的精神世界，就像把垃圾倒在离家很远的地方一样！

人生感悟

生活中有很多人被"我不能"左右着，陷在"我不能"的困境里，因此很多事都无法得到解决。那么，我们不妨把自己的"我不能"埋进坟墓，把"我可以"立在桌旁，时刻以积极的心态来面对一切。

走出自卑的阴影，每个人都会超越自己

他，从一个仅有二十多万人口的北方小城考进了北京的大学。

他一个学期都不敢和同班的女同学说话。

因为上学的第一天，与他邻桌的女同学问他的第一句话就是："你从哪里来？"而这个问题正是他最忌讳的。因为他认为，出生于小城，就意味着小家子气，没见过世面，肯定被那些来自大城市的同学瞧不起。

所以，第一个学期结束的时候，班里的很多女同学都不认识他！

很长一段时间，自卑的阴影占据着他的心灵。最明显的体现就是每次照相，他都要下意识地戴上一个大墨镜，以掩饰自己的内心。

她，也在北京的一所大学里上学。

她不敢穿裙子，不敢上体育课。她疑心同学们会在暗地里嘲笑她，嫌她肥胖的样子太难看，大部分日子，她都在疑心、自卑中度过。

大学学习快要结束的时候，她差点儿毕不了业，不是因为功课太差，而是因为她不敢参加体育长跑测试！老师说："只要你跑了，不管多慢，都算你及格。"可她就是不跑，她想跟老师解释，她不是在抗拒，而是因为恐慌，恐惧自己肥胖的身体跑起来一定非常愚笨，一定会遭到同学们的嘲笑。可是，她连给老师解释的勇气也没有，茫然不知所措。她只能傻乎乎地跟着老师走，老师回家做饭去了，她也跟着。最后老师烦了，勉强算她及格。

后来，在一个电视晚会上，她对他说："要是那时候我们是同学，可能是永远不会说话的两个人。你会认为，人家是北京城里的姑娘，怎么会瞧得起我呢？而我则会想，人家长得那么帅，怎么会瞧得上我呢？"

他，现在是中央电视台著名节目主持人，经常对着全国几亿电视观众侃侃而谈，他主持节目给人印象最深的特点，就是从容自信。

她，现在也是中央电视台著名节目主持人，而且是完全依靠才气，而丝毫没有凭借外貌走上中央电视台主持人岗位的。

人生感悟

自卑的心理每个人或多或少都会有一些，因为一个人不可能永远都充满自信，关键的问题是，我们如何走出自卑的阴影。唯有相信自己，才是战胜自卑最有效的方法。战胜了自卑，每个人都会超越自己，从平庸变杰出。

人生如同乘舟，需要风雨同舟

那年，李广智从秦岭深处出来，肩上扛着一袋老玉米，在渭水边搭上了一条破旧的木船进城。船上还有两个木匠，他们带了数量不少的山货。在他们解开缆绳准备渡河时，一个青年人扛着一只笨重的四方木箱，大步流星地赶到了，叫声："慢！"肩一耸，木箱就稳稳地压在了船头上。

船一开，暴雨就落下来了，木船在水里飞快地打了一个旋儿，就似一匹脱缰的野马朝下游斜射出去，一波接一波的浊浪击打在他们的头上身上，水花四溅。木船在颠簸之中，翘起栽下，左倾右陷。青年人叉开双腿站在木箱上，大声指挥着两个匠人，完全是不容反驳的命令口气："你！往后；你，往前，拿桨！半桨！一反一正，使劲！再使劲！注意……"正说着，"哗"的一声，一座如山的浪头砸下来，天地为之一暗。但是，木船还是从急流中钻了出来。对年仅十五六岁的李广智，青年人则客气多了，他指着船中的横木对李广智说："你坐上去，放松，像骑马一样，顺势起伏，别拧着水的性子。"

经过一阵折腾，船明显地稳了下来。李广智听到了两个木匠在嘀咕："哪儿来的小子，尽指使咱们。真把人气死了！"

"注意！"青年人又叫起来，"稳住船身，当心翻船！"李广智突然感觉到，船像被两只巨大的手抓住在使劲地拧麻花，船板在吱呀地呻吟。突然，"咔嚓"一声，一块板子翘了起来，一股碗口粗的浊水从船底涌上来，发出可怕的怪叫。

"不要惊慌！"青年人抓过双桨往木箱上一搭，一反一正地划起来。"把东西扔出去！"没有人动。青年人急了，抽出桨一捅，将那袋老玉米扔在激流之中。"还有你们的！"青年人说着，又将两个木匠的好几个山货袋子也扔进水里，"你……"两个木匠一下跳起来。"别动！赶紧补船。"青年人严厉地说。"没有板子。""你那里就有一块。""那是菜板。""啥东西也得救急，船没了，还能有什么？"两个木匠交换了一下眼色后，不情愿地开始补船。

"快靠岸吧！"李广智惊魂四散。

"靠岸可不是一件容易事儿，得一齐用劲才行，这么大的暴雨，活命最是不易……"青年人的话还没说完，两个木匠就扑了过来，用力一顶，将青年人背上船的那只沉重的木箱子顶进了水里——就在这时，意想不到的事情发生了，那箱子一落水，木船立即就像纸一样漂起来，飞快地在水中打起旋儿来，没等李广智惊叫出声，便听"嘭"的一声，木船撞在一个坚硬的物体上，李广智被重重地甩了出去……

李广智是在青年人的怀里醒过来的，篝火一堆，天黑如漆，涛声依旧。只是雨停下来了，寒气从四周逼过来。

"你没有事吧？"李广智问。

"没事。我家三代都是渭河上的船工，渭河对我最亲。"

"可你的东西……"

"我有什么东西？那是沙石，稳船头镇河妖用的，把它推下去，能不翻船吗？"

"他们呢？"

"我一个人顾不了那么多，但愿他们平安无事。"

"可你救了我的命……"

"要不是那两个匠人把镇船沙推下河，我本来是可以救全船的人的。"青年人心情沉重地说。

人生感悟

　　当我们乘舟渡河之时，难免会遭遇风浪，这时我们只有风雨同舟，齐心协力，一切以大局为重，才能稳住船，从而保护住船上所有人的生命。反之，如果人人都自私自利，只顾个人的得失，结果必定是舟沉人亡。其实，人生中很多事都是这样的。

不要轻易相信权威，要相信自己

有一名中文系的学生，苦心撰写了一篇小说，请一位著名的作家点评。可是这位作家正患眼疾，于是学生便将作品读给作家听。

读到最后一个字，学生停顿下来。作家问："结束了吗？"听语气似乎意犹未尽，渴望下文。这一问，煽起学生无比激情，他立刻灵感喷发，马上回答说："没有啊，下部分更精彩。"他以自己都难以置信的构思叙述下去。

到达一个段落后，作家又似乎难以割舍地问："结束了吗？"

小说一定勾魂摄魄，叫人欲罢不能！学生更兴奋、更激昂，更富于创作激情。他不可遏止地一而再再而三地接续、接续……最后，电话铃声骤然响起，打断了学生的思绪。

电话找作家有急事。作家匆匆准备出门。

"那么，没读完的小说呢？"学生问。

作家回答："其实你的小说早该收笔，在我第一次询问你是否结束的时候，就应该结束。何必画蛇添足？该停则止，看来，你还没能把握情节脉络，尤其是，缺少决断。"

看来，决断是当作家的根本，否则绵延逶迤，拖泥带水，如何打动读者？学生追悔莫及，自认性格过于受外界左右，作品难以把握，恐怕不是当作家的料。

多年以后，这名年轻人遇到另一位非常有名的作家，羞愧地谈及那段往事。谁知这位作家惊呼："你的反应如此迅捷，思维如此敏锐，编造故事的能力如此强盛，这些正是成为作家的天赋呀！假如能正确运用，你的作品一定能脱颖而出。"

人生感悟

大多数人都很相信权威，其实这是个误区，因为权威并不一定是正确的。在很多时候，正是由于轻信权威而束缚了我们的发展。不要轻易相信权威，要相信自己。只有这样，我们才能有所突破，才能走一条属于自己的路。

在顽强的意志面前，死神也会退步

兰顿先生是一位 50 岁的人，他得了一种难以治愈的癌症。当时，兰顿先生因为病情的影响，体重大幅下降，瘦得有点吓人，癌细胞的扩散使得他无法进食。

布恩医生告诉兰顿先生，自己将会全力为他诊治，帮助他对抗癌症。同时，每天会将治疗进度详细地告诉他，并清楚讲述医疗小组治疗的情形，及他体内对治疗的反应，使他对自己的病情得以充分了解，并希望他可以很好地配合治疗。

其实，就连布恩医生自己也不相信，癌症可以治愈，更何况兰顿先生这个重症病人。他只好把希望寄托于上帝。

可是结果却完全出乎布恩医生的意料。因为兰顿先生对布恩医生的嘱咐完全配合，使得治疗过程进行得十分顺利。布恩医生看到了希望，开始教兰顿先生运用想象力，想象他体内的白血球大军如何与顽固的癌细胞对抗，并最后战胜癌细胞的情景。

结果两个星期之后，医疗小组果然抑制了癌细胞的破坏性，成功地战胜了癌症。对这个杰出的治疗成果，就连布恩医生也感到十分惊讶。

"祝贺你，兰顿先生。"布恩医生对他的康复表示祝贺。

"谢谢你，布恩医生，谢谢你对我的治疗，包括你对我说的那句话。"兰顿先生接着说，"当我刚被确诊的时候，感觉这个世界已经对我关闭。我只能躺在床上，等待死神的光临。但是我想起了许多的事情，我还有爱我的家人和朋友，我的小孙女才会喊我爷爷……所以我不能死，我要活着。"

"很高兴你能这么想，只有留恋这个世界，你才可以得到无穷的力量。"布恩医生说。

"是的，这个力量真是巨大啊！连死神都可以战胜。我一定会把这个秘诀告诉更多的人。"兰顿先生激动地说。

如此成功的疗效，来源于布恩医生运用的心理疗法。他说："事实上，你可以运用心灵的力量，来影响你的生或死。甚至，如果你选择活下去，你还可以决定要什么样的生命品质。对于癌症病人来说，克服对疾病的恐惧很难，活着的愿望给了他生活着的希望，就需要不停地鼓励自己。最后，他成功了。"

人生感悟

依靠顽强的意志，我们可以完成很多看起来不可能完成的事。强烈的希望就是一种顽强的意志，在这种顽强意志的作用下，我们不但可以克服许多难以想象的困难，甚至连死神都会退步。

谁在最困难的时候不丧失信心，谁就可能赢得胜利

非常不幸，两只蚂蚁误入玻璃杯中。

它们慌张地在玻璃杯底四处触探，想寻找一个缝隙爬出去。不一会儿，它们便发现，这根本不可能。于是，它们开始沿着杯壁向上攀登。看来，这是通向自由的唯一路径。

然而，玻璃的表面实在太光滑了，它们刚爬了两步，便重重地跌了下去。

揉揉摔疼了的身体，爬起来，再次往上攀登。很快，它们又重重地跌到杯底。

三次、四次、五次……有一次，眼看就快爬到杯口了，可惜，最后一步却失败了，而且，这一次比哪次都摔得重，比哪次都摔得疼。

好半天，它们才喘过气来。一只蚂蚁一边揉屁股，一边说："咱们不能再冒险了。否则，会摔得粉身碎骨的。"

另一只蚂蚁说："刚才，咱们离胜利不是只差一步了吗？"说罢，它又重新开始攀登。

一次又一次跌倒，一次又一次攀登，它终于摸到了杯口的边缘，用最后一点力气，翻过了这道透明的围墙。

隔着玻璃，杯子里的蚂蚁既羡慕又忌妒地问："快告诉我，你获得成功的秘诀是什么？"

杯子外边的蚂蚁回答："接近成功的时候可能最困难。谁在最困难的时候不丧失信心，谁就可能赢得胜利。"

人生感悟

做事就像爬山一样，越往上爬，山势越陡，消耗的体力越多。快到山顶的时候，体力已消耗得差不多了，再往上走一步都很艰难，此时只有不丧失信心，继续坚定地走下去，才能到达胜利的巅峰。

恐惧阻碍成功

恐惧是我们心中的冰点。许多时候，打败我们的不是外界的困难，而是我们心中的恐惧。

其实，没有人能够完全不怯懦和畏惧，最幸运的人有时也不免有懦弱胆小、畏缩不前的心理。但如果这成为一种习惯，它就会成为情绪上的一种疾弊，它使人过于谨慎、小心翼翼、多虑、犹豫不决，在心中还没有确定目标之时，已含有恐惧的意味，在稍有挫折时便退缩不前，不能充分发挥自己的才能，容易产生悲观失望的情绪，导致自我评价和自信心的下降，从而影响自我设计目标的完成。

一家铁路公司有一位调度人员尼克，他工作相当认真，做事也很尽职尽力，不过他有一个缺点，就是他对人生很悲观，常以否定的眼光去看世界。

有一天，铁路公司的职员都赶着去给老板过生日，大家都提早急急忙忙地走了。不巧的是，尼克不小心竟被关在一辆冰柜车里。

尼克在冰柜里拼命地敲打、叫喊，全公司的人都走了，根本没有人听得到。尼克的手掌敲得红肿，喉咙叫得沙哑，也没人理睬，最后只得绝望地坐在地上喘息。

他愈想愈可怕，心想，冰柜里的温度在零下 20℃以下，如果再不出去，一定会被冻死。他只好用发抖的手，找来纸笔，写下遗书。

第二天早上，公司里的职员陆续来上班。他们打开冰柜，发现尼克倒在里面。他们将尼克送去急救，但他已没有生还的可能。大家都很惊讶，因为冰柜里的冷冻开关并没有启动，这巨大的冰柜里也有足够的氧气，而尼克竟然被"冻"死了！

其实尼克并非死于冰柜的温度，他是死于自己心中的冰点。因为他根本不敢想一向不能轻易停冻的这辆冰柜车，这一天恰巧因要维修而未启动制冷系统。他的不敢想使他连试一试的念头都没有产生。

人生感悟

生活在现代社会，我们必须摒弃害怕受伤、畏惧挫折的心理，摆正心态，以一颗健康有力的心尝试生活，明天才会更好。

第七章

想改变命运，先改变自己

　　"穷则变，变则通，通则久"，语出《易经》，说的是事物处于穷尽局面则必须变革，变革后才会通达，通达就能长久。人最大的敌人是自己，自己的思维定式，有时甚至会导致很多发展机会的流失。其实，改变这种思维定式也不需要你做出多大的牺牲，只是从生活习惯和工作习惯的小事入手，一点点改变就可以了。我们正是在改变自己的过程中，学会了成长，懂得了成熟，实现了成功。

如果想改变命运，最重要的是要改变自己

在一次火灾事故中，消防员从废墟里救出了一对孪生兄弟——波恩和嘉琳，他们是此次火灾中幸存下来的两个人。

兄弟俩很快被送往当地的一家医院，虽然两人死里逃生，但大火已把他俩烧得面目全非。"多么帅的两个小伙子！"医生为兄弟俩惋惜。

波恩整天对着医生唉声叹气：自己成了这个样子，以后还怎么出去见人，还怎么养活自己？波恩对生活失去了信心，他总是自暴自弃地说："与其赖活还不如死了算了。"

嘉琳努力地劝波恩："这次大火只有我们得救了，因此我们的生命显得尤为珍贵，我们的生活最有意义。"

兄弟俩出院后，波恩还是忍受不了别人的讥讽，偷偷地服了安眠药离开了人世。而嘉琳却艰难地生存了下来，无论遇到多大的冷嘲热讽，他都咬紧牙关挺了过来，嘉琳一次次地暗自提醒自己："我生命的价值比谁都高贵。"

有一天，嘉琳还是像往常一样送一车棉絮去加州。天空下着雨，路很滑，嘉琳开车开得很慢。此时，嘉琳发现不远处的一座桥上站着一个年轻人。嘉琳紧急刹车，车滑进了路边的一条小沟。嘉琳还没有靠近年轻人的时候，年轻人已经跳下了河。年轻人被他救起后，又连续跳了 3 次，直到嘉琳自己差点儿被大水吞没。

嘉琳救的这位年轻人竟是一位亿万富翁，富翁很感激嘉琳，便和嘉琳一起干起了事业。

嘉琳从一个积蓄不足 10 万元的司机，最后成为一个拥有 3.2 亿元资产的运输公司的老板。

几年后医术发达了，嘉琳用挣来的钱修整好了自己的面容。

人生感悟

在相同的境遇下，不同的人会有不同的命运。一个人的命运不是由上天决定的，也不是由别人决定的，而是由自己决定的。一个人若想改变自己的命运，最重要的是要改变自己，改变心态，这样，命运也会随之改变。

改变命运，先要改变内心

兔子是世界上最温驯的动物了，它只吃青草，谁也不伤害。可是，它却被很多动物伤害：狐狸、狼、老虎……这太不公平了！有一天，兔子向上帝诉苦，它不想再做兔子了，希望上帝改变一下它的命运。

上帝很仁慈，马上答应了兔子的要求："好吧，你想变成什么？"

兔子说："变成一只鸟，在天上自由地飞来飞去，那些狐狸、狼、虎，就再也抓不着我了。"

上帝把兔子变成了鸟。没过几天，鸟又来诉苦："仁慈的上帝呀，我再也不想做鸟了！我在天上飞，天上的老鹰能抓住我；我在树上筑巢，树上的毒蛇能咬死我。这样的日子实在是太难过了！"上帝问鸟："你想怎么样呢？"

鸟说："我想变成大海里的一条鱼，海里没有老鹰，没有毒蛇，我才能安心地过日子。"

上帝又把鸟变成了鱼。可是，鱼的处境似乎更糟，因为大海里到处都有"大鱼吃小鱼，小鱼吃虾米"的斗争。过了几天，鱼又要求上帝把它变成人。鱼说："人是万物之灵，他们住在坚固的钢筋水泥屋子里，使用着各种先进的武器装备，任什么凶猛的动物也不能伤害他们。相反，那些在山林里威风十足的狮虎，全被他们关在笼子里，供他们观赏取乐，那些蛇、鹰，都成了他们餐桌上的美味……"

上帝把鱼变成了人，心想，这下你该满意了吧！可是，过了不久，人照样来向上帝诉苦："太可怕了！到处都在流血，到处都是尸体，到处都是废墟……我们再也没法活了！"原来人类发生了战争，数以万计的士兵在互相残杀，无数的平民流离失所，死于饥饿和寒冷。

上帝问人："你想怎么样呢？"

人说："我想到另一个世界去，你把我变成上帝吧！"

上帝没有答应人的这个要求，他说："上帝只有一个，上帝多了也会打架。"

人生感悟

想改变自己的命运固然是件好事，但不可只追求表面形式上的改变，应该先要改变自己的内心。只有改变了自己的内心，才能真正地改变自己的命运。

有什么样的看法，往往就会有什么样的命运

有两个乡下人，外出打工。一个去纽约，一个去华盛顿。可是在候车厅等车时，又都改变了主意，因为邻座的人议论说，纽约人精明，外地人问路都收费；华盛顿人质朴，见了吃不上饭的人，不仅给面包，还送旧衣服。

去纽约的人想，还是华盛顿好，挣不到钱也饿不死，幸亏没上车，不然真掉进了火坑。去华盛顿的人想，还是纽约好，给人带路都能挣钱，还有什么不能挣钱的？幸亏还没上车，不然真失去一次致富的机会。于是他们在退票处相遇了。原来要去纽约的改换成了去华盛顿的票，原来要去华盛顿的改换成了去纽约的票。去了华盛顿的人发现，华盛顿果然好。他初到华盛顿的一个月，什么都没干，竟然没有饿着，不仅银行大厅里的水可以白喝，而且商场里欢迎品尝的点心也可以白吃。去了纽约的人发现，纽约果然是一个可以发财的城市。干什么都可以赚钱，带路可以赚钱，看厕所可以赚钱，弄盆凉水让人洗脸也可以赚钱。只要想点办法，再花点力气，什么都可以赚钱。

凭着乡下人对泥土的感情和认识，第二天，他在建筑工地装了10包含有沙子和树叶的土，以"花盆土"的名义，向需要泥土而又爱花的纽约人兜售。当天他在城郊间往返6次，净赚了50美元。一年后，凭"花盆土"他竟然在纽约拥有了一间不小的门面。

在常年的走街串巷中，他又有一个新的发现：一些商店楼面亮丽而招牌较黑。一打听才知道，原来是清洗公司只负责洗楼，不负责洗招牌。他立即抓住这一空当，买了人字梯、水桶和抹布，办起一个小型清洗公司，专门负责擦洗招牌。几年以后，他的公司已有一百多个员工，业务也发展到多个城市。

有一次，他坐火车去华盛顿考察清洗市场。在火车站，一个捡破烂的人把头伸进软卧车厢，向他要一只空啤酒瓶，就在递瓶时，俩人都愣住了，因为5年前，他们曾换过一次票。这个捡破烂的人就是当年改去华盛顿的那个人。

人生感悟

在每个人的一生中，都有很多次可以改变自己命运的机会，是往好的方面改变，还是往坏的方面改变，完全有赖于一个人对当时情形的认识。也就是说，有什么样的看法，往往就会有什么样的命运。

求人不如求己

某人在屋檐下躲雨，看见观音正撑伞走过。这人说："观音菩萨，普度一下众生吧，带我一段如何？"

观音说："我在雨里，你在檐下，而檐下无雨，你不需要我度。"这人立刻跳出檐下，站在雨中："现在我也在雨中了，该度我了吧？"观音说："你在雨中，我也在雨中，我不被淋，因为有伞；你被雨淋，因为无伞。所以不是我度自己，而是伞度我。你要想度，不必找我，请自找伞去！"说完便走了。

第二天，这人遇到了难事，便去寺庙里求观音。走进庙里，才发现观音的像前也有一个人在拜，那个人长得和观音一模一样，丝毫不差。

这人问："你是观音吗？"

那人答道："我正是观音。"

这人又问："那你为何还拜自己？"

观音笑道："我也遇到了难事，但我知道，求人不如求己。"

人生感悟

《国际歌》中有一句歌词："从来就没有什么救世主，一切只能靠自己。"只要拥有遇事求己的那份坚强和自信，人人都能成为自己的观音。

过分依赖别人，失败的是自己。不要一味地把希望寄托在别人身上，自己的一切都掌握在别人手里。

因此，要干好事情，我们可以借鉴别人的经验，但绝不可依赖别人，最终还是要靠自己不断摸索，不断总结，找到适合自己的方法，将事情办好。

用正确的方式审视自己，一切都会改变的

几十年前，在纽约北郊曾住着一位姑娘叫沙姗，她自怨自艾，认定自己的理想永远实现不了。她的理想也就是每一位妙龄姑娘的理想：跟一位潇洒的白马王子结婚，白头偕老。沙姗整天梦想着，可周围的姑娘们都先后成家了，她成了大龄女青年，她认为自己的梦想永远不可能实现了。

在一个雨天的下午，沙姗在家人的劝说下去找一位著名的心理学家。握手的时候，她那冰凉的手指、凄怨的眼神，如同坟墓中飘出的声音、苍白憔悴的面孔都在向心理学家暗示：我是无望的了，你会有什么办法呢？

心理学家沉思良久，然后说道："沙姗，我想请你帮我一个忙，我真的很需要你的帮忙，可以吗？"

沙姗将信将疑地点了点头。

"是这样的。我家要在星期二开个晚会，但我妻子一个人忙不过来，你来帮我招呼客人。明天一早，你先去买一套新衣服，不过你不要自己挑，你只问店员，按她的主意买，然后去做个发型，同样按理发师的意见办，听好心人的意见是有益的。"

接着，心理学家说："到我家来的客人很多，但互相认识的人不多，你要帮我主动去招呼客人，说是代表我欢迎他们，要注意帮助他们，特别是那些显得孤单的人。我需要你帮助我照料每一个客人，你明白了吗？"

沙姗一脸不安，心理学家又鼓励她说："没关系，其实很简单。比如说，看谁没咖啡就端一杯，要是太闷热了，开开窗户什么的。"沙姗终于同意一试。

星期二这天，沙姗发式得体，衣衫合身，来到了晚会上。按着心理学家的要求，她尽心尽力，只想着帮助别人，她眼神活泼、笑容可掬，完全忘掉了自己的心事，成了晚会上最受欢迎的人。晚会结束后，有3个青年都提出了送她回家。

一个星期又一个星期，3个青年热烈地追求着沙姗，她最终答应了其中一位的求婚。看着幸福的新娘，人们都说心理学家创造了一个奇迹。

人生感悟

如果总是顾影自怜、孤芳自赏，其结果就是你走不进别人的心里，别人也走不进你的心里。只要用一种正确的方式审视自己，生活将变得轻松愉快，事业将变得一帆风顺，而且一切都会改变。

习惯都是自己养成的，我们有能力改变它

有一个时期，美国富豪保罗·盖蒂抽烟抽得很凶。

有一天，他度假开车经过法国，那天正好下着大雨，地面特别泥泞，开了好几个钟头的车之后，他在一个小城里的旅馆过夜。吃过晚饭他回到自己的房间，很快便入睡了。

盖蒂凌晨两点钟醒来，想抽一支烟。打开灯，他自然地伸手去找他睡前放在桌上的那包烟，却发现是空的。他下了床，搜寻衣服口袋，结果毫无所获。

他又搜他的行李，希望在其中一个箱子里能发现他无意中留下的一包烟，结果他又失望了。他知道旅馆的酒吧和餐厅早就关门了，心想，这时候要把不耐烦的门房叫过来，太不堪设想了。他唯一能得到香烟的办法是穿上衣服，走到火车站，但它至少在 6 条街之外。

情景看来并不乐观。外面仍下着雨，他的汽车停在离旅馆尚有一段距离的车房里，而且，别人提醒过他，车房午夜关门，第二天早上 6 点才开门，而且能够叫到计程车的机会也似乎是零。

显然，如果他真的要抽一支烟，只有在雨中走到车站。但是要抽烟的欲望不断地袭扰着他，并越来越浓厚。于是他脱下睡衣，开始穿上外衣。当他穿好衣服，伸手去拿雨衣，这时他突然停住了，开始大笑，笑他自己。他突然体会到，他的行动多么不合乎逻辑，甚至荒谬。

盖蒂站在那儿寻思，一个所谓的知识分子，一个所谓的商人，一个自认为有足够理智对别人下命令的人，竟要在三更半夜，离开舒适的旅馆，冒着大雨走过好几条街，仅仅是为了得到一支烟。

盖蒂生平第一次注意到这个问题，他已经养成了一个难以改掉的习惯，他愿意牺牲极大的舒适去满足这个习惯。这个习惯显然没有好处，他突然明确地注意到这一点。头脑很快清醒过来，片刻就作了决定。

他下定了决心后，把那个仍然放在桌上的烟盒揉成一团，丢进废纸篓里。

然后他脱下衣服，再度穿上睡衣回到床上，带着一种解脱，甚至是胜利的感觉，他关上灯，闭上眼，听着打在门窗上的雨点声。几分钟之内，他进入一个深沉、满足的睡眠中。

自从那天晚上后，他再也没抽过一支烟，也没有抽烟的欲望。

人生感悟

　　一件事一旦形成习惯，它就会控制我们。但是我们每个人也有一股不小的缓冲能力。我们既然有能力养成习惯，当然也有能力去除我们认为不好的习惯。

要想变得富有，最好的方法是向富人学习

　　有一个贫穷的人，见一个富人生活得很舒适和惬意，他对富人说："我愿意在您家里为您工作3年，我不要一分钱，但是您要让我吃饱饭，给我地方住。"

　　富人觉得这真是少有的好事，立即答应了这个穷人的请求。3年后，穷人离开了富人的家，不知去向。

　　10年过去了，那个昔日的穷人已经变得非常富有了，而以前那个富人相比之下，就显得很寒酸。于是，富人向昔日的穷人请求：愿意出10万元买他富有的经验。

　　那个昔日的穷人听了，哈哈大笑："我是用从你那儿学到的经验赚得了大量的财富，而今你又用金钱来买我的经验！"

　　再来看下面这个故事。

　　特奥的父母不幸辞世，给他和哥哥卡尔留下了一个小小的杂货店。微薄的资金，简陋的设施，他们靠着出售一些罐头和汽水之类的食品，勉强度日。

　　兄弟俩不甘心这种穷苦的状况，一直寻找发财的机会。

　　有一天，卡尔问弟弟："为什么同样的商店，有的赚钱，有的只能像我们这样惨淡经营呢？"

　　特奥回答说："我觉得我们经营有问题，如果经营得好，小本生意也可以赚钱的。"

　　"可是，如何才能经营得好呢？"于是，他们决定经常去其他商店看一看。

　　一天，他们来到一家"消费商店"，这家商店顾客盈门，生意红火，引起了兄弟俩的注意。他们走到商店外面，看到门外有一张醒目的告示上写着："凡来本店购物的顾客，请保存发票，年底可以凭发票额的3%免费购物。"

　　他们把这份告示看了又看，终于明白这家商店生意兴隆的原因了。原来顾客就是想要那"3%"的免费商品。

　　他们回到自己的店里后，立即贴了一个醒目的告示："本店从即日起，全部

商品让利3%，本店保证所售商品为全市最低价，如顾客发现不是全市最低价，本店可以退回差价，并给予奖励。"

就是凭借这种借来的智慧，他们兄弟俩的商店迅速扩大，成为世界上最大的连锁商店之一。

人生感悟

智慧源自于学习、观察和思考。变成富人的第一条途径是向富人学习，因为在富人的"言传身教"中，能学到富人致富的经验和智慧。

靠诚实和勤劳，最终一定会迎来好运

父亲去世了，约翰是家里的长子，所以，他必须承担起照顾全家的责任。那年他16岁。

约翰到镇里最有钱的法官多恩那儿去要一美元，那是法官买约翰父亲的玉米时欠的钱。法官多恩把钱给了他并说，约翰的父亲曾向他借了40美元。"你打算什么时候还给我你父亲欠我的钱？"法官问约翰，"我希望你不要像你的父亲那样，他是个懒汉，从不卖力气干活。"

那一年的夏天，约翰天天都到别人的田里干活，除了每天晚上和星期天全天在自己家的地里干活。到了夏天结束的时候，约翰积攒了5美元交给法官。

冬季天气太冷，不能耕种，约翰的朋友塞夫给他提供了一个在冬季挣钱的机会。塞夫告诉约翰，靠狩猎获取兽皮能够挣到很多钱。但是他说，约翰需要75美元买一支枪和捕猎用的绳、网以及在树林里过冬的食物。约翰去见法官多恩，说明了他的打算，法官同意借给他所需要的那笔钱。

约翰吻别了母亲，和塞夫一起离开了家。他的背上背着一大袋食物、一支新枪和捕猎用具，这些都是用法官的钱买来的。他和塞夫步行了几个小时，来到林子深处的一间小木屋前。这所小房子是塞夫几年前搭建的。这年冬天，约翰学到了很多东西。他学会了如何追捕野兽和怎样在树林里生存。大森林考验了他的毅力，使他变得勇敢，也使他的体格更加健壮。约翰捕到了很多猎物。到3月初，他得到的兽皮堆起来几乎和他的个子一样高。塞夫说，约翰用这些兽皮至少可以挣200美元。

约翰打算回家，但是塞夫想继续打猎直到4月份。因此，约翰决定自己一个人回家。塞夫帮约翰捆扎好兽皮和捕猎用的东西，让他能够背在背上。然后，塞夫说："现在请注意听我说，当你过河时，不要从冰上走，河上的冰现在很薄。找一处冰已融化的地方，再把一些圆木捆在一起，你可以浮在上面过河。这样做会多花几个小时的时间，但是这样更安全。""好的，我会这样做的。"约翰急切地说。他想立刻就走。

这一天，当约翰快步走在树林中时，他开始考虑起他的将来。他要去读书和学写字，他要给家里买一块大一些的农田。也许有朝一日，他也会像镇里的法官一样有权势，并受人尊敬。背上沉甸甸的东西使他考虑起到家后要做的事情：他要给他母亲买一身新衣服，给弟弟妹妹们买些玩具，他还要去见法官。约翰恨不得马上就把父亲向法官借的钱全部还清。

到了下午晚些时候，约翰的腿疼了起来，背上的东西也更加沉重。当他终于到达河边时，他高兴极了，因为这意味着他就要到家了。约翰记得塞夫的忠告，但是，他太累了，顾不上去寻找一块冰已化了的地方。他看到河边长着一棵笔直的大树，它的高度足以达到河的对岸。约翰取出斧头砍倒大树。树倒下来，在河面上形成一座独木桥。约翰用脚踢了踢树，树没有动。他决定不按塞夫说的去做。如果他从这棵树上过河，那么用不了一个小时他就到家了，当天晚上他就能见到法官。

约翰身背兽皮、怀抱猎枪，跨到放倒的树上。树在他脚下稳如磐石。然而，就在他快要走到河中央时，树干突然动了起来，约翰从树上掉到冰上。冰面破裂，约翰沉到水里，他甚至没来得及叫喊一声。约翰的枪掉了，那些兽皮和捕猎用的工具也从他的背上滑了下来。他没法抓住它们，湍急的河水把东西冲走了。约翰破冰而行，挣扎到河岸。他失去了一切。他在雪地上躺了一会儿，然后，他爬了起来，找来一根长树枝，沿着河边来回走着。一连几个小时他戳着冰块，寻找那些东西。可是，他一无所获。

他径直来到法官家。天已很晚了，约翰敲门进去，他浑身冰冷，衣服潮湿。他向法官讲述了所发生的事情。法官一言未发，直到他把话讲完。然后，法官多恩说："人人都要学会一些本领，你却是这样来学习的，虽然这对你和我都很不幸。回家去吧，孩子。"

到了夏天，约翰拼命干活。他为家人种植了玉米和土豆，他还到别人的田里干活。他又攒够了 5 美元付给法官。但是他还欠法官 30 美元——那是他父亲欠的债，还有用来买捕猎工具和枪的 75 美元。加起来超过 100 美元。约翰觉得他一辈子也还不清这笔钱。

10月份的时候，法官派人叫来约翰。"约翰，"他说，"你欠了我很多钱，我想我能够要回这些钱的最好方法，就是今年冬天再给你一次狩猎的机会。如果我再借给你75美元，你愿意再去打猎吗？"约翰羞愧难当，好半天才开口说："愿意。"

这一次，他必须独自一人进森林，因为塞夫已经搬到别的地方去了。不过，约翰记得印第安朋友教给他的所有本领。在那个漫长而孤独的冬天，约翰住在塞夫盖的小木屋里，每天出去打猎。这一次他一直待到4月底。这时候，他得到的兽皮太多了，因而他不得不丢掉他的捕猎工具。当他到达河边时，河上的冰已融化。他扎了一个木筏过河，尽管这要多花去一天的时间，他还是那样做了。到家后，法官帮他把兽皮卖了300美元。约翰付给法官150美元，那是他借来买打猎用具的钱，然后他又还清了他父亲借的那部分钱。

又到了夏天，约翰除了在自己家的田里干活，还去读书和学写字。这以后的10年里，他每年冬天都到森林里去打猎，他把卖兽皮挣来的钱全部攒了下来。最后他用这些钱买了一个大农场。

约翰30岁的时候，成了本镇的头面人物之一。那一年法官去世了，他把他的那所大房子和大部分财产留给了约翰，他还给约翰留下了一封信。约翰打开信，看了看写信的日期。这封信是法官在约翰第一次外出打猎向他借钱那天写下的。

"亲爱的约翰，"法官写道，"我从未借给你父亲一分钱，因为我从未相信过他。但是我第一次见到你时，我就喜欢上了你。我想确定你和你的父亲是否不一样，所以我考验了你。这就是我说你父亲欠我40美元的原因。祝你好运，约翰！"

信封里还装有40美元。

人生感悟

一个诚实的人，必然会受到他人的喜爱和敬重；一个勤劳的人，必然会得到成功的回报；一个勤劳而又诚实的人，最终一定会迎来好运。这是一种必然。

要想收获果实，就必须先播种

一个穷汉每天都在地里劳作。有一天，他突然想："与其每天辛苦工作，不如向神灵祈祷，请他赐给我财富，供我今生享受。"

他深为自己的想法得意，于是把弟弟喊来，把家业委托给他，又吩咐他到田里耕作谋生，别让家人饿肚子。——交代之后，他觉得自己没有后顾之忧了，就独自来到天神庙，为天神摆设大斋，供养香花，不分昼夜地膜拜，毕恭毕敬地祈祷："神阿！请您赐给我现世的安稳和利益，让我财源滚滚吧！"

天神听见这个穷汉的愿望，内心暗自思忖："这个懒惰的家伙，自己不工作，却想谋求巨大财富。倘若他在前世曾做布施，累积功德，那么，给他些利益也未尝不可。可是，查看他的前世行为，根本没有布施的功德，也没有半点因缘，现在却拼命向我求利。不管他怎样苦苦要求，也是没有用的。但是，若不给他些利益，他一定会怨恨我。不妨用些方便，让他死了这条心吧。"

于是，天神就化作他的弟弟，也来到天神庙，跟他一样祈祷求福。

哥哥看见了，不禁问他："你来这儿干吗？我吩咐你去播种，你播下了吗？"

弟弟说："我也跟你一样，来向天神求财求宝，天神一定会让我衣食无忧的。纵使我不努力播种，我想天神也会让麦子在田里自然生长，满足我的愿望。"

哥哥一听弟弟的祈愿，立即骂道："你这个混账东西，不在田里播种，想等着收获，实在是异想天开。"

弟弟听见哥哥骂他，却故意问："你说什么？再说一遍听听。"

"我就再说给你听，不播种，哪能得到果实呢！你不妨仔细想想看，你太傻了！"

这时天神才现出原形，对哥哥说："诚如你自己所说，不播种就没有果实。"

人生感悟

　　一分耕耘，才能有一分收获。想要收获果实，就要先播种。我们只有脚踏实地地付出努力，才能改变命运，才能过上幸福美满的生活。

勤奋的人，更容易得到最高的荣誉和奖赏

哈德良皇帝是一个贤明的君主。有一天，他看见一个老者正在勤奋地种植无花果树。

他问老者："你想享受你劳动带来的果实吗？"

老者说："假使我活不到吃无花果的时候，也没什么，我的子孙们将会吃到，也许上帝会特赦我。"

"请记住，老人家，如果你得到了上帝的特赦，吃到这树的果实，那你一定告诉我。"哈德良皇帝说。

时间过得很快，果树在老者的有生之年结出了丰硕的果实。老者十分高兴，装了满满一篮子无花果来见哈德良皇帝。

老者说道："我就是你看见过的那个种无花果树的老头儿，这些果实是我劳动的成果。"

哈德良皇帝让他坐在金椅子上，把他的篮子装满了黄金。

皇帝的仆人反对说："您想给一个老头儿那么多荣幸吗？"

哈德良皇帝却说："上帝给勤奋的人以荣誉，难道我就不能做同样的事吗？"

人生感悟

勤奋的人，更容易得到最高的荣誉和奖赏；对于那些懒惰的人，上天不会给他们任何礼物。懒惰的人一生无所事事，他们的一生也将是一无所获。

克服焦虑

石油公司的一些运货员偷偷地扣下了给客户的油量而卖给了他人，而老板却毫不知情。有一天，来自政府的一个稽查员来找老板，说他掌握了老板的员工贩卖不法石油的证据，要检举他们。但是，如果他们贿赂他，给他一点钱，他就会放他们一马。老板非常不高兴他的行为及态度。一方面老板觉得这是那些盗卖石油的员工的问题，与自己无关；但另一方面，法律又有规定"公司应该为员工行为负责"。另外，万一案子上了法庭，就会有媒体来炒作，名声传出去会毁了公司的生意。老板焦虑极了，开始生病，三天三夜无法入睡，一直在想：我到底应该怎么做才好呢？给那个人钱呢，还是不理他，随便他怎么做？

老板决定不了，每天担心，于是，他问自己：如果不付钱的话，最坏的

后果是什么呢？答案是：他的公司会垮，事业会被毁了，但是他不会被关起来。然后呢？他也许要找个工作，其实也不坏。有些公司可能乐意雇用他，因为他很懂石油。至此，很有意思的是，他的焦虑开始减轻，然后，他可以开始思想了，他也开始想解决的办法：除了上告或给他金钱之外，有没有其他的路？找律师呀，他可能有更好的点子。

第二天，老板就去见了律师。当天晚上他睡了个好觉。隔了几天，律师叫他去见地方检察官，并将整个情况告诉他。意外的事情发生了，当老板讲完后，那个检察官说：我知道这件事，那个自称政府稽查员的人是一个通缉犯。老板心中的大石落了下来。这次经历使他永难忘怀。此后，每当他开始焦虑担心的时候，他就用此经验来帮助自己跳出焦虑。

人生感悟

焦虑是一种没有明确原因的、令人不愉快的紧张状态。适度的焦虑可以提高人的警觉度，充分调动身心潜能。但如果焦虑过火，则会妨碍你去应付、处理面前的危机，甚至妨碍你的日常生活。以下步骤可以帮助你勇敢面对焦虑：

第一步：评估

我怕什么？（或是我焦虑什么？）

我为什么怕？（或是为什么会焦虑？）

要对这些做直截了当的探索，越具体越好，最好拿出纸笔来，清楚地写下来，问题才会明朗，仅用头脑想是不够的。

第二步：理解

纵然我所怕的事情真的发生了，或是最坏的结果发生了，是否真的是那么可怕？

他人是不是也有过类似的遭遇？他们是不是就完蛋了？

如果真的发生了，我就无法再活下去了吗？

评估及理解是很重要的消除焦虑的两大步骤，因为只有面对可能发生的最坏后果，我们才能从容地面对现在。有句话说："人死不过如此，就算砍头也不过碗大的疤，二十年后又是一条好汉。"连死都不怕了，还焦虑什么呢？人需要看破看透，才能放得下，只有放下人的欲念，才有自信。

第三步：再次评估现在的情况

现在的真正问题是什么？

问题的起因是什么？

解决的办法有哪些？

我决定用哪种办法？

什么时候开始做？

第四步：方法的有效度评估

目的是了解此方法有没有帮助，若没有，立刻就改变。

只看自己所有的，不看自己没有的

有一个叫黄美廉的女子，自小就患上脑性麻痹症。此病状十分惊人，因肢体失去平衡感，手足会时常乱动，口里念叨着模糊不清的词语，模样十分怪异。这样的人在常人看来，已失去了语言表达能力与正常生活条件，更别谈什么前途与幸福。

但黄美廉硬是靠她顽强的意志和毅力，考上了美国著名的加州大学，并获得了艺术博士学位。她靠手中的画笔，还有很好的听力，抒发着自己的情感。

在一次讲演会上，一个中学生竟然这样提问："黄博士，你从小就长成这个样子，请问你怎么看你自己？"

在场的人都责怪这个学生不敬，但黄美廉却十分坦然地在黑板上写下了这么几行字："一、我好可爱；二、我的腿很长、很美；三、爸爸妈妈那么爱我；四、我会画画，我会写稿；五、我有一只可爱的猫……"

最后，她以一句话作结论："我只看我所有的，不看我所没有的！"

人生感悟

> 要想成功，必须要接受和肯定自己。在这个世上，每个人有着不同的缺陷，并非只有你是最不幸的。无须抱怨命运的不济，不要看自己没有的，要多看看自己所拥有的，就会接受和肯定自己。

当生活变得沉重时，我们需要弯下身来

在加拿大魁北克，有一条南北走向的山谷。山谷没有什么特别之处，唯一能引人注意的是它的西坡长满松、柏、女贞等树，而东坡却只有雪松。这一奇异景色之谜，许多人不知所以，然而揭开这个谜的竟是一对夫妇。

那是一个冬天，这对夫妇的婚姻正濒于破裂的边缘，为了找回昔日的爱情，他们打算做一次浪漫之旅，如果能找回就继续生活，否则就友好地分手。

他们来到这个山谷的时候，下起了大雪，他们支起帐篷，望着满天飞舞的大雪，发现由于特殊的风向，东坡的雪总比西坡的大且密。不一会儿，雪松上就落了厚厚的一层雪。不过当雪积到一定程度，雪松那富有弹性的枝丫就会向下弯曲，直到雪从枝上滑落。这样反复地积，反复地弯，反复地落，雪松完好无损。可其他的树，却因没有这个本领，树枝被压断了。

妻子发现了这一景观，对丈夫说："东坡肯定也长过杂树，只是不会弯曲才被大雪摧毁了。"少顷，两人突然明白了什么，拥抱在一起。

人生感悟

在生活中，我们承受着来自各方面的压力，如果积累着，最终将让我们难以承受。这时候，我们需要弯下身来，释下重负，才能够重新挺立，避免被压断的结局。弯曲并不是低头或失败，而是一种弹性的生存方式，是一种生活的艺术。

要珍视和发掘自己的价值

一个年轻人觉得自己什么事也做不好，大家都说他没用，又蠢又笨。他很苦恼。于是，他找到了老师诉说烦恼。

老师说："孩子，我很遗憾，现在帮不了你，我得先解决自己的问题。"他停顿了一下，说："如果你先帮我个忙，我的问题解决了，之后也许我可以帮助你。"

"哦……如果能帮您的忙，我很荣幸，老师。"年轻人很不自信地回答说。

老师把一枚戒指从手指上摘下来，交给小伙子，说："骑着马到集市去，帮我卖掉这枚戒指，我要还债，要卖一个好价钱，最低不能少于一个金币。"

年轻人拿着戒指离开了。一到集市，他就拿出戒指。人们围上来看，而当年轻人说出了戒指的价格后，有人嘲笑他，有人说他疯了，只有一位老人出于好心向他解释，一个金币是多么值钱，用来换这样一枚戒指是多么不值。有人想用一个银币和一些不值钱的铜器来换这枚戒指，但年轻人记着老师的叮嘱，拒绝了。

年轻人骑着马悻悻而归。他沮丧地对老师说："对不起，我没有换到您要的一个金币。也许可以换到几个银币。"

"孩子，"老师微笑着说，"首先，我们应该知道这枚戒指的真正价值。你再骑马到珠宝商那里去，告诉他我想卖这枚戒指，问问他给多少钱。但是，不管他说什么，你都不要卖，带着戒指回来。"

年轻人来到珠宝商那里，珠宝商在灯光下用放大镜仔细检验戒指后说："年轻人，告诉你的老师，如果他现在就想卖，我最多给他 58 个金币。"

"58 个金币？"小伙子不敢相信自己的耳朵。

"是啊，我知道，要是再等等，也许可以卖到 70 个金币。但是我不知道你的老师是不是急着要卖……"珠宝商说。

年轻人激动地跑到老师家，把珠宝商说的话告诉了老师。

老师听后，说："孩子，你就像这枚戒指，是一件举世无双、价值连城的珠宝。但是，只有真正的内行才能发现你的价值。我们每个人就像这枚戒指，在人生这个大市场里要自我珍视，同时也要努力，让我们遇到的人，就算不是内行，也能发现我们真正的价值。"

年轻人顿悟，舒展了眉头。

人生感悟

一个人既然能够存在于这个世界上，就说明有存在于这个世界上的价值。人生就好比是一个大市场，你认为自己的价值有多大，别人也会认为你的价值有多大，那么你的价值就会有多大。

要想收获，就得先付出

有个人在沙漠里穿行，已经连续几天没喝水了。他饥渴难耐，马上就要支撑不住了，突然发现在前面一株巨大的仙人掌下面有一个压水井。

他欣喜若狂，马上走了过去。看见压水井上面放着一瓶水，他嗓子都要冒烟了，不管三七二十一拿起瓶子准备喝水，发现水井上有块醒目的警告牌子，他忍住干渴，只见牌子上写着这样一些字：

这里距离沙漠的尽头，最近的距离是 100 英里。

如果你现在将这瓶水喝完，虽然能暂时解除你的干渴，但是你绝对不可能走出沙漠。

如果你将瓶子里的水倒入压水泵，引出井里的水，那么你就能畅饮清凉洁净的井水，使你能平安走出这片沙漠。最后，享用完了别忘了为别人装满一瓶水。

这个人心想，幸好我看了警告，不然后果……然后他将瓶子中的水倒入水泵中，喝足了清凉的井水，安全走出了这片沙漠。

在取得之前，要先学会付出。只有懂得付出，才能引出生命之水，助你安然走过人生的沙漠。种瓜得瓜，种豆得豆。春种一粒粟，秋收万颗子。没有付出，却想不劳而获，就同妄想天上掉馅饼是一样的道理。

一位从南方来的乞丐与一位从北方来的乞丐在路上相遇。南方乞丐惊愕地说道："你多么像我，我也多么像你，你的神情、服装、举止，甚至那个碗，都和我的简直一模一样。"

北方乞丐也兴奋地嚷着："我觉得在遥远的过去，似乎早就与你相识了。"这两位乞丐被彼此吸引，他们渐渐地爱上了对方。于是，他们不再去天涯海角流浪讨饭，彼此只想依偎在一起。

南方乞丐问："我们已经在一起了，你还拿着碗乞求什么？"

北方乞丐说："这还需要问吗？当然是乞求你的爱。我知道你是爱我的，除了我之外，还有谁跟我一样与你有这么多相同点呢？"

北方乞丐继续说道："亲爱的，将你碗里满满的爱，倒在我的空碗里吧，让我感受你无比的温暖。"

南方乞丐回答说："我端的也是空碗，难道你没瞧见吗？我也祈求你的爱倒入我的空碗，让我的空碗满满的都是你的爱。"

"我的碗是空的，又怎么给你呢？"北方乞丐一脸狐疑。

南方乞丐也说："我的碗难道是满的吗？"

两个乞丐互相乞讨，都期望对方能给自己一些什么，可是一直到最后，任何一方都没有得到对方的爱。

他们渐渐累了，各自叹息之后，走回自己原本的路，继续向其他人乞讨。

在期待别人的付出前，你要先学会付出。爱是相互的。建立在对对方予取予求基础上的爱，就像沙滩上的城堡，指望它能经得起海浪的洗礼是不明智的；因为事实告诉我们，只有靠双方真诚付出，才能使我们的城堡建立在坚实的岩石上，我们爱的城堡才可以在风雨中屹立不倒。

俗话说，一分耕耘，一分收获。当然，你不必刻意地追求回报，它总是会自己悄悄到来的。

人生感悟

要想得带一些东西，你就必须先付出一些东西，付出多少，你就能得到多少。

第八章

活着是一场修行

　　生命不能重来。在今生今世，我们要努力而认真地活着，享受生活的苦与乐，永远把自己认为应该做的事放在首位，先付出后享乐，不欺骗生活，不放纵自己，仔细倾听自己内心的声音——就像朝圣者一样，努力、认真、虔诚地向前修行。

　　像朝圣者一样努力向前行走，每个人都有自己的香格里拉，在今生今世，努力而认真地活着不欺骗生活，不放纵自己，仔细倾听自己内心的声音。困难、挫折、失败……发生在我们身上的每个人生课题，都是生命修行的必由路。虔诚地奋斗，坚韧地拼搏，智慧地取舍，成功不是某个终点，而是一条修行之路。

只有去行动了，才会知道有什么样的结果

朗特丝已经沮丧到了不想起床的地步。她精力不济，自从胖了50磅以来，每天要睡16～18小时。就在这时，收音机里的一则广告引起了她的兴趣。由于朗特丝的治疗师说过她不可能好转，因此实在很难相信她会对健康俱乐部的广告感到有兴趣。更令人惊讶的是，她竟然摇摇晃晃地跑到那里一探究竟。这是她的第一步。若不是这一步，也不会有以下的故事了。

俱乐部推广人员及会员既友善又生气蓬勃，他们显然很喜欢目前从事的工作。朗特丝加入俱乐部后，就展开了运动课程。经过一段时间，她的感觉及精神大幅度地转变，于是她说服俱乐部给她一份推广的工作。

朗特丝向来对广播推销极为神往，有意朝这个方向发展。但她中意的电台没有职缺，也不愿给她面试机会。她没有放弃，只是死守在总经理办公室门前，直到他答应让她面试为止。看到她显露出来的信心、决心、毅力及冲劲，经理终于点头，答应雇用她。

接下来是她的人生转折点：她跌断了腿，几个月之内都得上石膏、拄拐杖，但她并没有停下来。12天后，她又回到电台，并雇了一名司机载她到各指定地点去。由于上下车对她实在很不方便，她开始利用电话进行推销和接订单，结果业绩竟大幅度地上升。

由于朗特丝一个人的业绩比其他四名推销员的总和还高，于是同事们开始向她讨教。朗特丝向来不吝与人分享资讯，因此便将自己的方法传授给其他推销员。

没多久，销售部经理辞职，大家便向上级请求，由朗特丝接任经理一职。朗特丝获新职后，兢兢业业，不仅每天召开销售会议，还保持自己的业绩。虽然电台销售仅占市场的2%，但他们每个月的营业额仍由4万美元上升至10万美元，全年下来，共累积达27万美元！广播电台的狄斯耐频道总经理，听说这个电台听众最少，业绩却名列前茅，便邀请朗特丝到其他城市主持研讨会。不管她到哪里，成果都相当显著，因为一旦有了凝聚信心的动机，再配合顾客至上的销售技巧，生意自然蒸蒸日上。

由于研讨会的成果斐然，狄斯耐连锁电台因此聘请朗特丝，担任整个连锁线

的销售部副总。"全国广播协会"也邀请她到全国大会对2000名听众发表一场演讲。虽然朗特丝从未有过演讲的经验，但她对自己及所学的技巧，都具有无比的信念。她战战兢兢地准备演讲稿，想象自己说话的样子，在心里想着听众对她演讲报以热烈回响的情景。每演练完一次，她就给自己来个起立鼓掌（极有力的意象营造法）。

那一天终于到来。她准备了一大堆演讲稿，一切准备就绪。但是当她踏上讲台，眩目的灯光却使她很难看清演讲稿。于是她走下讲台，依照心中的感想发表演说。听众如痴如醉，不断以掌声打断她，并起立向她致敬，景象与她心里所想象的完全一致。演讲完毕后，她立即受邀前往全国18个城市开办研讨会。

如今，朗特丝已是全国知名的演说家、作家，也是她自己的公司——朗特丝推销与激励公司的董事长。她比以往更快乐、更健康、更富裕，也更稳定。她的朋友增多了，心态平和安宁，家庭关系融洽，对未来更是充满了希望。

人生感悟

　　行动就像是火种，一旦点着了，就会燃烧起熊熊大火，一发而不可收拾。只要我们行动，就会有一扇门为我们开启；如果我们不迈开人生的那一步，那么，属于我们的那扇门就永远是关着的。

每个年龄都是最好的

几岁是生命中最好的年龄呢？

电视节目中，主持人拿这个问题问了很多的人。一个小女孩说："两个月，因为你会被抱着走，你会得到很多的爱与照顾。"

另一个小孩回答："3岁，因为不用去上学。你可以做几乎所有想做的事，也可以不停地玩耍。"

一个少年说："18岁，因为你高中毕业了，你可以开车去任何想去的地方。"

一个女孩说："16岁，因为可以穿耳洞。"

一个男人回答说："25岁，因为你有

我们是最好的年龄。

较多的活力。"这个男人43岁。他说自己现在越来越没有体力走上坡路了。他15岁时，通常午夜才上床睡觉，但现在晚上9点一到便昏昏欲睡了。

一个3岁的小女孩说生命中最好的年龄是29岁。因为你可以躺在屋子里的任何地方，虚度所有的时间。有人问她："你妈妈多少岁？"她回答说："29岁。"

有人认为40岁是最好的年龄，因为这时是生活与精力的最高峰。

一个女士回答说45岁，因为你已经尽完了抚养子女的义务，可以享受含饴弄孙之乐了。

一个男人说65岁，因为可以开始享受退休生活。

最后一个接受访问的是一位老太太，她说："每个年龄都是最好的，享受你现在的年龄吧。"

只有你现在的年龄是最真实的，不要回避今天的真实与琐碎，走好脚下的路，唱出心底的歌，把头顶的阳光编织成五彩的云裳，遮挡凌空而至的风霜雨雪。每一天都向人们敞开，让花朵与微笑回归你疲惫的心灵，让欢乐成为今天的中心。如果有荆棘阻挡你匆匆的脚步，那也是今天最真实的生活。

迎接今天的最佳姿势就是站立，用你的手拂去昨天的狂热与沉寂，用你的手推开明天的迷雾与霞辉，用你的手握住今天的沉重与轻松。把迎风而舞的好心情留在今天，把若隐若现的阴影也留给今天。

享受你现在的年龄吧，让生命感知生活的无边快乐。

人生感悟

　　每个年龄都是最好的。但在现实生活中，我们常常认为自己所处的年龄是最糟的。史威福说："没有人活在现在，大家都活着为其他时间做准备。"要么是回忆过去的美好时光，要么为了将来苦思冥想、疲于奔命，独独忘了要把握现在，活在现在。

如果你认为自己的主意很好，就去试一试

迈克尔·戴尔总喜欢这样说："如果你认为自己的主意很好，就去试一试！"

当迈克尔·戴尔进入得克萨斯大学的时候，像大多数大一学生那样，他需要自己想办法赚零用钱。那时候，大学里人人都谈论个人电脑，但由于售价太高，许多人买不起。一般人所想要的，是能满足他们的需要而又售价低廉的电脑，但市场上没有。

戴尔心想："经销商的经营成本并不高，为什么要让他们赚那么丰厚的利润？为什么不由制造商直接卖给用户呢？"戴尔知道，IBM 公司规定经销商每月必须提取一定数额的个人电脑，而多数经销商都无法把货全部卖掉。如果存货积压太多，经销商损失会很大。于是，他按成本价购买经销商的存货，然后在宿舍里加装配件，改进性能。这些经过改良的电脑十分受欢迎。戴尔见市场的需求巨大，于是在当地刊登广告，以零售价的八五折推出经他改装过的电脑。不久，许多商业机构、医生诊所和律师事务所都成了他的顾客。

有一次戴尔放假回家时，他的父母担心他的学习成绩。"如果你想创业，等你获得学位之后再说吧。"戴尔答应了，可是一回到学校，他就觉得如果听父母的话，就是在放弃一个一生难遇的机会。"我认为我绝不能错过这个机会。"一个月后，他又开始销售电脑，每月赚 5 万多美元。

戴尔坦白地告诉父母："我决定退学，自己开办公司。""你的目标到底是什么？"父亲问道。"和 IBM 公司竞争？"他的父母觉得他太好高骛远了。但无论他怎样劝说，戴尔始终坚持己见。终于，他们达成了协议：他可以在暑假时试办一家电脑公司，如果办得不成功，到 9 月他就回学校去读书。戴尔回到学校后，拿出全部储蓄创办戴尔电脑公司。他以每月续约一次的方式租了一个只有一间房的办事处，雇用了第一位雇员，是一名 28 岁的经理，负责处理财务和行政工作。在广告方面，他在一只空盒子底上画了戴尔电脑公司第一个广告的草图。他的一位朋友按草图重绘后拿到报馆去刊登。戴尔仍然专门直销经他改装的 IBM 公司的个人电脑。第一个月营业额达到 18 万美元，第二个月 26.5 万美元，不到一年，他便每月售出个人电脑 1000 台。于是，戴尔毅然地走出了学校，开创自己的事业。

当迈克尔·戴尔的其他同学大学毕业的时候，他的公司每年营业额已达 7000 万美元。

人生感悟

　　一个人要做一件事，常常缺乏的是迈出第一步的勇气。但如果你鼓足勇气开始做了就会发现，做一件事最大的障碍，往往是来自自己的内心，更主要是缺乏行动的勇气。有勇气开了头，再往下做就会有顺理成章的事情发生。

贵在持之以恒

开学第一天，苏格拉底对学生们说："今天咱们只学一件最简单也是最容易的事。每人把胳膊尽量往前甩，然后再尽量往后甩。"说着，苏格拉底示范了一遍。"从今天开始，每天做 300 下。大家能做到吗？"

学生们都笑了。这么简单的事，有什么做不到的？过了一个月，苏格拉底问学生们："每天甩手 300 下，哪些同学在坚持着？"有 90% 的同学骄傲地举起了手。又过了一个月，苏格拉底又问，这回，坚持下来的学生只剩下八成。

一年过后，苏格拉底再一次问大家："请告诉我，最简单的甩手运动，还有哪几位同学坚持了？"这时，整个教室里，只有一人举起了手。这个学生就是后来成为古希腊另一位大哲学家的柏拉图。

世间最容易的事常常也是最难做的事，最难的事也是最容易做的事。说它容易，是因为只要愿意做，人人都能做到；说它难，是因为真正能做到并持之以恒的，终究只是极少数人。

半途而废者经常会说"那已足够了""这不值""事情可能会变坏""这样做毫无意义"。而能够持之以恒者会说"做到最好""尽全力""再坚持一下"。

龟兔赛跑的故事也告诉我们，竞赛的胜利者之所以是笨拙的乌龟而不是灵巧的兔子，这与兔子在竞争中缺乏坚持不懈的精神是分不开的。

人生感悟

巨大的成功靠的不是力量而是韧性，竞争常常是持久力的竞争。有恒心者往往是笑在最后、笑得最好的胜利者。

只有经历了磨难，才能抵达理想的彼岸

苦难就是河水，我们都是泥人。那么，天堂在哪里？

有一天，上帝宣旨说，如果哪个泥人能够走过他指定的河流，他就会赐给这个泥人一颗永不消逝的金子般的心。

这道旨意下达之后，泥人们久久都没有回应。不知道过了多久，终于有一个小泥人站了出来，说它想过河。

"泥人怎么可能过河呢？你不要做梦了。"

"走不到河心，你就会被淹死的！"

"你知道肉体一点儿一点儿失去时的感觉吗？"

"你将会成为鱼虾的美味，连一根头发都不会留下！"

……

其他的泥人都在劝它。

然而，这个小泥人决意要过河。它不想一辈子只做这么个小泥人，它想拥有一颗金子般的心。但是，它也知道，要拥有上帝赐予的心，必须遵守他的旨意，即要到天堂，必得先过地狱。而它的地狱，就是它将要去经历的河流。

小泥人来到了河边，犹豫了片刻，它的双脚踏进了水中，顿时撕心裂肺的痛楚淹没了它。它感到自己的脚在飞快地融化着，每一分、每一秒都在远离自己的身体。

"快回去吧，不然你会毁灭的！"河水咆哮着说。

小泥人没有回答，只是沉默着往前挪动，一步、二步……这一刻，它忽然明白，它的选择使它连后悔的资格都不具备了。如果倒退上岸，它就是一个残缺的泥人；在水中迟疑，只能够加快自己的毁灭。而上帝给它的承诺，则比死亡还要遥远。

小泥人孤独而倔强地走着。这条河真宽啊，仿佛耗尽一生也走不到尽头似的。小泥人向对岸望去，看见了那里锦缎一样的鲜花和碧绿无垠的草地，还有轻盈飞翔的小鸟。上帝一定坐在树下喝茶吧，也许那就是天堂的生活。可是它付出一切也几乎没有什么可能抵达。那里没有人知道它，知道它这样一个小泥人和它那个梦一样的理想。上帝没有赐给它出生在天堂当花草的机会，也没有赐给它一双小鸟的翅膀。但是，这能够埋怨上帝吗？上帝是允许它去做泥人的，是它自己放弃了安稳的生活！

小泥人的泪水流下来，冲掉了它脸上的一块皮肤。小泥人赶紧抬起脸，把其余的泪水统统压回了眼睛里。泪水顺着喉咙一直流下，滴在小泥人的心上。小泥人第一次发现，原来流泪也可以有这样一种方式——对它来说，也许这是目前唯一可能的方式。

小泥人以一种几乎不可能的方式向前移动着，一厘米、一厘米，又一厘米——鱼虾贪婪地吸着它的身体，松软的泥沙使它每一瞬间都摇摇欲坠，有无数次，它都被波浪呛得几乎窒息。小泥人真想躺下来休息一会儿啊，可它知道，一旦躺下，它就会永远安眠，连痛苦的机会都没有。它只能忍受、忍受，再忍受。奇妙的是，每当小泥人觉得自己就要死去的时候，总有什么东西使它能够坚持到下一刻。

不知道过了多久——简直就到了让小泥人绝望的时候，小泥人突然发现，自己居然上岸了。它如释重负，欣喜若狂，正想往草坪上走，又怕自己褴褛的衣衫玷污了天堂的洁净。它低下头，开始打量自己，却惊奇地发现，它已经什么都没有了——除了一颗金灿灿的心。而它的眼睛，正长在它的心上。

它什么都明白了，天堂里从来就没有什么幸运的事情。花草的种子先要穿越沉重黑暗的泥土才得以在阳光下发芽微笑，小鸟要折断无数根羽毛才能够锤炼出凌空的翅膀，就连上帝，也不过是曾经在地狱中走了最长的路挣扎得最艰难的那个人。而作为一个小小的泥人，它只有以一种奇迹般的勇气和毅力，才能够让生命的激流荡清灵魂的浊物，然后，找到自己本来就有的那颗金子般的心。

人生感悟

人生是一个不断奋斗的过程，安于现状、不思进取、害怕接受磨难的人，其生活永远也不可能有大的飞跃。上天对每个人都是公平的，没有谁能随随便便成功。只有那些经历了磨难的人，才能抵达理想的彼岸。

梦终归只是梦，只有行动才能有所收获

和加·纳斯尔到一家毡房里做客。这座毡房里住着两个吝啬的亲兄弟。

当和加·纳斯尔走进毡房时，他们的锅里正煮着一只鹌鹑。一见和加·纳斯尔，他们马上撤去了锅下的柴火，在锅架上挂上了一壶茶。

"你们干吗煮茶给自己添麻烦呢？我们喝上一碗肉汤，让油花沾沾嘴唇，不就行了吗？"客人说。

"您先喝碗茶吧！锅里煮的只有一只鹌鹑，我和我弟弟打算睡觉时分别做上一梦，第二天喝早茶时，各自把梦讲述一遍，我俩谁的梦好，这只鹌鹑就归谁吃！"哥哥说。

"这么说，我也需要做梦吗？"和加·纳斯尔问道。

"当然，您同样需要做梦。假如您的梦比我们俩的梦都好的话，鹌鹑就归您吃！怎么样？现在请喝茶吧！"

就这样，和加·纳斯尔在这一对吝啬兄弟的捉弄下，瘪着肚子躺下了。

第二天清晨，当他们起床穿衣服的时候，和加·纳斯尔便问起梦来。

大哥说："我梦见我和我的妻子和两个孩子全都披绸穿缎，骑着神鸟，在辽阔的蓝天里自由翱翔，穿过一团团白云，向天空中最美的太阳和月亮飞去。那里应有尽有，地上遍布着财宝，星星都簇拥在我们周围。"

弟弟接着说："我哥哥在天空飞翔的情景，我也在梦中见到了。但是，我的梦更奇特。我一下子娶了3个老婆，又生下了13个孩子。我们全家想吃什么便有什么，过上了非常富裕的生活。我又被百姓们推选为可汗。一天，我们坐上了轿子来到了海边，然后，又坐上船，在无边无际的大海里游玩、散心。世上的百姓全都惊异地望着我们。可是，我们连看也不看他们。"

这时，和加·纳斯尔说："呵呵，你们两个的梦都很有趣。我在梦中一直看着你们俩干这又干那，我想：你们两个都过上了这样幸福、豪华的生活，一个在天上飞，一个在海里游，对你们来说，这口黑锅中煮的这只又小又不好的鹌鹑，还有什么用呢？于是，我半夜爬起来，把它吃了！"

兄弟俩目瞪口呆，把锅盖掀起一看，鹌鹑真的没有了。

人生感悟

不管你的梦做得有多么好，你都不可能真正地拥有梦中的东西。但是，在现实生活中，无论你做了多么微不足道的事情，也不管它是不是值得一提，这件事情却是真实存在的，是你可以拥有的。只有行动起来，才会有所收获。

改变你的生活目标，就会改变你的命运

有天晚上，德国纳粹闯入史坦尼斯拉夫斯基的家，把他们一家全送进克来寇死亡集中营，最后还当着他的面把他的家人全部处死。

从此以后，他跟其他集中营里的犯人一同做工，每天他得从日出做到日落，由于食物配给不足，他十分瘦弱，加上想起家人的惨死，常使他悲痛。有哪个人能受得了这种折磨呢？可是他得继续承受下去。有一天，他突然醒悟，像这样的日子若是再继续下去，迟早是会送命的，于是他下定决心逃亡。虽然在此之前没有人成功逃脱，可是史坦尼斯拉夫斯基就是相信天无绝人之路。

原先他只想到如何在这个集中营里活下去，可是如今意念变了，他自问："要怎么样才能逃出这个地狱？"然而，脑子一遍又一遍给他相同的答案："别傻了，你绝无逃脱的机会，这样子胡思乱想，只会使你更痛苦！"可是他就是不接受这个答案，仍不时自问："我得怎么办？一定有逃离的办法，只是我要怎样脱离这个地方呢？"

终于，答案出来了，有一天，他闻到一股臭味，出自于被瓦斯毒死的男女老幼的尸体，全都赤条条地堆在离做工地点数尺之远的一辆卡车上。他想不是："上天怎会允许这种惨绝人寰的事情发生？"而是："我怎样利用这个机会逃脱？"

当日薄西山，夜幕降临，工作队要回营之际，他逮住机会，迅速脱去衣裤，全身赤裸地钻进尸堆，没有人发现，事实上也没有人会想到。

假装成死人，一具具尸体陆续堆在他的身上，且周遭尽是令人作呕的腐尸臭味，但他就是动也不动。终于听到引擎发动了，然后卡车开动，没多久来到一个大坑前，车上所有尸体便倾倒了下去。他一直不敢动，直到确定附近没有一个人，才偷偷爬出那个大坑。随之，便不顾一切赤裸拔足飞奔，整整跑了40公里之遥而终获自由。

人生感悟

> 在很多时候，我们的命运如何，取决于我们对生活抱有什么样的目标，不一样的目标就会有不一样的命运。如果你的目标是一成不变的话，你的命运就不会有什么改变；当你的目标改变了，你的命运才会随之改变。

有勇气打开阻隔的门，才会成为真正的英雄

有一位青年一心想成为真正的英雄。经过三个月的跋山涉水，他终于在深山里的一间小木屋里找到了日思夜想的智者。

青年走上前去敲门："我不远万里而来，就是想弄明白一个问题：怎样才能成为真正的英雄？"

智者在屋里面说："现在晚了，你明天再来吧！"

第二天一早，青年又去敲门。

智者说："现在太早了，我还没到起床的时候，你明天再来吧！"

第三天一早，青年又去敲门。

智者说："现在你来得太迟了，我要去晨练，你明天再来吧！"

青年第六次去敲智者的门时，智者又说："我要休息了，你明天再来吧！"

青年怒从心起，大声说："每次你都这样推三推四，我何时才能成为真正的英雄？"青年说完踢开了智者的门，直冲进屋里去。

智者笑眯眯地看着怒发冲冠的青年，说："我等了 6 天，就等你鼓足勇气打开我的门。"

人生感悟

世间万物之间相隔的仅仅是一扇门。在生活中，我们遇到的种种困难，其实也只是一扇阻挡我们前进的门。面对困难总有解决的办法，只要你有勇气打开这扇门，成功就在对面。

要想事后不后悔，该出手时就出手

据说欧洲某国有一条奇怪的法律：夜里 12 点过后，警察不能抓小偷，否则就有可能受到小偷的控告，接受法律的制裁，因为前者侵犯了后者的人权。

干了十几年警察的哈德利当然对这条法律烂熟于心，不敢轻易违背。

有一次，哈德利下班回家时有点晚了，当经过一家自来水厂时，他发现一个

黑影正在翻越自来水厂的围墙。是小偷？哈德利抬手看看表，时间已过12点，管还是不管？就在他左右为难的时候，他忽然下意识地感觉今天的这个黑影，可能不是一般的小偷，因为很少有小偷到自来水厂去行窃。

哈德利决定挑战一回法律，哪怕仅仅是个误会，他也要把那家伙抓住，问问他想干什么。哈德利当机立断，把那家伙从围墙上拉了下来。小偷不肯就范，哈德利一拳将对方打昏，从对方身上搜出一袋白色粉末。那袋白色粉末是剧毒药物。白色粉末的持有者，是一个邪教组织成员，他企图把它投进自来水系统。试想，如果这个阴谋得逞，后果将是多么严重。

后来，哈德利不仅没有受到法律的制裁，还得到了提升，受到了政府的嘉奖和全市人民的感谢，成为人们心目中的英雄。

面对记者的采访，哈德利只说了一句话："我之所以不顾一切地抓住那家伙，是因为我明白，在当时我是唯一能够制止他的人，如果我因为害怕某种规定而不抓住这个机会，事后我肯定会后悔，尽管当时我并不清楚那个家伙到底想干什么。"

人生感悟

很多时候，很多人都会为了某件事情而悔不当初，他们通常会抱怨自己当时为什么没有那么做。其实，当事情已经过去的时候，再后悔就太晚了，它不会给我们重来一次的机会。所以，如果想要事后不后悔，就要把握住每一个机会，该出手时就出手。

很多时候，好运气也是靠自己的努力得来的

经济萧条时期，钱很难赚。一位有孝心的小男孩，实在看不下去父母起早贪黑地工作却仍然无法解决整个家庭的温饱，所以偷偷溜到大街上想找个工作。他的运气还算不错，真的有一家商铺想招一个小店员。小男孩就跑去试试。结果，跟他一样，共有7个小男孩都想在这里碰碰运气。

店主说："你们都非常棒，但遗憾的是我只能要你们其中的一个。我们不如来个小小的比赛，谁最终胜出了，谁就留下来。"

这样的方式不但公平，而且有趣，小家伙们当然都同意。

店主说："我在这里立一根细钢管，在距钢管2米的地方画一条线，你们都站在线外面，然后用小玻璃球投掷钢管，每人10次机会，谁掷准的次数多，谁就胜。"

结果天黑前谁也没有掷准一次，店主只好决定明天继续比赛。

第二天，只来了 3 个小男孩。店主说："恭喜你们，你们已经成功地淘汰了 4 个竞争对手。现在比赛将在你们 3 个人中间进行，规则不变，祝你们好运。"

前两个小男孩很快掷完了，其中一个还掷准了一次钢管。

轮到这位有孝心的小男孩了。他不慌不忙走到线跟前，瞄准立在 2 米外的钢管，将玻璃球一颗一颗地投掷出去。

他一共掷准了 7 下。

店主和另两个小男孩十分惊诧：这种几乎完全靠运气的游戏，好运气为什么会一连在他头上降临 7 次？

店主说："恭喜你，小伙子，最后的胜者当然是你。可是你能告诉我，你胜出的诀窍是什么吗？"

小男孩眨了眨眼睛说："这比赛是完全靠运气的。为了赢得这运气，昨天我一晚上没睡觉，我一直在练习投掷。"

人生感悟

　　一个人的好运气并不是上天赐予的，而是靠自己的努力赢来的。只要你肯付出，你就会有所收获；只要你比别人更努力，好运气自然也就会降临。

生活是最好的老师，它会教给我们所需的知识

2002 年 10 月 27 日，卢拉当选巴西第四十任总统，这位工人出身的劳工党候选人，只读过五年小学。许多传记作家都想揭开卢拉的成功之谜，但卢拉从没安排过与此有关的采访。

后来，卢拉总统前往一个名叫卡巴的小镇视察，该镇的小学请他带领学生上一节早读课，由于邀请他的那个班有一位盲童，卢拉总统欣然同意。

卢拉总统领读的是一篇题为《我的第一任老师》的课文。读完后，盲童怯怯地问了这么一个问题："总统，您的第一任老师是谁？"卢拉总统沉思了片刻，讲了这么一个故事：

也是像你们这么大的时候，我放学回家。在准备开门的时候，钥匙找不到了。返回学校去找，没有；去问同学，同学也都没见到。当时我父母不在家，要星期天才能回来。怎么办呢？我找来一枚别针，想钩开那把锁，可弄不开。于是我转到房子的后面，想从窗户爬进去，可是窗户是从里面关死的，不砸坏玻璃就无法

进去。怎么办？就在我准备爬上房顶，从天窗里跳进去的时候，邻居博尔巴先生看到了我。

"你想干什么，小伙子？""我的钥匙丢了，我无法从门里进去。"我说。"你就不能想点办法吗？"他问。"我已经想尽了所有的办法。"我回答。"你没有想尽所有的办法，至少你没有请求我的帮助。"说着，他从口袋里掏出钥匙，把门打开了。

当时，我一下愣住了。原来，我妈妈在他家留了一把我家的钥匙。你如果问我，谁是我的第一任老师，我认为是博尔巴先生。

从此，卢拉总统的故事就传开了，也许不会再有人对一个只有小学文化的人当选总统感到惊奇了。

人生感悟

生活是我们最好的老师。即使一个人没有读过多少书，不懂得什么高深的文化知识，但只要用心去生活，遇到问题想尽办法去解决，并能及时总结经验和教训。那么，他一样可以成为一个见多识广的人。

三思而后言

一个人急急忙忙地跑到一位哲学家那儿，说："我有个消息要告诉你……"

"等一等，"哲学家打断了他的话，"你要告诉我的消息，用三个筛子筛过了吗？"

"三个筛子？哪三个筛子？"那个人不解地问。

"三个筛子。第一个叫真实。你要告诉我的消息，是真实的吗？""不知道，我是从街上听来的……"

街坊说小刘有外遇、还是个六十岁的富婆。

"现在你用第二个筛子。你要告诉我的消息如果不是真实的，至少也应该是善意的。"那人踌躇地说：

"不，刚好相反……"

哲学家又打断了他的话："那么你再用第三个筛子。我要问你，使你如此激动的消息是重要的吗？""不算重要。"那个人很不好意思地回答。

哲学家说："既然你要告诉我的事，既不真实，也非善意，更不是重要的，那么就别说了吧！如此，那个消息就不会干扰你和我了。"

人生感悟

如果不能够堂堂正正、诚实善良，却整天途听道说、搬弄是非，为一些鸡毛蒜皮的小事喋喋不休，这种人不是小人就必定是一个庸人。

在生活中，难免会碰上爱传闲话的小人，最好的办法就是阻止他说下去，这样既能躲开是非，又能避免自己受到闲言碎语的伤害，如果你因为闲言碎语而暴跳如雷，倒恰中唯恐天下不乱者的奸计。

"静坐常思己过，闲谈莫论人非"，这是一种修养，更是一种品质。

贪心猛于虎

从前，有两个朋友看到一位哲学家从丛林中惊慌失措地跑过来。他们问他为什么这样惊恐不安。哲学家说："在那片丛林中，我看到一个吃人的东西。""你是不是说有一只老虎？"两个人不安地问道。"不，"哲学家说，"要比老虎厉害得多，我在挖一些药草时挖出来一堆金子。"

"在哪儿？"两个人赶忙问道。

"就在那片丛林中。"说完，哲学家就走了。

两个朋友立即跑到哲学家所指的地方，果然发现有一些金子。

"那个哲学家多蠢啊！"一个人对另一个人说，"竟把这贵如生命的黄金说成吃人的东西！"

另一个人说："让我们想想怎么办吧。在光天化日之下，现

在就把它拿回村里是不安全的，必须在夜里悄悄拿回家去。我们留一人在这看着财宝，另一个回家去拿饭来吃吧。"

当一个人去拿饭时，留下来的一个想道：太遗憾了，今天要是我一个人来多好。现在我还得把这些黄金分给朋友一半，这样谁也不会分得多少了，我有一大家子人，需要得到全部黄金。只要他一来，我就用刀子把他捅死。

同时，另一个也在想：我干吗要把黄金分给他一半呢？我负债累累，一点积蓄都没有，我不能分给他一半。我先吃饱饭，然后就在饭里放上毒药，给他带去，他一吃就死了。想好之后，他带着饭，来到发现财宝的地方。他刚一到那里，另一个人冷不防地给了他一刀，当即结果了他的性命。行凶后，凶手对朋友的尸体说道："可怜的朋友，是一半黄金送了你的性命。现在，我该吃饭了。真饿得我够呛。"他端起有毒的饭吃了下去。半小时后，他也一命呜呼了。他在临死的时候说："哲学家的话多么对呀！"

人生感悟

金钱猛于虎，比猛虎更厉害的是人的贪心。贪婪往往使人疯狂，使人利令智昏，失去理性，以至互相残杀，最终被贪心所害。

"贪"的本义指爱财，"婪"的本义指爱食，"贪婪"指贪得无厌，对与自己力量不相称的某一目标过分的欲求。人之求利，情理之常，但君子爱财，应取之有道，如果无视社会法律、规则、道德，一味巧取豪夺，贪婪成性，只能让人唾弃。

放下贪婪，会让自己活得轻松、坦然。

第九章

说话有分寸，办事有尺度

　　说话与办事，是一个人在社会生活中两项最基本的活动。也是体现一个人能力最重要的两个方面。一个既不会"说话"，又不能"办事"的人，很难立足于社会。而一个既会"说话"，又能"办事"的人，在现代社会可以称得上是难得的人才，做事也容易成功；退一步，这种人即使是为别人工作，也是块"香馍馍"，到哪儿都受欢迎。

　　说话与办事，是一个人在复杂的社会环境中保全自己，在激烈的竞争中获得胜利的必备本领。当你真正掌握了说话的技巧，具备了办事的策略，你就拥有了成功人生的资本，就能在事业上取得成功，在人生中找到幸福！

同一语句或动作，可以作不同的解释

从前，有一个算命的道士，对占卜吉凶、推演因果很有一套。当地许多人有事的时候，都去他那里求签问卜，算上一卦。

有一次，有三个书生进京赶考，路过此地，听说那道士算命非常灵验，便一同前去算命道士那里，虔诚地向道士说："我们三个此番进京赶考，烦道长算一算谁能考中？"

那道士眼都没睁，嘴里煞有介事地叨念了一会儿，向他们伸出一个手指，但却只字未说。三个考生莫名其妙，一个考生又着急地问道："我们三人谁能考中？"那道士还是一言不发，依旧伸出一只手指，算是回答。三个考生见道士迟迟不肯开口讲话，以为是天机不可泄露，只好心怀疑虑地走了。

三个考生走后，道士身边的小童好奇地问："师父，他们三人到底有几个得中？"

道士胸有成竹地说："中几个都说到了。"

道童说："你这一个指头是什么意思？是一个中？"

道士说："对。"

道童还是有些不解，又问："要是他们中间有两个人中了呢？"

道士答道："那就是有一个不中。"

道童说："他们三人要是都中了呢？"

道士说："那就是一齐中。"

道童又问："要是三人都没考中呢？"

道士说："这个指头就是一个也没中。"

小道童这才恍然大悟。

人生感悟

在某种特定的情形下，同一语句或动作常常可以表达不同的意思、不同的判断。因此，可以根据当时某种需要作不同的解释。

用含蓄的语言，把意思委婉地表达出来

巴甫洛夫是俄国杰出的生理学家，他 32 岁才结婚。如同他杰出的研究成果一样，他的求婚也别具一格。

1880 年最后一天，巴甫洛夫还在他的生理实验室没回家，许多同学在他家等他。天下着雪，彼得堡市议会大厦的钟敲了 11 下。一个同学不耐烦地说："巴甫洛夫真是个怪人。他毕业了，又得过金牌，照理可以挂牌做医生，那样既赚钱、又省力。可他为什么要进生理实验室当实验员呢？他应该知道，人生在世，时日不多，应该享享福、寻找快活才是呀。"

巴甫洛夫的同学里面，有一个教育系的女学生叫赛拉非玛。她听了那个同学的话，站起来说："你不了解他。不错，人的生命是短促的，但正因为如此，巴甫洛夫才努力工作。他经常说，在世界上，我们只活一次，所以更应该珍惜光阴，过真实而又有价值的生活。"

夜深了，同学们渐渐散去，赛拉非玛干脆到实验室门口去等巴甫洛夫。

钟声响了 12 下，已经是 1881 年元旦了，巴甫洛夫才从实验室出来。他看到赛拉非玛，很受感动，挽着她的手走在雪地上。突然，巴甫洛夫按着赛拉非玛的脉搏，高兴地说："你有一颗健康的心脏，所以脉搏跳得很快。"

赛拉非玛奇怪了："你这是什么意思？"

巴甫洛夫回答："要是心脏不好，就不能做科学家的妻子了。因为一个科学家把所有的时间和精力都放在科研工作上，收入又少，又没空兼顾家务。所以，做科学家的妻子一定要有健康的身体，才能够吃苦耐劳、不怕麻烦地独自料理琐碎的家务。"

赛拉非玛当即会意，说："你说得很好，我一定做个好妻子。"

就这样，他求婚成功了。在这一年，他们结婚了。

人生感悟

在日常生活中，有些话直接说出来会很尴尬，还可能会遭到对方的拒绝。在这种情形下，不妨用含蓄的语言，间接地把意思委婉地表达出来。这样不但会显得很幽默，而且往往容易达到目的。

讲个故事，最后把自己换成主角

1866 年，对俄国的著名作家陀思妥耶夫斯基来说是灾难性的一年，妻子玛丽娅病逝，没过多久，他的哥哥也病逝了。因为付出了沉重的医疗费，再加上其他的开销，陀思妥耶夫斯基此时已负债累累。

为了还债，他为出版商赶写小说《赌徒》，请了一位名叫安娜·格利戈里耶夫娜的 20 岁的速记员。安娜非常善良，并且聪明活泼，十分讨人喜欢。

安娜非常崇拜陀思妥耶夫斯基，工作也非常认真，一丝不苟。书稿《赌徒》完成后，作家已经爱上了他的速记员，但不知道安娜是否愿意做他的妻子，于是，他把安娜请到自己的工作室，对安娜说："我又在构思一部小说。"

"是一部有趣的小说吗？"她问。

"是的。只是小说的结尾部分还没有安排好，一个年轻姑娘的心理活动我把握不住，现在只有求助于你了。"他见安娜听得很认真，继续说，"小说的主人公是个艺术家，已经不年轻了……"

主人公的经历就是作家自己，安娜听出来了，她忍不住打断他的话："你为什么折磨你的主人公呢？"

"看来你好像同情他？"作家问安娜。

"我非常同情，他有一颗善良的心、充满爱的心。他遭受不幸，但依然渴望爱情，热切期望获得幸福。"安娜有些激动。

陀思妥耶夫斯基接着说："用作者的话说，主人公遇到的姑娘，温柔、聪明、善良，通达人情，算不上美人，但也相当不错。我很喜欢她。"

"但很难结合，因为俩人性格、年龄悬殊。年轻的姑娘会爱上艺术家吗？这是不是心理上的失真？我请你帮忙，听听你的意见。"作家征求安娜的意见。

"怎么不可能！如果俩人情投意合，她为什么不能爱艺术家？难道只有相貌和财富才值得去爱吗？只要她真正爱他，她就是幸福的人，而且永远不会后悔。"

"你真的相信，她会爱他？而且爱一辈子？"作家有些激动，又有点儿犹豫不决，声音颤抖着，显得窘迫和痛苦。

安娜怔住了，终于明白他们不仅仅是在谈文学，而且在构思一个爱情绝唱的序曲。安娜的真实心理正如她自己所言，她非常同情主人公，即作家陀思妥耶夫斯基的遭遇，且从内心里爱慕这位伟大的作家，如果模棱两可地回答作家的话，对他的自尊将是可怕的打击。

于是安娜激动地告诉作家："我回答，我爱你，并且会爱你一辈子。"

后来，作家同安娜结为伉俪，在安娜的帮助下，陀思妥耶夫斯基还清了压在身上的全部债务，并在短短的后半生写出了许多不朽之作。

陀思妥耶夫斯基向安娜求爱的妙计，历来被世人当作爱情佳话，广为传诵。

人生感悟

当有些话难以说出口时，或者有些要求不好意思当面提出时，不妨用讲故事的方式向对方娓娓道来，然后，再对这一故事进行讨论。等到对方对故事的看法与自己的期望相同时，再把其中的主语换过来，就可以达到自己所要表达的目的。

倾听让你受欢迎

韦恩是罗宾见到的最受欢迎的人士之一。他总能受到邀请，经常有人请他参加聚会、共进午餐、担任客座发言人、打高尔夫球或网球。

一天晚上，罗宾碰巧到一个朋友家参加一个小型社交活动。他发现韦恩和一个漂亮女士坐在一个角落里。出于好奇，罗宾远远地注意了一段时间。罗宾发现那位年轻女士一直在说，而韦恩好像一句话也没说。他只是有时笑一笑，点一点头，仅此而已。几小时后，他们起身，谢过男女主人，走了。

第二天，罗宾见到韦恩时禁不住问道：

"昨天晚上我在斯旺森家看见你和最迷人的女孩在一起。她好像完全被你吸引住了。你怎么抓住她的注意力的？"

"很简单。"韦恩说，"斯旺森太太把乔安介绍给我，我只对她说：'你的皮肤晒得真漂亮，在冬季也这么漂亮，是怎么做的？你去哪呢？阿卡普尔科还是夏威夷？'

'夏威夷。'她说，'夏威夷永

远都风景如画。'

'你能把一切都告诉我吗？'我说。

'当然。'她回答。我们就找了个安静的角落，接下来的两个小时她一直在谈夏威夷。

今天早晨乔安打电话给我，说她很喜欢我陪她。她说很想再见到我，因为我是最有意思的谈伴。但说实话，我整个晚上没说几句话。"

看出韦恩受欢迎的秘诀了吗？很简单，韦恩只是让乔安谈自己。他对每个人都这样——对他人说："请告诉我这一切。"这足以让一般人激动好几个小时。人们喜欢韦恩就因为他注意他们。

人生感悟

假如你也想让大家都喜欢，那么就尊重别人，让对方认为自己是个重要的人物，满足他的成就感，而最好的办法就是谈论他感兴趣的话题。千万不要喋喋不休地谈自己，而要让对方谈他的兴趣、他的事业、他的高尔夫积分、他的成功、他的孩子、他的爱好和他的旅行，等等。

让他人谈自己，一心一意地倾听，要有耐心，要抱有一种开阔的心胸，还要表现出你的真诚，那么无论走到哪里，你都会大受欢迎。

如果不能直接说服，就换种方式委婉地说服

1939年10月11日，萨克斯向美国总统罗斯福面呈了爱因斯坦等科学家的一封长信，信上提醒罗斯福总统注意纳粹德国把核裂变理论用于军事目的的危险，建议美国抢在德国之前研究原子能武器。

开始，罗斯福总统看不懂那艰深生涩的科学论述的信件，反应十分冷淡，婉言推却了。后来，萨克斯利用第二天总统请他共进早餐的机会，给罗斯福讲了一个拿破仑的故事。

英法战争期间，在欧洲大陆不可一世的拿破仑，在海上却屡战屡败。这时，一位美国年轻的发明家富尔顿向拿破仑建议将法国的战船砍掉桅杆，撤去风帆，装上蒸汽机，把木板换成钢板。可是拿破仑却想，船没有风帆能走吗？木板换成钢板，船能不沉没？拿破仑眉头一皱，把富尔顿轰了出去。历史学家在评论这一历史时认为，如果拿破仑稍动一下脑筋，郑重考虑一下富尔顿的建议，19世纪的历史就得重写。

罗斯福听后沉默了几分钟，然后取出拿破仑时候的法国白兰地，斟满了杯子，递给萨克斯说："你胜利了。"

人生感悟

在日常生活和工作中，说服别人是我们经常要做的事。在说服别人时，如果不能直接说服，不妨换种方式委婉地说服。例如，可以讲相关的故事，可以借助第三者的力量，可以用激将法，等等。

同一意思换种说法，就会有不同的结果

1840 年 2 月，英国维多利亚女王和撒克斯·科巴格·戈萨公爵的儿子阿尔巴特结婚。

他俩同年出生，又是表亲。虽然阿尔巴特对政治不感兴趣，但在女王潜移默化的影响下，阿尔巴特也渐渐地关心起国事来，终于成了女王的得力助手。

有一天，俩人为一件小事吵嘴，阿尔巴特一气之下跑进卧室，紧闭房门。

女王理事完毕，很是疲惫，急于进房休息，怎奈阿尔巴特余怒未消，故意漫不经心地问："谁？"

"英国女王。"

屋里寂静无声，房门紧闭如故。维多利亚女王耐着性子又敲了敲门。

"谁？"

"维多利亚！"女王威严地说。

房门仍旧未开。维多利亚徘徊半晌，又再敲门。

"谁？"阿尔巴特又问。

"我是您的妻子，阿尔巴特。"女王温柔地答道。

门立刻开了，丈夫双手把她拉了进去。这次，女王不仅敲开了门，也敲开了丈夫的心扉。

人生感悟

语言是门奇妙的艺术，同样表达一个意思，但换种说法就会有不同的结果，原因在于有些词虽有相同的意思，但所表达的感情色彩不一样。所以，在运用语言时，要尽量选择最能表达感情色彩的词来表达意愿。

先就事论事，再进一步引申出主题

著名经济学家大卫·李嘉图9岁时，有一次，父母带他去商店。他在一家商场的橱窗里看到一双带皮毛的皮鞋非常漂亮，非常喜欢，于是吵着要父母买下。母亲同意了，但是父亲一直不同意，他认为那双鞋不适合孩子穿。

李嘉图哭闹着执意要买，最后父亲同意了，但要他承诺，买了必须穿。

买了以后，李嘉图发现是一双木鞋，走起路来嗒嗒响，非常不舒服，确实不适合长时间穿。为了满足自己的虚荣心，却受了很多罪。到了这时候，他才知道父亲不让买的原因。

那时候，为了摆脱这双鞋子，李嘉图愿意付出一切代价。

善良的父亲再也没有逼李嘉图穿这双鞋，但李嘉图没有原谅自己。他把那双鞋挂在自己房间容易看到的地方，让它时时提醒自己再也不要任性，不要贪图虚荣。

再来看下面的这个故事。

一个犹太父亲带儿子去澡堂洗澡。当儿子艾什卡站在淋浴头下打开阀门时，冷水一冲而下，艾什卡不由得大叫："哎呀，爸爸，太冷了！"

父亲赶紧把艾什卡拖过来，帮他披上厚厚的毛巾被。

"啊，太舒服了，爸爸！"艾什卡愉快地叫着，身了蜷缩在毛巾被里。

"艾什卡，"父亲做出深思的样子对儿子说道，"你知道冷水浴和犯罪之间的距离吗？"

"当受到冷水冲击的时候，你发出的第一个声音是惊叫声'哎呀'，暖和后才是舒服的'啊'。但当你犯罪的时候，你的第一个反应是兴奋的'啊'，然后一定是'哎呀'了。"

父亲并没有直接告诉孩子不要犯罪，而是用冷水浴比喻犯罪，告诉孩子一开始犯罪时，其感觉是兴奋的"啊"，然后会是后悔而吃惊的"哎呀"，从而启发孩子不要犯罪。

人生感悟

教育孩子应从很小就开始。教育子女的方法非常重要，方法得当可以收到事半功倍的效果。寓教于乐是教育孩子的一种好方法，当孩子遇到类似事件时，先就事论事，然后再进一步引申出主题，既形象又直观，这样很容易在孩子的心灵中留下深刻印象。

善意的谎言，有时也很美丽

她，年轻美丽，身边有很多的追求者。他，是一个很普通的人。他和她相识在一个晚会上，晚会结束时，他邀请她一块儿去喝咖啡，出于礼貌，她答应了。

坐在咖啡馆里，两个人之间的气氛很是尴尬，没有什么话题，她只想尽快结束，好回去。但是当小姐把咖啡端上来的时候，他却突然说："麻烦你拿点盐过来，我喝咖啡习惯放点儿盐。"当时，她愣了，小姐也愣了，大家的目光都集中到了他身上，以至于他的脸都红了。

小姐把盐拿过来，他放了点儿进去，慢慢地喝着。她是个好奇心很重的女子，于是很好奇地问他："你为什么要加盐呢？"他沉默了一会儿，很慢地几乎是一字一顿地说："小时候，我家住在海边，我老是在海水里泡着，海浪打过来，海水涌进嘴里，又苦又咸。现在，很久没回家了，咖啡里加点儿盐，能让我想起那种家的感觉，可以把距离拉近一点儿。"

她突然被打动了，因为，这是她第一次听到男人在她面前说想家，她认为，想家的男人必定是顾家的男人，而顾家的男人必定是爱家的男人。她忽然有一种倾诉欲望，跟他说起了她远在千里之外的故乡，冷冰冰的气氛渐渐变得融洽起来。两个人聊了很久，并且，她没有拒绝他送她回家。

再以后，两个人频繁地约会，她发现他实际上是一个很好的男人，大度、细心、体贴，具备她欣赏的所有优秀男人应该具有的特点。她暗自庆幸，幸亏当时的礼貌，才没有和他擦肩而过。她和他去遍了城里的每家咖啡馆，每次都是她说："请拿些盐来好吗？我的朋友喜欢在咖啡里加点儿盐。"

再后来，就像童话书里所写的一样，"王子和公主结婚了，从此过着幸福的生活"。他们确实过得很幸福，而且一过就是四十多年，直到他得病去世。

他在临终前写给她一封信："原谅我一直都欺骗了你。还记得第一次请你喝咖啡吗？当时气氛差极了，我很难受，也很紧张，不知怎么想，竟然对小姐说拿些盐来，其实我不想加盐的，但当时既然说出来了，只好将错就错了。没想到竟然引起了你的好奇心，这一小小的举动，让我喝了半辈子加盐的咖啡。有好多次，我都想告诉你，可我怕你会生气，更怕你会因此离开我。现在我终于不怕了，因为我就要死了，死人总是很容易被原谅的，对不对？今生，得到你是我最大的幸福，如果有来生，我还希望能娶到你，只是，我可不想再喝加盐的咖啡了！"

她看完信后泪流满面。她多想告诉他，虽然他欺骗了她，但她并不生他的气，她觉得她是幸福的，因为有人为了她，能够欺骗一生一世。

人生感悟

善意的谎言是美丽的，是可以谅解的。当有人对我们说谎后，我们在感觉受骗的同时，最好想一想他为什么要说谎，我们或许就会谅解他，并因此而感动。

把本来不幸的事，用含蓄的方式表达出来

在徐佩上学前班的时候，有一天她的母亲和父亲整整坐了一夜，也说了一夜的话，也许是一些话对她并不重要或是因为徐佩太小没有记住，但有一句父亲说的话她记住了："你走吧，由我来向佩佩解释。"这意味着母亲要走了。

徐佩的母亲走了好几天了，徐佩每天都在等着爸爸所谓的解释，也许他把他说的话忘了，仍跟以前一样接送徐佩上学，给徐佩在学前班的家长手册上认真填写她学会的新字，听到的新的故事以及纠正徐佩左手写字、画画的进展情况。这些在徐佩的其他同学家里都是由母亲来做的事情，在她家里却一直都是由父亲来做的。每当徐佩的奶奶看到这些，就叹气说徐佩的母亲"心早就不在了"时，徐佩的父亲就会用眼神制止奶奶，好像在隐瞒什么，但徐佩并不追问，徐佩相信总有一天父亲会向她解释的。

徐佩的母亲走了快一星期了，又是一个晚上，徐佩的父亲合起给徐佩读的故事书，又压了压徐佩本来已经压得很好的被角，好像又要给徐佩讲故事一样地说："你一定听过很多天使的故事。"

徐佩的父亲停了停又继续说："每一个天使飞到一个地方，发现那里有人冷了，有人饿了，有人在受苦，有人需要她的帮助了，她就会留下来当差，做他们的父母兄弟，如果一切都很好的话，不当差的天使就会放心地飞走，继续去找需要她帮助的人。如果世界上的爸爸妈妈就是天使，是专门飞来照顾孩子的，陪孩子一同好好长大的话，那咱们家里，有爸爸一个人就能照顾好佩佩，所以，妈妈才放心地把佩佩留给爸爸，妈妈去了一个叫澳大利亚的很远的地方，就像不当差的天使一样……"

徐佩当时也很小，但她听明白了这是怎么一回事，那就是妈妈离开了。

这也是徐佩在以后的生活中听到过的父母在孩子面前对"离婚"作出的最美、最好、最阳光灿烂的解释。

人生感悟

在向别人解释一些问题，尤其是像离婚、死亡等问题时，如果直接说出口，往往会伤害到别人。这时，不妨换个说法，把本来不幸的事用含蓄的方式表达出来，往往会收到很好的效果。

人人都有度量，盛赞之下无怒气

从前，有一个宰相请一个理发师理发。理发师给宰相理发时过分紧张，不小心把宰相的眉毛给刮掉了。他顿时惊恐万分，深知宰相必然会怪罪下来，那可吃不了兜着走呀！他不禁暗暗叫苦。

理发师是个常在江湖上行走的人，深知人的一般心理：盛赞之下无怒气。于是他情急生智，连忙停下剃刀，故意两眼直愣愣地看着宰相的肚皮，仿佛要把宰相的五脏六腑看个透似的。

宰相见他这模样，感到莫名其妙，迷惑不解地问道："你不修面，却光看我的肚皮，这是为什么呢？"

理发师装出一副傻乎乎的样子解释说："人们常说，宰相肚里能撑船，我看大人的肚皮并不大，怎么能撑船呢？"宰相一听理发师这么说，哈哈大笑："那是说宰相的气量最大，对一些小事情都能容忍，从不计较。"

理发师听到这话，"扑通"一声跪在地上，声泪俱下地说："小的该死，方才修面时不小心将相爷的眉毛刮掉了！相爷气量大，请千万恕罪。"

宰相一听哭笑不得：眉毛给刮掉了，叫我今后怎么见人呢？不禁勃然大怒，正要发作，但又冷静一想："自己刚讲过宰相气量最大，怎能为这小事给他治罪呢？"

于是，宰相便豁达温和地说："算了，你去把笔拿来，把眉毛画上就是了。"

人生感悟

每个人都有一定的度量，都会有宽容之心。但在怒气消前，度量会被掩埋。当做错事的时候，不妨先用赞誉激活对方的度量，然后再承认自己的错误，就会取得对方的谅解。

沉默是金

美国大发明家爱迪生发明了自动发报机之后，他想卖掉这项发明以及制造技术，然后建造一个实验室。因为不熟悉市场行情，不知道能卖多少钱，爱迪生便与夫人米娜商量。米娜也不知道这项技术究竟值多少钱，她一咬牙，发狠心地说："要2万美元吧，你想想看，一个实验室建造下来，至少要两万美元。"爱迪生笑着说"2万美元，太多了吧？"米娜见爱迪生一副犹豫不决的样子，说："要不然，你卖时先套商人的口气，让他出个价，再说。"

当时，爱迪生已经是一位小有名气的发明家了。美国一位商人听说这件事，愿意买下爱迪生的自动发报机发明制造技术。在商谈时，这位商人问到价钱。因为爱迪生一直认为要两万美元太高了，不好意思说出口，当时他的夫人米娜上班没有回来，爱迪生甚至想等到米娜回来再说。最后商人终于耐不住了，说："那我先开个价吧，10万美元，怎么样？"

这个价格非常出乎爱迪生的意料，他心中大喜，当场不假思索地和商人拍板成交。后来爱迪生对他妻子米娜开玩笑说："没想到沉默了一会儿就赚了8万美元。"

沉默是金。在人生的很多关口，譬如面对一个自我赞扬的环境，面对一个据理力争的争论，面对一个强词夺理的上司等情况时，沉默虽然不会像爱迪生一样创造8万美元的价值，但它同样会让我们看到刹那间的前程和退路，沉默可以给对方和自己都留有余地，沉默甚至可以挽救我们。

人生感悟

沉默是无声的语言，有一种埋藏在深处的震撼力。沉默可以积蓄力量，有力量的人更多的是以沉默的方式表现出来的。

学会适时沉默，除了可以不战而胜之外，还可避免自己成为别人的目标。

沉默是一种气度，只有沉浸其中，才能体会到它的价值。

人人都喜欢被赞美，但赞美要恰到好处

在成功学大师戴尔·卡耐基的记忆中，有着一段令他恐惧的回忆，那就是他曾去当二流推销员的经历。

在那时没有工作，随时就可能饿死，卡耐基不得不到派克尔德货车专柜，当个二流推销员，他那时当推销员的成绩并不理想，但他正确使用了恰到好处的恭维术，使他奇迹般地在那个地方待了下来，并生存了下去。

卡耐基对发动机、车油和部件设计之类的机械知识毫无兴趣，因此他无法掌握自己推销产品的性质。

当有顾客走来时，卡耐基立刻走上前向他们推销货车，但说话往往连货车边都沾不上，顾客觉得他是一个疯子，很奇怪老板怎么会雇用一个疯子来卖货车。

老板这时很气愤地向他走来，吼道："戴尔，你是在卖货车还是在演说？告诉你，明天再卖不出去东西，我会让你滚蛋的。"

卡耐基此刻心中也急了，要知道，每天的面包费还得从老板那儿出呢。

他立刻说："老板，为了让我可以吃上面包，我会好好干的。而且呢，看天气，明天你的生意会一帆风顺的。"

老板这才消了气，因为他被卡耐基恭维得舒舒服服的。

当然，卡耐基为了生存，自然下了番工夫。第二天时来运转，竟卖出了一个汽车引擎。这时，老板感到卡耐基是个可造之才。因此，解雇他的事再也没有提起过。

人生感悟

人人都喜欢被恭维，这是人的天性，但恭维要恰到好处。成功学大师拿破仑·希尔认为，恭维话包涵三个方面：一不可恭维过多；二不可不切实际地恭维；三莫乱恭维。

无论面对任何人，都应该礼貌先行

有两个人到曼哈顿出差，其中一个看到了马路对面有个卖报纸的小摊，就想过去买份报纸，让他的朋友在那里等他。接过报纸后，他发现自己没带零钱，只好递过一张 10 美元的钞票，对卖报纸的小贩说："找钱吧。"

谁知小贩一听很不乐意，对他说："先生，我来上班可不是给人找零钱的。"

当然，这人没有买到报纸，悻悻地回到了马路对面。

这时，他的朋友安慰道："不用急，你在这儿等着，我过去试试。"

朋友来到报摊前，递过同样的 10 美元钞票，对小贩说："先生，对不起，不知您是不是愿意帮我个忙？我是外地来的，想买份报纸，可是身上没有零钱，你看能不能帮我把这 10 元钱换开。"

小贩听了他的话，顺手抓起了一份报纸，递给他说："拿去看吧，这次不用付钱了，等以后你有了零钱，再给我就是了。"

人生感悟

无论是求人办事，还是日常交往，说话时一定要礼貌先行。说话有礼貌，就是对别人的尊重，而只有尊重别人的人，才会获得别人的尊重。因为你满足了对方的"被人尊重"的心理，就会使对方对你怀有好感，这样一来，办起事就顺利了。

转移对方的注意力，给对方造成一种假象

很多人看过《尼罗河上的惨案》这部电影，这是根据英国著名侦探小说女作家阿加莎·克里斯蒂的原作改编的。克里斯蒂写过几十本畅销的侦探小说，她的名字几乎家喻户晓。

有一天晚上，克里斯蒂应邀参加一个晚宴，直到凌晨两点才结束。回家时，她一个人走在又长又冷清的大街上。突然，从一根电线杆背后冲出一个高个子男人，手持一把尖刀，向克里斯蒂扑了过来。

克里斯蒂问："你想干什么？"

强盗说："想要你的耳环，把它们摘下来！"

克里斯蒂紧锁着的眉头舒展了，她努力用大衣的衣领掩住自己的项链，同时，用另一只手摘下自己的耳环，一下子把它们扔在地上，气呼呼地问："拿去吧！现在我可以走了吗？"

强盗见她对耳环毫不在乎，只是试图要保护住那串项链，就说："把你的项链给我！"

克里斯蒂说："先生，这不值钱，给我留下吧。"

强盗说："废话，快点儿！"

克里斯蒂的手颤抖着，不情愿地摘下了自己的项链……

当强盗一走，她立即拾起了地上的耳环。其实，刚刚她用衣领掩住项链，后来扔下耳环，全是做给强盗看的。她那条项链只值6英镑，而那副耳环却值980英镑。

人生感悟

在身处险境时，抗争和顺从并不是最好的办法，最好的办法是保持冷静，然后运用智慧转移对方的注意力，给对方造成一种假象。这样不但可以减少损失，避免险情加重，还会顺利脱险。

破坏一个人的兴趣，对他是一种精神上的打击

某城市晚间将首次上演一部被公众认为是将引起空前轰动、惊险绝伦的侦探剧。首场票在几星期以前就被抢购一空了。人们站在剧场门前议论着："剧名叫什么？""公园街谋杀案。""听这剧名还挺惊险的。""要论惊险，那剧情才更叫人觉得够味。听说快至终场时，还没有人能弄明白究竟谁是谋杀者。当幕布徐徐落下的一刹那，才会使人恍然大悟、茅塞顿开。这无疑将是令人意想不到的答案。"

听着这非同一般的议论，刚刚下火车到达此城的李甲实在按捺不住急切的心情。他狠了狠心，花了近10倍的价钱在黑市买了一张包厢里的席票，决心认真听好每一句台词，凝神屏气地仔细咀嚼其弦外之音、言外之意。当他神情激动地踏进剧院大门时，观众席里已是漆黑一片。一位包厢侍者殷勤地领着李甲来到他的包厢。此时，舞台上的幕布正缓缓上启。

"先生，这座位还不错吧？"他伸出手来等待着这位迟到观众的小费。可李甲此时直盯着舞台，丝毫没有理会他的这一举动。

侍者决心不错过任何一个争得收入的机会，轻声问道："是否可以替您去存衣处存衣帽？""不用了，谢谢。"片刻之后，黑暗中又传来问话："来份节目单怎么样？上面还有剧照呢！""不，谢谢。""那么，来杯喝的怎么样？"

演出已经开始，李甲不耐烦地摆了摆手。这个时候，观众们早就静下心来了，可他却因连续的问题根本无法平静。紧接着，侍者凑到近前："散场后，您是否

希望叫辆出租车？""不！""用不着叫车吗？""对！""那么，现在是否来点儿巧克力？""我什么也不需要，谢谢！"

剧情一开始就扣人心弦，平素酷爱侦探故事情节剧目的李甲，生怕错过或是漏掉一句台词。可身边包厢侍者的絮叨使他十分恼火。他想这回他该走了吧，谁知一回头，他不仅在后面站着，还又问了一句："场间休息时，来杯香槟酒或是来几个面包卷什么的，好吗？""不，不要，我什么都不要！见鬼，快滚远点！不要影响我看剧！"李甲实在忍不住发火了。

直到这时候，侍者才似乎意识到这位观众急于认真看剧的心情，恐怕是赚不到分文了。他深深地向李甲鞠了一躬，然后伸手指着舞台，凑近他耳朵，压低了嗓音，深恶痛绝地说："瞧那个园丁，他就是凶手！"之后，悄然退出包厢。李甲此时的心情简直是无法形容，情绪一落千丈，使他花费高价寻求的乐趣一下就化为乌有了。

他终于领会到，因为没有接受侍者的服务，使其失去了本可以赚得的一笔小费，因此他得到了侍者的报复。

人生感悟

兴趣是人们力求认识某种事物和渴望探求真理的意识倾向。这种倾向与人们的情绪状态往往直接相联系，于是就产生了旺盛的求知欲和强烈的好奇心，这种求知欲和好奇心得到满足是一种精神上的幸福和快乐。相反，得不到它，就会在精神上陷于痛苦。所以说，破坏别人的兴趣，对人是一种精神上的打击。

第十章

注重细节，抓住每次机遇

在被我们不屑一顾的细节中，往往潜藏着幸运、成功的因子。做好了细节，你等于抢占了先机。

将每一个细节都做到完美，便是通往成功、幸福的捷径。天才就是注重细节的人，这是他们与凡人的最大区别。

古人说，"一招不慎，满盘皆输"。放过生命棋盘中的小失误，常以付出大代价而告终。

一些看似极微小的事情，却有可能引发重大事件

一只蝴蝶在巴西煽动翅膀，有可能会在美国的得克萨斯引起一场龙卷风。

这就是洛伦兹在 1979 年 12 月华盛顿的美国科学促进会的一次讲演中提出的"蝴蝶效应"。这次演讲和结论给人们留下了极其深刻的印象。从此以后，所谓"蝴蝶效应"之说就不胫而走，名声远扬了。

"蝴蝶效应"之所以令人着迷、令人激动、发人深省，不但在于其大胆的想象力和迷人的美学色彩，更在于其深刻的科学内涵和内在的哲学魅力。

从科学的角度来看，"蝴蝶效应"反映了混沌运动的一个重要特征：系统的长期行为对初始条件的敏感依赖性。

经典动力学的传统观点认为，系统的长期行为对初始条件是不敏感的，即初始条件的微小变化对未来状态所造成的差别也是很微小的。可混沌理论向传统观点提出了挑战。混沌理论认为在混沌系统中，初始条件的十分微小的变化经过不断放大，对其未来状态会造成极其巨大的差别。有一首在西方流传的民谣对此作了形象的说明，这首民谣说：

丢失一个钉子，坏了一只蹄铁；坏了一只蹄铁，折了一匹战马；

折了一匹战马，伤了一位骑士；伤了一位骑士，输了一场战斗；

输了一场战斗，亡了一个帝国。

马蹄铁上一个钉子是否会丢失，本是初始条件的十分微小的变化，但其"长期"效应却是一个帝国存与亡的根本差别。这就是军事和政治领域中的所谓"蝴蝶效应"。

虽然这有点不可思议，但是确实能够造成这样的恶果。横过深谷的吊桥，常从一根细线拴个小石头开始。

人生感悟

> 不要瞧不起一些细小的事情，一些看似极微小的事情，却有可能引发重大事件。在日常生活和工作中，一定要防微杜渐，不要让一些看似不起眼的小事毁坏了自己的整个人生。

借力而行

星期六上午，一个小男孩在沙滩上玩耍。他身边有他的一些玩具——小汽车、货车、塑料水桶和一把亮闪闪的塑料铲子。在松软的沙堆上修筑公路和隧道时，他发现一块很大的岩石挡住了去路。

小男孩开始挖掘岩石周围的沙子，企图把它从泥沙中弄出去。他是个很小的孩子，而岩石却相当巨大。手脚并用，他花尽了力气，岩石却纹丝不动。小男孩下定决心，手推、肩挤、左摇右晃，一次又一次地向岩石发起冲击，可是，每当他刚把岩石搬动一点点的时候，岩石便又随着他的稍事休息而重新返回原地。小男孩气得直叫唤，使出吃奶的力气猛推猛挤。但是，他得到的唯一回报便是岩石滚回来时砸伤了他的手指。最后，他筋疲力尽，坐在沙滩上伤心地哭了起来。

这整个过程，他的父亲从不远处看得一清二楚。当泪珠滚过孩子的脸庞时，父亲来到了他的跟前。父亲的话温和而坚定："儿子，你为什么不用上所有的力量呢？"男孩抽泣道："爸爸，我已经用尽全力了，我已经用尽了我所有的力量！""不对，"父亲亲切地纠正道，"儿子，你并没有用尽你所有的力量。你没有请求我的帮助。"说完，父亲弯下腰抱起岩石，将岩石扔到了远处。

人生感悟

人各有短长，你解决不了的问题，对你的朋友或亲人而言或许就是轻而易举的，他们也是你的资源和力量。

"一个好汉三个帮"，要善于待人接物，结交朋友，以便互相提携，互相促进，互相帮助。"钢铁大王"安德鲁·卡内基曾预先写好他自己的墓志铭："长眠于此地的人懂得在他的事业过程中起用比他自己更优秀的人。"而这，也正是他成功的秘诀之一。善于借助别人的力量，让弱小的自己变得强大，让强大的自己变得更加强大，使自己的成功更持久。

留心生活中的每一个细节，别让生活留下太多的遗憾

在一篇名为《漏掉的阳光》的文章中，作者张丽钧讲了这样几个故事。

被遗弃在角落里的爱

在临近高中毕业的时候，一个叫舒的女生，找到张丽钧，送给她一个精美的本子，并说："老师，虽说我只听过您的3节课和您搞的几个讲座，但我特别特别喜欢您——这个，送给您，留个纪念吧。"

一年后的一天，有个同事领着他的孩子来张丽钧的办公室玩，张丽钧要送一件东西给那个乖巧的女孩，便从书架上抽出了舒送给他的本子。当她打开扉页，打算写几句鼓励的话语时，却发现那本子的第一页上有字！第二页也有字！再往后翻，原来整个本子都写满了字！——那些是张丽钧在各种报刊发表的各类文章，舒居然一篇篇地抄了下来，还精心地配了插图。

张丽钧悔悟：一年来，那颗跳动在远方大学校园里的心，该幸福地冥想过多少遍这个本子带给她的快乐啊，可她却这么粗疏，把一分深深的爱弃置在一个角落，冷落了整整一年。

被倒掉的生命

张丽钧出差两周后回到家，发现家里一切都乱糟糟的，她顾不上旅途的辛劳，挽起袖子就干起家务来。两个钟头之后，家里的一切都井井有条了。鱼缸里浑浊的水也换了。

儿子放学回到家，直奔鱼缸而去，看着新换的清水，急问张丽钧："原来的水呢？"张丽钧说："倒水池了……"没想到儿子听后突然号啕大哭起来。

张丽钧慌了，说："你哭什么——7条鱼，一条也不少哇。"儿子继续号啕大哭着说："有一条鱼，生了5条小鱼……很小很小的……你都给倒了！"

张丽钧一下子傻了眼。在她出差之前，有一条热带鱼的肚子明显地鼓了起来，她跟儿子说："这条鱼快要做妈妈了呢！"哪知道，那刚刚诞生的小生命竟被自己粗心地戕害了。

被忽视的《人论》

在长春育人书店，张丽钧发现了那么多好书。她告诫自己不要过于贪心，千

里带书，这可是出门人最不易的事儿，因为实在太累人了。因此，挑书的时候她非常谨慎。

拖着一箱子书回到家，当晚她竟替自己幸福的书橱兴奋得彻夜难眠。

先生浏览那些新书的时候，突然问道："你怎么又买了一本卡西尔的《人论》？"

张丽钧的心咚咚地跳起来："什么叫又买了一本？难道说我以前买过？"

先生不说话，却准确无误地从书橱的某一层中抽出一本同样是由甘阳翻译、上海译文出版社出版的《人论》，用揶揄的语调问道："这是什么？"

张丽钧这才想起，几年前她去北京出差，的确曾在王府井书店买了一本《人论》。

张丽钧心虚得不敢看先生的眼睛，因为她从来没有读过这本书。

被丢弃的杜鹃花

春节期间，张丽钧到楼下李姐家去串门。

李姐的家很朴素，最抢眼的当属窗台上的一盆美艳的杜鹃花。

张丽钧问李姐："那是真花还是假花？"李姐说："是真花——腊八的时候就开始热热闹闹地开，一直开到现在。"张丽钧不禁啧啧称赞着，慨叹自己有一双巧手，任什么花也拉扯不活。李姐笑着说："说来有意思，这盆杜鹃花是捡来的！秋天的时候，不知是谁把这盆花扔到了垃圾池里，我看它还有活过来的希望，就把它抱了回来。"

张丽钧惊讶地张大了嘴巴，却说不出一句话——能说什么呢？3个月前，她亲手丢掉了这盆落光了叶子的杜鹃花，她哪里料想得到，那些被她看成了柴棍的枯枝，竟还能够孕育花苞！

人生感悟

　　生活中，我们常常会忽略很多东西，或是因为生活的忙碌，或是因为自己的粗心大意，就在有意无意间遗漏了很多，有些我们可以挽回，而有些却永远无法挽回。所以，我们要留心生活中的每一个细节，不要让生活留下太多的遗憾。

哪怕只是举手之劳，也可能会挽救一个人

一个男孩被绊倒在地，他怀里抱着的很多书、两件运动衫、一个棒球拍、一副手套和一个随身听全都掉在了地上。正在放学回家的路上的马克看到了，于是，马克单膝跪在地上帮他把散落的东西一一捡了起来。

这个男孩叫比尔，正好和马克同路，所以马克帮他拿了一部分东西。在路上，比尔告诉马克他喜欢玩电子游戏、打棒球和历史课，他说其他学科他学得不好。此外，他还告诉马克他刚刚和他女朋友分手。

他们先到达比尔的家。比尔邀请马克进去喝杯可乐，看看电视。那天下午他们在一起谈论，说笑，过得很愉快。从那以后，他们在校园里经常遇到，有时还在一起吃午餐。初中毕业后，他们又在同一所高中上学，在那里他们也有过几次短暂的接触。在他们毕业前3个星期，有一天，比尔问马克他们是否可以谈一谈。

比尔问马克是否还记得数年前他们第一次相遇时的情形。"你有没有想过那天我为什么要带那么多东西回家？"比尔问马克。

马克摇了摇头。

比尔说："你知道吗，我把我的衣物柜清理了一下，因为我不想把混乱留给别人。我已经从我母亲那儿偷偷拿了一些安眠药攒起来，那天我准备回家后就自杀。但是，在我们一起快乐地交谈和说笑之后，我意识到如果我自己结果了自己的性命，我就不会有那样快乐的时光，以及以后还可能会有的其他很多美好的东西。所以，你瞧，马克，当你那天捡起我的书，你不只是捡起了我的书，你还挽救了我的生命。所以，我想向你道谢！"

人生感悟

很多时候，帮助别人对于自己来说只是举手之劳，而对于别人来说，这不仅仅是一句话，或是一个动作问题，有可能会因此改变他们一生的命运。

看似简单的几句话，常常会挽救或毁灭一个灵魂

李顺宜的女友在南方一所著名的大学中文系读书，授课的老师中有一位五十出头的风度翩翩的男教授。教授不仅学识渊博，而且谈吐幽默风趣，经常到学生们中间和他们谈古说今、纵论文史，成为班里女学子们心中的偶像，许多女生甚至主动接近他，希望能得到他的提携和指点。

女友也是其中一个。一天，她约了两位要好的女同学一块儿去教授家请教几个问题。穿过一条林荫小路，来到了教授居住的一座静谧小院，她们在那青砖灰墙的一幢小楼前停下了脚步。女友伸出手正欲敲门，却发现门是虚掩着的，于是她轻轻地推开，结果看到了令她目瞪口呆的一幕。

教授正在屋内，拥吻着一个女孩子。而那个女孩子是他的学生。

看到她们的意外出现，教授的手像触电一样一下子猛然松开，垂落，脸色霎时变得惨白。

双方就这么站着，也许仅仅只有几秒钟的时间，却像漫漫的一个世纪，空气死一样沉寂，听得见彼此猛烈的心跳和呼吸。

"我当时的确很震惊，真的，你说我该怎么办？"讲到这里，女友抬起头来问李顺宜。

装作没看见迅速走掉？干脆走上前去委婉地劝说？报告领导或告诉他的爱人，让他受到惩罚甚至身败名裂？这些念头在李顺宜脑海中迅速一闪而过，教授不是这种人，他也许只是一时糊涂……

还没等李顺宜回答，女友又开始说了，语气缓慢，像是努力回忆当时的情形："教授有一个他所深爱也深爱着他的妻子，他的妻子在同城的另一所高校任教，他们有一个活泼可爱的即将大学毕业的女儿，这是一个幸福而美满的家庭。他们的家庭和教授本人洁身自律的品质，在校内一直有着良好的口碑。"

仅仅是几秒钟的犹豫和停顿后，女友坦然地走了进去，站在教授面前，一脸笑容地说道："教授，我们都是您的学生，您可不能偏心哟，您也吻我一下好吗？"

教授马上清醒过来，他轻轻地拥抱并吻了一下她的额头，那一刻，她看见教授眼里有湿润的东西闪亮。

另外两位女同学也马上会意过来，走到教授身边提出了相同的请求，教授一一应允了她们。

"事情的经过就是这样。"女友的表情显得轻松愉快，"一晃这么多年过去了，教授依然拥有一个美好的家庭和良好的口碑，他更加勤奋地研究和著述，并取得了极为丰硕的成果。我毕业那年，他曾寄给我一张贺卡，上面只有一句话：我永远感激你的善良和智慧，是你拯救了我。

"许多事情就是这样奇妙，挽救或毁灭一个灵魂，常常就是看似简单的那么几句话。"女友最后说道。

人生感悟

语言是一把双刃剑，用好了可以增进人与人之间的沟通与交流，用不好就会伤己伤人。所以，说话时要特别谨慎，因为看似简单的几句话，常常会挽救或毁灭一个灵魂。

一个微不足道的动作，或许就会改变人的一生

美国福特公司名扬天下，不仅使美国汽车产业在世界独占鳌头，而且改变了整个美国的国民经济状况，谁又能想到该奇迹的创造者福特，当初进入公司的"敲门砖"竟是"捡废纸"这个简单的动作？

那时候，福特刚从大学毕业，他到一家汽车公司应聘，一同应聘的几个人学历都比他高，在其他人面试时，福特感到没有希望了。当他敲门走进董事长办公室时，发现门口地上有一张纸，很自然地弯腰把他捡了起来，看了看，原来是一张废纸，就顺手把它扔进了垃圾篓。董事长对这一切都看在眼里。福特刚说了一句话："我是来应聘的福特。"董事长就发出了邀请："很好，很好，福特先生，你已经被我们录用了。"这个让福特感到惊异的决定，实际上源于他那个不经意的动作。从此以后，福特开始了他的辉煌之路，直到把公司改名，让福特汽车闻名全世界。

平安保险公司的一个业务员也有与福特相似的惊喜。

他多次拜访一家公司的总经理，而最终能够签单的原因，仅仅是他在去总经理办公室的路上，随手捡起了地上的一张废纸并扔进了垃圾桶。

总经理对他说："我（透过窗户玻璃）观察了一个上午，看看哪个员工会把

废纸捡起来，没有想到是你。"

而在这次面见总经理之前，他还被"晾"了三个多小时，并且有多家同行在竞争这个大客户。

人生感悟

一个人要养成重视小事的习惯，因为从一些小事上能反映出做事的态度。不要忽略一些不起眼的小事或细节，有时正是这些小事或细节决定了一个人的成败。即使是一个微不足道的动作，或许就会改变一个人的一生。

即使是最简单的事情，也要做到最好

圣子是一个年轻美丽的日本女孩子，她离开学校后找到的第一份工作，是在帝国酒店当白领丽人。

在酒店受训期间，酒店安排她打扫厕所。从小娇生惯养的她从来没有干过这样的活，在第一次清理马桶的时候，她差一点儿吐出来。

圣子明白，要当白领丽人，就必须从最基层的粗活开始干起。她每天强制自己打扫厕所，把马桶擦得干净、光洁，她觉得自己做得很好，应该是无可挑剔了。

可是有一天，一件圣子从未料到的事情使她的身心受到了强烈的震撼。

圣子打扫干净自己所负责的厕所以后，偶然走进另一间厕所。负责打扫这间厕所的是一个蓝领清洁工，从外表看，圣子觉得清洁工打扫的厕所和自己打扫的没有什么两样。但清洁工打扫完厕所以后，从容地从马桶里舀了一杯水，当着圣子的面竟然喝了下去。圣子看呆了，她简直不敢相信自己的眼睛。然而，这一切都是真的！

清洁工以她的行动表明，她负责打扫的厕所有多么干净，干净到连马桶里的水也可以喝。

心灵受到震撼的圣子感到十分惭愧，与清洁工打扫的厕所相比，她打扫的厕所的清洁度还差得远呢。她暗暗对自己说："连厕所也打扫不干净的人，将来是没有资格在社会上承担起重要责任的。如果让自己一辈子打扫厕所，也要做个打扫厕所最出色的人！"

从此，圣子打扫厕所异常认真。有一天，在打扫完厕所、洗完马桶以后，她也很坦然地从马桶里舀了一杯水喝了下去。

喝马桶里的水的经历使圣子终身难忘，正是这次经历成为她今后为人处世的精神力量，她一步一步地走向成熟、走向成功。

人生感悟

一个人要想有所作为，一定要从小事做起，如果连最简单的事情都做不好，就不可能做好大事，也不可能成就大业。即使是最简单的事情，也要做到最好。只有这样，才能为以后做大事、成大业打下良好的基础。

即使只做了一点小事，也会换来别人的感激之情

石文终于搬进了新居。

送走了最后一批前来祝贺的亲朋好友后，石文与妻子刚要躺在沙发上休息一下，这时门铃又响了。石文在想，这么晚了怎么还会有客人呢？忙起身去开门，打开门一看，门外站着两位不认识的中年男女，看上去像是一对夫妻。石文正在疑惑中，那男子先开口，介绍说："我姓李，是一楼的住户，上来向你们祝贺乔迁之喜。"

原来是邻居啊！石文赶紧往屋里让。

李先生连忙摇头说："不麻烦了，不麻烦了，还有一件事情要请你们帮忙。"

石文说："别客气，有什么事情需要我们效劳？"

李先生请求道："你们以后出入单元防盗门的时候，能不能轻点关门，我们住在一楼，老父亲心脏不太好，受不了重响。"说完，静静地看着石文夫妻俩，眼里流露出一股浓浓的歉意。

石文沉默了片刻，回答说："当然没问题，只是有时候急了便会顾不上了。既然你父亲受不了惊吓，为什么还要住在一楼？"

李太太忙解释道："我们其实也不喜欢住一楼，那里既潮湿又脏，但是公公他腿脚不好，而且还有心脏病，心脏病人是要有适度的活动的。"听完后，石文心里顿时一阵感动，便答应以后尽量小心。

李先生一家对石文两口子是千恩万谢，弄得石文夫妻俩也挺不好意思的。在以后的日子里，石文发现他们的单元门与别处的单元门的确不太一样，所有的住户在开关防盗门时，都是轻手轻脚的，绝没有其他单元时不时"咣当"一声巨响。

一问，果然都是受李先生所托。

时间过得很快，转眼一年过去了。有一天晚上，李先生夫妻又摁响了石文家的门铃，一见到他们，二话没说，先给石文与妻子深深地鞠了个躬，半晌，头也没抬起来。石文急忙扶起询问。李先生的眼睛红肿，原来昨天晚上，老爷子在医院病故了。在病故之前，老爷子曾对儿子交代过：对大家这些年来对自己的照顾非常地感谢，给各位带了不少的麻烦，要儿子见到年纪大的邻居叩个头，年纪轻的鞠一躬，以此来表示自己对大家的感激。

这时石文用眼睛偷偷一扫，果然在李先生裤子的膝盖处有两块灰迹，想必是给年长的邻居叩头时沾上的。

送走了李先生夫妻，石文感慨地对妻子说道："轻点关门只是举手之劳，居然换来了别人如此大的感激，真是想不到也担不起啊！"

人生感悟

　　人与人之间并不是相互对立的，而是一种共生共存的关系。我们都应与别人和睦相处，都应互相帮助、互相体谅，多给对方开方便之门。有时，哪怕只是做了一点小事，也会换来别人的感激之情。

不放弃任何一次机会，哪怕只有万分之一的可能性

有一次，甘布士要乘火车去纽约，但事先没有订好车票，这时恰值圣诞前夕，到纽约去度假的人很多，因此火车票很难购到。

甘布士打电话去火车站询问：是否还可以买到这一次的车票？车站的答复是：全部车票都已售光。不过，假如不怕麻烦的话，可以带着行李到车站碰碰运气，看是否有人临时退票。

车站反复强调了一句，这种机会或许只有万分之一。

甘布士欣然提了行李，赶到车站去，就如同已经买到了车票一样。

夫人关怀备至地问道："要是你到了车站买不到车票怎么办呢？"

他不以为然地答道："那没有关系，我就好比拿着行李去散了一趟步。"

甘布士到了车站，等了许久，退票的人仍然没有出现，乘客们都川流不息地向月台涌去了。但甘布士没有像别人那样急于回走，而是耐心地等待着。

大约距开车时间还有5分钟的时候，一个女人匆忙地赶来退票，因为她的女

儿病得很严重，她被迫改坐以后的车次。

甘布士买下那张车票，搭上了去纽约的火车。

到了纽约，他在酒店里洗过澡，躺在床上给他太太打了一个长途电话。

在电话里，他轻松地说："亲爱的，我抓住那只有万分之一的机会了，因为我相信一个不怕吃亏的笨蛋才是真正的聪明人。"

后来，甘布士成了全美举足轻重的商业巨子。

他在一封给青年人的公开信中诚恳地说道：

"亲爱的朋友，我认为你们应该重视那万分之一的机会，因为它将给你带来意想不到的成功。有人说，这种做法是傻子行为，比买奖券的希望还渺茫。这种观点是有失偏颇的，因为开奖券是由别人主持，丝毫不由你主观努力；但这种万分之一的机会，却完全是靠你自己的主观努力去完成。"

人生感悟

> 有一句俗谚："通往失败的路上，处处是错失了的机会。坐等幸运从前门进来的人，往往忽略了从后窗进入的机会。"机会与我们的成败休戚相关，对于时机的把握，完全可以决定一个人是否能够有所建树。不要放弃任何一次机会，哪怕这个机会只有万分之一的可能性。

目标必须是具体的，是可以看得见的

1952 年 7 月 4 日清晨，加利福尼亚海岸笼罩在浓雾中。在海岸以西 21 英里的卡塔林纳岛上，一个 34 岁的女人涉水到太平洋中，开始向加州海岸游过去。要是成功了，她就是第一个游过这个海峡的妇女，这名妇女叫费罗伦丝·查德威克。在此之前，她是从英法两边海岸游过英吉列海峡的第一个妇女。

那天早晨，海水冻得她身体发麻，雾很大，她连护送她的船都几乎看不到。时间一个钟头一个钟头过去，千千万万人在电视上看着。有几次，鲨鱼靠近了她，被人开枪吓跑。她仍然在游，在以往这类渡海游泳中她的最大问题不是疲劳，而是刺骨的海水。

15 个钟头之后，她又累，又冻得发麻。她知道自己不能再游了，就叫人拉她上船。她的母亲和教练在另一条船上。他们都告诉她海岸很近了，叫她不要放弃。但她朝加州海岸望去，除了浓雾什么也看不到。

几十分钟之后——从她出发算起15个钟头零55分钟之后，人们把她拉上船。又过了几个钟头，她渐渐觉得暖和多了，这时却开始感到失败的打击，她不假思索地对记者说："说实在的，我不是为自己找借口，如果当时我看见陆地，也许我能坚持下来。"

人们拉她上船的地点，离加州海岸只有半英里！后来她说，令她半途而废的不是疲劳，也不是寒冷，而是因为她在浓雾中看不到目标。查德威克一生中就只有这一次没有坚持到底。两个月之后，她成功地游过同一个海峡。她不但是第一位游过卡塔林纳海峡的女性，而且比男子的纪录还快了大约两个钟头。

人生感悟

> 如果目标不具体，是不可见的，就会陷入迷茫，丧失信心。所以，在确立前进的目标时，这个目标必须是具体的，是可以看得见的。只有这样，才能鼓足干劲，完成有能力完成的任务。

继续走完下一里路，就可以创造奇迹

西华·莱德先生是个著名的作家兼战地记者，他曾在1957年4月的《读者文摘》上撰文表示，他所收到的最好忠告是"继续走完下一里路"，下面是其文章中的一部分：

"第二次世界大战期间，我跟几个人不得不从一架破损的运输机上跳伞逃生，结果迫降在缅印交界处的树林里。当时唯一能做的，就是拖着沉重的步伐往印度走。全程长达140英里，必须在八月的酷热和季风所带来的暴雨侵袭下，翻山越岭长途跋涉。

才走了一个小时，我一只长统靴的鞋钉扎了另一只脚，傍晚时双脚都起泡出血，范围像硬币那般大小。我能一瘸一拐地走完140英里吗？别人的情况也差不多，甚至更糟糕。他们能不能走呢？我们以为完蛋了，但是又不能不走。为了在晚上找个地方休息，我们别无选择，只好硬着头皮走完下一英里路……

当我推掉其他工作，开始写一本25万字的书时，心一直定不下，我差点放弃一直引以为荣的教授尊严，也就是说几乎不想干了。最后我强迫自己只去想下一个段落怎么写，而非下一页，当然更不是下一章。整整 6 个月的时间，除了一段一段不停地写以外，什么事情也没做，结果居然写成了。"

人生感悟

"继续走完下一里路"，是一个积少成多、坚持进取的过程，是实现任何目标的最直接、最聪明做法。运用"继续走完下一里路"这个原则做事，就可以创造奇迹。这就好像戒烟一样，最好的方法是"一小时又一小时"地坚持下去，最后一定会成功。

只要敢于尝试，就会赢得更多的成功机会

1973 年，肯尼迪高中毕业，他想找份工作，并打算从"专业销售"开始。他梦想拥有公司配的又新又好的汽车，一份薪水，外加佣金和奖金，每天西装革履地上班，还有好的出差机会。

肯尼迪偶然发现了一则招聘广告：一家出版公司的全国销售经理要在本城待两天，只为招聘一位负责 5 个州内各书店、百货公司和零售商的业务代表。肯尼迪梦想在将来成为作家或出版家，所以"出版"二字对他来说是有吸引力的。广告又说，起初月薪 1600 美元到 2000 美元，外加佣金、奖金、公务费和公司配车。这正是他梦寐以求的工作。

不幸的是，肯尼迪不是他们的理想人选。他去面试时，那位全国业务经理很客气地向他解释，他不是他们要找的人。第一，肯尼迪太年轻；第二，他没有工作经验；第三，他没念过大学。这份工作显然是为年龄在 35 ～ 40 岁之间、大学毕业，并具有相当丰富经验的人准备的，刚出校园的毛头小伙子显然不适合。该公司已有几位应聘者待定。肯尼迪竭力毛遂自荐，但招聘者态度坚决——他就是不够格。

这时，肯尼迪亮出了绝招。他说："瞧，你们这个地区缺商务代表已达 6 个月了，再缺 3 个月也不至于要命吧。看看我的主意：让我做 3 个月，公司只负担公务费，我不要工资，还开我自己的车。如果我向你证明胜任这份工作，你再以半薪雇我 3 个月，不过我要全额佣金和奖金，还得给我配车。如果这 3 个月我仍胜任这份工作，你就用正常条件录用我。"

这样，肯尼迪被录用了。在很短的时间里，他重组了销售流程，创下 3 项记录：短期内在困难重重的地区扭转乾坤；3 个月内，让更多新客户的产品摆满他们的

整个摊位；争取到新的非书店连锁的大公司等。

3个月以后，肯尼迪有了公司配车、全额工资、全额佣金和奖金。

人生感悟

敢于尝试，常常会带给我们更多的机会，而这些机会正是我们所需要的。莎士比亚说："本来无望的事，只要敢于去尝试，往往就会取得成功。"我们每个人都应该将这句话牢记心中。

这世上的确有好运，但好运愿意光顾有品格的人

在美国南方的一个州，那里用烧木柴的壁炉来取暖。过去那儿住着一个樵夫，他给某一户人家供应木柴达两年多之久。这位樵夫知道木柴的直径不能大于18厘米，否则就不适合那家人特殊的壁炉。

但是，有一次，他给这个老主顾送去的木柴大部分都不符合规定的尺寸。主顾发现这个问题后，就打电话给他，要他调换或者劈开这些不合尺寸的木柴。

"我不能这样做！"这个樵夫说道，"这样所花费的工价就会比全部柴价还要高。"说完，他就把电话挂了。

这个主顾只好亲自来做劈柴的工作。他卷起袖子，开始劳动。大概在这项工作进行了一半时，他注意到一根非常特别的木头，这根木头有一个很大的节疤，节疤明显地被人凿开又堵塞住了。这是什么人干的呢？他掂量了一下这根木头，觉得它很轻，仿佛是空的。他就用斧头把它劈开了，一个发黑的白铁卷掉了出来。他蹲下去，拾起这个白铁卷，把它打开，吃惊地发现里面包有一些很旧的50美元和100美元两种面额的钞票。他数了数恰好有2250美元。

很明显，这些钞票藏在这个树节里已有许多年了。这个人唯一的想法是使这些钱回到它的真正的主人那里。

他抓起电话听筒，又打电话给那个樵夫，问他从哪里砍了这些木头。

"那是我自己的事。"这个樵夫说，"如果你泄露了你的秘密，别人会欺骗你的。"

这个主顾尽管作了多次努力，还是无法获悉这些木头是从哪里砍来的，也不知道是谁把钱藏在树内。

故事的结局是：因为无法找到失主，这个主顾成了这些钱的主人，而那个樵夫却没有得到一分钱。

人生感悟

不可否认，在这个世界上，的确有好运的存在。每个人都希望好运能光顾自己，殊不知，好运愿意光顾有品格的人。一个没有品格的人，即使好运来临，他也抓不住。

当机会出现时，要敢于冒险

有一次，皮柏的母亲从伦敦来到纽约，皮柏就带母亲去欧洲观光。皮柏在邓肯商行干了一段时间。在母亲搭船去伦敦之际，他去古巴的哈瓦那采购了鱼、虾、贝类及砂糖等货物。在返回的途中，他小试了自己的冒险精神。

当时，轮船停泊在新奥尔良，他信步走过充满巴黎浪漫气息的法国街，来到了嘈杂的码头。码头上，晌午的太阳烤得正热。远处两艘从密西西比河下来的轮船停泊着，黑人正在忙碌着上货、卸货。

一位陌生白人拍了拍他的肩膀，问道："小伙子，想买咖啡吗？"那人自我介绍说，他是往来于美国和巴西的货船船长，受托到巴西的咖啡商那里运来一船咖啡。没想到美国的买主已经破产，只好自己推销。如果谁给现金，他可以以半价出售。这位船长大约看皮柏穿着考究，像个有钱人，就拉他到酒馆谈生意。

皮柏考虑了一会儿，就打定主意买下这些咖啡。于是他带着咖啡样品，到新奥尔良所有与邓肯商行有联系的客户那儿推销。经验丰富的职员要他谨慎行事，价钱虽然让人心动，但舱内的咖啡是否同样品一样，谁也说不准，何况以前还发生过船员欺骗买主的事。但皮柏已下了决心，他以邓肯商行的名义买下全船咖啡，并发电报给纽约的邓肯商行，说已买到一船廉价咖啡。

然而，邓肯商行回电严加指责，不许皮柏擅自用公司名义，让他立即取消这笔交易！皮柏只好发电报给伦敦的父亲求援。在父亲的默许下，皮柏用父亲在伦敦的户头偿还了原来挪用邓肯商行的金额。他还在那名船长的介绍下，买了其他船上的咖啡。

皮柏赢了。就在他买下大批咖啡不久，巴西咖啡因受寒而减产，价格一下子猛涨了 2 ~ 3 倍。皮柏大赚了一笔，不但邓肯对他赞不绝口，连他远在伦敦的父亲也连夸儿子说："有出息，有出息！"

皮柏的全名是约翰·皮尔庞特·摩根，也就是后来的美国金融界巨擎。

人生感悟

我们知道，风险和收益往往成正比。当机会来临时，若你有信心和资本，就要敢下赌注，这样才能在风险中获得大胜。我们每个人都应该有一些冒险意识，这样的人生才过得精彩。

细节是一种创造

王永庆早年家里非常穷，根本读不起书，只好去别人的米行里做伙计。他做伙计期间，一边留心观察来来往往的各种人，特别是老板怎么谈生意，一边积累一点资金。

16 岁那年，王永庆在老家嘉义开了一家米店。当时，小小的嘉义已有 30 家米店，竞争相当激烈。当时仅有 200 元资金的王永庆，只能在一条偏僻的巷子里租一个很小的铺面。他的米店地段偏僻，开得晚，规模小，没有任何优势。刚开张的时候，生意冷冷清清，门可罗雀。

王永庆就背着米袋，一家一家地上门推销，但效果就是不行。王永庆感觉到，要想立足米市场，自己就必须有一别人没做到或做不到的优势。仔细思量以后，王永庆决定在米的质量和服务上下功夫。

20 世纪 30 年代的台湾，农村还非常落后，做饭的时候，都要淘米，很不方便。但长期积累的习惯，买卖双方都见怪不怪。

王永庆经过长期的观察在这里找到了突破口。他带领弟弟一起动手，不辞辛苦，不怕麻烦，一点点的将米里的秕糠、沙石之类的杂物挑出来，再出售。

这样，王永庆店里米的质量就比别人的高一个档次，深受顾客的喜爱，生意也就一天天好起来了。同时，王永庆在服务质量上也更进了一步。当时，客户都是自己来买米，自己扛回去。这对年轻人来说，也许并没什么；对老年人来说，就有些不方便了。王永庆注意到了这一点，便主动送货上门。这就大大方便了顾客，尤其是一些行动不便的老年人。这些为米店树立了非常好的声望。

王永庆送货上门并不是简单地一放了事。他送货时，还要将米倒到米缸里。如果缸里有米，他就将旧米倒出来，擦干净米缸，然后将新米倒进去，把旧米放在上层。这样，使米不至于因存放时间过长而变质。这一精细的服务，赢得了许多顾客的心，使回头客一天天变多了。

不光如此，王永庆每次送货上门后，还要用本子记下这家的米缸有多大，有多少人吃饭，多少大人，多少小孩，每人的饭量如何等。他根据记载的情况估计顾客会什么时候要米。等时候一到，不用顾客上门，他就将相应数量的米送上门来了。

在送米的过程中，王永庆发现，当地的许多居民大多数都靠打工为生，经济条件不富裕，许多家庭还未到发薪的时候，就已经没钱花了。由于王永庆是主动送货上门的，货到要收款，有的顾客手头紧张，一时拿不出钱来，会弄得大家都很尴尬。于是，王永庆采取"按时送米、定时收钱"的办法，先送米上门，等他们发工资后，再约定时间上门收钱。这样极大地方便了一些经济条件较差的顾客，同时在社会上树立了好口碑。

酒香不怕巷子深。王永庆米行的生意很快就吸引了整个嘉义城。

经过一年多的资金积累和客户积累，王永庆便自己办了一个碾米厂，并把它设在最繁华的地段。从此，王永庆开始了向台湾首富的目标迈进。

事业发展壮大后，王永庆在管理企业时，同样注重每一个细节。他的部属深深为王永庆精通每一个细节所折服。当然也有不少人批评他"只见树木，不见森林"，劝他学一学美国的管理，抛开细节只管大政策。针对这一批评，王永庆回答说："我不仅做大的政策，而且更注意点点滴滴的管理，如果我们对这些细枝末节进行研究，就会细分各操作动作，研究是否合理，是否能够将两个人操作的工作量减为一个人，生产力会因此提高一倍，甚至一个人兼顾两部机器，这样生产力就提高了4倍。"

一个企业要创新，必须加强对细节的关注。一向以创新意识著称的海尔集团总裁张瑞敏曾经说过："创新存在于企业的每一个细节之中。"

人生感悟

千里之堤，毁于蚁穴。但是细节更为宝贵的价值在于，它是创造性的，独一无二的。因为看似简单的细节当中，凝结着心血和智慧。

第十一章

不要在不经意间，
错过一些最重要的东西

　　生活有大美，万物皆通灵。一茶一坐一风景，一花一草一菩提……人生中有一些极美极珍贵的东西，如果不好好留心和把握，便常常会失之交臂，甚至一生难得再遇、再求。错过了，会遗憾；经历过，才耀眼；时光太瘦，指缝太宽，不经意间，此去经年。所以，不要错过这些美好，不要在不经意间，错过一生最重要的东西。

输掉了比赛并不重要，重要的是要赢得人生

有一座山，高耸入云，飞鸟难越，没有人知道它有多高。山前山后有两条路可供攀登，前山大路石级铺就，笔直坦荡；后山小路，荆棘丛生，蜿蜒曲折。

一天，有父子三人来到山脚下。父亲举手遮阳，眺望峰顶，声如洪钟："你俩比赛爬上这山。上山有两条路，大路平而近，小路险而远。选择哪条路，你们自己定夺。"

哥俩思忖再三，各自凭着自己的选择，踏上征程。

时间过去了两个月，一个西装革履的身影出现在峰顶，哥哥走来了。他面色潮红，略显发福，头发油光可鉴。他骄傲地掸了一下笔挺的襟袖，走向充满期待的父亲，说："我赢了，我赢了！这一路真是春风得意。在坦荡的大路上我只需向前，向前！舒缓的坡度让我走得从容，平整的石阶使我心旷神怡。这里没有岔道让我伤神，没有突出的山石绊脚。我的心灵没有欺骗我，是英明的选择助我胜利。实践证明，在平坦和崎岖间，只有傻瓜才会放弃平坦，选择崎岖。聪明的选择使我有了多么得意的旅程啊。我获得了胜利，我理当获得胜利！"

父亲慈祥地看着他："你的确聪明，一路走得也十分风光，我的好儿子……"

这之后不知过了不久，又一个身影出现了。他步伐稳健，全身充满着生命的活力。尽管他瘦削，衣衫褴褛，但双目炯炯有神，透着聪慧与睿智。

弟弟微笑着走向父亲和哥哥，从容地讲起路上的故事："哦，这是多么有意义的一次旅程！感谢您，父亲，感谢您给我选择的机会。一路上陡峭的山崖阻挡着我攀爬的脚步，丛生荆棘刺破了我裸露的臂膊，疲惫的身心增添着孤独的酸楚。但我坚持住了，终于我学会了灵活与选择，学会了机敏与自护，学会了独立与坚忍。路边美丽景色，使我放慢脚步享受自然的馈赠。在山脚下，我看见山花烂漫，彩蝶翩翩，于是我与山花同歌，伴彩蝶共舞。在山腰，我看见绿草如茵，华木如盖，清澈的小溪静静流淌在林间，朝圣的百鸟尽情放歌于林梢。我拥抱自然的和弦，追逐欢快的节奏。这些往往是我最快乐的时光。可更多的时候是阴冷浓雾的环抱，荆榛丛棘的阻隔。放眼望去，黄叶连天，衰草满路，但我在黄叶林中看到丰硕的果实，从衰草丛里悟出新生的希望。我感觉自己在成熟，一点一点地成熟。再往上，是没有一点生机的寒风和石砾，我曾想放弃，但曾经的艰辛温暖着我，启迪着我，

给我力量，给我信心，使我忘掉比艰险更艰险的死寂，抛掉比痛苦更痛苦的迷茫！我最终到达了这里！一路上，我阅尽山间春色，也饱尝征途冷暖，为此，我感谢您，父亲，感谢您给我选择的权利，我从自己心灵的选择中懂得了很多很多……"

哥哥眼中露出不解，但旋即消失，他不无轻蔑地说："可是你输了！"

"是的，"父亲遗憾地说，"孩子，你输掉了比赛……"

弟弟极目远方，脸上露出平和的微笑："但，我赢得了人生！"

事实正如弟弟说的那样。

多年以后，哥哥平平庸庸，而弟弟则事业有成。

人生感悟

在每个人的人生中，都会面临许多比赛。很多时候，比赛的结果并不重要，重要的是比赛的过程。在此过程中，才能学到本领，才能悟出一些道理。输掉了比赛并不重要，重要的是要赢得人生。

拒绝诱惑

一个顾客走进一家汽车维修店，自称是某运输公司的汽车司机。他对店主说："在我的账单上多写点零件，我回公司报销后，有你一份好处。"但店主拒绝了这样的要求。

顾客继续纠缠道："我的生意很大，我会常来的，这样做你肯定能赚很多钱！"店主告诉他，无论如何也不会这样做。顾客气急败坏地嚷道："谁都会这么干的，我看你真的是太傻了。"

店主火了，指着那个顾客说："你给我马上离开，请你到别处谈这种生意。"

谁知这时顾客竟露出微笑并紧紧握住店主的手说："我就是这家运输公司的老板，我一直在寻找一个固定的、信得过的维修店，我

别到诱我，我是清官！

终于找到了，你还让我到哪里去谈这笔生意呢？"

面对诱惑不心动，不为其所惑，虽平淡如行云，质朴如流水，却让人领略到一种山高海深，让人感觉到一份放心。这样的人也是真正懂得如何生存的人。

人生感悟

> 荀子说："人生而有欲。"人生而有欲望并不等于欲望可以无度。宋学大家程颐说："一念之欲不能制，而祸流于滔天。"古往今来，因不能节制欲望，不能抗拒金钱、权力、美色的诱惑而身败名裂，甚至招至杀身之祸的人不胜枚举。
>
> 诱惑能使人失去自我，这个世界有太多的诱惑，一不小心往往就会掉入陷阱。找到自我，固守做人的原则，守住心灵的防线，不被诱惑召引，你才能生活得安逸、自在。

生命中有很多事，需要慢慢去等

一对情侣在咖啡馆里发生了口角，互不相让。然后，男孩愤然离去，只留下他的女友独自垂泪。

心烦意乱的女孩搅动着面前的那杯清凉的柠檬茶，泄愤似的用匙子捣着杯中未去皮的新鲜柠檬片，柠檬片已被她捣得不成样子，杯中的茶也泛起了一股柠檬皮的苦味。

女孩叫来侍者，要求换一杯剥掉皮的柠檬泡成的茶。

侍者看了一眼女孩，没有说话，拿走那杯已被她搅得很混浊的茶，又端来一杯冰冻柠檬茶，只是，茶里的柠檬还是带皮的。原本就心情不好的女孩更加恼火了，她又叫来侍者。

"我说过，茶里的柠檬要剥皮，你没听清吗？"她斥责着侍者。

侍者看着她，他的眼睛清澈明亮。"小姐，请不要着急。"他说道，"你知道吗，柠檬皮经过充分浸泡之后，它的苦味溶解于茶水之中，将是一种清爽甘甜的味道，正是现在的你所需要的。所以请不要急躁，不要想在 3 分钟之内就把柠檬的香味全部挤压出来，那样只会把茶搅得很混，把事情弄得一团糟。"

女孩愣了一下，心里有一种被触动的感觉，她望着侍者的眼睛，问道："那么，要多长时间才能把柠檬的香味发挥到极致呢？"

侍者笑了："12 个小时。12 个小时之后柠檬就会把生命的精华全部释放出来，你就可以得到一杯美味到极致的柠檬茶，但你要付出 12 个小时的忍耐和等待。"

侍者顿了顿，又说道："其实不只是泡茶，生命中的任何烦恼，只要你肯付出 12 个小时忍耐和等待，就会发现，事情并不像你想象得那么糟糕。"

女孩看着他："你是在暗示我什么吗？"

侍者微笑："我只是在教你怎样泡制柠檬茶，随便和你讨论一下用泡茶的方法是不是也可以泡制出美味的人生。"侍者鞠躬，离去。

女孩面对一杯柠檬茶静静沉思。女孩回到家后自己动手泡制了一杯柠檬茶，她把柠檬切成又圆又薄的小片，放进茶里。

女孩静静地看着杯中的柠檬片，她看到它们在呼吸，它们的每一个细胞都张开来，有晶莹细密的水珠凝结着。她被感动了，她感到了柠檬的生命和灵魂慢慢升华，缓缓释放。12 个小时以后，她品尝到了她有生以来从未喝过的最绝妙、最美味的柠檬茶。女孩明白了，这是因为柠檬的灵魂完全深入其中，才会有如此完美的滋味。

门铃响起，女孩开门，看见男孩站在门外，怀里的一大捧玫瑰娇艳欲滴。

"可以原谅我吗？"他讷讷地问。

女孩笑了，她拉他进来，在他面前放了一杯柠檬茶。"让我们约定，"女孩说道，"以后，不管遇到多少烦恼，我们都不许发脾气，定下心来想想这杯柠檬茶。"

"为什么要想柠檬茶？"男孩困惑不解。

"因为，我们需要耐心等待 12 个小时。"

后来，女孩将柠檬茶的秘诀运用到她生活中的各个层面，她的生命因此而快乐、生动和美丽。女孩恬静地品尝着柠檬茶的美妙滋味，品尝着生命的美妙滋味。

人生感悟

生命中有些事是不能等的，但有些事却需要慢慢去等。学会慢慢去等，你才能把有些事化解，你才能把有些情感释怀，你才能慢慢品味人生。

财富是一点一滴积累起来的，所以要珍惜每一分钱

有两个年轻人一同去寻找工作，其中一个叫彼德，另一个叫洛维尔。

他们都怀着成功的愿望，寻找适合自己发展的机会。有一天，当他们走在街上时，同时看到有一枚硬币躺在地上，彼德看也不看就走了过去，洛维尔却激动地将它捡了起来。

彼德对洛维尔的举动露出鄙夷之色：连一枚硬币也捡，真没出息！洛维尔望着远去的彼德心中感慨：让钱白白地从身边溜走，真不应该！

到底是谁真正没出息呢？

后来，两个人同时进了一家公司。公司很小，工作很累，工资也低，彼德不屑一顾地走了，而洛维尔却高兴地留了下来。

两年后，俩人又在街上相遇，洛维尔已成了一位小老板，而彼德还在寻找工作。

彼德对此无法理解："你怎么能如此快地发了财呢？"

洛维尔说："因为我不会像你那样从一枚硬币上走过去，我会珍惜每一分钱，而你连一枚硬币都不要，怎么会发财呢？"

人生感悟

金钱的积累是从每一个硬币开始的，成功致富的人决不会因为钱小而弃之。因为他们知道，任何一种成功都是从一点一滴积累起来的，如果没有这种心态，就不可能得到更多的财富。贪图更大的财富，结果往往连本来能够到手的财富也会丢掉。

不要在不经意间，错过一些最重要的东西

这是一个令人伤感的故事。

一个男孩深恋一个女孩多年，但他一直不敢向女孩坦言求爱，女孩对他也颇有情意，却也是始终难开玉口，两人试探着，退缩着，亲近着，疏远着。

一天晚上，男孩精心制作了一张卡片，在卡片上精心抒写了多年来藏在心里的话，但他思前想后，就是不敢把卡片亲手交给女孩。他握着这张卡片，愁闷至极，到饭店里喝了一些酒，微微壮起了胆子，去找女孩。

女孩一开门，便闻到扑鼻的酒气。男孩虽然不像喝醉了的样子，但是他微醺着脸，女孩心中便有一丝隐隐的不快。

"怎么这时候还来？有什么事吗？"

"来看看你。"

"我有什么好看的！"女孩没好气地把他领进屋。

男孩把卡片在口袋里揣摸了许久，硬硬的卡片竟然有些温热和湿润了，可他还是不敢拿出来。面对女孩娇嗔的脸，他的心充溢着春水般的柔波，一漾一漾的，一颤一颤的。

他们漫长地沉默着。也许是因为情绪的缘故，女孩的话极少。桌上的小钟表指向了 11 点钟。

"我累了。"女孩慵懒地伸伸腰，慢条斯理地整理着案上的书本，不经意的神态中流露出辞客的意思。

男孩突然灵机一动。他假装百无聊赖地翻着一本大字典，又百无聊赖地把字典合上，放到一边。过了一会儿，他在纸上写下一个"罶"字问女孩："哎，你说这个字念什么？"

"yūn。"女孩奇怪地看着他，"怎么了？"

"是读 yīng 吧。"他说。

"是 yūn。"

"我记得就是 yīng。我自打认识这个字起就这么读它。"

"你一定错了。"女孩冷淡地说。

他真是醉了，她想。男孩有点无所适从。过了片刻，他涨红着脸说："我想一定是念 yīng。不信，我们可以查查，呃，查查字典。"他的话语竟然有些结巴了。

"没必要，明天再说吧。你现在可以回去休息了。"女孩站起来。

男孩坐着没动。他怔怔地看着女孩。"查查字典好吗？"他轻声说，口气中含着一丝恳求的味道。

女孩心中一动。但转念一想：他真是醉得不浅呢。于是，她柔声哄劝道："是念 yīng，不用查字典，你是对的。回去休息，好吗？"

"我，我不对，我不对！"男孩着急得几乎要流下泪来，"我求求你，查查字典，好吗？"

看着他胡闹的样子，女孩想：他真是醉得不可收拾。她绷起了小脸："你再不走我就生气了，今后也不会理你！"

"好，我走，我走。"男孩急忙站起来，向门外缓缓走去。"我走后，你查查字典，好吗？""好的。"女孩答应道，她简直想笑出声来。

男孩走出了门。女孩关灯睡了。然而女孩还没有睡着，就听见有人在敲她的窗户。轻轻地、有节奏地叩击着。

"谁？"女孩在黑暗中坐起身。

"你查字典了吗？"窗外是男孩的声音。

"神经病！"女孩喃喃骂道，而后她沉默着。

"你查字典了吗？"男孩又问。

"你走吧，你怎么这么顽固！"

"你查字典了吗？"男孩依旧不停地问。

"我查了！"女孩高声说，"你当然错了，你从始到终都是错的！"

"你没骗我吗？"

"没有。鬼才骗你呢。"

"保重。"这是女孩听见男孩说的最后一句话。

当男孩的脚步声渐渐消失之后，女孩仍旧在偎被坐着，她睡不着。"你查字典了吗？"她忽然想起男孩这句话，便打开灯，翻开字典。

在"罂"字的那一页，睡卧着那张可爱的卡片。上面是再熟悉不过的字体："我愿意用整个生命去爱你，你允许吗？"她什么都明白了。

第二天我就去找他，她想。那一夜，她兴奋得辗转未眠。

第二天，她一早出门，但是她没有见到男孩。男孩躺在太平间里，他死了。他以为她拒绝了他，离开女孩后又喝了很多酒。结果真的喝醉了，因车祸而死。女孩无泪。

她打开字典，找到"罂"字。里面的注释是：罂粟，果实球形，未成熟时，果实中有白浆，是制鸦片的原料。罂粟花是一种极美的花，且是一种极好的药，但用之不当时，竟然也可以是致命的毒品。

人生感悟

喜欢一个人，就要告诉对方。人生中有一些极美、极珍贵的东西，如果不好好留心和把握，便会失之交臂，甚至一生难得再遇、再求。不要在不经意间，错过可能是你一生最重要的东西。

只有好好地把握住今天，才能创造美好的明天

在美国华尔街的股票市场交易所，依文斯工业公司是一家保持了长久生命力的公司，可公司的创始人爱德华·依文斯却因为绝望而差点死去。

依文斯生长在一个贫苦的家庭里，起先靠卖报赚钱，然后在一家杂货店当店员。

8年之后，他才鼓起勇气开始自己的事业。然后，厄运降临了——他替一个

朋友背负了一张面额很大的支票，而那个朋友破产了。祸不单行。不久，那家存着他全部财产的大银行垮了，他不但损失了所有的钱，还负债近 2 万美元。

他经受不住这样的打击，他绝望极了，并开始生起奇怪的病来：有一天，他走在路上的时候，昏倒在路边，以后就再也不能走路了。最后医生告诉他，他只有两个星期好活了。

想着只有十几天好活了，他突然感觉到了生命是那么地宝贵。于是，他放松了下来，好好把握着自己的每一天。

奇迹出现了。两个星期后依文斯并没有死，6 个星期以后，他又能回去工作了。经过这场生死的考验，他明白了患得患失是无济于事的，对一个人来说最重要的就是要把握住现在。他以前一年曾赚过 2 万美元，可是现在能找到一个礼拜 30 美元的工作，就已经很高兴了。正是有这种心态，依文斯的进展非常快。

不到几年，他已是依文斯工业公司的董事长了。正是因为学会了只"活在当下"的道理，依文斯取得了人生的胜利。

人生感悟

有句话说得好："昨天属于死神，明天属于上帝，唯有今天属于我们。"只有好好地把握住今天，我们才能充分拥有和利用好每一个今天，才能挣脱昨天的痛苦和失败，才能创造美好的明天。

再坚持一小会儿，往往就是另一个结局

两个探险者迷失在茫茫的大戈壁滩上，他们因长时间缺水，嘴唇裂开了一道道的血口，如果继续下去，两个人只能活活渴死！

年长一些的探险者从同伴手中拿过空水壶，郑重地说："我去找水，你在这里等我吧！"接着，他又从行囊中拿出一只手枪递给同伴说："这里有 6 颗子弹，每隔一个时辰你就放一枪，这样当我找到水后就不会迷失方向，就可以循着枪声找到你。千万要记住！"

看着同伴点了点头，他才信心十足地蹒跚离去……

时间在悄悄地流逝，枪膛里仅仅剩下最后一颗子弹了，找水的同伴还没有回来。

"他一定被风沙湮没了，或者找到水后撇下我一个人走了。"年纪小一些的探险者数着分、数着秒，焦灼地等待着。饥渴和恐惧伴随着绝望如潮水般地充盈了他的脑海，他仿佛嗅到了死亡的味道，感到死神正面目狰狞地向他紧逼过来……

他扣动扳机，将最后一粒子弹射进了自己的脑袋。

就在他轰然倒下不久，同伴带着满满的两大壶水赶到了他的身边……

人生感悟

很多事情之所以结局很糟，是因为没有坚持到最后。对于某些事一定要坚持，只要还有一口气在，就要坚持到底。人生中有很多事情，再坚持一小会儿，往往就是另一个结局。

当奏响人生的乐章时，就不要停止

著名的钢琴家及作曲家帕岱莱夫斯基在美国某大型音乐厅表演。那是一个值得纪念的夜晚——黑色燕尾服，正式的晚礼服，上流社会的打扮。

当晚的观众当中有一位母亲，带着一个烦躁不安的9岁的小男孩。母亲希望他在听过大师演奏之后，会对练习钢琴发生兴趣。于是，他不得已地来了。表演还未开始，小男孩等待得不耐烦了，在座位上蠕动不停。

到母亲转头跟朋友交谈时，小男孩再也按捺不住，从母亲身旁溜走，他被灯光照耀着的舞台上那演奏用的大钢琴和前面的乌木座凳吸引了。在台下的观众不注意的时候，小男孩瞪眼看着眼前黑白颜色的琴键，把颤抖的小手指放在正确的位置，开始弹奏名叫《筷子》的曲子。

观众的交谈声忽然停止，数百双表示不悦的眼睛一起看过去。被激怒、困窘的观众开始叫嚷："把那男孩子弄走！""谁把他带进来的？他母亲在哪里？""制止他！"

钢琴大师在后台听见台前的声音，立即知道发生了什么事。他赶忙抓起外衣，跑到台前，一言不发地站到男孩身后，伸出双手，即兴地弹出配合《筷子》的一些和谐音符。

两个人同时弹奏时，大师在男孩耳边低声说："继续弹，不要停止。继续弹……不要停止……不要停止。"

台下终于爆发出一阵热烈的掌声。

人生感悟

人生是一曲乐章，我们是演奏者。当弹起人生的乐章时，就不要停，也不应该停。只要不停地弹下去，就一定会获得喝彩与掌声。

不要跌倒在自己的优势上

三个旅行者同时住进一家宾馆，早上出门时，一个旅行者带了一把伞，另一个旅行者拿了一根拐杖，第三个旅行者什么也没有拿。

晚上归来，拿伞的旅行者淋得浑身是水，拿拐杖的旅行者跌得满身是伤，而第三个旅行者却安然无恙。于是，前面的旅行者很纳闷，问第三个旅行者："你怎会没有事呢？"

第三个旅行者没有回答，而是问拿伞的旅行者："你为什么会淋湿而没有摔伤呢？"

拿伞的旅行者说："当大雨来到的时候，我因为有了伞，就大胆地在雨中走，却不知怎么淋湿了；当我走在泥泞坎坷的路上时，我因为没有拐杖，所以走得非常仔细，专拣平稳的地方走，所以没有摔伤。"

然后，他又问拿拐杖的旅行者："你为什么没有淋湿而摔伤了呢？"

拿拐杖的说："当大雨来临的时候，我因为没有带雨伞，便拣能躲雨的地方走，所以没有淋湿；当我走在泥泞坎坷的路上时，我便用拐杖拄着走，却不知为什么常常跌跤。"

第三个旅行者听后笑笑说："这就是为什么你们拿伞的淋湿了，拿拐杖的跌伤了，而我却安然无恙的原因。当大雨来时我躲着走，当路

跳跃是我强项！

不好时我细心地走，所以我没有淋湿也没有跌伤。你们的失误就在于过分地依赖自己的优势，认为有了优势便少了忧患。"

人生感悟

许多时候，我们不是跌倒在自己的缺陷上，而是跌倒在自己的优势上，因为缺陷常常给我们以提醒，而优势却常常使我们忘乎所以，从而失去了理智。

优势不是绝对的，如果不分析具体情况，认为凭借优势就可以高枕无忧，过分地依赖自己的优势，优势也会转化成劣势。因此，我们必须理智地对待优势，才能消除隐患，不被优势绊倒。

经历的坎坷和磨难，是人生的一笔财富

许多年前，有一个名叫海菲的人，他恳求老板改变自己地位低下的生活，因为他爱上了一位美丽的姑娘，而姑娘的父亲却富有而势利。

想不到他的恳求获得了老板——大名鼎鼎的皮货商人柏萨罗的恩准。柏萨罗派他到伯利恒小镇去卖一件袍子，他却因为怜悯，把袍子送给客栈附近一个需要取暖的新生儿。

海菲满是羞愧地回到皮货商那里，但有一颗明星却一直在他头顶上方闪烁。柏萨罗将这解释为上帝的启示，给了海菲10道羊皮卷，那里面记载着震撼古今的商业大秘密，有实现海菲所有抱负所必需的智慧。海菲怀揣着这10道羊皮卷，带着老板给他的一笔本金，走向远方，开始了他独立谋生的推销生涯。

若干年后，海菲成了一名富有的商人，并娶回了自己心爱的姑娘。他的成就在继续扩大，不久，一个浩大的商业王国在古阿拉伯半岛崛起……

熟悉以上这段文字的人都明白，这是一部奇书的故事梗概，它的名字叫《世界上最伟大的推销员》。作者奥格·曼狄诺，出生于美国东部的一个平民家庭。28岁以前，他大学毕业，有了一份稳定的工作，并娶了妻子。但是后来，由于自己的愚昧无知和盲目冲动，他犯了一系列不可饶恕的错误，最终失去了自己一切宝贵的东西——家庭、房子和工作，几乎一贫如洗。于是，他开始到处流浪，寻找赖以度日的种种方法。

两年后，曼狄诺认识了一位受人尊敬的牧师，解答了他提出的许多困扰人生的问题。临走的时候，牧师送给他一部圣经，此外，还有一份书单，上面列着 11 本书的书名。它们是《最伟大的力量》《钻石宝地》《思考的人》《向你挑战》《本杰明·富兰克林自传》《获取成功的精神因素》《思考致富》《从失败到成功的销售经验》《神奇的情感力量》《爱的能力》和《信仰的力量》。

从这一天开始，奥格·曼狄诺就依照牧师列出的书单，把 11 本书一一找来，细细地阅读。渐渐地，笼罩在心头那一片浓重的阴云退去了，似有一抹阳光照射进来，他激动万分，终于看到了希望。

曼狄诺一旦意识到自己的潜力，便焕发出前所未有的热情和勇气。他遵循书中智者的教诲，像一位整装待发的水手，瞄准了目标，越过汹涌的大海，抵达梦中的彼岸。

此后，曼狄诺当过卖报人、公司推销员、业务经理……在这条他所选择的道路上，充满了机遇，也饱含着辛酸，但他已不可战胜，因为，他掌握了人生的准则。当遇到困难，甚至失败时，他都用书中的语言激励自己：坚持不懈，直至成功！终于，在 35 岁生日那一天，他创办了自己的企业——《成功无止境》杂志社，从此步入了富足、健康、快乐的乐园。

奥格·曼狄诺的成功为他带来了巨大的荣誉，使他成为美国家喻户晓的商界英雄。

曼狄诺没有就此止步，开始著书立说。1968 年，他写出了《世界上最伟大的推销员》一书。该书一经问世，即以多种语言在世界各地出版，不仅推销员，社会各个阶层人士都被这部充满魅力的作品深深吸引，争相阅读。

不平凡的经历是成功的一笔财富，如果曼狄诺没有早年的坎坷，就不会有后来的成就。

人生感悟

　　坎坷的经历是人生中的一大财富，经历坎坷和磨难，是在储存一笔财富。只有那些经历坎坷、经历磨难的人，才会对生活充满信心，才能勇敢地面对将来的艰难险阻，并最终成就辉煌的人生。

一个小小的失误，很可能会造成毁灭性的后果

1995 年 2 月 17 日，世界各地的新闻媒体都以最醒目的标题报道了一个相同的事件：巴林银行破产了。全世界都为此震惊了。在全球金融市场上，巴林银行有着举足轻重的地位。它有 233 年历史，在全球范围内掌管着 270 多亿英镑的业务。它曾创造了无数令人瞩目的业绩，在世界证券史上占有着极为特殊的地位。然而，创造了无数辉煌的巴林银行，却毁在了一个期货与期权结算方面的专家里森的手上。而这一切的诱因，竟然是一个小小的错误账户。

在期货交易中，失误是在所难免的。如果错误无法挽回，唯一可行的办法，就是将该项错误转入电脑中一个被称为"错误账户"的账户中，然后向银行总部报告。这在金融体系的运作过程中是一个正常现象。

当里森于 1992 年在新加坡担任巴林银行的期货交易员时，巴林银行就有一个账户为"99905"的错误账户，专门处理交易过程中因疏忽所造成的错误。1992 年夏天，伦敦总部全面负责清算工作的哥顿·鲍塞给里森打了一个电话，要求他另设立一个错误账户，以记录较小的错误，并自行在新加坡处理，以免麻烦伦敦的工作。于是里森马上找来了负责办公室清算的利塞尔，向她咨询是否可以另立一个档案，很快，利塞尔就在电脑里键入了一些命令，问他需要什么账号。于是，对中国文化有所了解的里森以"8"这个吉列的数字设立了一个账号为"88888"的错误账户。

过了不久，伦敦总部又打来电话，要求新加坡分行仍按老规矩行事，所有的错误记录仍由"99905"账户直接向伦敦报告。这样，"88888"错误账户刚刚建立就被搁置不用了，但它却从此成为一个真正的"错误账户"存储在了电脑之中。而且总部这时已经注意到新加坡分行出现的错误很多，但里森都巧妙地搪塞过去。"88888"这个被人忽略的账户，提供了里森日后制造假账，掩饰投资失败的机会。这以后，里森为了其私利，一再动用这个错误账户，造成了银行越来越巨大的损失。

1995 年 1 月，日本神户大地震，其后数日东京日经指数大幅度下跌。里森在这种不利形势下还大量进行交易，遭受了极为重大的损失。与往常一样，他将这些都计入了"88888"账户。随着交易形势的进一步恶化，里森最后终于招架不住，

在一片震惊声中宣告了银行的破产。

事后里森说："有一群人本来可以揭穿并阻止我的把戏，但他们没有这么做。我不知道他们的疏忽与罪犯的疏忽之间界限何在，也不清楚他们是否对我负有什么责任，但如果是在任何其他一家银行，我是不会有机会开始这项犯罪的。"

正是这些由错误账户而引起的一系列失误，最终导致了巴林银行的破产。

人生感悟

人们在工作和生活当中，经常会忽略细节，从而让失误有机可乘。管理者要是不注意管理中的一些细小错误，久而久之也会让失误有机可乘，很可能造成整个企业的分崩离析。

有些看起来微不足道的人，往往才是最重要的人

在阿尔卑斯山东边山坡，奥地利的一个小村庄里，曾住着一位老先生。他在多年前被一个镇议会聘用，负责清除山涧水池中的杂物。泉水从山上的源头流出，直达他们的市镇。他默默地在山上巡回，随时清除树叶和树枝，以及可能淤塞和污染清新水流的泥沙。逐渐地，村庄成了度假胜地。美丽的天鹅在晶莹的泉水上游动，附近各种营业的水车日夜转动，农田得到灌溉，从餐厅里望出去的风景赏心悦目。

许多年过去了，一天早上，镇议会举行半年一度的会议。审查预算时，某人的视线停在鲜为人注意的泉水守护者薪水上面。这位负责财务的先生说："这老头是谁？我们为何每年聘用他？没人看见他。这位在山里巡逻的陌生人对我们没啥用处，我们并不需要他！"经过投票，众人一致同意取消了老先生的职位。

起先数周并没有什么改变。直至秋天来临，树木开始落叶，折断的小树枝掉落在水池里，阻碍了泉水的奔流。一天下午，有人注意到泉水出现了些微棕黄的颜色。到第二个星期，泉水更显得阴暗。再过一周，泉水又多了一层浮在水面的泥土，不久更发出恶臭。水车转得比以前慢了，终于不转了。天鹅和游客皆不复返，各样疾病开始侵袭村庄。尴尬的议会急忙召开特别会议，他们知道他们犯了一个重大错误，决定重新聘用泉水的守护人……

数周之后，生命的河水又恢复了清洁。水车重新转动，新生命再次注入阿尔

卑斯山边的这个小村庄。

人生感悟

　　我们常常忽略了一些人，这些人看起来微不足道，甚至默默无闻。殊不知，对于我们来说，这些人往往才是最重要的人。所以，不要忽视每一个人的作用，因为每一个人都是不可或缺的。

有目标的人生，才是充盈的人生

　　有个年轻人去采访朱利斯·法兰克博士。法兰克博士是市立大学的心理学教授，虽然已经 70 岁高龄了，却保有相当年轻的体态。

　　"我在好多年前遇到过一个中国老人，"法兰克博士解释道，"那是第二次世界大战期间，我在远东地区的战俘集中营里。那里的情况很糟，简直无法忍受，食物短缺，没有干净的水，放眼所及全是患痢疾、疟疾等疾病的人。有些战俘在烈日下无法忍受身体和心理上的折磨，对他们来说，死已经变成最好的解脱。我自己也想过一死了之，但是有一天，一个人的出现扭转了我的求生意念，那是一个中国老人。"

　　年轻人非常专注地听着法兰克博士诉说那天的遭遇。

　　"那天我坐在囚犯放风的广场上，身心俱疲。我心里正想着，要爬上通了电的围篱自杀是多么容易的事。不久之后，我发现身旁坐了个中国老人，我因为太虚弱了，还恍惚地以为是自己的幻觉。毕竟，在日本的战俘营区里，怎么可能突然出现一个中国人？他转过头来问了我一个问题，一个非常简单的问题，却救了我的命。"

　　年轻人马上提出自己的疑惑："是什么样的问题可以救人一命呢？"

　　法兰克博士继续说："他问的问题是'你从这里出去之后，第一件想做的事情是什么？'这是我从来没想过的问题，我从来不敢想。但是我心里却有答案：我要再看看我的太太和孩子们。突然间，我认为自己必须活下去，那件事情值得我活着回去做。那个问题救了我一命，因为它给了我活下去的理由！从那时起，活下去变得不再那么困难了，因为我知道，我每多活一天，就离战争结束近一点，也离我的梦想近一点。中国老人的问题不只救了我的命，它还教了我从来没学过，却是最重要的一课。"

"是什么？"年轻人问。

"目标的力量。"

"目标？"

"是的，目标，值得奋斗的事。目标给了我们生活的目的和意义。当然，我们也可以没有目标地活着，但是要真正地活着，快乐地活着，我们就必须有生存的目标。伟大的艾德米勒·拜尔德说：'没有目标，日子便会结束，像碎片般地消失。'目标创造出目的和意义。有了目标，我们才知道要往哪里去，去追求些什么。没有目标，生活就会失去方向，而人也成了行尸走肉。人们生活的动机往往来自于两样东西：不是要远离痛苦，就是追求欢愉。目标可以让我们把心思紧系在追求欢愉上，而缺乏目标则会让我们专注于避免痛苦。同时，目标甚至可以让我们更能够忍受痛苦。"

"我有点不太懂，"年轻人犹豫地说，"目标怎么让人更能够忍受痛苦呢？"

"嗯，我想想该怎么说……好！想象你肚子痛，每几分钟就会来一次剧烈的疼痛，痛到你会忍不住呻吟起来，这时你有什么感觉？"

"太可怕了，我可以想象。"

"如果疼痛越来越严重，而且间隔的时间越来越短，你有什么感觉？你会紧张还是兴奋？"

"这是什么问题，痛得要死怎么可能还兴奋得起来，除非你是个虐待狂。"

"不，这是个怀孕的女人！这女人忍受着痛苦，她知道最后她会生下一个孩子。在这种情况下，这女人甚至可能还期待痛苦越来越频繁，因为她知道阵痛越频繁，表示她就快要生了。这种疼痛的背后含有具体意义的目标，因此使得疼痛可以被忍受。同样的道理，如果你已经有个目标在那儿，你就更能忍受达到目标之前的那段痛苦期。毫无疑问，当时我因为有了活下去的目标，所以使我更有韧性，否则我可能早就撑不下去了。我看见一个非常消沉的战俘，于是我问他同一个问题：'当你活着走出这里时，你第一件想做的事是什么？'他听了我的问题之后，渐渐地，脸上的表情变了，他因为想到自己的目标而两眼闪闪发亮。他要为未来奋斗，当他努力地活过每一天的时候，他知道离自己的目标更近了。"

法兰克博士停了一会儿，继续说道："我再告诉你另一件事。看着一个人的改变这么大，而你知道你说的话对他有很大的帮助，那种感觉真是太棒！所以我又把这当成自己的目标，我要每天都尽可能地帮助更多的人。战争结束之后，我在哈佛大学从事一项很有趣的研究。我问 1953 年那届毕业的学生，他们的生活是否有任何目标，你猜有多少学生有特定的目标？"

"50%。"年轻人猜道。

"错了！事实上是低于3%！"法兰克博士说，"你相信吗，100个人里面只有不到3个人对他们的生活有一点想法。我们持续追踪这些学生达25年之久，结果发现，那有目标的3%的毕业生比其他97%的人，拥有更稳定的婚姻状况，健康状况良好，同时，财务情况也比较正常。当然，毫无疑问，我发现他们比其他人有更快乐的生活。"

"你为什么认为有目标会让人们比较快乐？"年轻人问。

"因为我们不只从食物中得到精力，尤其重要的是从心里的一股热忱来获得精力，而这股热忱则是来自于目标，对事物有所企求，有所期待。为什么有这么多人不快乐，一个非常重要的原因就是因为他们的生活没有意义、没有目标。早晨没有起床的动力，没有目标的激励，也没有梦想。他们因此在生命旅途上迷失了方向和自我。"

"如果我们有目标要去追求的话，生活的压力和张力就会消失，我们就会像障碍赛跑一样，为了达到目标，而不惜冲过一道道关卡和障碍。"

"目标提供我们快乐的基础。人们总以为舒适和豪华富裕是快乐的基本要求，然而事实上，真正会让我们感觉快乐的却是某些能激起我们热情的东西。这就是快乐的最大秘密。缺乏意义和目标的生活，是无法创造出持久的快乐的。这就是我所说的目标的力量。"

人生感悟

一个人若没有目标，他的生命将会缺乏前进的动力。目标赋予了我们生命的意义和目的。有了目标，我们才会把注意力集中在追求成功和幸福上。有目标的人生，才是充满希望与活力的人生，人生因此才会变得充盈。

要想飞起来，先要有飞翔的信念

在美国，有一位穷苦的牧羊人，他的妻子在几年前离他而去了，他只能和自己的两个孩子靠为别人放羊来维持生活，日子过得很艰苦。

一天，他和孩子在山坡上放羊的时候，一群大雁从他们的头顶飞过，消失在天边。

小孩子总是喜欢问这问那，小儿子问他的父亲："大雁要飞到哪里去？"

"他们要飞到温暖的地方过冬。"牧羊人回答说。

"如果我们也能像大雁一样飞起来就好了，那样我们就能飞到天堂里看我们的妈妈了，她一个人在那里一定很孤单，她肯定想我们了。"年纪大一点的儿子说。

儿子的话让牧羊人流下了感动的泪水，短暂的沉默后，牧羊人对两个儿子说："只要你们有飞翔的信念，我相信你们肯定能飞起来的。"

"我们现在就有这样的信念，我们现在就要飞起来。"两个儿子伸开手臂试了试，但他们并没有飞起来。他们看了看父亲，很明显，他们在怀疑父亲所说的话。

牧羊人说："我可以试给你们看。"于是张开双臂，但是他和自己的孩子一样，也是没有飞起来。

"我想肯定是因为我年纪大了才飞不起来，你们还小，只要有坚定的信念，并且不断努力，我相信总有一天你们能飞起来，飞到天堂看望你们的妈妈。"

父亲的话深深地刻在了兄弟俩的心中，从此他们就开始致力于飞翔的研究，当他们长大的时候，他们终于飞上了天空。

他们就是飞机的发明者——莱特兄弟。

人生感悟

要想飞起来，先要有飞翔的信念，如果没有这个信念，永远也飞不起来。只要有了飞翔的信念，再加上自己的努力，肯定就能飞起来。成功也是这样：要想成功，先要有成功的信念，然后要不断地为这个信念去努力，做到了这两点，这世界上就没有什么做不到的事。

细心观察身边发生的事情，就会有很多惊奇的发现

一天，一位埃及法老设宴招待邻邦的君主。法老准备了极丰盛的饭菜，在御膳房里，上百名厨师正在炊烟中忙着做各种复杂的饭菜。

忽然，一个厨师不慎将一盆油打翻在炭灰里，他急忙用手将沾有炭灰的油脂捧到厨房外面倒掉。等他回来用水洗手时，意外地发现手洗得特别干净。厨师非常奇怪，因为平时厨师们洗手时，为了去掉油污，都先用细沙搓一遍，然后再用

清水洗。而这次他没有用沙子，就将油污洗得很干净。于是，他请别的厨师也来试一试。结果，每个人的手都洗得同样干净。从此以后，王宫的厨师们就把沾有油脂的炭灰当作洗手的东西了。

后来，这件事情让法老知道了，他就吩咐仆人按照厨师们的方法把掺有油脂的炭灰制成一块一块的。这就是人类历史上最早的肥皂。

下面我们再来认识三位细心的人。

伟大的物理学家艾萨克·牛顿坐在苹果园的椅子上，突然，一只苹果从树上掉下来。他开始思索，想知道苹果为什么会掉下来。终于他发现了地球、太阳、月亮和星星是如何保持相对位置的规律。

一个名叫詹姆斯·瓦特的小男孩静静地坐在火炉边，观察着上下跳动的茶壶盖，他想知道为什么沉重的壶盖可以跳动，他从那时起就一直思考着这个问题。长大之后，他发明了蒸汽式发动机。

一个叫伽利略的人在意大利的大教堂内，对往复摆动的吊灯产生了浓厚的兴趣。后来，他从中得到了启发，终于发明了摆钟。

人生感悟

我们的社会之所以会不断地进步，就在于人类会思考，而思考来自于细心的观察。当你细心观察身边发生的事情时，你一定会有很多惊讶的发现，而这些发现往往正是你走向成功的开始。

一时的粗心大意，可能会毁掉别人一生的健康和幸福

他是杂技团的台柱子，凭借一出惊险的高空走钢丝而声名远扬。

在离地五六米的钢丝上，他手持一根中间黑色、两端蓝白相间的平衡木，赤脚稳稳当当地走过 10 米长的钢丝。他技艺高超，身手灵活，还能从容地在钢丝上做出一些腾跃翻转的动作。多年来，他表演过无数次，从未有过丝毫闪失。

杂技团去外地演出回来的路上，装道具的卡车翻进了山沟，折断了他那根保持平衡的长木杆。团里非常重视，不惜高价找来了粗细相同、长短一致、重量也一样的木杆。直到他觉得得心应手时，团长才请油漆匠给木杆刷上与以前那根木杆相同的蓝白相间的颜色。

又是一次新的演出。在观众的阵阵掌声中，他微笑着赤脚踏上钢丝。助手

递给他那根蓝白相间的长木杆。他从左端开始默数，数到第 10 个蓝块，左手握住，又从右端默数到第 10 个蓝块，右手握紧，这是他最适宜的手握距离。然而今天，他感到两手间的距离比他以往的长度短了一些。他心里猛地一惊，难道有人将木杆截短了？不可能啊？！他小心翼翼地把两手分别向左右移动，一直到适宜的距离才停住。他看了看，两手都偏离了蓝块的中间位置。他一下子对木杆产生了怀疑。

这时，观众席上又一次爆发出雷鸣般的掌声，已经容不得他多想。他握紧木杆，提了一口气，向钢丝的中间走去。走了几步，他第一次没了自信，手心有汗沁出。终于，在钢丝中段做腾跃动作时，一个不留神，他从空中摔了下来，折断了踝骨，表演被迫停止。

事后检查，那根木杆的长度并没有改变，只是粗心的油漆匠将蓝白色块都增长了一毫米。

人生感悟

失之毫厘，谬以千里。有些事来不得半点疏忽和草率。虽然有时我们可能只是一时的粗心大意，但却可能会毁掉别人一生的健康和幸福。如果我们用点心思就能把事情做好的话，我们的人生就不会留下遗憾。

抓住灵感的火花，把灵感进行到底

1947 年 2 月的一天，拍立得公司的总经理兰德正在替女儿照相时，女儿不耐烦地问，什么时候可以见到照片。兰德耐心地解释，冲洗照片需要一段时间，说话时他突然想到，照相技术在基本上犯了一个错误——为什么我们要等上好几个小时，甚至几天才能看到照片呢？

如果能当场把照片冲洗出来，这将是照相技术的一次革命。兰德必须掌握解决所有这些问题的方法。他以令人难以置信的速度开始工作。6 个月之内，就把基本的问题解决了。

诚如他的一名助理所说："我敢打赌，即使 100 个博士，10 年间毫不间断地工作，也没有办法重演兰德的成绩。"这话毫不夸张。

但兰德自己无法解释他所经历过的发明过程。他相信人类和其他动物的基本区别，就在人的创造能力。"你能想象吗？"他问，"一个猿猴发明一个箭头？"

有很多人说，现代人已经在科学上找到一项新工具，能够代替人发明创造。他对这种说法感到十分不耐烦。他倒是相信，发明是人类很早就有的能力，只是至今还一点都弄不清楚它究竟是怎么回事。

"我发现，"兰德说，"当我快要找到一个问题的答案时，极重要的是，专心工作一段时间。在这个时候，一种本能的反应似乎就出现了。在你的潜意识里容纳了这么多可变的因素，你不能容许被打断。如果你被打断了，你可能要花上一年的时间才能重建这60个小时打下的基础。"

直到1946年，兰德的助手还只有寥寥几位。因为连年战争的关系，这些年轻的助手都没有受过正规的科学训练，尽管他们很聪明。说来也巧，他们几乎都是史密斯学院毕业的。他的一个最得力的助手是专门研究60秒照相技术的。

她是普林斯顿一位数学教授的女儿，名叫密萝·摩丝，摩丝小姐后来成为拍立得黑白底片研究部门的主任。兰德说她有许多重要的贡献，尤其在软片方面。

60秒照相技术所用化学原料和技术等，是个商业秘密。他们在调制配方的时候，药瓶上只写代号。

60秒相机在1947年成功推出之后，兰德想尽快把它推销到市场去。难题是怎样推销。

兰德和他的助理还请来哈佛大学商业学院的市场专家，一起研讨对策，有一阵子还真想采取沿门推销的方式。但是后来，他们倒觉得用一般的销售方式就行了，他们请了一个声望很高的人来推销，他名叫何拉·布茨。

布茨一见兰德的照相机立即狂热起来。他在1948年加入拍立得公司，成为公司的副董事长之一，并且兼总经理。他不只替拍立得带来响亮的名气，而他个人在推销方面，也显示了极高的才华。

他没有利用什么推销组织就把照相机卖了出去，他花的广告费用极少，似乎连在波士顿一地做广告都不够。

布茨跟他的推销主任罗勃曼想出了一个办法。他们在每个大城市选一家百货公司，给他们30天推销兰德照相机的专卖时间，条件是百货公司要在报纸上大做广告，拍立得只是从旁协助，而且要在百货公司里大张旗鼓地推销。

1948年11月26日，兰德照相机首次在波士顿一家大百货公司上市。大家争相抢购，以至于忙碌的店员，不小心把一些没有零件的展览品也卖了出去。这种销购势头促使拍立得大量生产。

布茨在迈阿密用了个别开生面的推销方法。他想到让那些迈阿密来度假的有钱人买照相机，因为他们来自美国各地，等他们回去的时候，无形中就成了兰德照相机的宣传员。

为了加强效果，布茨雇了一些妙龄女郎和一些救生员，在游泳池和海滩附近，使用兰德照相机照相，然后把照片送给那些吃惊的游客。几个星期之内，迈阿密商店里的兰德相机被抢购一空。

推销活动从一个城市移到另一个城市。尽管全国多数的照相机销售店冷淡地接受兰德相机，但拍立得 1949 年的销售额却高达 668 万美元，其中 500 万美元来自新相机和软片。

人生感悟

> 不要忽略我们生活中某些不经意间的想法，每一个想法都是大脑中灵感的火花，都有可能成为一个新的构想，抓住它不要放弃，你就可能会因此而成功。很多成功人士之所以能成功，正是因为他们能及时抓住很可能一闪即逝的灵感火花，并能把灵感进行到底。

不放过一些偶然现象，才能有重大发现

1820 年，哥本哈根的奥斯特偶然发现，通过电流的导线周围的磁针，会受到力的作用而偏转。这一发现说明电流会产生磁场，从此，电和磁就结合起来了。

为了研究胰脏的消化功能，明可夫斯基给狗做了胰切除术。这只狗的尿引来了许多苍蝇，对狗尿进行分析后，明可夫斯基发现其中有糖，于是领悟到胰脏和糖尿病有密切关系。

20 世纪初，美国墨西哥湾的海面上忽然出现一种稀奇的现象：海水上漂着一层油花，在太阳光下闪闪发光。原来在海底下储藏着丰富的石油。不久，墨西哥湾就建立起世界上第一口海底油井，开了海底采油的先例。

1895 年，伦琴偶然在阴极射线放电管附近放了一包密封在黑纸里的、未曾显影的照相底片，当他把底片显影时，发觉它已走光了。如果是一个漫不经心的人，就会说："这次走光了，下次放远一些就得了！"可是伦琴却采取了认真的态度，没有放过这一线索。他认为，这一定有某种射线在起作用，并给它取了一个名字叫 X 射线。这个怪名称表示他对这种射线还很不了解。不过他指出，X 射线是从管中有黄绿色磷光的一端产生出来的。

根据这点，彭加勒猜想：所有发强烈磷光的物体都能发射 X 射线。1896 年，法国贝克勒想起了彭加勒的假设，便拿来一种能在太阳光下发磷光的物质硫酸钾铀，把它和底片一起放在暗箱里。几天以后，他发觉完全不见光的硫酸钾铀也会作用于底片。然而，这种物质在暗箱里是不会发磷光的，可见彭加勒的假设是错误的，X 射线与磷光毫无关系。

后来又经过多次试验，才得到正确结论：X 射线原来是硫酸钾铀中的一种元素铀放射出来的。

其后，居里夫妇又从含铀的沥青矿残余物中提炼出放射性很强的镭。这一段历史的确离奇：没有彭加勒的错误猜想，贝克勒就不会想到发磷光的物质；发磷光的物质很多，如果不是碰巧选中含磷铀的硫酸钾铀，那么原子能的发现也许还要推后好些年。

1942 年英德空战激烈，为了观察入侵的敌机，英国普遍建立了雷达观察站。但雷达信号常被一些莫明其妙的电噪声所干扰，特别是早晨更加厉害。

此外，美国工程师卡尔·詹斯基在检查越过大西洋电话通讯的静电干扰时，也注意到有一种特殊的弱噪声。这些发现引导人们去研究它们的起源，结果得知干扰雷达信号的电噪声来自太阳，并且还发现，不仅太阳能够发射宽频带的电磁波，而且星云间也能发射，例如产生上述弱噪声的，就是距离地球两万六千光年的银河系中心。这方面的进一步研究奠定了今天的射电天文学的基础。

青霉素的发现也是一个有趣的故事。

英国圣玛利学院的细菌学讲师弗莱明，早就希望发明一种有效的杀菌药物。1928 年，当他正研究毒性很大的葡萄球菌时，忽然发现原来生长得很好的葡萄球菌全都消失了。是什么原因呢？

经过仔细观察后发现，原来有些霉菌掉到那里去了。显然消灭这些葡萄球菌的，不是别的，正是青霉菌。这一偶然事件，导致药物青霉素以及一系列其他抗菌素的发明。

人生感悟

在长期的生活实践中，有时会有一些偶然的发现。对待这些偶然的发现，不要轻易放过，要想办法弄清其产生的原因。只有具备这种高度的科学敏感性，并苦心钻研，才能有一些重大发现。

留心生活中的需要，处处留心皆机遇

安全刀片大王吉列，发明刀片以前是一家瓶盖公司的推销员。他从二十多岁时就开始节衣缩食，把省下来的钱全用在发明研究中。过了近二十年，他仍旧一事无成。

1985 年夏天，吉列到保斯顿市去出差，在返回的前一天买了火车票。第二天早晨，他起床迟了一点儿，正匆忙地用刀刮胡子，旅馆的服务员忽匆匆地走进来喊道："再有 5 分钟，火车就要开了。"吉列听到后，一紧张，不小心把嘴巴刮伤了。

吉列一边用纸擦血一边想："如果能发明一种不容易伤皮肤的刀子，一定大受欢迎。"

这样，他就埋头钻研。经过千辛万苦之后，吉列终于发明了现在我们每天所用的安全刀片。他摇身一变成为世界安全刀片大王。

G. 克鲁姆是位印第安人，他是炸马铃薯片的发明者。1853 年，克鲁姆在萨拉托加市高级餐馆中担任厨师。一天晚上，来了位法国人，他吹毛求疵总挑剔克鲁姆的菜不够味，特别是油炸食品太厚，无法下咽，令人恶心。

克鲁姆气愤之余，随手拿起一个马铃薯，切成极薄的片，骂了一句便扔进了沸油中，结果好吃极了。不久，这种金黄色、具有特殊风味的油炸土豆片，就成了美国特有的风味小吃而进入了总统府，至今仍是美国国宴中的主要食品之一。

美国佛罗里达州有位穷画家，名叫律薄曼。他当时仅有一点点画具，仅有的一只铅笔也是削得短短的。

有一天，律薄曼正在绘图时，找不到橡皮擦。费了很大劲才找到时，铅笔又不见了。铅笔找到后，为了防止再丢，他索性将橡皮用丝线扎到铅笔的尾端。但用了一会儿，橡皮又掉了。

"真该死！"他气恼地骂着。

律薄曼为此事琢磨了好几天，终于想出主意来了：他剪下一小块薄铁片，把橡皮和铅笔绕着包了起来。果然，用一点小功夫做起来的这个玩意相当管用。

后来，他申请了专利，并把这专利卖给了一家铅笔公司，从而赚得 55 万美元。

美国大西洋城有一位名叫潘佰顿的药剂师，煞费苦心研制了一种用来治疗头痛、头晕的糖浆。配方搞出来后，他嘱咐店员用水冲化，制成糖浆。

有一天，一位店员因为粗心出了差错，把放在桌上的苏打水当作白开水，没想到一冲下去，"糖浆"冒气泡了。这让老板知道可不好办，店员想把它喝掉，先试尝一下味道，还挺不错的，越尝越感到够味。闻名世界、年销量惊人的可口可乐就这样发明了。

住在纽约郊外的扎克，是一个碌碌无为的公务员，他唯一的嗜好便是滑冰，别无其他。纽约的近郊，冬天到处会结冰。冬天一到，他一有空就到那里滑冰自娱，然而夏天就没有办法到室外冰场去滑个痛快。去室内冰场是需要钱的，一个纽约公务员收入有限，不便常去，但待在家里也不是办法，深感日子难受。有一天，他百无聊赖时，一个灵感涌上来："鞋子底面安装轮子，就可以代替冰鞋了。普通的路就可以当作冰场。"

几个月之后，他跟人合作开了一家制造这种鞋子的小工厂。他做梦也想不到，产品一问世，立即就成为世界性的商品。没几年工夫，他就赚得100多万美元。

人生感悟

现实生活中的很多需要，都可能是难得的机遇。有时候，机遇会自己找上门来，就看你能不能发现。多留心生活，往往一点小事，可能就将你引上成功之路。

有些事错过了一时，往往就会错过一生

有个男孩，在学校的新生联欢会上认识了一个女孩。女孩笑如春花，聪明活泼，男孩对她几乎是一见钟情，却没有表露。因为男孩刚经过高中阶段循规蹈矩式的教育，对男女感情小心翼翼，他想：再等等吧，等一切成熟些，再向她说。

一年多后的一个夜晚，男孩终于鼓足勇气约女孩出来，向她表达了心中的爱意。没想到，平时伶俐的女孩结结巴巴地说："我……我想我不能接受……你的好意，一个星期以前……我已经……接受了另一个……男孩……我真的……不知道你……会喜欢我……"女孩说完就跑掉了，没有让男孩看到她湿润的眼睛。

后来，有人看到男孩同学校的"校花"经常出双入对，大家都以为他看中了"校花"的美貌，谁也没有注意，"校花"有着和女孩一样的春花般的笑容，非常相似，所以谁都没有发现男孩的苦心。但是没过多久，男孩与"校花"的爱情就以分手告吹。

大学生活很快就结束了。毕业后，女孩披上了嫁衣成了别人的新娘，而男孩再也没有恋爱过。因为他清楚，只有这个女孩才是他今生唯一的至爱。

男孩从朋友那里辗转打听到女孩的生日和地址，每到女孩生日时，他就会叫人送去9朵郁金香（他不知道女孩最喜欢什么花，他自己最喜欢郁金香）。男孩知道女孩已为人妇，所以他从来不在卡片里留下姓名和联系电话，他不想因为自己的感情而影响女孩的生活。

几年时间转眼就过去了，男孩依然是形单影只，依然记得每年送花给女孩。就在女孩生日的前两天，男孩参加了一个同学聚会，他听说女孩在这几年里经历了两次离婚，如今也是独身，心里又是心疼又是高兴。他为女孩遭遇了感情的不幸而心疼，又为自己再次有了机会而高兴……

终于等到了女孩的生日！男孩兴奋得难以言状！他想这次一定要亲自把花送去，再向她表白。为此，他几乎逛遍了所有的花店，最后挑选了最美的花朵——郁金香。

当小姐把花包好的刹那，男孩在卡片里写下几个字：你知道我在爱你吗？男孩英俊的脸上满是笑意与渴望，径直向街心走去……

就在那时，一辆逆行货车撞倒了他……

女孩在收到郁金香的同时也收到了男孩的死讯。

女孩明白了一切，她把自己锁在房间里哭了整整一夜。她回想起多年前的那个夜晚，男孩对她的表白，她一直不知道，这近十年来男孩是如此执着而痴迷地爱着她！想到这里，她就哭得更伤心，奔泻的泪水将郁金香浸染得无限凄美。女孩知道，她失去了今生难遇难求的至爱。

然而，长眠的男孩肯定也不知道，女孩最喜欢的花，正是郁金香……

人生感悟

如果你想念一个人，就要及早地告诉她；如果你喜欢一个人，也要及早地告诉她；如果你选择错了，就要及早地改正……在我们的生命中，有很多事、很多人需要我们好好珍惜、好好把握。要知道，有些事错过了一时，往往就会错过一生。

这所房子就是旅馆

导演柯克为了拍好自己的恐怖电影，一个人去了苏格兰山区。为了追求恐怖氛围，他深入山区深处并迷了路。他摸黑在山里走了不知多久，才在漆黑的夜色中见到一盏灯火。

柯克高兴极了，顺着灯光走过去，发现是一个农夫的房子。他整理了一下自己的衣服，敲开了农夫的大门。开门的是一个满脸沧桑的老头儿，只见他上下打量了柯克一下，然后问："什么事？如果你想住宿的话，请免开尊口，因为这里不是旅店。"

柯克说："我不是坏人，我只是迷路了。你让我住一晚好吧？我可以给你住宿费。"

老头儿又上下打量了他一番，似乎相信柯克没有坏心，只是迷路了。但老头儿还是坚持："这里不是旅店。"

柯克笑着说道："你只要回答我三个问题，就可以证明这屋子就是旅店！"

老头儿不屑地说："那好吧，如果你能说服我，我就让你进门。"

柯克："在你之前，这所房子的主人，是谁？"

老头儿："我的父亲。"

柯克："在您的父亲之前，谁是这所房子的主人？"

老头儿："我的祖父！"

柯克："如果您过世了，谁继承这所房子？"

老头儿："我的儿子！"

柯克："那不就是了，这所房子就是旅馆。你不过也是暂住这儿罢了，也像我一样是个过客。"

柯克夜晚睡在羊毛毯的大床上，舒舒服服地过了一夜。

人生感悟

我们每个人都不知道自己的明天会如何？生命也是如此，没有一样东西是永远属于我们的。所以，我们只能抓住今天的一切，享受今天的美好。

第十二章

低调处世，做人拒绝张扬

　　低调是一种智慧，蕴含着成熟与理性，积淀着沉静和豁达，彰显着优雅和洒脱，它是人类个性最高的境界之一；它是看开世事，放平心态，宽容待人，深谙方圆、进退之道的大智慧。人生原本就是一场充满艰难的修行，与其让自己处在风口浪尖，倒不如放平心态，低调做人。低调是一种豁达的人生态度，成熟的人懂得低调，言语谦和，举止内敛，不显山不露水，但却在人际交往中进退自如，并最终成就自己的事业。

你可以不聪慧，但不能没原则

二战期间，有一个女孩子，流亡海外，无依无靠。幸运的是，她能讲一口流利的英语和法语。所以，她被英国特工组织看中，加入了英国的特工。

然而她并不适合特工工作，因为她性情急躁，所有的同事都认为，她做间谍无疑是为敌国送上一座秘密的宝矿。果然，几乎所有的训练过程都对她没有用处。

一次，组织上让她拿一份敌国驻军图，送给地下交通员。她到了接头地点后，怎么也想不起接头暗号，情急之下，她索性把地图展开，对着来来往往的人群进行试探："你对这张地图感兴趣吗？"幸运的是，她很快遇上了两位地下交通员，他们扮作精神病人，迅速地掩盖了这个可怕而致命的错误。

不仅如此，她认为越是繁华的地段越是安全。于是，她自作主张，把秘密电台搬到了巴黎的闹市区，可她不知道，盖世太保的总部就在离她一街之远的地方。终于在一天夜里，盖世太保们把这个胆大妄为、正在发报的间谍逮捕了。

英国特工组织后悔不已，如果这个天真的姑娘在盖世太保的刑具下，毫无保留地说出一切，那么对在法国的特工组织将是一个重创。出乎意料的是，盖世太保们用尽了种种残酷的刑罚，都无法撬开她的嘴。

二战结束后，英国政府追授她乔治勋章和帝国勋章。

这样一个不称职的间谍，获得了英国政府的最高奖赏。对此，官方的解释是：对敌国而言，梦寐以求的是间谍的背叛，这等于无形的巨大宝藏。但这个很笨的女孩儿，到死都没有吐露一个字。一个人需要技巧和智慧，但最不能缺少的，是原则和信念。这就是一个间谍最本位、最出色的地方，所以我们从没怀疑她是一位优秀的间谍。

她的名字叫努尔，曾是一位印度王族的娇贵女儿。

人生感悟

原则是一个人做人的底线，无论遇到何种刁难与困境，有些原则必须坚守。因为，你一旦放弃原则，就不再是你，甚至会使自己全线崩溃。

给别人留一点面子，为自己留一条退路

三国名将关羽，过五关、斩六将，温酒斩华雄，匹马斩颜良，偏师擒于禁，擂鼓三通斩蔡阳。"百万军中取上将之首级，如探囊取物耳。"

然而，这位叱咤风云、威震三军的一世之雄，下场却很悲惨，居然被吕蒙一个奇袭，兵败地失，被人割了脑袋。

关羽兵败被斩的最根本原因是蜀吴联盟破裂，吴主兴兵奇袭荆州。吴蜀联盟的破裂，原因很复杂，但与关羽其人的骄傲有着密切的关系。

诸葛亮离开荆州之前，曾反复叮嘱关羽，要东联孙吴，北拒曹操。但关羽对这一战略方针的重要性认识不足。他瞧不起东吴，也瞧不起孙权，致使吴蜀关系紧张起来。关羽驻守荆州期间，孙权派诸葛瑾到他那里，替孙权的儿子向关羽的女儿求婚，"求结两家之好"，"并力破曹"。这本来是件好事，以婚姻关系维系补充政治联盟，历史上多有先例。如果放下高傲的架子，认真考虑一番，利用这一良机，进一步巩固蜀吴的联盟，将是很有益处的。但是，关羽竟然狂傲地说："吾虎女安肯嫁犬子乎？"

不嫁就不嫁嘛，又何必如此出口伤人？试想这话传到孙权那里，孙权的面子如何挂得住？又怎能不使双方关系破裂？

关羽的骄傲，使自己吃了一个大大的苦果，被自己的盟友结束了生命。

我们在哀叹关羽的同时，应该深刻反思自己，要保持头脑清醒，防止忘乎所以，莫让关羽的悲剧在我们身上重演。

人生感悟

俗话说：蚊虫遭扇打，只为嘴伤人。以尖酸刻薄之言讽刺别人，只图自己嘴巴一时痛快，殊不知会引来意想不到的灾祸。人与人之间原本没有那么多的矛盾纠葛，往往只是因为有人逞一时之快，说话不加考虑，只言片语伤害了别人的自尊，让人下不来台，别人心中怎能不燃起一股怒火？有了机会，反咬一口，也是情理之中的事。

人生总有不如意，落井下石要不得

"患难之交才是真朋友"，这话大家都不陌生。晋代有一个人叫荀巨伯，有一次去探望朋友，正逢朋友卧病在床，这时恰好敌军攻破城池，烧杀掳掠，百姓纷纷携妻挈子，四散逃难。朋友劝荀巨伯："我病得很重，走不动，活不了几天了，你自己赶快逃命去吧！"

荀巨伯却不肯走，他说："你把我看成什么人了，我远道而来，就是为了来看你。现在，敌军进城，你又病着，我怎么能扔下你不管呢！"说完便转身给朋友熬药去了。

朋友百般苦求，叫他快走，荀巨伯却端药倒水安慰他说："你就安心养病吧，不要管我，天塌下来我替你顶着！"

这时"砰"的一声，门被踢开了，几个凶神恶煞的士兵冲进来，冲着他喝道："你是什么人？如此大胆，全城人都跑光了，你为什么不跑？"荀巨伯指着躺在床上的朋友说："我的朋友病得很重，我不能丢下他独自逃命。"并正气凛然地说："请你们别惊吓着我的朋友，有事找我好了。即使要我替朋友而死，我也绝不皱眉头！"敌军一听愣了，听着荀巨伯的慷慨言语，看看荀巨伯的无畏态度，很是感动，说："想不到这里的人如此高尚，怎么好意思侵害他们呢。走吧！"说着，敌军撤走了。患难时体现出的正义能产生如此巨大的威力，不能不令人惊叹。

人的一生不可能一帆风顺，难免会碰到失利受挫或面临困境的情况，这时候最需要的就是别人的帮助，这种雪中送炭般的帮助会让人记忆一生。

德皇威廉一世在第一次世界大战结束时，可算得上是全世界最可怜的一个人，众叛亲离。他只好逃到荷兰去保命，许多人对他恨之入骨。可是在这时候，有个小男孩写了一封简短但流露真情的信，表达他对德皇的敬仰。这个小男孩在信中说，不管别人怎么想，他还是永远尊敬德皇。德皇深深为这封信所感动，于是邀请他到皇宫来。这个小男孩接受了邀请，由他母亲带着一同前往，他的母亲后来嫁给了德皇。

人生感悟

乘人之危、落井下石必定是内心卑鄙、阴险之人才做的事，君子对人不因他人得意而谄媚，也不因他人失意而轻慢。

打人莫打脸，骂人莫揭短

明太祖朱元璋出身寒微，做了皇帝后自然少不了有昔日的穷哥们儿到京城找他。这些人满以为朱元璋会念在老朋友的情分上给他们封个一官半职，谁知朱元璋最忌讳别人揭他的老底，以为那样有损自己的威信，因此对来访者大都拒而不见。

朱元璋儿时的一位好友，千里迢迢从老家凤阳赶到南京，几经周折才进了皇宫。一见面，这位老兄便当着文武百官大叫大嚷起来："朱老四，你当了皇帝可真威风呀！还认得我吗？当年咱俩一块儿光着屁股玩耍，你干了坏事总是让我替你挨打。记得有一次咱俩一块儿偷豆子吃，背着大人用破瓦罐煮。豆子还没煮熟你就先抢起来，结果把瓦罐打烂了，豆子撒了一地。你吃得太急，豆子卡在喉咙里还是我帮你弄出来的。你忘了吗？"

这位老兄还在喋喋不休唠叨个没完，朱元璋却再也坐不住了，心想："此人太不知趣，居然当着文武百官的面揭我的短处，让我这个当皇帝的脸往哪儿搁？"盛怒之下，朱元璋下令把这个穷哥们儿杀了。

"为尊者讳"，这是古代官场的一条规矩。一个人，无论他原来的出身多么低贱，有过多么不光彩的经历，一旦当上了大官，爬上了高位，他身上便罩上了灵光，变得神圣起来。往昔那见不得人的一切，要么一笔勾销，永不许再提；要么重新改造、重新解释，赋予新的含义。这位穷哥们儿哪懂得这一点，自以为与朱元璋有旧交，居然当众揭了皇帝的老底，触犯了"逆鳞"，岂不是自找倒霉吗？

朱元璋原本是泥腿子出身，早年当过和尚，后来又参加过推翻元朝统治的红巾军起义。这些经历在朱元璋看来都是卑微的。朱元璋因当过和尚，对"光""秃"一类的字眼十分忌讳；因红巾军被统治者说成是"贼""寇"之类的组织，朱元璋便对这些字眼也极为反感。最具有代表性的例子是，杭州徐一在《贺表》里写了"光天之下，天生圣人，为世作则"几个字，朱元璋读了勃然大怒，说："生者僧也，骂我当过和尚。光是削发，说我是秃子。则者近贼，骂我做过贼。"于是，立即下令把徐一处死。洪武年间，大兴文字狱，唯一幸免的文人是翰林院编修张某。他在作贺表文里有"天下有道""万寿无疆"两句话，朱元璋看了发怒说："这老儿竟骂我是强盗呢！"差人把他逮来当面审讯。张某说："天下有道是孔子说的，万寿无疆出自诗经，说臣诽谤不过如此。"朱元璋被顶住了，无话可说，想了半天才说："这老儿还这般嘴硬，放掉罢。"左右侍臣私下议论："几年来才见饶了这一个人。"

人生感悟

俗话说打人莫打脸，骂人莫揭短。人活一张脸，树活一张皮。揭露他人不光彩的过去是对他人的不敬重，也是自讨没趣的做法。

弯曲是生存的哲学，大丈夫要能屈能伸

孟买佛学院是印度最著名的佛学院之一，这所佛学院的特点是建院历史悠久，拥有灿烂辉煌的建筑，还培养出了许多著名的学者。还有一个特点是其他佛学院所没有的，这是一个极其微小的细节。但是，所有进入过这里的人，当他再出来的时候，几乎无一例外地承认，正是这个细节使他们顿悟，正是这个细节让他们受益无穷。

这是一个很简单的细节，只是人们都没有在意：孟买佛学院在它的正门一侧，又开了一个小门，这个小门只有 1.5 米高、0.4 米宽，一个成年人要想过去必须弯腰侧身，不然就只能碰壁了。

这正是孟买佛学院给它的学生上的第一堂课。所有新来的人，教师都会引导他到这个小门旁，让他进出一次。很显然，所有的人都是弯腰侧身进出的，尽管有失礼仪和风度，但是却达到了目的。教师说，大门当然出入方便，而且能够让一个人很体面很有风度地出入。但是，有很多时候，人们要出入的地方，并不是都有着壮观的大门，或者，有大门也不是随便可以出入的。这个时候，只有学会了弯腰和侧身的人，只有暂时放下尊贵和虚荣的人，才能够出入。否则，有很多时候，你就只能被挡在院墙之外了。

孟买佛学院的教师告诉他们的学生，佛家的哲学就在这个小门里。其实，人生的哲学何尝不在这个小门里。人生之路，尤其是通向成功的路上，几乎是没有宽阔的大门的，所有的门都需要弯腰侧身才可以进去。

人生感悟

太刚易折，这是千古不变的真理。大丈夫在世必须要能屈能伸，一个不成熟的男人想为他所从事的事业光荣献身；一个成熟的男人则希望能为他所从事的职业"苟且"地活着。

小聪明可得一时之快，大智慧方可一世欢畅

战国时楚王的宠臣安陵君，能说会道，很受楚王器重。但他并不遇事张口就说，而是很讲究说话的时机。他有一位朋友名叫江乙，对他说："您没有一寸土地，又没有至亲骨肉，然而身居高位，享受优厚的俸禄，国人见了您，无不整衣跪拜，无不接受您的号令，为您效劳，这是为什么呢？"

安陵君说："这是大王太抬举我了，不然哪能这样！"

江乙便不无忧虑地指出："用钱财相交的人，钱财一旦用尽，交情也就断了；靠美色相交的人，色衰则情移。因此，狐媚的女子不等卧席磨破，就遭遗弃；得宠的臣子不等车子坐坏，已被驱逐。如今您掌握楚国大权，却没有办法和大王深交，我暗自替您着急，觉得您的处境太危险了。"

安陵君一听，恍然大悟，毕恭毕敬地拜问江乙："既然这样，请先生指点迷津。"

江乙说："希望您一定要找个机会对大王说：'愿随大王一起死，以身为大王殉葬。'如果您这样说了，必能长久地保住权位。"

安陵君说："谨依先生之言。"

但是，过了很长时间，安陵君依然没有对楚王提起这话。江乙又去见安陵君，说："我对您说的那些话，您为何至今不对楚王说？既然您不用我的计谋，我就再不管了。"

安陵君答道："我怎敢忘却先生的教诲，只是一时还没有合适的机会。"

又过了些时日，机会终于来了。楚王到云梦打猎，一箭射死了一头狂怒奔来的野牛。百官和护卫欢声雷动，齐声称赞。楚王也高兴得仰天大笑，说："痛快啊！今天的游猎，寡人何等快活！待寡人万岁千秋之后，你们谁能和我共有今天的快乐呢？"

此时，安陵君抓住机会，泪流满面地走上前来，说："臣进宫就与大王同共一席，出宫与大王同乘一车，如果大王万岁千秋之后，我愿随大王奔赴黄泉，变作芦草为大王阻挡蝼蚁，那便是臣最大的荣幸。"

楚王闻言，大受感动，对他更加宠信了。

人生感悟

做人要有高瞻远瞩的长远眼光，不要因为眼前的一时之宠就得意忘形，也不要为了时下的一点失利就一蹶不振。小聪明是翻不起大浪花的，大智慧才可保你一世成功。

遇事多思考，切莫被眼前的景象打乱阵脚

曾国藩带湘军围剿太平天国之时，清廷对其是一种极为复杂的态度：不用这个人吧，太平天国声势浩大，无人能敌；用吧，一则是此人手握重兵，二则曾国藩的湘军是曾一手建立的子弟兵，又怕对朝廷形成威胁。在这种思想下，对曾国藩的任用经常是用你办事，不给高位实权。苦恼的曾国藩急需朝中重臣为自己撑腰说话，以消除清廷的疑虑。

一日，曾国藩在军中得到胡林翼转来的肃顺的密函，得知这位精明干练的顾命大臣在西太后面前荐自己出任两江总督。曾国藩大喜过望，咸丰帝刚去世，太子年幼，顾命大臣虽说有数人之多，但实际上是肃顺独揽权柄，有他为自己说话，再好不过了。

曾国藩提笔想给肃顺写封信表示感谢。但写了几句，他就停下了。他知道肃顺为人刚愎自用，很有些目空一切的味道，用今天的话来说，就是有才气也有脾气。他又想起西太后，这个女人现在虽没有什么动静，但绝非常人，以曾国藩多年的阅人经验来看，西太后心志极高，且权力欲强，又极富心机。肃顺这种专权的做法能持续多久呢？西太后会同肃顺合得来吗？

思前想后，曾国藩没有写这封信。后来，肃顺被西太后抄家问斩。在众多官员讨好肃顺的信件中，独无曾国藩的只言片语。

人生感悟

关键时刻要多思考，以免日后为自己添麻烦。

不要为了讨好别人而改变自己

20 世纪 80 年代，有位名叫安德森的模特公司经纪人，看中了一位身穿廉价服装、不拘小节、不施脂粉的大一女生。

这位女生来自美国伊利诺斯州一个蓝领家庭，唇边长了一颗触目惊心的大黑痣。她从没看过时装杂志，没化过妆，要与她谈论时尚等话题，好比是对牛弹琴。

每年夏天，她就跟随朋友一起，在德卡柏的玉米地里剥玉米穗，以赚取来年的学费。安德森偏偏要将这位还带着田野玉米气息的女生介绍给经纪公司，结果遭到一次次的拒绝。有的说她粗野，有的说她恶煞，理由纷纭杂沓，归根结底是那颗唇边的大黑痣。安德森却下了决心，要把女生及黑痣捆绑着推销出去。他给女生做了一张合成照片，小心翼翼地把大黑痣隐藏在阴影里，然后拿着这张照片给客户看，客户果然满意，马上要见真人。真人一来，客户就发现"货不对版"，当即指着女生的黑痣说："你给我把这颗痣拿下来。"

激光除痣其实很简单，无痛且省时，女生却说："对不起，我就是不拿。"安德森有种奇怪的预感，他坚定不移地对女生说："你千万不要摘下这颗痣，将来你出名了，全世界就靠着这颗痣来识别你。"

果然这女生几年后红极一时，日入 2 万美元，成为天后级人物，她就是名模辛迪·克劳馥。她的长相被誉为"超凡入圣"，她的嘴唇被称作芳唇，芳唇边赫然入目的是那颗今天被视为性感象征的桀骜不驯的大黑痣。正如安德森所说，痣，成了她的标志。人们将她与玛丽莲·梦露相提并论。痣，不再是她的瑕疵；痣，正是辛迪的个性所在。她成为少男少女心中的偶像，她是少女们描绘未来的楷模。

有一天，媒体竟然盛赞辛迪有前瞻性眼光。辛迪回顾从前，一次次倒抽凉气，成名路上多艰辛，幸好遇上"保痣人士"安德森。如果她摘了那颗痣，就是一个通俗的美人，顶多拍几次廉价的广告，就会淹没在繁花似锦的美女阵营里面。暑期到来，可能还要站在玉米地里继续剥玉米穗，与虫子、蜗牛为伍，以赚取来年的学费。

人生感悟

一个人，即使驾着的是一只脆弱的小舟，但只要舵掌握在他的手中，他就不会任凭波涛的摆布，而有自己选择方向的主见。

做事可以失败，做人一定要成功

有一位出名的老锁匠一生修锁无数，技艺高超，收费合理，深受人们敬重。更主要的是老锁匠为人正直，每修一把锁他都告诉别人他的姓名和地址，说："如果你家发生了盗窃，只要是用钥匙打开家门的，你就来找我！"

老锁匠老了，为了不让他的技艺失传，人们帮他物色徒弟。终于，老锁匠找到了两个合适的年轻人，准备把自己一身的本领传给其中一个。

一段时间以后，两个年轻人都学会了不少东西。但两个人中只有一个能得到真传，老锁匠决定对他们进行一次考试。

老锁匠准备了两个保险柜，分别放在两个房间，让两个徒弟去打开，谁花的时间短谁就是胜者。结果大徒弟用了不到 10 分钟，就打开了保险柜，而二徒弟却足足用了半小时，大家都以为是大徒弟赢了。老锁匠问大徒弟："保险柜里有什么？"大徒弟眼中放出了光亮："师傅，里面有很多钱，全是百元大钞。"老锁匠问二徒弟同样的问题，二徒弟支吾了半天说："师傅，我没看见里面有什么，您只让我打开锁，我就打开了锁。"

老锁匠十分高兴，郑重宣布二徒弟为他的正式接班人。大徒弟不服，众人不解，老锁匠微微一笑说："不管干哪一个行业都要讲究一个'信'字，尤其是我们这一行，要有更高的职业道德。我的传人会是一个技艺高超的锁匠，但他必须做到心中只有锁而无其他。否则，心有私念，稍有贪心，登门入室或打开保险柜取钱易如反掌，最终只能害人害己。我们修锁的人，每个人心上都要有一把不能打开的锁。"

人生感悟

做人做事永远本着"不在其位，不谋其政"的原则，这就要求我们永远只做自己该做的。

帮助他人，也要讲究方法策略

有一家卖布丁的商店，每年到圣诞节的时候就将许多美味布丁摆放成一排。你可以选择最适合你口味的布丁，他们甚至还允许你先品尝，然后再做决定。

海特常常想，会不会有些根本不打算买布丁的人利用这个优惠的机会白吃呢？有一天，他向女店员提出了这个问题，才得知的确有这样的事情。

"有这样一位老先生，"她说，"他几乎每星期都来这儿尝一尝每一种布丁，尽管他从来不买什么，而且，我怀疑他永远也不会买。我从去年，甚至前年就记住他了。唉，如果他想来就让他来吧，我们也欢迎。而且，我希望有更多商店可让他去品尝布丁。他看上去好像确实需要这样，我想大家都不会在乎的。"

就在她正跟海特说着话的时候，一位上了年纪的先生一瘸一拐地来到柜台前，开始兴致勃勃地仔细打量起那一排布丁。

"哎，那就是我刚刚跟你说的那位先生，"女店员轻轻地对海特说，"现在你就看着他好了。"说完，又转身对老先生说："您想尝尝这些布丁吗，先生？您就用这把调羹好了！"

这位老先生衣着破旧，但很整洁。他接过调羹，开始急切地一个接一个地品尝布丁，只是偶尔停下来，用一块大大的手绢擦擦他发红的眼睛。

海特看到他的手绢已经完全破了。

"这种不错。"

"这种也很好，但稍稍油腻了一点。"

海特想：看起来，他真诚地相信自己最终会买下一个布丁。他一点也不觉得自己是在欺骗商店。可怜的老头！也许他过去有钱来挑选自己最爱吃的布丁，如今他已家境破落，所能做到的也只是这样品尝品尝了。

海特突然动了同情心，走到老人跟前说：

"对不起，先生，能赏个脸吗？让我为您买一只布丁吧。这会让我深感欣慰的。"

听完海特的话，老先生好像被刺了一下似的往后一跳，热血冲上他那布满皱纹的脸。

"对不起，"他说，他的神态比海特根据其外表想象出的要高傲得多，"我想我跟您并不相识。您肯定是认错人了。"

说完，老先生转身对女店员大声说道："劳驾，把这只布丁替我包好，我要带走。"他指了指最大的也是最贵的一只布丁。

女店员从架子上取下布丁，开始打包。这时，他掏出一只破旧的黑色小皮夹子，开始数起他那些零散而少得可怜的钱来，然后将它们放到柜台上。

人生感悟

　　不尊重别人的自尊心，就好像一颗经不住阳光的宝石。一个真正会助人的人，在帮助他人时绝不会表现得像一个高高在上的施予者。

不可贪蝇头小利，免得为日后的生活设置障碍

清代康熙年间，北京城里延寿寺街廉记书铺的店堂里，一个书生模样的青年站在离账台不远的书架边看书。这时账台前一位少年拿着一本《吕氏春秋》正在付书款，有一枚铜钱掉地滚到这个青年的脚边，青年斜睨眼睛扫了一下周围，就挪动右脚，把铜钱踩在脚底。不一会儿，那少年付完钱离开店堂，这个青年就俯下身去拾起脚底下的这枚铜钱。

凑巧，这个青年踩钱、取钱的一幕，被店堂里边坐在凳上的一位老翁看见了。他见此情景，盯着这个青年看了很久，然后站起身来走到青年面前，同青年攀谈，知道他叫范晓杰，还了解了他的家庭情况。原来，范晓杰的父亲在国子监任助教，他跟随父亲到了北京，在国子监读书已经多年了。今天偶尔走过延寿寺街，见廉记书铺的书价比别的书店低廉，所以进来看看。老翁冷冷一笑，就告辞离开了。

后来，范晓杰以监生的身份进入誊录馆工作，不久，他到吏部应考合格，被选派到江苏常熟县去任县尉官职。范晓杰高兴极了，便水陆兼程南下上任。到了南京的第二天，他先去常熟县的上级衙门江宁府投帖报到，请求谒见上司。当时，江苏巡抚汤斌就在江宁府衙，他收了范晓杰的名帖，没有接见。范晓杰只得回驿馆住下。过一天去，又得不到接见。这样一连10天。

第11天，范晓杰耐着性子又去谒见，威严的府衙护卫官向他传达巡抚大人的命令："范晓杰不必去常熟县上任了，你的名字已经写进被弹劾的奏章，革职了。"

"大人，弹劾我，我犯了什么罪？"范晓杰莫名其妙，便迫不及待地问。

"贪钱。"护卫官从容地回答。

"啊？"范晓杰大吃一惊，自忖，"我还没有到任，怎么会有贪污的赃证？一定是巡抚大人弄错了。"急忙请求当面向巡抚大人陈述，澄清事实。

护卫官进去禀报后，又出来传达巡抚大人的话："范晓杰，你不记得延寿寺街上书铺中的事了吗？你当秀才的时候尚且爱一枚铜钱如命，今天侥幸当上了地方官，以后能不绞尽脑汁贪污而成为一名戴乌纱帽的强盗吗？请你马上解下官印离开这里，不要使百姓受苦了。"

范晓杰这才想起以前在廉记书铺里遇到的老翁，原来他就是正在私巡察访的巡抚大人汤斌。

人生感悟

为人做事目光要长远，尤其是谋划大业必须有高瞻远瞩的眼光。为了眼前一点蝇头小利就如此作为，这种短视的行为直接反映出为人的心态。正如孔子所言："君子喻于义，小人喻于利。"

做事讲谋略，打蛇打七寸

汉代的朱博本是武将出身，后来调任地方做文官。他利用一些巧妙的手段，制服了地方上的恶势力，被人们传为美谈。在长陵一带，有个大户人家出身的人名叫尚方禁。他年轻时曾强奸别人的妻子，被人用刀砍伤了面颊。如此恶棍，本应重重惩治，只因他大大地贿赂了官府的功曹，不但没有被革职查办，反倒被调升为守尉。

朱博上任后，有人向他告发了此事。朱博立即召见了尚方禁。尚方禁心中七上八下，硬着头皮来见朱博。朱博仔细看尚方禁的脸，果然发现有疤痕，就让侍从退开，假装十分关心地询问究竟。

尚方禁做贼心虚，知道朱博已经了解了他的情况，就像小鸡啄米似的接连给朱博叩头，如实地讲了事情的经过，请求朱博的原谅。他头也不敢抬，只是一个劲地哀求道："请大人恕罪，小人今后再也不干那种伤天害理的事了。"

"哈哈哈……"朱博突然大笑道，"男子汉大丈夫，难免会发生这种事情。本官想为你雪耻，给你个立功的机会，你会效力吗？"

于是，朱博命令尚方禁不得向任何人泄露这次的谈话内容，要他有机会就记录其他官员的一些言论，及时向朱博报告。尚方禁俨然成了朱博的耳目。

自从被朱博宽释并重用之后，尚方禁对朱博的大恩大德铭记在心，干起事来特别卖命，不久，就破获了许多起盗窃、强奸等犯罪案，使地方治安状况大为改观。朱博于是提升他为连守县县令。又过了一段时期，朱博突然召见那个当年收受尚方禁贿赂的功曹，对他进行了严厉的训斥，并拿出纸和笔，要那位功曹把自己受贿的事全部写下来，不能有丝毫隐瞒。

那功曹早已吓得像筛糠一般，只好提起笔写下自己的斑斑劣迹。

由于朱博早已从尚方禁那里知道了这位功曹贪污受贿的事，看了功曹写的交代材料，觉得大致不差，就对他说："你先回去好好反省反省，听候裁决。从今后，一定要改过自新，不许再胡作非为！"说完就拔出刀来。

那功曹一见朱博拔刀，吓得两腿一软，又是打躬又是作揖，嘴里不住地喊："大人饶命！大人饶命！"只见朱博将刀晃了一下，一把抓起那位功曹写下的罪状材料，将其撕成纸屑扔了。

自此后，那位功曹终日如履薄冰、战战兢兢，工作起来尽心尽责，不敢有丝毫懈怠。

人生感悟

打蛇要打七寸，控制人要抓住其把柄和弱点。否则，你的击打对他来说无关痛痒，将毫无用处。

友谊要经得起磨难

春秋时鲍叔牙和管仲是好朋友，二人相知很深。

他们俩曾经合伙做生意，一样地出资出力，分利的时候，管仲总要多拿一些。别人都为鲍叔牙鸣不平，鲍叔牙却说，管仲不是贪财，只是他家里穷。

管仲几次帮鲍叔牙办事都没办好，三次做官都被撤职，别人都说管仲没有才干，鲍叔牙又出来替管仲说话："这绝不是管仲没有才干，只是他没有碰上施展才能的机会而已。"

更有甚者，管仲曾三次被拉去当兵参加战争而三次逃跑，人们讥笑地说他贪生怕死。鲍叔牙再次直言：管仲不是贪生怕死之辈，只是他家里有老母亲需要奉养！

后来，鲍叔牙当了齐国公子小白的谋士，管仲却为齐国另一个公子纠效力。

两位公子在回国继承王位的争夺战中，管仲曾驱车拦截小白，引弓射箭，正中小白的腰带，小白弯腰装死，骗过管仲，日夜驱车抢先赶回国内，继承了王位，称为齐桓公。公子纠失败被杀，管仲也成了阶下囚。

齐桓公登位后，要拜鲍叔牙为相，并欲杀管仲报一箭之仇。鲍叔牙坚辞相国之位，并指出管仲之才远胜于己，力劝齐桓公不计前嫌，用管仲为相。齐桓公于是重用管仲，果然如鲍叔牙所言，管仲的才华逐渐施展出来，终使齐桓公成为春秋五霸之一。

人生感悟

千百年来，"管鲍之交"一直被誉为交友的最高境界，所谓春秋霸业早已是过眼云烟，但鲍叔牙宽阔无私的胸怀、对朋友的了解信任却永久地被人称道。

友情，本身是至善的约束，历经劫难而益显圣洁。

总之，经得起磨难的友谊才是真正的友谊。

自我管理，人生成功的催化剂

要想管理好工作、命运，首先要管理好自己——杰出者、成功者必定是卓有成效的自我管理者。

一个人能不能自我管理是非常重要的。印度雷缪尔集团总经理，哈佛商学院的 MBA，伦敦商学院、欧洲 INSEAD 商学院、瑞士国际管理发展学院、中国中欧国际工商学院等多所商学院的访问教授帕瑞克博士曾经说过："除非你能管理自我，否则你不能管理任何人或任何东西。"

自我管理是一门科学，也是一门艺术，是对自己人生和实践的一种自我调节，也是人生成功的催化剂。

2005 年，香港富豪李嘉诚在谈到自己的成功时，曾着重强调了自我管理的重要性：

"掐指一算，我的公司已成立 55 年，由 1950 年几个人的小公司发展到今天在全球 52 个国家拥有超过 20 万员工的企业……

人生不同的阶段中，要经常反思自问：我有什么心愿？我有宏伟的梦想，但我懂不懂什么是有节制的热情？我有与命运拼搏的决心，但我有没有面对恐惧的勇气？我有信心、有机会，但有没有智慧？我自信能力过人，但有没有面对顺境、逆境都可以恰如其分行事的心力？

14岁，当我还是个穷小子的时候，我对自己的管理很简单：我必须赚取足够一家人存活的费用。我知道没有知识就改变不了命运，没有本钱更不能好高骛远，我还经常会记起祖母的感叹："阿诚，我们什么时候能像潮州城中某某人那么富有？"

我可不想像希腊神话中伊卡罗斯一样，凭借蜡做的翅膀翱翔，最终悲惨地坠下。于是我一方面紧守角色，虽然当时只是小工，但我坚持把每件交托给我的事做得妥当、出色；一方面绝不浪费时间，把剩下来的每一分钱都用来购买实用的旧书籍。

22岁成立公司以后，我知道光凭耐忍、任劳任怨已经不够，成功也许没有既定的方程式，失败的因子却显而易见，建立减低失败几率的架构，才是步向成功的快捷方式……"

就这样，他一步步迈入了人生辉煌的殿堂。

人生感悟

达到自我管理，我们可以逐步走向自我完善，最大限度地激发自身潜能，实现人生的最大价值。

合作才能生存

我们生活在一个充满竞争的时代，生存似乎变得越来越艰难，然而正是如此，我们才更需要与别人合作。最能有效地运用合作法则的人生存得最久，而且这个法则适用于任何动物。

一位生前经常行善的基督徒见到了上帝，他问上帝天堂和地狱有何区别。于是上帝就让天使带他到天堂和地狱去参观。

到了天堂，在他们面前出现一张很大的餐桌，桌上摆满了丰盛的佳肴。围着桌子吃饭的人都拿着一把十几尺长的勺子。

我想知道饭馆怎么走？

不过令人不解的是，这些可爱的人们都在相互喂对面的人吃饭。可以看得出，每个人都吃得很愉快。天堂就是这个样子呀！他心中非常失望。

接着，天使又带他来到地狱参观。出现在他面前的是同样的一桌佳肴，他心中纳闷：天堂怎么和地狱一样呀！天使看出了他的疑惑，就对他说："不用急，你再继续看下去。"

过了一会儿，用餐的时间到了，只见一群骨瘦如柴的人来到桌前入座。每个人手上也都拿着一把十几尺长的勺子。

可是由于勺子实在是太长了，每个人都无法把勺子内的饭送到自己口中，这些人都饿得大喊大叫。

人生感悟

一个人的才能和力量总是有限的，唯有合作，才能最省时省力、最高效地完成一项复杂的工作。没有别人的协助与合作，任何人都无法取得持久性的成功。

合作与竞争看似水火不容，实则相依相伴，在知识经济时代，竞争与合作已经成为不可逆转的大趋势，合作与团队精神变得空前重要，只有承认个人智能的局限性、懂得自我封闭的危害性、明确合作精神的重要性，才能有效地通过合作来弥补自身的不足，以达到单凭个人力量达不到的目的。

"独行侠"通常举步维艰

工作中，许多人自视甚高，坚持"独行侠"的做事风格，其实这只会让自己前途走向黯淡。

懂得合作、有团队意识的人，才能获得双赢的效果。

第二次世界大战时，在德国柏林东南有一座战俘营。为了逃脱纳粹的魔爪，250多名战俘准备越狱。在纳粹的严密控制之下实施越狱计划，要求战俘们进行最大限度的合作，才能确保成功。为此，他们明确地进行了分工。

这项工程复杂无比。首先要挖地道，而挖地道和隐藏地道则极为困难。战俘们一起设计地道，动工挖土，拆下床板木条支撑地道。处理新鲜泥土的方式更令人惊叹，他们用自制的风箱给地道通风吹干泥土。制作了在坑道运土的轨道和手推车，在狭窄的坑道里铺上了照明电线。所需的工具和材料之多令人难以置信，3000张床板、1250根木条、2100个篮子、71张长桌子、3180把刀、60把铁锹、700英尺（约213米）绳子、2000英尺（约610米）电线，还有许多其他的东西。

为了寻找和搞到这些东西，他们绞尽了脑汁。此外，每个人还需要普通人的衣服、纳粹通行证和身份证以及地图、指南针及干粮等一切可以用得上的东西。担任此项任务的战俘不断弄来任何可能有用的东西，其他人则有步骤、坚持不懈地贿赂甚至讹诈看守。

每一个人都有各自的分工。做裁缝，做铁匠，当扒手，伪造证件，他们日复一日地秘密工作，甚至组织了一些掩护队，吸引德国哨兵的注意力。

不仅如此，他们还要负责"安全问题"，德国人雇佣了许多秘密看守，混入战俘营，专门防止越狱，"安全队"监视每个秘密看守，一有看守接近，就悄悄地发信号给其他战俘、岗哨和工程队员。

由于众人的密切协作，在一年多的时间内他们竟然奇迹般地躲过了纳粹的严密监视，成功地完成了这一切。

在这里，个人英雄主义是无法赢得胜利的。

工作如战斗，将协作精神发挥到最大值的人，才有希望戴上成功的桂冠。

人生感悟

单打独斗，刚愎自用，个人的前途必将是黯淡无光的。具有协作精神，才能将个人价值最大化。

你对它投入一份专注，它回报你一份成就

在荷兰，有一位刚刚初中毕业的青年农民，在一个小镇找到了为镇政府看门的工作。从此他就没有离开过这个小镇，也没有再换过工作。

他太年轻，工作也太清闲，总得打发时间。他选择了费时又费工的打磨镜片，作为自己的业余爱好。就这样，他磨呀磨，一日复一日，一年又一年，一磨就是60年。

他是那样的专注和细致，锲而不舍。他的技术早已超过专业技师了，他磨出的复合镜片的放大倍数，比专业技师磨出的都要高。他老老实实地把手头上的每一块玻璃片磨好，可以说用尽了毕生的心血。借助打磨的镜片，他发现了当时科技尚未知晓的另一个广阔的世界——微生物世界。从此，他名声大振。只有初中文化的他，被授予了在他看来是高不可攀的巴黎科学院院士的头衔，就连英国女王也到小镇拜会过他。

创造这个奇迹的小人物，就是科学史上鼎鼎大名、活了90岁的荷兰科学家万·列文虎克。

人生感悟

铁杵之所以能磨成针，就在于老妇人的专注与恒心，做任何事倘若失去了这种精神，就不能收获成功的喜悦。

用一颗诚挚的心做事，才会有一份辉煌的事业

在巴黎市中心的两条大街的交叉口，有一座名为"巴尔扎克纪念碑"的塑像。这座塑像上的巴尔扎克，昂着头，披散着发，用嘲笑和蔑视的目光注视着眼前光怪陆离的花花世界。然而，巴尔扎克像却没有双手，这是怎么回事呢？

这座塑像是近代欧洲雕塑大师罗丹的作品。为了创作出这件作品，理解和体会这位《人间喜剧》作者的思想感情，表达出巴尔扎克的内在神韵，罗丹仔细阅读了巴尔扎克的全部重要作品，认真钻研了有关巴尔扎克的评论文章和传记作品。

不仅如此，罗丹对塑像的创作态度极端认真。当时塑像的委托者限定18个月完成，并给了罗丹1万法郎作为定金。罗丹为了避免因时间仓促而粗制滥造，退回了1万法郎，并要求多给他一些时间。

在塑像的创作过程中，罗丹还经常征求别人的意见。

一天深夜，罗丹在他的工作室里刚刚完成巴尔扎克的雕像，独自在那里欣赏。他面前的巴尔扎克身穿一件长袍，双手在胸前叠合，表现出一种一往无前的气势。兴奋的罗丹迫不及待地叫醒一名学生，让他来评价自己的作品。

这位学生怀着惊喜的心情欣赏着老师的杰作，目光渐渐地集中在雕像的那双手上。"妙极了，老师！"这位学生叫道，"我从来没有见过这样一双奇妙的手啊！"听到这样的赞美，罗丹脸上的笑容消失了，他匆匆跑出工作室，又叫来另一个学生。"只有上帝才能创造出这样一双手，它们简直和活的一样。"学生用虔诚的口吻说道。罗丹的表情更加不自然了，他又叫来第三个学生。这个学生面对雕像，用同样尊敬的口气说："老师，单凭您塑造的这双手，就可以使您名垂千古了。"此时的罗丹已经变得异常激动，他不安地在屋内走来走去，反复端详这尊雕像。

突然，他抡起锤子，果断地砍掉了那双"举世无双的完美的手"。学生们被老师的举动惊呆了，一时不知说什么才好。罗丹用平静的口气对他们说："孩子们，这双手太突出了，它们已经有了自己的生命，不属于这座雕像的整体了。"沉思了一下，他又继续说道："记住，一件完美的艺术品，没有任何一部分比整体更重要。"

罗丹就是这样一位为艺术不断追求的人。

人生感悟

不论是艺术还是其他工作，我们都需要一种以生命的全部热忱来对待它的精神。你把它当作你的事业，它也就给你所追求的一切。

不论你做什么，都要保持一颗高贵的心

他是个上了年纪的补鞋匠，铺子开在巴黎古老的玛黑区。布克夫人拿鞋子去请他修补，他先是对她说："我没空。拿去给大街上的那个家伙吧，他会立刻替你修好。"

可是，布克夫人早就看中他的铺子了。只看他工作台上放满了的皮块和工具，她就知道他是个巧手的工艺匠。"不成，"她回答说，"那个家伙一定会把我的鞋子弄坏。"

"那个家伙"其实是那种替人即时钉鞋跟和配钥匙的人，他们根本不大懂得修补鞋子或配钥匙。他们工作马虎，替你缝一回鞋的带子后，你倒不如把鞋子干脆丢掉。

那鞋匠见布克夫人坚持不让，于是笑了起来。他把双手放在蓝布围裙上擦了一擦，看了看她的鞋子，然后叫她用粉笔在一只鞋底上写下自己的名字，说："一个星期后来取。"

布克夫人将要转身离去时，他从架子上拿下一只极好的软皮靴子，很得意地说："看到我的本领吗？连我在内，整个巴黎只有 3 个人能有这种手艺。"

布克夫人出了店门，走上大街，觉得好像走进了一个簇新的世界。那个老工艺匠仿佛是中古传说中的人物——他说话不拘礼节，戴着一顶形状古怪、满是灰尘的毡帽，奇特的口音不知来自何处，而最特别的，是他对自己的技艺深感自豪。

布克夫人想：在现代社会里，人们只讲求实利，只要有利可图，随便怎样做都可以。人们视工作为应付不断增加的消费的手段，而非发挥本身能力之道。在这样的时代里，看到一个补鞋匠对自己一件做得很好的工作感到自豪，并从中得到极大的满足，实在是难得遇到的快事。

人生感悟

一个认真而又诚实的人，不论做什么，只要他尽心尽力，忠于职守，除了保持自尊之外别无他求，那么，他就是值得世人尊敬的。

要么不做，要做就做到最好

让杰西永远也忘不了的，是她上三年级时的一件事。学校排戏时，她被选来扮演剧中的公主。接连几周，母亲都煞费苦心地跟她一道练习台词。可是，无论她在家里表达得多么自如，一站到舞台上，她头脑里的词句便全都无影无踪了。

最后，老师只好叫杰西靠边站。她解释说，她为这出戏补写了一个道白者的角色，请她调换一下角色。虽然她的话亲切婉转，但还是深深地刺痛了杰西，尤其是看到自己的角色让给另一个女孩的时候。

那天回家吃午饭时，杰西没把发生的事情告诉母亲。然而，母亲却觉察到了她的不安，没有再提议她们练台词，而是问她是否想到院子里走走。

那是一个明媚的春日，棚架上的蔷薇藤正泛出亮丽的新绿。杰西无意中瞥见母亲在一棵蒲公英前弯下腰。"我想我得把这些杂草统统拔掉。"她说着，用力将它连根拔起。"从现在起，咱们这庭园里就只有蔷薇了。"

"可我喜欢蒲公英，"杰西抗议道，"所有的花儿都是美丽的，哪怕是蒲公英！"

母亲表情严肃地打量着她。"对呀，每一朵花儿都以自己的风姿给人愉悦，不是吗？"她若有所思地说。

杰西点点头，很高兴自己战胜了母亲。

"对人来说也是如此。"母亲又补充道，"不可能人人都当公主，但那并不值得羞愧。"

杰西想母亲猜到了自己的痛苦，她一边告诉母亲发生了什么事，一边失声哭泣起来。

母亲听后释然一笑。

"但是，你将成为一个出色的道白者。"母亲说，并提醒杰西是如何爱朗读故事给自己听的，"道白者的角色跟公主的角色一样重要。"

人生感悟

　　每个行业都能出人才，关键是你要做得足够好。正所谓"三百六十行，行行出状元"，只要你能做最好的自己，那么你也就会得到你应得的掌声与鲜花。

不断挑战新的难度，才能迈上更高的台阶

伍德是音乐系的学生，这一天，他走进练习室。在钢琴上，摆着一份全新的乐谱。

"超高难度……"伍德翻动着乐谱，喃喃自语，感觉自己对弹奏钢琴的信心似乎跌到了谷底。

已经3个月了！自从跟了这位新的指导教授之后一直是这样，不知道为什么教授要以这种方式整人。

伍德勉强打起精神，他开始用手指奋战、奋战、奋战……琴音盖住了练习室外教授走来的脚步声。

指导教授是个极有名的钢琴大师。授课第一天，他给自己的新学生一份乐谱。"试试看吧！"他说。

乐谱难度颇高，伍德弹得生涩僵滞、错误百出。

"还不熟，回去好好练习！"教授在下课时，这样叮嘱学生。

伍德练了一个星期，第二周上课时正准备让教授测试。没想到，教授又给了他一份难度更高的乐谱："试试看吧！"上星期的课，教授提也没提。

伍德再次挣扎于更高难度的技巧挑战。

第三周，更难的乐谱又出现了。

同样的情形持续着，伍德每次在课堂上都被一份新的乐谱所困扰，然后把它带回去练习，接着再回到课堂上，重新面临两倍难度的乐谱，却怎么都追不上进度，一点也没有因为上周的练习而有轻车熟路的感觉。伍德越来越感到沮丧和气馁。

教授走进练习室。

伍德再也忍不住了，他向钢琴大师提出这几个月来自己承受的巨大压力。

教授没有开口，他抽出了最早的那份乐谱，交给伍德。"弹弹看！"他以坚定的目光望着伍德。

不可思议的事情发生了，连伍德自己都惊讶万分，他居然可以将这首曲子弹奏得如此美妙、如此精湛！教授又让伍德试了第二堂课的乐谱，伍德依然呈现超高水准的表现……演奏结束，伍德怔怔地看着老师，说不出话来。

"如果，我任由你表现最擅长的部分，可能你还在练习最早的那份乐谱，就不会有现在这样的程度。"钢琴大师缓缓地说。

人生感悟

当我们把过多的精力与才华放在一个低水平的事情上，我们的能力就无法提高。想突破事业的瓶颈，必须勇于挑战高难度的工作。

凡事不要想当然，也许你的判断会出错

田野是个音乐狂。他刚刚走出校门参加工作，单位就给他分了一间房子。而且他的邻居是个很漂亮的女孩子，这使他感到很快乐。

田野想：热爱音乐的人大概都是些乐观向上、热爱生活的人，那个漂亮女孩一定也是，她一定也很喜欢音乐。

每天下班回来，田野要做的第一件事便是打开录音机，放上一段浪漫吉他曲或钢琴曲，有时也放一些英文歌曲，还有当代歌星的歌。

放音乐时他有一个习惯，打开门、打开窗，把声音放得很大，在震耳欲聋的音乐中神游，自得其乐。他沉醉于音乐的鲜花丛中，呼吸着音乐所带来的芬芳，感到自己真的成了一个自由人。一种幸福感时时弥漫于他的内心。

田野甚至想，那位他急欲想了解的漂亮女孩一定很注意他、很羡慕他。

有一天，女孩突然走到了田野的门前，羞怯地说："我可以进来吗？"

他十分惊喜地说："当然可以，我做梦都想跟你聊聊天儿、认识认识呢！快进屋吧。"

他慌忙让座、沏茶给女孩。他希望给女孩留下一个极好的印象，也好进一步与她发展。

"对啦，做邻居都十几天啦，还不知你的芳名。"

"噢，我叫安琪。"

"多美的名字！那是天使的名字，你真是名如其人呀！"

"过奖啦。"女孩说着低下了头，一朵红云飘过她的脸庞。

"我，我想……"女孩突然有些嗫嚅地望着他。

"有什么话尽管说，是不是想和我谈谈音乐？"他鼓励她道。他想，或者是她爱上了他，又不好意思说出口。

"那好吧，我说出来你别生气。"女孩大胆地望了他一眼。这句话使他一下子提高了警惕。

"你天天放的音乐吵得我坐卧不安，有一段时间我感到自己简直都快疯啦！我想，你放音乐时是否可以小声一点。"女孩勇敢地望着他，终于吐出了她那显然压抑了许久的心里话。

他一瞬间怔住了。

许久，许久，他才从牙缝里挤出一句话："好，我一定，一定……"

女孩走出了门。女孩的身材像舞蹈演员一样美，女孩如诗的背影永远地停驻在他的眼帘。

从那以后，田野很少再放音乐。即使偶尔放，声音也放得很小。因为女孩使他懂得，自己认为很美很动听的音乐，有时对于别人来说很可能就是一种噪音。

人生感悟

> 孔子说：己所不欲，勿施于人。有时就算是你所喜爱的事物，别人也未必欣赏，因此考虑问题时多站在他人的角度思考，这样就多了一份不偏不倚的把握。

第十三章

拒绝平庸，做最好的自己

　　珍爱自己，让个性伴随你，自信地站在自己的位置上，给苍白的四周以绮丽，给庸俗的日子以诗意，给沉闷的空气以清新。每日拭亮一个太阳，用大自然的琴弦，奏响自己喜爱的心曲，大声宣告：我就是一道风景。

　　在人生之路上，自己既是同行者，又是挑战者。失去了自己这个对手，也许将失去一切。挑战自己，战胜自己，超越自己吧！

当产生畏难情绪时，要强迫自己坚持下去

有一个叫戴维的年轻人很喜欢写作，朋友们都认为他很有才能，但不知道他为什么不能靠写作维持自己的生活。

年轻人认为，他必须先有了灵感才能开始写作，作家只有感到精力充沛、创造力旺盛时才能写出好的作品。为了写出优秀作品，他觉得自己必须等待情绪来了之后，才能坐在电脑前开始写作。如果他某天感到情绪不高，那就意味着他那天不能写作。

不言而喻，要具备这些理想的条件并不是有很多机会的，因此，他也就很难感到有多少好情绪使他得以成就任何事情，也很难感到有创作的欲望和灵感。这便使他的情绪更为不振，更难有好情绪出现，因此也越发地写不出东西来。

通常，每当他想要写作的时候，他的脑子就变得一片空白。这种情况使他感到害怕。所以，为了避免瞪着空白纸页发呆，他就干脆离开电脑。他去收拾一下花园，把写作忘掉，心里马上就好受些。他也用其他办法来摆脱这种心境，比如去打扫卫生间，或去刮胡子。

但是，对于他来说，在盥洗间刮刮胡子或在花园里种种花，都无助于在白纸上写出文章来。

后来，他借鉴了某著名作家的一条经验。这条经验是："对于'情绪'这种东西可不能心软。从一定意义上来说，写作本身也可以产生情绪。有时，我感到疲惫不堪，精神全无，连5分钟也坚持不住了；但我仍然强迫自己坚持写下去，而且不知不觉地在写作的过程中，情况完全变了样。"

他认识到，要完成一项工作，必须待在能够实现目标的地方才行。要想写作，就非在电脑前坐下来不可。

经过冷静的思考，他决定马上开始行动起来。他制订了一个计划：起床的闹钟定在每天早晨7点钟，到了8点钟便可以坐在电脑前。他的任务就是坐在那里，一直坐到他在纸上写出东西。如果写不出来，哪怕坐一整天，也在所不惜。他还定了一个奖惩办法：早晨打完一页纸才能吃早饭。

第一天，他忧心忡忡，直到下午2点钟他才打完一页纸。第二天，戴维有了很大进步。坐在电脑前不到2小时，他就打完了一页纸，较早地吃上了早饭。第三天，

他很快就打完了一页纸，接着又连续打了五页纸，才想起吃早饭的事情。

最后，他的作品终于完成了。后来，他成了一位小有名气的作家。

人生感悟

> 有很多事情的确需要好的情绪才能做好，但有这种好情绪的时候往往并不多。不要等待好情绪的出现，因为越等待拖延的时间就越长。最好的办法是：强迫自己坚持做下去。

接受不幸不如接受挑战，相信命运不如相信自己

威尔逊先生是一位成功的商业家，他从一个普普通通的事务所小职员做起，经过多年的奋斗，终于拥有了自己的公司、办公楼，并且受到了人们的尊敬。

这一天，威尔逊先生从他的办公楼走出来，刚走到街上，就听见身后传来"嗒嗒嗒"的声音，那是盲人用竹竿敲打地面发出的声响。威尔逊先生愣了一下，缓缓地转过身。

那盲人感觉到前面有人，连忙打起精神，上前说道："尊敬的先生，您一定发现我是一个可怜的盲人，能不能占用您一点点时间呢？"

威尔逊先生说："我要去会见一个重要的客户，你要说什么就快说吧。"

盲人在一个包里摸索了半天，掏出一个打火机，放到威尔逊先生手里，说："先生，这个打火机只卖1美元，这可是最好的打火机啊。"

威尔逊先生听了，叹口气，把手伸进西服口袋，掏出一张钞票递给盲人："我不抽烟，但我愿意帮助你。这个打火机，也许我可以送给开电梯的小伙子。"

盲人用手摸了一下那张钞票，竟然是一百美元！他用颤抖的手反复抚摸这钱，嘴里连连感激着："您是我遇见过的最慷慨的先生！仁慈的富人啊，我为您祈祷！上帝保佑您！"

威尔逊先生笑了笑，正准备走，盲人拉住他，又喋喋不休地说："您不知道，我并不是一生下来就瞎的。都是23年前布尔顿的那次事故！太可怕了！"

威尔逊先生一震，问道："你是在那次化工厂爆炸中失明的吗？"

盲人仿佛遇见了知音，兴奋得连连点头："是啊是啊，您也知道？这也难怪，那次爆炸光炸死的人就有93个，伤的人有好几百，可是头条新闻啊！"

盲人想用自己的遭遇打动对方，争取得到一些钱，他可怜巴巴地继续说道："我

真可怜啊！到处流浪，孤苦伶仃，吃了上顿没下顿，死了都没有人知道！"

他越说越激动："你不知道当时的情况，火一下子冒了出来！仿佛是从地狱中冒出来的！逃命的人群都挤在一起，我好不容易冲到门口，可一个大个子在我身后大喊：'让我先出去！我还年轻，我不想死！'他把我推倒了，踩着我的身体跑了出去！我失去了知觉，等我醒来，就成了盲人，命运真不公平啊！"

威尔逊先生冷冷地说道："事实恐怕不是这样吧？"

盲人一惊，用空洞的眼睛呆呆地对着威尔逊先生。

威尔逊先生一字一顿地说："我当时也在布尔顿化工厂当工人，是你从我的身上踏过去的！你长得比我高大，你说的那句话，我永远都忘不了！"

盲人站了好长时间，突然一把抓住威尔逊先生，爆发出一阵大笑："这就是命运啊！不公平的命运！你在里面，现在出人头地了，我跑了出去，却成了一个没有用的盲人！"

威尔逊先生用力推开盲人的手，举起了手中一根精致的棕榈手杖，平静地说："你知道吗？我也是一个盲人。你相信命运，可是我不信。"

人生感悟

> 很多事实都证明，接受不幸、屈服于命运的人，最终会成为命运的奴隶；纵然遭遇不幸，却能积极地挑战不幸、不屈服于命运的人，一定能战胜不幸，获得成功。

时间不等人，延迟决定是最大的错误

美国拉沙叶大学的一位业务员前去拜访西部一小镇上的一位房地产商人，想把一个"销售及商业管理"课程介绍给这位房地产商人。这位业务员到达房地产商人的办公室时，发现他正在一架古老的打字机上打着一封信。这位业务员自我介绍一番，然后介绍他所推销的这个课程。

那位房地产商人显然听得津津有味。然而，听完之后，却迟迟不表示意见。

这位业务员只好单刀直入了："你想参加这个课程，不是吗？"

这位房地产商人以一种无精打采的声音回答说："呀，我自己也不知道是否想参加。"

他说的倒是实话，因为像他这样难以迅速作出决定的人有数百万之多。这位对人性有透彻认识的业务员，这时候站起来，准备离开。但接着他采用了一种多少有点刺激的战术。下面这些话使房地产商人大吃一惊。

"我决定向你说一些你不喜欢听的话，但这些话可能对你很有帮助。

先看看你工作的办公室，地板脏得可怕，墙壁上全是灰尘。你现在所使用的打字机看来好像是大洪水时代挪亚先生在方舟上所用过的。你的衣服又脏又破，你脸上的胡子也未刮干净，你的眼光告诉我你已经被打败了。

在我的想象中，在你家里，你太太和你的孩子穿得也不好，也许吃得也不好。你的太太一直忠实地跟着你，但你的成就并不如她当初所希望的。在你们结婚时，她本以为你将来会有很大的成就。

请记住，我现在并不是向一位准备进入我们学校的学生讲话，即使你用现金预缴学费，我也不会接受。因为，如果我接受了，你将不会拥有去完成它的进取心，而我们不希望自己的学生当中有人失败。

现在，我告诉你为何失败。那是因为你没有作出一项决定的能力。

在你的一生中，你一直养成一种习惯：逃避责任，无法作出决定。结果到了今天，即使你想做什么，也无法办得到了。

如果你告诉我，你想参加这个课程，或者你不想参加这个课程，那么，我会同情你，因为我知道，你是因为没有钱才如此犹豫不决。但结果你说什么呢？你承认你并不知道你究竟参加或不参加。你已养成逃避责任的习惯，无法对影响到你生活的所有事情作出明确的决定。"

这位房地产商人呆坐在椅子上，下巴往后缩，他的眼睛因惊讶而膨胀，但他并不想对这些尖刻的批评进行反驳。

这时，这位业务员说了声"再见"，走了出去，随手把房门关上。但又再度把门打开，走了回来，带着微笑在那位吃惊的房地产商人面前坐下来，继续他的谈话。

"我的批评也许伤害了你，但我倒是希望能够触怒你。现在让我以男人对男人的态度告诉你，我认为你很有智慧，而且我确信你有能力，但你不幸养成了一种令你失败的习惯。但你可以再度站起来。我可以扶你一把——只要你愿意原谅我刚才所说过的那些话。

你并不属于这个小镇。这个地方不适合从事房地产生意。你赶快替自己找套新衣服，即使向人借钱也要去买来，然后跟我到圣路易市去。我将介绍一个房地产商人和你认识，他可以给你一些赚大钱的机会，同时还可以教你有关这一行业的注意事项，你以后投资时可以运用。你愿意跟我来吗？"

那位房地产商人竟然抱头哭泣起来。最后，他努力地站了起来，和这位业务员握握手，感谢他的好意，并说他愿意接受他的劝告，但要以自己的方式去进行。他要了一张空白报名表，签字报名参加《推销与商业管理》课程，并且凑了一些一毛、五分的硬币，先交了头一期的学费。

三年以后，这位房地产商人开了一家拥有 60 名业务员的公司，成为圣路易市最成功的房地产商人之一，他还指导其他业务员的工作，每一位准备到他公司上班的业务员，在被正式聘用之前，都要叫到他的私人办公室去，他把自己的转变过程告诉这位新人，从拉沙叶大学那位业务员初次在那间寒酸的小办公室与他见面开始说起，并且首先要传授的一条经验就是——"延迟决定是最大的错误"。

人生感悟

　　犹豫不决，决而不断，是成功道上的巨大阻石，很多人往往由于延迟决定而错过了最佳时机。时间不等人，无论做什么事，都要果断决定，用行动去改变自己，去证明自己，才有可能成功。

做事最怕没创意，有创意的东西才能引起关注

日本冈山市有一栋非常漂亮气派的 5 层钢筋水泥大楼。这栋大楼就是条井正雄所拥有的冈山大饭店。然而，谁也没想到，这位当年身无分文的条井正雄却盖起了这栋大楼。

条井以前是一家银行的贷款股长，一直负责办理饭店、旅馆业贷款的工作。10 年的工作，使他不知不觉成了一个对旅馆经营知识十分丰富的人，这时他心里自然也产生了经营旅馆的欲望。为了求得更完善的方案，他实地作过精密的调查，调查结果是来冈山市的旅客，有 97% 是为商务而来的。然后，他又在公路边站了三个月，调查汽车来往情况，得出每天汽车流量有 900 辆，每辆车约坐 2.7 人。然而当时，冈山市的旅馆却没有一家有像样的停车场设施。他想，将来新盖的饭店，必须具有商业风格，而且附设广阔的停车场，以此来吸引旅客。他又花费一年时间，制成几张十分阔气的饭店设计图纸和一份经营计划书。抱着试试看的态度到冈山市最大的建筑公司碰运气。

一位主管看了他的设计后，问条井："你准备了多少资金来盖这栋大楼？"

"我一分钱也没有，我想，先请你们帮我盖这栋大楼，至于建筑费等我开业之后，分期付给你们。"条井泰然自若地回答。

"你简直是在做白日梦，真是太天真了，请你把这个设计图拿回去吧！"

"这几张图纸和计划书是我花了两年时间完成的，我认为很完整。请你们详细研究，我以后再来讨教！"条井没有说更多的话，把设计图丢在那里，掉头就走。

半个月后，奇迹发生了，这个建筑公司约他去面谈。该公司的董事和经理齐聚一堂，从上午8点谈到下午4点，一个接一个地问话，各式各样的提问，那种场面真令人心惊肉跳。然而，难以令人相信的事终于发生了：建筑公司决定花2亿日元替这位身无分文的先生盖饭店。

一年后饭店落成了，条井成了老板。这就是创意所带来的巨大成功。

人生感悟

创意是一种找出问题，改进方法的能力。做事最怕没创意，只有有创意的东西才能从众多的同类事物中脱颖而出，引起人们的关注。发挥创意并不仅仅局限于艺术领地，各项事业的成功都需要充分运用我们的创意。

没有思想和主见，一切学识和经验都毫无价值

一家大公司需要招聘办公室副主任，在省城的好几家报纸上登出了"高薪诚聘"内容的广告。月薪4000元的确具有不小的诱惑力，一时间应者云集，有近百人报名参加初试，其中不乏硕士生和许多有工作经验者。

初试之后，又经过了三轮面试，最后确定由三人参加最后一轮面试。他们是：一个硕士毕业生、一个应届本科毕业生和一个有着5年相关工作经验的年轻人。

最后的面试由总经理亲自把关：跟三位应聘者逐个进行交谈。

面试的房间是临时腾出来的，设在人事部的一间小办公室里。等谈话要开始了，才发现室内恰好少了一把供应聘者坐下来跟总经理交谈的椅子。办事人员正要到隔壁办公室去借一把椅子，总经理挥手制止了他："别去了，就这样吧！"

第一位进来的是那位硕士生。总经理对他说的第一句话是："你好，请坐。"

他看着自己周围，发现并没有椅子，充满笑意的脸上立即现出了些许茫然和尴尬。

"请坐下来谈。"总经理又微笑着对他说。他脸上的尴尬显得更浓了，有些不知所措，略作思索，他谦卑地笑着说："没关系，我就站着吧！"

接下来就轮到年轻人，他环顾左右，发现并没有可供自己坐的椅子，也是一脸谦卑地笑："不用了，不用了，我就站着吧！"

总经理微笑着说："还是坐下来谈吧！"

年轻人很茫然，回头看了看身后，"可是……"

总经理似乎恍然大悟，说："啊，请原谅我们工作上的疏忽。那好，你就委屈一下，我们站着谈吧！不过，很快就完的。"

几分钟后，那个应届毕业生进来了。总经理的第一句话仍然是："你好，请坐。"

大学生看看周围没有椅子，愣了一下，立即微笑着请示总经理："您好，我可以把外面的椅子搬一把进来吗？"

总经理脸上的笑容舒展开来，温和地说："为什么不可以？"

大学生就到外面搬来了一把椅子坐下来，和总经理有礼有节地完成了后面的谈话。

最后一轮面试结束后，总经理留用了这位应届的大学毕业生。

总经理的理由很简单：我们需要的是有思想、有主见的人，没有自己的思想和主见，一切的学识和经验都毫无价值。

事实也证明总经理的判断准确无误。仅仅半年之后，应届毕业生就坐到了总经理助理的位置上，成为公司中最年轻的高层管理人员。

人生感悟

　　做任何事情都需要我们有思想、有主见，这样才能充分发挥自己的主动性和创造性。如果一个人没有自己的思想和主见，那么，一切学识和经验都毫无价值。

甩掉自卑的包袱

从前，在夏威夷有一对双胞胎王子。有一天，国王想为大王子娶媳妇，便问他喜欢怎样的女性。

大王子回答："我喜欢瘦的女孩子。"

而知道了这消息的岛上年轻女性想："如果顺利的话，或许能攀上枝头做凤凰。"于是大家争先恐后地开始减肥。

不知不觉，岛上几乎没有胖的女性了。不仅如此，因为女孩子一碰面就竞相比较谁更苗条，甚至出现了因为营养不良而得重病的情况。

但后来却出现了意外的情况。大王子因为生病一下子就过世了，因此仓促决定由弟弟来继承王位。

于是国王又想为小王子娶媳妇，便问他同样的问题。"现在女孩都太瘦弱了，而我比较喜欢丰满的女性。"小王子说。

知道消息的岛上年轻女性，开始竞相大吃特吃，于是，岛上几乎没有瘦的女性了，但岛上的食物也被吃得匮乏，甚至连为预防饥荒的粮食也几乎被吃光了。

最后王子所选的新娘，却是一位不胖不瘦的女性。

王子的理由是："不胖不瘦的女性，更显青春而健康。"

人生感悟

为缺点和自卑感到烦恼的人请注意：审美观是因人而异的。假设有位女性，也许A先生会认为她是非常美的，而B先生却不这么认为。也就是说，每个人的审美观并不相同，太看重别人的评价或因为自己一点的缺陷就自卑，不但没有必要，而且会影响自己正常的生活。

一个人自卑的特点是：认为别人都比自己强，自己处处不如别人，轻视、怀疑自己的力量和能力。

自卑感在每个人身上都或多或少地存在，但我们不应被自卑吓倒，而应超越自卑，让它升华为良好品格：谦虚谨慎，不骄不躁，并转化成进取的动力。只有这样，你才会活得开心，活得顺利，你的人生才会充满希望。

认识并相信自己，才能更好地发挥潜能

梅尔文·亚班斯从事的是培养推销员的工作，但他最擅长的是激发每个人都具有的潜能。他负责把某人从不能发挥特长的工作岗位，调到更能发挥才能的职位上，而且往往都会获得非常好的成效。他称自己从事的工作是"人类改造业"。他相信能在人们身上发掘出未开发的潜能，并帮助人们实现自身的发展。

有一个叫杰克的青年，担任非常呆板的事务性工作。他很有才能，擅于交际，待人和善，工作认真，他经常提出促进生产的新构想。不仅如此，他还能很好地激励周围的人奋发向上。亚班斯很钦佩杰克，认为他还有许多未开发出来的潜能，于是就问他："你认为这家公司如何？"

"我认为它是世界上最好的公司，能在这里工作对我是很大的鼓励，我准备成为公证会计师。"

亚班斯这样对他说："让我说出我对你的看法吧！也许你会惊讶，你有非常好的推销天分。你热爱公司的产品，如果负责销售，你一定能获得最好的成绩，不论对公司或对你自己都能带来很大的利益。"

这意外的建议使杰克惊讶极了，很自然地流露出了他的另一面，那就是不安与缺乏信心。

"不，我对现在的工作很满意，我已经驾轻就熟，就像在自己的家里一样，改变工作可能会让我变成离水的鱼，我不可能改行做推销员。"他说出对自己的否定性评价，对离开安定的岗位显得很不安。

可是，亚班斯非常坚持："你并不了解你自己。你现在最需要的是不要怀疑，对自己要有信心，必须了解真正的自己。"亚班斯的热忱终于使杰克答应接受推销术的培训。后来连他自己都觉得惊讶，因为他对推销工作非常感兴趣。

讲习班的讲师对亚班斯说："你发现了一位可以说是天生的推销员。只是他本人还缺乏信心。""不久他就会有信心的。"亚班斯回答道。

杰克到外面去实际访问客户的一天终于来临了，他非常紧张。亚班斯对他说："我也一道去吧。在你负责的部分地区我可以和你一起。"

亚班斯把新推销员杰克带到成交可能性较大的顾客那里去。杰克发挥了他的社交特长，对方相当满意。他很仔细地观察亚班斯为他示范的推销法，在两人一道进行访问的过程中，杰克获得了宝贵的启示。亚班斯也把自己的信念与自信植入杰克的心中。不久，杰克真正相信自己的能力了，他改变了对自己的看法，产生了成就感，越来越喜欢这项工作。

有一天，亚班斯对这位新推销员表示，以后不能和他一起出去了，他必须自己一个人去面对客户，接着给他打气说："保持热忱，待人温和，对公司的产品和自己要有信心。"

"我一个人也做得来。"杰克带点不安地低声回答道。

"你绝不会孤独的。"亚班斯鼓励他。

后来，杰克发挥他的潜能获得了成功。亚班斯的判断没有错。

人生感悟

在现实生活中，有很多人不能正确认识自己，这就使得他们缺乏自信，无法充分发挥自己的才能。一个人是不能没有自信的，自信是令人难以置信的力量产生的源泉。一个人拥有了自信，便拥有了成功的前提。

只有做好了充分的准备，希望才会成为现实

琼在每次谈论自己时都说，她成年以后一直希望能上大学，但是总有原因阻止她实现这一理想：她付不起学费，她必须养家糊口，她的工作太忙，她没有时间。她最近的一个原因是太老了。

她丈夫最后一次建议她上大学时，她对他说："如果我现在利用业余时间开始读大学，毕业的时候我都 60 岁了。"

丈夫告诉她："无论如何，你都会到 60 岁。而那时你可以有大学文凭，也可以没有大学文凭。你希望 60 岁时在经理的职位上退休呢，还是像现在一样，依然是个理货员？"

"哦，那当然希望以一个经理或主管的身份了。"琼说道。

"那你现在还不开始准备一些必需的东西吗？要知道，不去做准备的希望永远也成为不了现实。"琼的丈夫结束了这次谈话。

最后，琼开始利用业余时间参加大学学习。她以为白天工作，晚上和周末学习会使自己精疲力竭，但事实完全相反，她从未感到过如此精力充沛。

琼最后终于在规定时间内拿到了自己梦想的大学的结业证书，她为此兴奋不已。而认识她的人都说她的变化很大，变得自信了，浑身充满了活力。

琼原来只是一家百货公司的理货员，而在她参加学习期间，利用在学校学习的知识，向上司提出了新的货物管理与统计方案，并得到采用，她也顺理成章地进入了公司管理层。这些都是琼以前从来都没想到过的。她没有想到，人生就因为她的这次准备而变得如此丰富多彩。这更坚定了她努力的决心，她开始重新为自己定位，并为新的目标再去做下一步的准备。最后，终于成为这家公司唯一的

从理货员干起来的总经理。

从一个理货员到总经理，其中要经过多少努力与艰辛，但琼做到了。就像她的丈夫所说的那样：不去做准备，希望永远也成不了现实。这句话现在已经成为她开会时经常说的口头禅了。想当初，她也曾为自己找过无数的借口，不去学习和准备，但当她真的去做了，却发现一切并不像想象的那样困难，她的信心因此而大增，终于成就了她事业的辉煌。显而易见，琼正是准备的最大受益者。

人生感悟

不去做准备，希望永远都只能是希望，它不会因为你口头上的坚持而成为现实。不要给自己的懒惰找任何借口，要知道，梦想的实现是必须以实际行动的坚持不懈为依托的。只要做好了充分的准备，希望才会成为现实，梦想才会实现。

给自己设定目标，不断地挑战自我

1994年5月3日，11发半自动狙击步枪子弹射入了德瑞克的体内，穿透了他的骨头、肌肉和器官，这只有不到3秒钟的时间。他倒下去后，开始往火线外面爬。等到3小时后得到救援时，他身上的血已经流失了近80%——现场的医生说他距离心脏停止跳动只有30秒钟。

德瑞克一直喜欢挑战自我，设定新的目标，并看着自己实现。由于自己的职业，他还得为最糟糕的情况做准备。

作为澳大利亚公安部特别行动组的精英之一，他曾很多次因演习而被子弹击中。他的行动计划非常具体，甚至包括如果被击中的话，该让自己的身体如何应付。他经常付诸实施。他并不是悲观，只是很现实。

那天在澳大利亚迷人的拜瑞沙峡谷中执行任务时，他不仅被击中了，而且快死了。他自己很清楚这一点。"我给自己定了一个目标——活下去，和我的孩子们在一起，哪怕坐在轮椅上。"当他被持枪的歹徒击中后无助地倒在地上时，他把自己的精神目标付诸行动。当他感觉到自己由于失血爬不动时，他开始控制自己的行动。他告诉自己要保持平静，放慢呼吸、调整脉搏，以减少失血。

他集中所有的意念使自己活下去，以便当他的孩子们遇到考验和磨难时，他能够帮助他们。通过明智的努力，德瑞克活了下来，再次看到了他的家人。

德瑞克被送到了医院后，最初的7个小时内，他活下去的机会只有一半。当脱离了重病特别护理后，他经历了一系列手术，但他的腿不能像从前一样活动了。这对于一个身体健康的人来说，是一个很大的打击。

他说："我陷入了困境，我知道自己不能改变过去，但为了使我的未来更好一点，我必须面对这种情形。"

德瑞克舍不得放弃自己深爱的工作。于是，他又为自己设定了一个远大的目标：重新加入特别行动组。别人都觉得这是不可能的，他们认为医生的估计是对的，他永远不能再像正常人一样走路了。

德瑞克把重返特别行动组的目标分解成一个个小的目标。

他说："首先，是站起来。然后绕着床走。我能看到自己实现了每一个目标，而且，当我快实现一个目标时，我给自己设定下一个。"恢复对于德瑞克来说，就是一系列的挑战性目标。

此外德瑞克还告诫自己要坚持。德瑞克如此努力，以致南澳大利亚病理学协会盛赞他的坚持，承认他对生理恢复作出的贡献。

1997年，德瑞克重新加入了特别行动组。他还参加了精英军事行动以及救援和高危的行动。

人生感悟

一个人的潜能是无限的，要激发这种潜能，需要很大的决心和毅力，更需要给自己不断地树立目标，不断地挑战自我，个人的能力也会在这一次次的自我的挑战中不断提高。

只要满怀信心，奇迹就可能发生

有一对夫妻正好赶上不景气的时代，和大部分家庭一样，这对夫妻的经济特别窘迫。男人经常发牢骚说："如果能克服这次困难，将来还会有希望，但这是不可能的。"可是具有积极态度的妻子却和丈夫不同，她说："这个问题我们应该能够解决。那不是太大的问题，绝对可以做到！"

他们两人彼此恩爱，妻子一直鼓励着丈夫，在两个人之间保持了信念和乐观的精神。在许多人失业的情形下，这个男人没有失去工作。妻子对丈夫的信赖起了大作用。

这个男人名叫亨利，在一家以销售英国毛织品为主的商店工作，有一次他打开商品的捆包，在商品的最上面发现一张折叠的字条，上面写着："追求奇迹，奇迹就会发生。"他想：究竟是什么人？为什么要写这样的话？顺手就要把字条丢进垃圾桶。可是，一个念头阻止了他。他想到拿给妻子海莲看，她一向喜欢这种胡闹的东西，便放进了口袋里。

这天晚上他把那张字条拿出来放在桌子上。

"有个很好玩的东西。今天我打开的箱子里，一个英国怪人放了这张东西在里面。一定是头脑有问题的人。"

妻子看了以后，盯着那张字字条想了一会儿。

"不，亨利，把这张纸片放在箱子里的人不是怪人，更不是头脑有问题的人。这个人或许和我们一样有过艰苦的时日，是这种与众不同的方法帮助他克服了困难……有很多事情我们现在还不知道如何解决，所以先拿一个小问题来实验一下，让我们一同祈求奇迹出现吧！"

"算了吧。只有童话故事里才会有奇迹出现，那是像梦一样不实在的东西。在这科学的时代不会发生奇迹的。"丈夫这样说完后，就开始了夫妻间常有的拌嘴。

海莲走到书架旁说："看看我们的朋友韦伯斯先生是怎么说奇迹的。"

她查阅韦伯斯字典"奇迹"一词的说明。然后高兴地说："上面写的不可思议的事情，可是并没有说是不科学的。也许我们是把超过我们理解力之外的东西称为奇迹，把能理解的当作科学的知识。飞机在以前是属于奇迹的不可思议的东西，电灯和电话也是。超越现代医学知识的治病方法或心灵现象等，现在称为奇迹的，未来一定会成为科学知识的一部分。到最后也会证实信仰乃是创造一切科学法则的一部分。"

丈夫听了，好像慢慢能理解她要表达的含义了。

"你真聪明。"亨利只有钦佩的分，"也许你说得对。"

于是两人就决定拿比较小的问题来祈求发生不可思议的事——奇迹。妻子以信心十足的积极态度，丈夫则以稍许缺乏信心的态度追求奇迹。

但即使没有很大的信心，积极的思考仍具备相当的力量。《圣经·马太福音》里是这样写的："只要你有一粒芥菜种子大的信仰，就没有任何事情你做不到。"

而后不久，亨利和海莲经历了非常不可思议的事情，他们高兴极了。他们两个人尝试"追求奇迹，奇迹就会发生"的结果开始显现。虽然不是他们所希望的结果，也不是他们认为需要的那种结果，但那确实解决了他们的问题。于是亨利开始真正相信奇迹了。

他们两人的人生会发生这样的奇迹，是因为有积极态度的海莲，抛去了不可能的想法，相信奇迹终会产生。

最后，亨利自然也变成了非常杰出的积极思考者。对他来说，这样的转变绝不是容易的事。可是相信了人会成为如自己所想象的那种人，会发生如自己所想象的那种事，他就能和妻子分享积极思维了。两个人成为拥有"积极思维"的夫妻。

后来，这对夫妻自己开始做生意。几年后，这对夫妻获得了他们期盼的奇迹——拥有了一套豪华别墅。

人生感悟

　　追求奇迹，并不是要你异想天开，坐在地上不动，一心等着天上掉馅饼，而是告诉你要以积极乐观的心态，对未来充满憧憬和希望，相信美好的事情终究都会发生。请相信，只要满怀信心地追求奇迹，奇迹就会发生。

勇于出新出奇，才会有更多成功的机会

风光优美、气候宜人的奥地利，是各国游客喜欢观光的胜地。就在某处青山和绿茵的环抱中，有家名为特里页辛格霍夫的酒店首创世界之最——"婴儿酒家"，吸引了成千上万的国内外游人，生意极为兴隆。

那么，这个"婴儿酒家"是谁的创意呢？说来话长。这家酒店原是一位女老板经营，后来她病逝。店务就落在她那个29岁的儿子西格弗里德身上。新老板很想革故鼎新，搞些新名堂，用以开拓自己的事业。

一天，一位朋友满面春风地来探望他，告诉他自己成为父亲了。望着朋友容光焕发的笑脸，西格弗里德怦然心动，一个崭新的生意经在脑海中跳将出来。他对朋友说："我想把这家普通酒店改成一家婴儿酒家。我特地邀您夫妇带着小孩两星期后光临，在此度过一段美妙的休假。"朋友欣然答应。

于是酒店立即投入改装、施工。亲友们很不理解西格弗里德的新名堂，指责道："婴儿会喝酒吗？你年纪轻轻办事不牢靠，不要把你母亲多年辛苦经营留下的产业败光了啊！"

西格弗里德申辩道："我命名它为'婴儿酒家'，宗旨是'小客人快乐第一'，其实更是为年轻的父母们服务的呀。"

亲友们还是不理解，都说他异想天开，肯定是个败家子。西格弗里德不再答理，督促工匠们加快工作进度：在两星期的停业改修中，他为酒店添置了许多婴儿床、高脚椅和各式玩具，新辟了小客房、游乐室、婴儿酒吧和水上单车，并聘用了三位经过专业训练的合格护士，以备安排 24 小时轮流值班，看护各个房间的小客人。每间小客房都要安装与服务台大厅连接的警铃，要是婴儿哭了或醒了，正在饮酒、跳舞或打高尔夫球的年轻父母就能及时赶去探望。

"婴儿酒家"终于如期开张。第一批前来娱乐度假的顾客中就有那位带着妻儿的朋友。他们为这独树一帜的酒家迷住了，极其舒畅地度过了一段终身难忘的日子。回去后，他们有意无意地为这世界之最的酒家做义务广告宣传员。于是，该店常常爆满。年轻的父母为了品味这家酒店的新奇和美妙，纷纷上门或预约房间。西格弗里德又及时根据生意行情，购卖了更多的玩具、婴儿床、尿壶、拉屎坐椅等，终于把婴儿酒家办成一座令婴儿及其父母流连忘返的儿童乐园。

人生感悟

我们知道，因循守旧会故步自封，只有推陈出新才能有所发展。要善于抓住在头脑中一闪而过的灵感，如果可行就要立刻去做，不要在乎别人的看法，因为这往往就是一个获取成功的绝好机会。

如果有什么阻碍前进，就设法清除掉

从前，印度有一个国王，即将对敌国进行一次袭击。

王宫里有一个占星家，被敌人收买了。在出征的前一天，占星家预言：如果军队在明天或其后两个月出征，军队肯定要遭到惨败。占星家的目的是为敌人争取时间，以便使他们做好迎战准备。

军队都很相信占星家的话，他们一再对国王说，不要在明天或其后两个月内出征，否则会自取灭亡，白白送死的。

国王听了这些话很恼火。如果听信占星家的话，会使他丧失胜利的前景。但他知道，军队是很迷信的，对占星家的话深信不疑，只有证明占星家的话是假的，才能驱散迷雾。

国王经过一番深思熟虑后，把占星家传到王宫里问话："告诉我，你什么时候死？"

"我将在 31 年之后死去。"占星家很快地答道。

就在那天晚上，国王派自己的亲信——军队司令把占星家杀死了。然后向全国宣布："占星家曾预言他 31 年之后死，但他昨天就死了。所以有理由说，他的预言是完全错误的。我们不应相信这个笨蛋的话，从而丧失取得胜利的光明前景。我们应该立即出征，去赢得胜利！"

士兵们都表示愿意出征，国王的军队以闪电般的速度前进，直捣敌人的营垒。敌人由于毫无准备，一触即溃，遭到了惨败。

人生感悟

> 在人生漫长的道路上，阻碍我们前进的东西有很多，或是自己的观念，或是别人的反对。如果有什么阻碍我们前进的步伐，就要想方设法清除掉。只有这样，我们才能阔步前进。

榜样的力量是无穷的，它能彻底改变一个人

有一个法国人，42 岁了仍一事无成，他自己也认为自己简直倒霉透了：离婚、破产、失业……他不知道自己的生存价值和人生的意义何在。他对自己非常不满，变得古怪、易怒，同时又十分脆弱。

有一天，一个吉普赛人在巴黎街头算命，他随意一试。吉普赛人看过他的手相之后，说："您是一个伟人，您很了不起！"

"什么？"他大吃一惊，"我是个伟人，你不是在开玩笑吧？"

吉普赛人平静地说："您知道您是谁吗？"

"我是谁？"他暗想，"是个倒霉鬼，是个穷光蛋，我是个被生活抛弃的人！"但他仍然故作镇静地问，"我是谁呢？"

"您是伟人"，吉普赛人说，"您知道吗，您是拿破仑转世！您身上流的血，您的勇气和智慧都是拿破仑的啊！先生，难道您真的没有发觉，您的面貌也很像拿破仑吗？"

"不会吧……"他迟疑地说，"我离婚了……我破产了……我失业了……我几乎无家可归……"

"嗨，那是您的过去"，吉普赛人只好说，"您的未来可不得了！如果先生

您不相信，就不用给钱好了。不过，5 年后，您将是法国最成功的人啊！因为您就是拿破仑的化身！"

他表面装作极不相信地离开了，但心里却有了一种从未有过的伟大感觉。他对拿破仑产生了浓厚的兴趣。回家后，就想方设法找与拿破仑有关的一切书籍著述来学习。

渐渐地，他发现周围的环境开始改变了，朋友、家人、同事、老板，都换了一种眼光、一种表情对他。事情开始顺利起来。后来他才领悟到，其实一切都没有变，是他自己变了：他的胆魄、思维模式都在模仿拿破仑，就连走路说话都像。

13 年后，也就是在他 55 岁的时候，他成了亿万富翁，成了法国赫赫有名的成功人士。

人生感悟

> 榜样的力量是无穷的，他引导我们与之看齐，并能激发我们的积极心态。人的心态和行为是紧密相连的。积极的心态会引发一系列积极的思维和行为，而这些积极的思维和行为也必然会彻底改变一个人。所以，我们都应该为自己的人生寻找一个榜样。

对别人要有信心，对自己更要有信心

有一个年轻人，好不容易获得一份销售工作，勤勤恳恳地干了大半年，非但毫无起色，反而在几个大项目上接连失败。而他的同事，个个都干出了成绩。他实在忍受不了这种痛苦。

在总经理办公室，他惭愧地说："可能我不适合这份工作。"

"安心工作吧，我会给你足够的时间，直到你成功为止。到那时，你再要走我不留你。"

老总的宽容让年轻人很感动。他想，总应该做出一两件像样的事来再走。于是，他在后来的工作中多了一些冷静和思考。

过了一年，年轻人又走进了老总的办公室。不过，这一次他是轻松的，他已经连续 7 个月在公司销售排行榜中高居榜首，成了当之无愧的业务骨干。原来，这份工作是那么适合他！他想知道，当初，老总为什么会将一个败军之将继续留用呢？

"因为，我比你更不甘心。"老总的回答完全出乎年轻人的预料。老总解释道：

"记得当初招聘时，公司收下一百多份应聘材料，我面试了二十多人，最后却只录用了你一个。如果接受你的辞职，我无疑是非常失败的。我深信，既然你能在应聘时得到我的认可，也一定有能力在工作中得到客户的认可，你缺少的只是机会和时间。与其说我对你仍有信心，倒不如说我对自己仍有信心。我相信我没有用错人。"

人生感悟

对别人有信心，是对别人的一种认可和鼓励；对自己有信心，是对自己的一种认可和鼓励。一个人对别人没有信心，往往是对自己没有信心的表现。无论我们面对的是什么事情，对别人、对自己都要有信心。只有这样，才有成功的可能。

责任心是成功的关键

松下幸之助说过："责任心是一个人成功的关键。对自己的行为负责，独自承担这些行为的哪怕是最严重的后果，正是这种素质构成了伟大人格的关键。"事实上，当一个人养成了尽职尽责的习惯之后，无论从事任何工作，他都会从中发现工作的乐趣。在这种责任心的驱使下，工作能力和工作效率会得到大幅度提高，当我们把这些运用到实践当中，我们就会发现，成功已掌握在自己的手中。

一位超市的值班经理在超市视察时，看到自己的一名员工对前来购物的顾客态度极其冷淡，偶尔还向顾客发脾气，令顾客极为不满，而他自己却毫不在意。

这位经理问清原因之后，对这位员工说："你的责任就是为顾客服务，令顾客满意，并让顾客下次还到我们超市购物，但是你的所作所为是在赶走我们的顾客。你这样做，不仅没有承担起自己的责任，而且还正在使企业的利益受到损害。你懈怠自己的责任，也就失去了企业对你的信任。一个不把自己当成企业一分子的人，就不能让企业把他当成自己人，你可以走了。"

这名员工由于对工作的不负责任，不但危害了企业的利益，还让自己失去了工作。可见，对工作负责就是对自己负责。

对那些刚刚进入职场的大学生来说，对工作负责不但能够使自己养成良好的职业习惯，还能为自己赢得很好的工作机会。但如果缺乏责任感，就只能面临被淘汰的危险。

　　晓青曾是一家软件公司的程序员。学计算机专业的晓青毕业后非常幸运地进入了这家比较大的软件公司工作。上班的第一个月，由于她刚毕业在学校还有一些事情要处理，所以经常请假，加上她住的地方离公司比较远，经常不能按时上下班。好在她专业技术过硬，和同事一起解决了不少程序上的问题，很明显，公司也很看重她的工作能力。

　　学校的事情处理完了，晓青上班仍像第一个月那样，有工作就来，没有工作就走，迟到，早退，甚至还在上班时间拉同事去逛街。有一次，公司来了紧急任务，上司安排工作时怎么也找不着她。事后，同事悄悄地提醒她，而她却以一句"没有什么大不了的"，让同事无言以对。她认为自己工作能力够了就行，其他的不必放在心上。结果可想而知：在试用期结束后的考评中，晓青的业务考核通过了，但在公司管理规章和制度的考核上给卡住了，她只能接受被淘汰的命运。

　　"没有什么大不了的"，绝不是一位初涉职场的新人或是任何一位员工在有工作任务的时候可以说的话。上班时间逛街是绝对不可以的，接到工作任务，也必须马上回公司。晓青的表现可以说是现在很多大学毕业生的通病，在学校养成的散漫、不守纪律、独来独往的习惯，使他们到团队以后，在心理上很难在短时间内改正。把公司的照顾当作福利，缺乏应有的责任感，就是能力再强，公司也只能忍痛割爱了，毕竟公司看重的是员工的团队意识。

　　对工作负责就是对自己负责。所以，任何一名员工都应尝试着对自己的工作负责，那时你就会发现，自己还有很多的潜能没有发挥出来，你要比自己往常出色很多倍，你会在平凡单调的工作中发现很多的乐趣。最重要的是你的自信心还会得到提升，因为你能做得更好。

　　其实，改变的不是生活和工作，而是一个人的工作态度。正是工作态度，把你和其他人区别开来。这样一种敬业、主动、负责的工作态度和精神让你的思想更开阔，工作起来更积极。尝试着对自己的工作负责，这是一种工作态度的改变，这种改变，会让你重新发现生活的乐趣、工作的美妙。

人生感悟

　　当你尝试着对自己的工作负责的时候，你的生活会因此改变很多，你的工作也会因此而改变。

绝对执行，不找任何借口

美国人常常讥笑那些随便找借口的人说："狗吃了你的作业。"借口是拖延的温床，习惯找借口的人总会找出一些借口来安慰自己，总想让自己轻松一些，舒服一些。这样的人，不可能成为称职的员工，要知道，老板安排你这个职位，是为了解决问题，而不是听你关于困难的分析。不论是失败了，还是做错了，再好的借口对于事情本身也是没有丝毫用处的。

许多人都可能会有这样的经历，清晨闹钟将你从睡梦中惊醒，你虽然知道该起床了，可就是躺在温暖的被窝里面不想起来——结果上班迟到，你会对上司说你的闹钟坏了。

又一次，你上班迟到，明明是你躺在被窝里面不起来，却说路上塞车。

糊弄工作的人是制造借口的专家，他们总能以种种借口来为自己开脱，只要能找借口，就毫不犹豫地去找。这种借口带来的唯一"好处"，就是让你不断地为自己去寻找借口，长此以往，你可能就会形成一种寻找借口的习惯，任由借口牵着你的鼻子走。这种习惯具有很大的破坏性，它使人丧失进取心，让自己松懈、退缩甚至放弃。在这种习惯的作用下，即使是自己做了不好的事，你也会认为是理所当然的。

一旦养成找借口的习惯，你的工作就会拖拖拉拉，没有效率，做起事来就往往不诚实。这样的人不可能是好员工，他们也不可能有完美的人生。

罗斯是公司里的一位老员工了，以前专门负责跑业务，深得上司的器重。只是有一次，他把公司的一笔业务"丢"了，造成了一定的损失。事后，他很合情合理地解释了失去这笔业务的原因。那是因为他的脚伤发作，比竞争对手迟到半个钟头。以后，每当公司要他出去联系有点棘手的业务时，他总是以他的脚不行，不能胜任这项工作为借口而推诿。

罗斯的一只脚有点轻微的跛，那是一次出差途中出了车祸引起的，留下了一点后遗症，根本不影响他的形象，也不影响他的工作，如果不仔细看，是看不出来的。

第一次，上司比较理解他，原谅了他。罗斯很得意，他知道这是一宗比较难办的业务，他庆幸自己的明智，如果没办好，那多丢面子啊。

但如果有比较好揽的业务时，他又跑到上司面前，说脚不行，要求在业务方面有所照顾，比如就易避难，趋近避远，如此种种，他大部分的时间和精力都花在如何寻找更合理的借口身上。碰到难办的业务能推的就推，好办的差事能争就争。时间一长，他的业务成绩直线下滑，没有完成任务他就怪他的腿不争气。总之，他现在已习惯因脚的问题在公司里可以迟到，可以早退，甚至工作餐时，他还可以喝酒，因为喝点酒可以让他的脚舒服些。

现在的老板，有谁愿意要这样一个时时刻刻找借口的员工呢？罗斯被炒也是在情理之中的事。善于找借口的员工往往就像罗斯一样，因为糊弄自己的工作而"糊弄"了自己。

因此，要成功就不要找借口。不要害怕前进路上的种种困难，不要为自己的平庸寻找种种托词，也不要为自己的失败解释种种原因，抛开借口，勇往直前，你就能激发出巨大潜能，从而在前进的路上，披荆斩棘，直抵成功。

人生感悟

抛开借口，勇往直前，你就能激发出巨大潜能，从而在前进的路上，披荆斩棘，直抵成功。

第十四章

幸福掌握在自己手中

　　"幸福"是一个深切而又绵长的词，它总是让人参悟不透、体味不深。找寻幸福是生命的至高理想，品味幸福却是一种人生智慧。

　　当幸福锁上大门，请找到破解幸福密码的那把钥匙，用你的心去开启它，你会发现原来幸福如此简单、如此美好……

　　偶尔我们会困惑什么才是幸福，怎样才能握紧幸福。其实幸福有很多种存在形式，有时甚至很简单，只需你用真心去体会那每一种存在，就会破解幸福的密码。

信念是幸福人生的航道

唐代的百丈禅师，曾制定《百丈清规》，并笃实奉行，"一日不作，一日不食"，一面修行，一面劳作。他年老时仍然照常操作，弟子们于心不忍，偷偷地把他的农作工具藏匿起来。禅师找不到工具，那一天没工作，但是那一天他也就真的没吃东西。百丈禅师为何能精勤不休？是因为他的信念和抱负鞭策着他。

清末时，梨园中有"三怪"，声名远播。

跛子孟鸿寿，幼年身患软骨病，身长腿短，头大脚小，走起路来不能保持身体平衡。于是，他暗下决心，勤学苦练，扬长避短，后来一举成为丑角大师。

瞎子双阔，自小学戏，后来因疾失明，从此他更加勤奋学习，苦练基本功，他在台下走路时需人搀扶，可是上台表演却寸步不乱，演技超群，终于成为一名功深艺湛的武生。

哑巴王益芬，先天不会说话，平日看父母演戏，一一默记在心，虽无人教授，但他每天起早贪黑练功，常年不懈。艺学成后，一鸣惊人，成为戏园里有名的武花脸，被戏班奉为导师。

身有残疾的梨园"三怪"，为什么能够成才呢？一是他们不被自己的缺陷所压服，身残的压力让他们更加坚定了人生的信念。看似失败的人生，实际还有通向成功的途径。他们身残志坚、扬长避短，再加上勤奋，于是他们从勤奋中煅造了最好的自己，同时也成就了一番事业。

人生感悟

抱着坚定的信念，铁树也有可能开花。信念，为幸福人生指明了航道。

幸福不可缺少前进的动力

人生在世，每个人都厌恶自卑。但从另一个角度来说，若能将自卑转化成永远前进的动力，自卑，也未必可怕。

大学里，他曾被公认为是全班最怯懦的人，同学们都不屑于与他交往。大学毕业挥手告别之时，还有许多人预言10年后相聚他将是失败者之一。

弹指一挥间，10年过去了，他们的相聚如期举行。聚会到高潮，每人依次上台讲述自己的现状和理想，还有对目前生活的满意程度。大多数人目前的现状不如当年跨出校门时的理想，对目前生活满意者几乎没有。

轮到他发言了，他缓缓地走到台上，清了清嗓子，沉着地说道："我目前拥有数家公司，总资产上亿元，远远超过当年走出校门时的理想。如果说还有什么遗憾的话，就是我认为离那些我所欣赏的成功者还很遥远。是的，无论是在学校还是投身社会，我一直都很自卑，感觉每一个人都有特长，都比我强。所以我要努力学习每一个人的特长，并且尽力丢掉自己的缺点。但我发现，无论我如何努力也总是无法赶上所有的人，所以我就一直自卑下去。因为自卑，我把远大的理想埋在了心底，努力做好手头的每一件小事；因为自卑，我将所有的伟大目标转化成向别人学习的一点点的进步。这样，永远让自己处在自卑之中，我就会获得源源不断的前进动力。"

台下一片默然。

自卑，也可以成为人生的动力，为成功、幸福的兑现加油助威。

人生感悟

自卑人人皆有，但通过追求优越目标以补偿自己，把这一消极因素变为前进动力的人，是幸福的。

不靠天不靠地，自己的事自己干

清代大画家、"扬州八怪"之一郑板桥，52岁才得一子，取名宝儿。郑板桥对其管教甚严，从不溺爱。他在病危时把儿子叫到床前，指名要吃儿子亲手做的馒头。父命难违，儿子只得勉强答应。可他从未做过馒头，请教了厨师，费了九牛二虎之力，终于做好馒头，喜滋滋地送到床前，谁知父亲早已断气。儿子跪在床边，哭得像泪人一般，忽然发现茶几上有张信笺，上面写着几行诗句："淌自己的汗，吃自己的饭，自己的事情自己干。靠天，靠地，靠祖宗，不算是好汉。"

人生在世，独立是一生的财富。有了"自己的事自己干"的信念，你就可以真正地享受自己的生活。

江斯顿是美国前总统林肯继母的儿子，他平时不求上进，常生活无着。一次，他写信向林肯借钱，林肯很快写了一封回信。

亲爱的江斯顿：

你向我借 80 块钱。我觉得目前最好不要借给你。所有的问题都源于你那浪费时间的恶习，改掉这种习惯对你来说很重要，而对你的儿女则更为重要。因为，他们的人生之路还很长，在没有养成闲散的习惯之前，尚可加以制止。我建议你去工作，去找个雇人的老板，为他卖力地工作。为了使你的劳动获得好的酬金，我现在可以答应你，从今天起，只要你工作挣到 1 块钱或是偿还了 1 块钱的债，我就再给你 1 块钱。

这样的话，如果你每月挣 10 块钱，你可以从我这里再得到 10 块钱，那么你一个月就可赚 20 块钱。我不是说让你到圣路易或加利福尼亚州的铅矿、金矿去，而是让你在离家近的地方找个最挣钱的工作——就在柯尔斯县境内。

如果你愿意这样做，很快就能还清债务。更重要的是你会养成不再欠债的好习惯。但如果我现在帮你还了债，明年你又会负债累累。照我说的做，保证你工作四五个月后就能挣到那 80 元钱。你说，如果我借给你钱，你愿意把田产抵押给我，若是将来还不清钱，田地就归我所有……胡说八道！

假如你现在有田地都无法生存，将来没有了田地又怎么能存活呢？你一向对我很好，我现在也不是对你无情无义，如果你肯采纳我的建议，你会发现，对你来说，这比 8 个 80 块钱还值！

林肯

林肯的信，至今仍有积极意义。一个追求幸福的人，绝不可丢弃自立自强的信念。

人生感悟

> 人的成长过程就是一个不断提高自己自立能力的过程。有自立的信念，不靠天，不靠地，才是大写的"人"，才能书写自己的幸福画卷。

专注、执着，幸福之本

专注、执着是一种信念，是一种忘情和忘我的投入。

一位伟人说，一个人的一生只能做好一件事。可是，并不是任何人的一生都能做好一件事，这里边固然有诸如才智、环境、机遇等方面的因素，但主要还是缺少对所追求事物的投入。

这世上，专注者往往默默无闻，普通得如田野里耕作的农人和车间里生产的工人，谦卑得如郊外的草树、如山谷里不为人知的流水。但是，他们还有一个共同的特点，就是对自己所追求的事业具有献身精神，能够把自己的时间和精力都投入其中。

学者梁实秋曾断断续续用 30 余年的时间独自完成了《莎士比亚全集》的翻译工作，投入了几乎半生的精力。开始，梁实秋共物色了 5 个人担任翻译，他和闻一多、徐志摩、陈西滢、叶公超，计划 5 至 10 年完成。后来，另外四人临阵退出，梁实秋便一个人把任务承担下来。人生的遭遇是任何人都难以预料的，他在抗战爆发前完成 8 部莎翁剧作的翻译工作。"七七事变"后，为了躲避日寇的通缉，他不得不逃离北京，在极其艰苦的环境下，继续进行对莎翁剧作的翻译。抗战胜利后，梁实秋回到北京，在北京师范大学任教，课余之暇，他依然坚持莎翁剧作的翻译工作。1967 年，由梁实秋独立翻译的莎士比亚 37 种作品的中文译本全部出齐，在国内大学界引起了轰动。梁实秋回忆说："我翻译莎氏，没有什么报酬可言，穷年累月，其间也很少得到鼓励……"梁实秋的成功，得益于他对这一工作的执着精神，得益于他一心一意的投入。任何事情都需要投入，要想成就大事就更是要锲而不舍地投入。

专注是"语不惊人死不休"的豪情，是"为伊消得人憔悴"的投入，是"十年磨一剑"的等待。所以，荀子在《劝学》中说："锲而舍之，朽木不折；锲而不舍，金石可镂。"古今成大事者，大抵都具有这份执着精神。

人生感悟

执着的信念，能帮助我们挖掘出深藏在自身的无穷力量。让我们铭记爱因斯坦的名言："真正有价值的东西不是出自雄心壮志或单纯的责任感，而是出自对人和对客观事物的热爱与专心。"

每一种创伤，都是一种力量

落榜、失恋、失业……现实中，你是否四处碰壁、伤痕累累？你是否时常怨恨、畏惧、沉沦？

先来看看这些人曾经有过的遭遇吧！

彼得·丹尼尔小学时常遭老师菲利浦太太的责骂："彼得，你功课不好，脑袋不行，将来别想有什么出息！"彼得在26岁前仍是大字不识几个，有次一位朋友念了一篇《思考才能致富》的文章给他听，给了他相当大的启示。现在他买下了当初他常打架闹事的街道，并且出版了一本书：《菲利浦太太，你错了》。

《小妇人》的作者露慧莎·梅艾尔卡特的家人曾希望她能找个佣人或裁缝之类的工作。

歌剧演员卡罗素美妙的歌声享誉全球。但当初他的父母希望他能当工程师；而他的老师则说他那副嗓子是不能唱歌的。

沃特·迪斯尼当年被报社主编以缺乏创意的理由开除，建立迪斯尼乐园前也曾破产好几次。

爱迪生小时候反应奇慢无比，老师们都认为他没有学习能力。

亨利·福特在成功前曾多次失败，破产过5次。

丘吉尔小学六年级曾遭留级，而他的前半生也充满失败与挫折，直到62岁他当上英国首相后，才以"老人"的姿态开始一番作为。

迈克·福布斯，后来成为世界上最成功的商业发行刊物之一——《福布斯》杂志的总编辑，然而他在普林斯顿大学读书时，却与学校报刊的编辑成员无缘。

爱迪生试验了超过2000次以上才发明灯泡，有一位年轻记者问他失败了这么多次的感想，他说："我从未失败过一次。我发明了灯泡，而那整个发明过程刚好有2000个步骤。"

由于多年以来持续地丧失听力，德国作曲家贝多芬在46岁时终于完全成为聋子。不过，他却在晚年谱写了他作品中最好的乐章，其中包括5首交响乐。

罗斯福，在39岁时瘫痪，然而，之后他却成为美国最受爱戴以及最具影响力的领袖之一。他曾经当选4次美国总统。

莎拉·玛兰，被许多人视为有史以来最伟大的女艺人之一，当她70岁时，因为一次意外受伤而截肢，但是她仍然继续表演了8年之久。

1952年，艾德蒙·希拉里想要攀登世界最高峰——珠穆朗玛峰。在他失败后数周，他被邀请到英国一个团体演讲。希拉里走到讲台边，握拳指着山峰照片大声说："珠穆朗玛峰！你第一次打败我，但是我将在下一次打败你，因为你不可能再变高了，而我却仍在成长中！"仅仅1年以后的5月29日，艾德蒙·希拉里成为第一位成功地攀登珠穆朗玛峰的人。

著名作家海明威在《老人与海》里面有这样一句话："英雄可以被毁灭，但是不能被击败。"英雄的肉体可以被毁灭，但是精神和斗志不能被击败。受苦的人，因为要克服困难，所以不但不能悲观，而且要比别人更积极。

据说徒步穿过沙漠，唯一可能的办法，是等待夜晚，以最快的速度走到有荫庇的下一站，中途不论多么疲劳，也不能倒下。否则到第二天烈日升起，只有死路一条。

在冰天雪地中历过险的人也都知道，凡是在中途说"我撑不下去了，让我躺下来喘口气"的同伴，必然很快就会死亡。因为当他不再走、不再动，他的体温会迅速降低，跟着就会被冻死。

在人生的战场上，我们不但要有跌倒之后再爬起来的毅力，拾起武器再战的勇气，而且从被击败的那一刻起，就要开始准备下一波的奋斗，甚至不允许自己倒下，不准许自己悲观。那么，我们才不会彻底地输，而只是暂时地"没有赢"。

人生感悟

一个人要在任何情况下都勇敢地面对人生，无论遭遇到什么困难，依然能保持生活的勇气，保持不肯服输、从头再来的奋斗精神，做生活的强者。这样，才是幸福的人生。

情感需要分享

一位犹太教的长老酷爱打高尔夫球。

在一个安息日，他觉得手痒，很想去挥杆，但犹太教规定，信徒在安息日必须休息，什么事都不能做。

这位长老实在忍不住，决定偷偷去高尔夫球场，想着打9个洞就好了。

由于安息日犹太教徒都不会出门，球场上一个人也没有，因此长老觉得不会有人知道他违反规定。

然而，当长老在打第二洞时，却被天使发现了，天使生

285

气地到上帝面前告状，说某某长老不守教义，居然在安息日出门打高尔夫球。

上帝听了，就跟天使说，会好好惩罚这个长老。

第三个洞开始，长老打出超完美的成绩，几乎都是一杆进洞。

长老兴奋莫名，到打第七个洞时，天使又跑去找上帝：上帝呀，你不是要惩罚长老吗？为何还不见有惩罚？

上帝说：我已经在惩罚他了。

直到打完第九个洞，长老都是一杆进洞。

因为打得太神乎其技了，于是长老决定再打 9 个洞。

天使又去找上帝了：到底惩罚在哪里？

上帝只是笑而不答。

打完 18 洞，成绩比任何一位世界级的高尔夫球手都优秀，把长老乐坏了。

天使很生气地问上帝：这就是你对长老的惩罚吗？

上帝说：正是。你想想，他有这么惊人的成绩以及兴奋的心情，却不能跟任何人说，这不是最好的惩罚吗？

人生感悟

快乐和痛苦都要有人分享。

没有人分享的人生，无论面对的是快乐还是痛苦，都是一种惩罚。

我们常有这样的体验：当我们因为某一件事而快乐或者痛苦时，都要迫不及待地告诉亲人或者朋友，让他们分享快乐或者从他们那里寻求安慰。其实，人的内心都有脆弱、孤独的一面，大喜大悲都难以独自承受。如果没有分享，快乐便不再是快乐，痛苦却变得更加痛苦。

分享快乐，快乐加倍；分担痛苦，痛苦减半。

麻烦不是我们的仇敌，而是朋友

一位成功人士曾向朋友讲述了他的经历：

"我 20 岁那年，任职的公司突然倒闭，我失业了。经理对我说：'你很幸运。'

'幸运！'我叫道，'我浪费了两年的光阴，还有 1600 元的欠薪没有拿到。'

'是的，你很幸运。'他继续说，'凡在早年受挫的人都是很幸运的，可以学到鼓起勇气从头做起，学到不忧不惧。运气一直很好，到了四五十岁忽然灾祸临头的人才真可怜，这样的人没有学过如何重新做起，这时候来学年纪已太

大了。'

我 35 岁时，一位商业顾问对我说："不要因为事情麻烦而抱怨；你的收入多就是因为工作麻烦。一般人不需要负什么责任，没有什么麻烦，报酬也少。只有困难的工作，才有丰厚的报酬。'

我 40 岁时，一位哲学家告诉我："再过 5 年，你就会有重大的发现，即麻烦不是偶然出现的，而是经常存在的。麻烦就是人生。'

今天，我 50 岁了，回想这 3 个人的教诲，真是至理名言。"

有知名作家说："人生中不幸的事如同一把刀，它可以为我们所用，也可以把我们割伤。那要看你握住的是刀刃还是刀柄。"

英国诗人弥尔顿，最杰出的诗作是在双目失明后完成的；德国的伟大音乐家贝多芬，最杰出的乐章是在他的听力丧失以后创作的；世界级小提琴家帕格尼尼是个用苦难的琴弦把天才演奏到极致的奇人。

他们有那样的成就，正是因为他们有一颗平常心，处于逆境而不屈服。科学家贝佛里奇说过："人们最出色的工作往往是处于逆境下做出来的。思想上的压力，甚至肉体上的痛苦，都可能成为精神上的兴奋剂。"其实，"残缺"并不可怕，可怕的是不能够正视现实。

不要感叹命运多舛、不公。命运向来都是公正的，在这方面失去了，就会在那方面得到补偿。当你为失去感到遗憾的同时，可能有另一种意想不到的收获。但是，前提是你必须有正视现实、改变现实的毅力与勇气。

这就像一位豪迈的成功者所宣称的那样："苦难本是一条狗，生活中，它不经意就向我们扑来。如果我们畏惧、躲避，它就凶残地追着我们不放；如果我们直起身子，挥舞着拳头向它大声呵斥，它就会夹着尾巴灰溜溜地逃走。只要你拥有对生命的热爱，苦难就永远而且只能是一条夹着尾巴的狗！"

人生感悟

热烈地拥抱麻烦吧，它其实是一种上天垂青的幸运。

幸福需要苦难

人生中，经历些苦难、厄运，从某种意义上说，是一件好事。

伟大的音乐大师帕格尼尼在双目失明后，曾在日记中写道："我感谢上帝恩赐我苦难，我因此倍感幸福。"

有这样一则故事：

几年前，一位先天性脑瘫患者在汉城去世，当时的韩国总统金大中以私人身份发去唁电，向死者的家属——脑瘫患者的哥哥李昌纪表示慰问。据说，这是继法国总统密特朗的女儿之后，世界上第二位得到总统吊唁的智障人。

人们大多以为，他的死之所以惊动了总统，是因为他的哥哥李昌纪是韩国唯一集团的总裁。他在1997年的东南亚金融风暴中，一次向国家捐资4亿美元，是挽救韩国经济的第一大功臣。

然而，却有一位作家撰文指出，金大中之所以向李昌纪发出唁电，是出于对苦难的感激。

李昌纪9岁失去母亲，11岁失去父亲。为养活不能自理的弟弟，他发誓要闯出一条路来，后来终于在拆船领域立住脚，成为一代富豪。

而金大中的3个儿子呢，由于金大中的原因，他们的青少年时代都非常坎坷，有将近30年是随父亲在软禁、流亡和逃生中度过的。在这种恶劣的环境中，他们不仅没有被压垮，相反，都通过自己的奋斗事业有成。大儿子金弘一创办韩国青年基金会，成为主席；二儿子金弘业参与亚太和平财团的创立，当选为副董事长；三儿子金弘杰考入美国依阿华大学，是研究东方国家政治的社会学博士。

不料，自从金大中当选总统之后，他们全变了。2001年1月，大儿子因涉嫌与黑社会有牵连被调查；2002年10月，二儿子因贪污被判3年6个月监禁；2002年11月，小儿子因受贿和逃税被判刑2年。

金大中发出慰问电的时候，正是他儿子被捕之日。当时韩国各大新闻媒体都极尽想象力来挖掘这两件事的内在联系。也许，金大中是深刻地认识到了，世间的众生任何时候都需要一定的苦难和烦恼。

人生感悟

经历苦难的洗礼和雕琢，人生的幸福会更恒久、更长远。

再尝试一次，幸福就在门后

许多时候，失败、打击接踵而至，但即便如此，你也不能放弃、不能退缩。因为只有采取积极进取的态度，吸取值得吸取的教训，才能克服困难，战胜挫折；

才能获得成功，找到幸福。

无论是在各种比赛和竞争中，还是在升学求职、在事业上，我们都要在挫折面前采取积极的态度。无论你遇到了怎样的艰难困苦，特别是在遇到巨大的精神压力的时候，你都要顽强地活下去。

如果你对未来失去了信心，那么一切都将是另外一种情景和结果。

对未来幸福的追求，是人生中绝对不可缺少的东西，它是人生的动力，是人生的精神支柱，是人生理想中的永恒的内容。有追求就有希望。

唐代僧人鉴真5次东渡日本失败，他并没有犹豫，也没有就此罢休，仍不改初衷。后来他不顾众人劝阻，训练船工，做了充分的准备，又于公元735年，以66岁高龄，置双目失明于不顾，毅然进行了第6次东渡。最后舰队终于冲破了东海的惊涛骇浪，成功地到达了日本，鉴真最终成为一代高僧。

在实现幸福的征程中，人人都会遇到各种挫折。只有尽自己的最大努力，克服困难，战胜挫折，才能获得成功。

当然，并不是人人都能够达到自己预期的目标的，有的人甚至终生一事无成。

但即使这样，只要尽到了努力，在反省自己时，也会因内心感到宁静而幸福。无论如何，尽了自己的最大努力，我们的生命是无憾无悔的。

人生感悟

成功常躲在"不可能"的门后，只要你对未来抱有希望，幸福就会降临到你的身上。

恒心，助幸福翱翔

一位成功学大师认为，巨大的成功靠的不是力量，而是韧性与恒心。

1864年9月3日，斯德哥尔摩市郊突然爆发出一声震耳欲聋的巨响，滚滚的浓烟、火焰雾时冲上天空。当惊恐的人们赶到现场时，只见原来屹立在这里的一座工厂只剩下残垣断壁，火场旁边，站着一位30多岁的年轻人，突如其来的惨祸，已使他面无血色，浑身不住地颤抖着……

青年眼睁睁地看着自己所创建的硝化甘油炸药实验工厂化为了灰烬。人们从瓦砾中找出了5具尸体，4人是他的亲密助手，而另一个是他在大学读书的小弟弟。5具烧得焦烂的尸体，令人惨不忍睹。青年的母亲得知小儿子惨死的噩耗，悲痛欲绝。年迈的父亲因大受刺激而引起脑溢血，从此半身瘫痪。

事后，警察局立即封锁了爆炸现场，并严禁青年重建自己的工厂。人们像躲避瘟神一样地避开他，再也没有人愿意出租土地让他进行如此危险的实验。但是，困境并没有使青年退缩，几天以后，人们发现在远离市区的马拉仑湖上出现了一只巨大的平底驳船，驳船上并没有装什么货物，而是装满了各种设备，青年正全神贯注地进行实验。

他就是后来闻名于世的诺贝尔。一次又一次失败之后，他终于发明了雷管。雷管的发明是爆炸学上的一项重大突破，随着当时许多欧洲国家工业化进程的加快，开矿山、修铁路、凿隧道、挖运河等都需要炸药。于是，人们又开始亲近诺贝尔了。他把实验室从船上搬迁到斯德哥尔摩附近的温尔维特，正式建立了第一座硝化甘油工厂。接着，他又在德国的汉堡等地建立了炸药公司。一时间，诺贝尔的炸药成了抢手货，诺贝尔的财富与日俱增。

诺贝尔一生共获专利发明权 355 项。他用自己的巨额财富创立的诺贝尔奖被国际学术界视为一种崇高的荣誉。

可见，恒心是实现目标过程中不可缺少的条件，是发挥潜能的必要因素。恒心与追求结合之后，便形成了百折不挠的巨大力量。

人生感悟

有恒心者，往往成了笑在最后、笑得最好的胜利者。半途而废、浅尝辄止的人，美好的愿望永远只能是梦。

人生的冷遇也是一种幸运

有时候，白眼、冷遇、嘲讽会让弱者低头走开，但对强者而言，这也是另一种幸运和动力。

美国人常开玩笑说，是一位布朗小姐的厚此薄彼，才刺激"造就"了一位美国总统。

原来故事是这样的。

在读高中毕业班时，查理·罗斯是最受老师宠爱的学生。他的英文老师布朗小姐，年轻漂亮，富有吸引力，是校园里最受学生欢迎的老师。同学们都知道查理深得布朗小姐的青睐，他们在背后笑他说，查理将来若不成为一个人物，布朗小姐是不会原谅他的。

在毕业典礼上，当查理走上台去领取毕业证书时，受人爱戴的布朗小姐站起身来，当众吻了一下查理，给他来了个出人意料的祝贺。

当时，人们本以为会发生哄笑、骚动，结果却是一片静默和沮丧。

许多毕业生，尤其是男孩子们，对布朗小姐这样不怕难为情地公开表示自己的偏爱感到愤恨。不错，查理作为学生代表在毕业典礼上致告别词，也曾担任过学生年刊的主编，还曾是"老师的宝贝"，但这就足以使他获得如此之高的荣耀吗？典礼过后，有几个男生包围了布朗小姐，为首的一个质问她为什么如此明显地冷落别的学生。

"查理是靠自己的努力赢得了我的赏识，如果你们有出色的表现，我也会吻你们的。"布朗小姐微笑着说。

男孩们得到了些安慰，查理却感到了更大的压力。他已经引起了别人的嫉妒，并成为少数学生攻击的目标。他决心毕业后一定要用自己的行动证明自己值得布朗小姐报之一吻。毕业之后的几年内，他异常勤奋，先进入了报界，后来终于大有作为，被杜鲁门总统亲自任命为白宫负责出版事务的首席秘书。

当然，查理被挑选担任这一职务也并非偶然。原来，在毕业典礼后带领男生包围布朗小姐，并告诉她自己感到受冷落的那个男孩子正是杜鲁门本人。

查理就职后的第一件事，就是接通布朗小姐的电话，向她转述美国总统的问话："您还记得我未曾获得的那个吻吗？我现在所做的能够得到您的吻吗？"

生活中，当我们遭到冷遇时，不必沮丧，不必愤恨，唯有尽全力赢得成功，才是最好的答复与反击。

人生感悟

对冷遇说声"感谢"吧，它是另一种动力和幸运。

梦想越远，人的幸福之旅越广阔

从小到大，每个人都曾有过种种奇妙、瑰丽的梦幻，但渐渐地，由于他人的嘲讽、怀疑，自己的动摇、退却，梦终究还是梦。只有那些怀着高远梦想并全力圆梦的人，才会创造幸福的奇迹。

在法国的乡村，有一位普通的邮递员每天奔走于各个村庄，为人们传送邮件。

一天，他在山路上不小心摔倒了，不经意发现脚下有一块奇特的石头，看着看着，他有些爱不释手，最后他把那块石头放进了邮包。

村民们看到他的邮包里还有一块沉重的石头，都感到很奇怪。

他取出那块石头晃了晃，得意地说："你们有谁见过这样美丽的石头？"

人们摇了摇头："这里到处都是这样的石头，你一辈子都捡不完的。"可是，他并没有因为大家的不理解而放弃自己的想法，反而想用这些奇特的石头建一座奇特的城堡。

此后，他开始了另外一种全新的生活。白天，他一边送信一边捡这些奇形怪状的石头；到了晚上，他就琢磨用这些石头来建城堡的问题。

所有的人都觉得他疯了，这根本就是不可能的事。

20多年以后，在他住处出现了一座错落有致的城堡，可在当地人的眼里，他是在干一些如同小孩建筑沙堡一样的游戏。

20世纪初，一位记者路过这里发现了这座城堡，这里的风景和城堡的建造格局令他慨叹不已，为此写了一篇文章。文章刊出后，邮差希瓦勒和他的城堡就成为人们关注的焦点，甚至艺术大师毕加索也专程拜访。

今天，这个城堡已成为法国最著名的风景旅游点之一。

据说，那块当年被希瓦勒捡起的石头，被立在入口处，上面刻着一句话："我想知道一块有了愿望的石头能走多远。"

原来，人的心走多远，人的脚步走多远，美丽的梦就能走多远。

人生感悟

一个没有高远梦想的人就像一艘无舵的船，永远漂泊不定、心无所依，那么搁浅是必然的，由灰心、失望而导致失败也是在所难免的。

你就是命运大厦的设计师和建筑家

生活中，有人将命运托付于父母、师长、权威，自己究竟会成为什么样子，听天由命。他们却忘了，命运的悲喜美丑，是由自己的行动塑造的。

60多年前，在美国三藩市，一位演员喜获儿子。由于父亲是演员，这个男孩从小就有了跑龙套的机会，他渐渐产生了当一名演员的梦想。可由于身体虚弱，父亲便让他拜师习武来强身。1961年，他考入华盛顿州立大学主修哲学，后来，他像所有正常人一样结婚生子。但在心底，他从未放弃过当一名演员的梦想。

一天，他与朋友谈到梦想时，随手在一张便笺上写下了这样一段话："我，布鲁斯·李，将会成为全美国最高薪酬的超级巨星。作为回报，我将奉献出最激动人心、最具震撼力的演出。从 1970 年开始，我将会赢得世界性声誉；到 1980 年，我将会拥有 1000 万美元的财富，那时候我及家人将会过上愉快、和谐、幸福的生活。"

当时，他过得穷困潦倒。可以预料，如果这张便笺被别人看到，会引起什么样的白眼和嘲笑。

然而，他却牢记着便笺上的每一个字，克服了无数次常人难以想象的困难。一次，他曾因脊背神经受伤，在床上躺了 4 个月，但后来他却奇迹般地站了起来。

1971 年，他主演的《猛龙过江》等几部电影都刷新香港票房纪录。1972 年，他主演了香港嘉禾公司与美国华纳公司合作的《龙争虎斗》，这部电影使他成为一名国际巨星，被誉为"功夫之王"。1998 年，美国《时代》周刊将其评为"20世纪英雄偶像"之一，他是唯一入选的华人。

他就是"最被欧洲人认识的亚洲人"——李小龙，一个迄今为止在世界上享誉最高的华人明星。

1973 年 7 月，李小龙英年早逝。在美国加州举行的李小龙遗物拍卖会上，这张便笺被一位收藏家以 2.9 万美元的高价买走，同时，2000 份获准合法复印的副本也当即被抢购一空。

故事很简单，但用心想一下，其实，我们每一个人都如李小龙一样，只要敢于挣脱平庸命运的摆弄，人生将会出现另一种辉煌与多彩。

人生感悟

相信自己，你本身就是命运大厦的设计师和建筑家！

要命的一枚金币

菲尼斯曾经是一个快乐的乞丐。当别人看到穿得破破烂烂的菲尼斯在大街上闲逛时，总会问他："菲尼斯，一个乞丐有什么快乐的？"

听到这样的问题，菲尼斯总会一本正经地回答："我为什么不快乐呢？我每天都能吃得饱饱的，运气好了还能讨到一截香肠；我不用买房子，桥洞下就可以为我挡风遮雨；我不用为别人做工，我是自己的上帝，我为什么不快乐呢？"

然而有一天，快乐的菲尼斯突然变得闷闷不乐了。

原来，这一天，菲尼斯在路上捡到一袋金币，一共 99 枚。当天晚上，菲尼斯非常快乐，心想："我有钱了！99 枚金币，99 枚啊！这够我吃一辈子了，我不用做乞丐了。"激动的菲尼斯把钱数了一遍又一遍仍然不敢相信，他怕这是一个梦，连觉也不敢睡了。直到第二天太阳出来时他才相信这是真的。

快到中午了，菲尼斯还没走出桥洞。因为他要把这 99 枚金币藏好，这对从来没有存过钱的迪克来说是个艰巨的任务。"这钱不能花，我得攒着，攒够 100 枚金币。对，我要有 100 枚金币。"从不动心思的菲尼斯现在也有攒钱的理想了。尽管只是一枚金币，但这对一个乞丐来说，绝对称得上是非常远大的理想。

直到中午，菲尼斯才出去乞讨。他要一分一分地积累，他要自己乞讨一枚金币。

"还差 97 分。"很晚了，他还在反复地数着金币，几乎忘记了饥饿。一连好几天，菲尼斯都是这样过的。他再也没有吃饱过，同时也再没有快乐过。乞讨越来越难，因为别人都不愿给钱，也因为菲尼斯用来乞讨的时间越来越少了。因为他不快乐了，别人也不愿再施舍给他了。

"菲尼斯，你为什么不快乐了？"

"我是个乞丐，有什么可快乐的！"

菲尼斯陷入了忧郁苦闷中，身体也越来越瘦弱。终于，他病倒了。这一病菲尼斯几天也没有起来。几天时间里，菲尼斯脑子里一直在想：还差 16 分就 100 枚金币了。

"菲尼斯，难道你没有收到我的金币吗？"突然有一天，一个富商来看望生命垂危的菲尼斯。

"你说什么？"菲尼斯吃惊地问道。

"菲尼斯"，富商慢慢地说，"或许你不知道，你的快乐曾经救过我。3 年前的一次买卖让我赔尽了家产，当时我万念俱灰，只想一死了之。正准备自杀时，我见到了快乐的你。我第一次发现，原来身无分文的人也可以活得很快乐。后来，我东山再起，赚了很多钱。有一天，我带着 99 枚金币出来游玩，正好看见你，就把钱丢在你要走的路上。可是你现在为什么还是乞丐呢？为什么不快乐呢？生了病为什么不拿钱去看医生呢？"

菲尼斯奄奄一息地回答道："我想拥有 100 枚金币。还差 16 分，就差 16 分。"富商从腰里取出一枚金币给他。菲尼斯接过钱，把钱装进袋子里，然后又全部倒出来，很细心地数——他终于有 100 枚金币了，还多了 84 分。菲尼斯笑了，紧接着他就昏倒了。

人生感悟

> 生活中有两种悲剧。一种是你的欲望得不到满足，另一种则是你的欲望得到了满足。这就好像如果你过分珍爱自己的羽毛，不使它受一点损伤，那么你将失去两只翅膀，永远不再凌空飞翔。如果你过分执着现在的所有，不让它有一点损耗，那么你可能会失去更多的东西，永远不再感受到快乐。

命运，从不相信眼泪

悲哀于命运的人往往是那些最善于落泪的人，泪水太多，却无益于把握命运。及时地收起眼泪吧，因为厄运、不幸并非生命的全部。

作为一位著作丰硕的作家与理论家，20 多年来，金岱教授一直在思考与写作，即使在双目基本失明的情况下也没有中断过。二十几万字的小说《晕眩》就是他在经受病痛的折磨，视力十分微弱的情况下创作完成的。在创作长篇小说《精神隧道》三部曲中最后一部《心界》时，他已失去视力，然而，他没有哭泣、怨恨。在以旁人无法想象的耐心和恒心学会了电脑盲打之后，他历经 7 年完成了整部小说。

他写过这样一段话："眼睛看不见，在黑暗中摸索写作，有许多的不方便；但我们一生中，总会遇到许多的困难，必须设法克服，一个人只要不自限，就没有什么困难可以限制他。"

生活中，我们似乎每天都在接受命运的安排，实际上，人们每天都在安排自己的命运。命运不是虚无的风，来无影去无踪；命运不是缥缈的云，那么高远，变幻莫测。命运是你可以操纵的风筝，因为牵引它的线绳就在你手中；命运是你可以驾驶的扁舟，因为它的双桨就在你的手里。

命运不是绝对的，在弱者的生活中，它是忧愁、苦涩的；而在强者的生活中，它却如同一杯烈酒，饮之虽辣，却酣畅淋漓。

人生感悟

> 在未确知命运以前，请不要擅自添加眼泪。眼泪不能改变命运。

扼住命运的咽喉，才是命运的主人

要改变命运，就必须让自己成为命运真正的主人，因为生活的主体是自己。

让我们来重温一下"乐圣"的故事：

经过多年的勤学苦练，贝多芬逐渐成长为一名优秀的音乐家，创作了数以百计的音乐作品。但从1816年起，贝多芬的健康状况越来越差，后来耳病复发，不久就失聪了。作为一个音乐家，失去了听觉，就意味着将要离开自己喜爱的音乐艺术，这个打击简直比被判了死刑还要痛苦。

他又开始了与命运的抗争。除了作曲外，他还想担任乐队指挥。结果在第一次预演时弄得大乱，他指挥的演奏比台上歌手的演唱慢了许多，使得乐队无所适从，混乱不堪。当别人写给他"不要再指挥下去了"的字条时，贝多芬顿时脸色发白，慌忙跑回家，痛苦得一言不发。

在困厄中，贝多芬没有自暴自弃，他以极大的毅力克服耳聋带给他的困难。耳朵听不到，他就拿一根木棍，一头咬在嘴里，一头插在钢琴的共鸣箱里，用这种办法来感受声音。这样，他不仅创作出了比过去更多的音乐作品，还能登台担任指挥了。

1824年的一天，贝多芬又去指挥他的《第九交响乐》，博得全场一片喝彩，一共响起了5次热烈的掌声。然而，他却一点儿也没有听到，直到一个女歌唱家把他拉到前台时，他才看见全场观众纷纷起立，有的挥舞着帽子，有的热烈鼓掌，这种狂热的场面，让贝多芬激动不已。

1827年3月26日，贝多芬在维也纳病逝。他一生创作了9部交响乐，其中尤以《英雄交响乐》《命运交响乐》《田园交响乐》《合唱交响乐》最为著名，此外还有32首钢琴奏鸣曲，以及大量的钢琴协奏曲、小提琴协奏曲等。他的一生为音乐的繁荣发展作出了巨大贡献。

"乐圣"以一生的波澜壮阔，传达着这样一句撼天动地的宣言："我将扼住命运的咽喉，它绝不能使我屈服！"

人生感悟

在今天，世界上有太多的人根本不是自己命运的主人。我家里太穷、我学历不高、没人帮我一把、这太困难了……勇敢一些，你完全可以粉碎这些妨碍幸福的借口！

置自己于悬崖，拓展生命的宽度

许多时候，我们需要让自己置身于命运的悬崖绝壁之上。正是面临这种后退无路的境地，人才会迸发出所有的能量，拓展生命的宽度。

有一个出身名校的大学生，毕业时被分配到一个让人们羡慕的政府机关，干着一份惬意的工作。

好景不长，他开始陷入苦闷，原来他的工作虽轻松，但与所学专业毫无关系。他可是经济专业的高才生啊，在机关里并无用武之地。他想辞职外出闯天下，却又留恋眼下这一份舒适的工作。外面的世界虽然很精彩，风险也大啊。无奈之下，他就将自己的困惑告诉了他最敬重的一位长者。长者一笑，给他讲了一个故事：

"一个农民在山里打柴时，拾到一只样子怪怪的鸟。那只怪鸟和出生刚满月的小鸡一样大小，还不会飞，农民就把这只怪鸟带回家给小女儿玩耍。

调皮的小女儿玩够了，便将怪鸟放在小鸡群里充当小鸡，让母鸡养育着。

怪鸟长大后，人们发现它竟是一只鹰，他们担心鹰再长大一些会吃鸡。然而，那只鹰和鸡相处得很和睦，只是当鹰出于本能飞上天空再向地面俯冲时，鸡群会产生恐慌和骚乱。

渐渐地，人们越来越不满，如果哪家丢了鸡，便会首先怀疑那只鹰。要知道鹰终归是鹰，生来是要吃鸡的。大家一致强烈要求：要么杀了那只鹰，要么将它放生，让它永远也别回来。因为和鹰有了感情，这一家人决定将鹰放生。

谁知，他们把鹰带到很远的地方放生，过不了几天那只鹰又飞回来了；他们驱赶它不让它进家门；他们甚至将它打得遍体鳞伤……都无法成功。

后来村里的一位老人说：'把鹰交给我吧，我会让它永远不再回来。'老人将鹰带到附近一个最陡峭的悬崖绝壁旁，然后将鹰狠狠向悬崖下的深涧扔去。那只鹰开始如石头般向下坠去，然而快要到涧底时它终于展开双翅托住了身体，开始缓缓滑翔，最后轻轻拍了拍翅膀，就飞向蔚蓝的天空。它越飞越自由舒展，越飞越高，越飞越远，渐渐变成了一个小黑点，飞出了人们的视野，再也没有回来。"

听了长者的故事，年轻人似有所悟。几天后，他辞去了公职外出打拼，终有所成。

可见，留恋安逸、舒适，生命将会永远局限于那一亩三分地。

人生感悟

> 将自己置于没有退路的悬崖，从某种意义上说，是给自己一个向生命高地冲锋的机会。

压力之下，强者的脊梁将更加坚硬

生活中，不少人畏惧压力、逃避压力。其实，压力也是一种动力。俗谚说"人无压力轻飘飘""人无压力不成材"。正视压力，与压力共处，正是强者的选择。

自然界曾有一种腔棘鱼，又称"空棘鱼"，它因脊柱中空而得名，是鱼类与登上陆地的两栖动物的过渡类型。生物学家在白垩纪之后的地层中找不到它的踪影，因此得出结论：这个登陆英雄已经告别了世间，全部灭绝了。1938年在南非，人们发现了一条腔棘鱼，这个史前鱼种还活着！在距今4亿年前的泥盆纪时代，腔棘鱼的祖先凭借强壮的鳍，爬上了陆地。经过一段时间的挣扎，其中的一支越来越适应陆地生活，成为真正的四足动物；而另一支在陆地上屡受挫折，又重新返回大海，并在海洋中寻找到一个安静的角落，与陆地彻底告别了。

谁会想到，这个安静的角落就是11000米深的海底。要知道，人类入海比登天还要难。首先是巨大的压力：水深每增加10米，压力就要增加101千帕。

在11000米深的海底，压力将高达111100千帕，别说人的血肉之躯，就是普通的钢铁构件也会被压得粉碎。还有海底的恶劣环境：黑暗、寒冷！太阳光进入海中很快被吸收，10米处的光强度只及海洋表面的18%，100米深处则只有1%了。光线稀少，热量自然难留，水下的寒冷、黑暗可想而知。然而，腔棘鱼通常生活在非常深的海底，并把自己隐藏在海底礁石的洞穴里。

在恶劣的海底，它们学会与压力共处，在自己创造的历史里痛并快乐地生存着，超乎想象地存在了4亿年！

腔棘鱼的奇迹告诉了人们一个道理：压力，并非痛苦、沉重的代名词，直面压力，愈挫愈勇，人生将奇妙无比。

压力如苦胆，但勾践卧薪尝胆，终率三千越甲灭吴，俘获了终日与西施畅游的夫差；宫刑的压力如山，但司马迁并未逃避或自绝于世，贫病之中，他完成了辉煌巨著《史记》……

压力在前，怨天尤人，绕道而行，你的人生境界将似井底之蛙；负重之下，变压力为动力，逆流而上，幸福将不期而至。

人生感悟

压力，也是上天的赠予，它可谓是强者与弱者的试金石。

生活在我们身上压上了巨石，但是，它仍然不能否认一朵花开带给我们的喜悦感。

再大的痛苦中，我们也可以尝试感受细微的幸福。感受痛苦，不是向生活妥协，而是为了能够更珍惜微小的幸福带来的快乐。

坎坷、浮沉，是对每个人最好的磨练

享年96岁的日本"经营之神"松下幸之助，可谓名、利、寿三者兼得。

其实松下的一生充满了不幸与坎坷。他11岁辍学；13岁丧父；17岁差一点被淹死；20岁不但丧母，而且得肺病几乎亡故；34岁时，唯一的儿子出生，仅6个月就病故，而且他一生受病魔纠缠，40岁之前，有一半的时间因病卧床。

不过，他有积极的人生观，认为坏运能变成好运，危机就是转机，任何逆境都能转变为顺境。

当他遭受挫折与打击时，他就会想起乡下人洗甘薯的情景：

木制的特大号水桶里，装满了要洗的甘薯，乡下人站在木桶边，用一根扁平的木棍不停地搅拌着。在木桶里，大小不一的甘薯，随着木棍的搅动，忽沉、忽现。浮在上面的甘薯，不会永远在上面；沉在下面的，也不会永远在下面。总是浮浮沉沉，互有轮替。

松下曾说："这种浮浮沉沉，互有轮替的景象，正是人生的写照。每一个人的一生，就像那些甘薯一样，总是浮浮沉沉的，不会永远春风得意，也不会永远穷困潦倒。这持续不停的一浮一沉，就是对每个人最好的磨练。"

挫折的本身，隐含正面的意义。同松下一样，许多成功人士就是本着这种积极的人生观，百折不挠，愈挫愈勇，最后终于造就了非凡的功业。

人生感悟

生命之舟本来就是在得失之间浮沉的，强者则会自如地驾驭着它，进军幸福之岸。

苦难也会芬芳

当代作家乔叶写过一篇《让苦难也芬芳》，细细品味，美丽无比：

最近认识一个朋友，是个农民，做过木匠，干过泥瓦工，收过破烂，卖过煤球，在感情上受到过致命的欺骗，还打过一场 3 年之久的麻烦官司。现在他独自闯荡在一个又一个城市里，做着各种各样的活计，居无定所，四处飘荡，经济上也没有任何保障。看起来仍然像一个农民，但是与乡村里的农民不同的是，他虽然也日出而作，但是不日落而息——他热爱文学，写下了许多清澈纯净的诗歌。每每读到他的诗歌，都让我觉得感动，同时惊奇。

"你这么复杂的经历怎么会写出这么柔情的作品呢？"我曾经问过他，"有时候我读你的作品总有一种感觉，觉得只有初恋的人才能写得出。"

"那你认为我该写出什么样的作品呢？《罪与罚》吗？"他笑。

"起码应该比这些作品沉重和黯淡些。"

他笑了，说："我是在农村长大的，农村家家都储粪。小时候，每当碰到别人往地里送粪时，我都会掩鼻而过。那时我觉得很奇怪，这么臭这么脏的东西，怎么就能使庄稼长得更壮实呢？后来，经历了这么多事，我却发现自己并没有学坏，也没有堕落，甚至连麻木也没有，就完全明白了粪和庄稼的关系。"

我看着他。他想做一个怎样的比喻呢？

"粪便是脏臭的，如果你把它一直储在粪池里，它就会一直臭下去。但是一旦它遇到土地，情况就不一样了。它和深厚的土地结合，就成了一种有益的肥料。对于一个人，苦难也是这样。如果把苦难只视为苦难，那它真的就只是苦难。但是如果你让它与你精神世界里最广阔的那片土地去结合，它就会成为一种宝贵的营养，让你在苦难中如凤凰涅槃，体会到特别的甘甜和美好。"

这个智慧的人，他是对的。土地转化了粪便的性质，他的心灵转化了苦难的流向。在这转化中，每一道沟坎都成了他唇间的烈酒，每一道沟坎都成了他诗句的花瓣。他文字里那些明亮的妩媚原来是那么深情、隽永，因为其间的一笔一画都是他踏破苦难的履痕。

他让苦难芬芳，他让苦难醉透。能够这样生活的人，是多么让人钦佩……

吹尽黄沙始见金。生活中，我们要坦然面对苦难，默默地承受苦难，从苦难的积淀中捞出勇气、智慧、韧性，捞出成功的结晶和幸福的喜悦。

人生感悟

只有经过苦难的磨练，生命的火花才会闪光发亮；只有在苦难中奋进，生命的花朵才会灿烂芬芳。

只有善待失败，方能避免再次失败

一个人的社会经历中有了一次较大的失败并不耻辱，只有学习过失败这门课程，人们的毅力才会更顽强，经验才会更丰富，处理事情才会更成熟。

所以，当我们面对失败时，不要抱怨，应该感谢；不要灰心丧气，应该更加努力。纵观历史长河，几乎所有成功者的背后都隐藏着数不清的失败。小说家詹姆斯·哈利在监狱里才开始写短篇小说，之后名扬天下。如果他也像其他人一样，在坐牢时只盼快点熬到头而浑浑噩噩地度过那几年时间，那么他永远也不可能达到后来的成就。

约翰·克利斯在出版第一本书之前，曾写过564本书，并遭到了1000次的退稿，正是因为他毫不丧气，所以第565本书获得了成功，他成了英国著名的多产作家。

在现实生活中，成功之前的失败更是普遍。初学溜冰的人都免不了多次的摔跤，但正因为他们摔跤了，所以才能掌握溜冰的技巧和禁忌，最后平衡地滑行在冰场上。篮球初学者一开始都有屡投不中的时候，但就在一次次的失败之中，经验被慢慢积累起来，然后就会有第一次投中篮筐。

自古以来，没有一个人从开始就祈祷自己失败。可是失败总是在每个人的前进路上，扮演着生命中必然的角色。

善待失败，也是我们前行途中必经的驿站。

要从失败中进行冷静、公正的回顾，找出失败真正的缘由。说服自己，找回信心并以此来增强信心。

人生感悟

其实，善待失败就是对失败的最大轻蔑。从某种意义上讲，失败本身并不可怕，可怕的是，大多数人对失败屈服、妥协。

无论是谁，都有希望告别平凡

生活中，你是否常抱怨自己的现状太平庸、自己的未来太渺茫？其实，只要你愿意，这一切都可以改写。

读过汪继峰的一篇文章《小人物与大明星》，令人颇有感触。

他高中毕业后，子承父业，成为一名每周只挣30美元的卡车司机。不过他活得很快乐，他的驾驶室里总是飘着愉快的歌声。最令他自豪的一件事是，1953年的时候，他用开车攒下的钱在孟菲斯市的一个录音棚里，录制了一盘自弹自唱的音乐磁带，作为献给母亲的生日礼物。

她是洛杉矶一家军工厂的青年女工。像所有工人一样，她每天都在工厂的生产流水线上，不断地重复着几个简单的动作。她的生活波澜不惊，唯一值得炫耀的，便是在1944年的一天，她像往常一样在流水线上埋头干活。突然，一个到工厂采风的陆军摄影师注意到了她。摄影师请她做模特，拍摄了一组宣传照。

他是一个健壮的英格兰小伙子，由于家境贫寒，他十几岁就自愿参加了英国皇家海军。退役后，他先后做过瓦泥匠、游泳馆救生员。1950年，他开始在电影里扮演一些跑龙套的小角色。做演员所获得的微薄收入，并不能维持他的日常开支。于是，他又找了一份给棺材刷油漆和上光的工作。

她高中毕业后进入密歇根大学，两年后辍学，带着仅有的35美元和一双舞鞋，前往纽约寻求发展。她由于没钱租好一点的房子，便住在满是蟑螂的极其破旧的屋子里。她当过清洁工，做过衣帽间的侍者。干的最长的一份工作，是在德肯油炸圈饼店当售货员。

也许你没有想到，这些普通的人居然是赫赫有名的大明星，第一位是"猫王"，第二位是玛丽莲·梦露，下一位人们叫他"007"，最后一位更是家喻户晓，她就是麦当娜。即使曾经如此平凡，只要不放弃自己的梦想，他们最终从小人物变成了大明星。

人生感悟

不必哀叹、抱怨自己当下的平凡，只要坚持，一切你都能改变！

看淡得失，你即是幸福之人

得与失是我们生命中的一个很重要的组成部分，可以说，我们每一天都徘徊于失与得之间。但很多人总失不起；对于他们来讲，失去的不仅仅是物质，同时也会失去一个人的心理上的平衡。所以有人说，这种失去的有限的人，他们得到的也一定非常有限。

聪明地看待"得失"问题，对一个人的一生都有好处。在智者眼中似乎从来是无得亦无失，他们总能得之泰然，失之也泰然。李白有诗说："天生我才必有用，千金散尽还复来。"清朝红顶商人胡雪岩在家道衰败时，看着家人们为财去楼空而哭泣叹息，他却说："我胡雪岩本无财可破，当初我不过是个月俸四两银子的伙计，眼下光景没有什么不好。以前种种，譬如昨日死，以后种种，譬如今日生吧。"他失去了一手经营的万贯家财，却没有失去心理上的平衡。

在日本，有一位企业老总每天坚持写一篇"光明日记"，里面记录的全是快乐的事情。他管理企业的方式也很特别，他把每个月末召开的工作例会取名为"快乐例会"，要求各部门经理先用 3 分钟时间向大家汇报一下本月来最快乐的事情，然后再检查和布置工作。他也总是带头把快乐传递给大家，引得全场上下哈哈大笑——这位老总就是日本最大的零售集团"八佰伴"公司总裁和田一夫。

后来"八佰伴"在一夜之间跌入了低谷，此时和田一夫已是 72 岁的老人，他能经得住如此灾难性的打击吗？实在让人担心。

然而，事实却是，和田一夫没有因为"八佰伴"的倒闭而失去自己心中的信念和快乐，他又和几个年轻人合作，开办了一家网络咨询公司。面对新的挑战，他充满了自信，脸上始终绽放着微笑，他的这种快乐积极的人生态度，不仅感动了年轻的同事们，也感动了"上帝"，没多久他的生意就红火了起来，他又迎来了人生旅途中的一片艳阳天。

有人问和田一夫，为什么能在如此短的时间内反败为胜，东山再起，和田一夫快乐地答道："因为失败了我也能笑出来！"

"失败了也能笑出来"，不正好印证了"谁笑到最后，谁笑得最好"这句话吗？无论在什么情况下，哪怕是受到致命的打击，如果也能像和田一夫那样，坚持地笑下去，快乐地笑下去，那么，这生命中的阳光，终会催开人生成功的花朵。

人生感悟

得不狂喜，失不悲泣，方可成就大事业、大幸福。

播种希望，收获奇迹

多年以前，美国有一家报纸刊登了一则园艺所重金征求纯白金盏花的启事，在当地轰动一时。高额的奖金让许多人趋之若鹜，但在千姿百态的自然界中，金盏花除了金色的就是棕色的，能培植出白色的，不是一件易事。所以许多人一阵热血沸腾之后，就把那则启事抛到九霄云外去了。

一晃就是20年，一天，那家园艺所意外地收到了一封热情的应征信和一粒纯白金盏花的种子。当天，这件事就不胫而走，引起轩然大波。

寄种子的原来是一个年逾古稀的老人。老人是一个地地道道的爱花人。20年前当她偶然看到那则启事后，便怦然心动。她不顾8个儿女的一致反对，义无反顾地干了下去。她撒下了一些最普通的种子，精心侍弄。一年之后，金盏花开了，她从那些金色的、棕色的花中挑选了一朵颜色最淡的，任其自然枯萎，以取得最好的种子。次年，她又把它种下去。然后，再从这些花中挑选出颜色最淡的花种栽种……日复一日，年复一年。终于，20年后的一天，她在那片花园中看到一朵金盏花，它不是近乎白色，也并非类似白色，而是如银如雪的白。一个连专家都解决不了的问题，在这位不懂遗传学的老人手中

老板，为什么我不能得奖。

因为你平时没想过。

十佳员工证书

迎刃而解，这是奇迹吗？

人生感悟

当年曾经那么普通的一粒种子，也许谁的手都曾捧过，只是少了一份对希望之花的坚持与执着，少了一份以心为圃、以血为泉的培植与浇灌，才使你的生命错过了一次最美丽的花期。种在心里，即使一粒最普通的种子，也能长出奇迹！

这个故事告诉我们，只要我们心中存有希望，只要我们心中有一颗希望的种子，那么就一定会创造出奇迹。

希望带来美好，美好的希望更是让人激动，让人无限憧憬。社会能进步几乎是希望的功劳，是它让会思考的生命去奋斗、拼搏，让社会天天在进步。同时，我们要时刻提醒自己：希望只是希望，只有用勤奋去浇灌，才能盛开希望之花，得到希望之果。

把握住现在，我们就把握住了幸福

人，不能弥补过去，也不能预测未来，唯一能做的，只有把握现在。有这样一个故事，令人颇有感触。

一位智者旅行时，曾途经古代一座城池的废墟。岁月已经让这个城池显得满目沧桑了，但依然能辨析出昔日辉煌时的风采。智者想在此休息一下，就随手搬过一个石雕坐下来。

他望着废墟，想象着曾经发生过的故事，不由得感慨万千。

忽然，他听到有人说："先生，你感叹什么呀？"

他四下里望了望，却没有人，他疑惑着。那声音又响起来，是来自那个石雕，原来那是一尊"双面神"神像。

他从未见过双面神，就好奇地问："你为什么会有两副面孔呢？"

双面神说："有了两副面孔，我才能一面察看过去，牢牢吸取曾经的教训；另一面又可以瞻望未来，去憧憬无限美好的明天。"

智者说："过去的只能是现在的逝去，再也无法留住；而未来又是现在的延续，是你现在无法得到的。你不把现在放在眼里，即使你能对过去了如指掌，对未来洞察先知，又有什么具体的实在意义呢？"

听了智者的话，双面神不由得痛哭起来："先生啊，听了你的话，我才明白，我今天落得如此下场的根源。

"很久以前，我驻守这座城时，自诩能够一面察看过去，一面又能瞻望未来，却唯独没有好好地把握住现在。结果，这座城池便被敌人攻陷了，美丽的辉煌都成了过眼云烟，我也被人们唾骂而弃于废墟中。"

的确，忽略了现在，就等于自讨苦吃。幸或不幸，都是在我们现在的每一个行动中形成的。把握住了现在，即把握住了幸福的秘密。

人生感悟

不懂得把握现在，过去和未来都将成为落寞的烟尘。应破除对过去和未来的执着，活在当下。

亚历山大大帝只有一个财宝，它的名字叫希望

希腊神话中有一则神话叫"潘多拉的匣子"。传说众神之王宙斯因为普罗米修斯违背了他的意愿，盗了天火给人类，因此大怒，开始惩罚普罗米修斯和人类。他命令手艺最高明的匠神赫淮斯托斯按照女神的模样打制出一名女子，起名叫潘多拉，即具有一切天赋的女人之意，并且让每一个神都送一样礼物放在潘多拉随身携带的匣子里。之后，宙斯把潘多拉嫁给了普罗米修斯的弟弟埃庇米修斯。因为普罗米修斯是个先知，所以他知道潘多拉的匣子是宙斯用来惩罚人类的工具，因此，他事先反复郑重地提醒和警告埃庇米修斯：千万千万不要动潘多拉的匣子。但普罗米修斯万万没有想到，自己语重心长的警示反而引起了埃庇米修斯强烈的好奇心。埃庇米修斯趁人不在，偷偷地打开了潘多拉的那个匣子，顿时，匣子里各种各样的东西都飞了出来，埃庇米修斯定神一看，天哪，从匣子里飞出来的是战争、疾病、瘟疫、灾难、痛苦、妒忌……埃庇米修斯被吓坏了，他急急忙忙关上了匣子，结果，最后一样东西被关在了匣子里，这个东西恰恰就是：希望。

从此以后，人类经历各种各样的战争、疾病、瘟疫、灾难、痛苦、妒忌……唯独缺少希望。

亚历山大大帝给希腊世界和东方的世界带来了文化的融合，开辟了一直影响到现在的丝绸之路的丰饶世界。据说他投入了全部的青春活力，出发远征波斯之际，曾将他所有的财产分给了臣下。

为了登上征伐波斯的漫长征途，必须买进种种军需品和粮食等物，为此他需要巨额的资金，但他把珍爱的财宝和所有的土地，几乎全部分给臣下了。

他有位部下名叫庇尔狄迦斯，深以为怪，便问亚历山大大帝："陛下带什么

启程呢？"

对此，亚历山大回答说：

"我只有一个财宝，那就是'希望'。"

据说，庞尔狄迦斯听了这个回答以后说："那么请允许我们也来分享它吧！"于是庞尔狄迦斯谢绝了分配给他的财产，许多人也仿效了他的做法。

带着"希望"启程的亚历山大帝最后征服了无数的地方，促进了东西方文化的交流，对人类历史产生了深远的影响。

人生感悟

莎士比亚说："希望是苦难的唯一药方。"希望是引领人们成功的信仰。如果没了希望，便一事无成。

有了希望，无论我们遇到什么艰难险阻，处于怎样的逆流困境之中，它都告诉我们人生可以变得更好；有了希望，我们可以通过不断的学习和持续的努力提高自己，不断地改变自己，不断地改变现状，使我们的人生之路永远上升。

生于忧患，死于安乐

长在岩石间的树，总是特别苍劲；沙漠里的种子，遇到一点儿水分就能快速萌发；极地的苔藓，可以经历长期的干燥寒冷依然存活。不平凡的遭遇常能造就不平凡的人生。顺利的境遇，优越的地位，富足的资财，舒适的生活，似乎应该是个人、家庭以至民族发展的有利条件。但历史和现实的经验却一再告诉我们：从来纨绔少伟男。在中国五千年的文明史上，我们看到名门望族走马灯般地替换，家运五代不衰便成为治家有方的美谈。

相反，苦难、逆境，甚至生理缺陷反而产生和造就了一些伟大人物。恺撒、亚历山大、罗斯福都是如此。心理学家认为，压力是每个人生活中不可缺少的一部分，苦难的刺激能使人振作。

明朝作家刘元卿，在短文《猱》中记述了这样一个故事：猱的体形很小，长着锋利的爪子。老虎头痒，猱就爬上去搔痒，搔得老虎飘飘欲仙。猱不住地搔，并在老虎的头上挖了个洞，老虎因感觉舒服而未觉察。猱于是把老虎的脑髓当作美味吃个精光。

生活中，类似的行为也有很多。有很多的成功人士、企业，由强变弱，最终惨遭淘汰。尽管这些成功人士、企业败走麦城的原因各不相同，但有一点却是共同的，即缺少一种忧患意识和危机意识，安而忘危，缺少远虑，对面临的危险认识不足、准备不足，才最终导致失败。

"微软离破产永远只有18个月"，比尔·盖茨的危机意识铸就了微软的不败神话。永怀忧患意识，是成功、幸福的保证。

人生感悟

风流总被雨打风吹去。懂得居安思危，幸福才会长久。

第十五章

拆掉思维里的墙

　　我们每个人的内心，都有一些根深蒂固的思维模式，对于幸福、成功、事业，我们往往纠结于世人的看法…这些固定的思维方式，在我们脑海中处于相当强势的地位，它们驾驭我们，操纵我们，束缚我们的思想和行为，剥夺我们的热情和希望，让我们在碌碌无为的平庸状态中变得心安理得，在浑浑噩噩的麻木生活中变得浑然不觉。

　　突破现实生活的禁锢，着眼于长远与未来；突破心智模式障碍，找到全新的思考方式，拆掉思维的墙，打开梦想的窗，走出生命的困境，加速人生的巡航。

善于运用大脑的人，无论在何时何地都会有成功相伴

当时人们都去开山，但他不像别人那样把石块砸成石子运到路边，卖给建房的人，而是卖给杭州的花鸟商人。因为这儿的石头都是奇形怪状，他认为卖重量不如卖造型。5 年后，他成为村里第一个盖起瓦房的人。

后来，不许开山，只许种树，于是这儿成了果园。每到秋天，漫山遍野的鸭梨招徕八方客商，他们把堆积如山的梨子成筐成筐地运往北京和上海，然后再发往韩国和日本。因为这儿的梨，汁浓肉脆，纯正无比。

就在村里的人为鸭梨带来的小康日子欢呼雀跃时，他卖掉果树，开始种柳。因为他发现，来这儿的客商不愁挑不到好梨子，只愁买不到盛梨子的筐。5 年后，他成为第一个在城里买房的人。

再后来，一条铁路从这儿贯穿南北，这儿的人上车后，可以北到北京，南抵九龙。小村对外开放，果农也由单一的卖果开始谈论果品加工及市场开发。就在一些人开始集资办厂的时候，他在他的地头砌了一垛 3 米高、百米长的墙。这垛墙面向铁路，背依翠柳，两旁是一望无际的万亩梨园。坐火车经过这儿的人，在欣赏梨花时，会突然看到四个大字：可口可乐。据说这是五百里山川中，唯一的一个广告。他凭这垛墙，第一个走出了小村，因为他每年有 4 万元的额外收入。

20 世纪 90 年代末，日本丰田公司亚洲区代表山田信一来华考察。当他坐火车路过这个小山村时，听到了这个故事，他被主人公罕见的商业头脑所震惊，当即决定下车寻找这个人。当山田信一找到这个人的时候，他正在自己的店门，与对门的店主吵架，因为他店里的一套西装标价 800 元的时候，同样的西装对门标价 750 元；他标价 750 元的时候，对门就标价 700 元。一月下来，他仅批发出 8 套西装，而对门却批发出 800 套。山田信一看到这种情形，非常失望，以为被讲故事的人欺骗了。然而，当山田信一弄清真相之后，立即决定以百万年薪聘请他。

因为对门的那个店也是他的。

人生感悟

> 一个人能够成功，一定有他成功的理由。在各种成功的理由中，善于运用大脑是最让人敬佩的。在我们自身所有的资源中，大脑是最值钱的。一个善于运用大脑的人，无论在何时何地都会有成功相伴。

只有变通思维，才能变不可能为可能

莫扎特还是学生时，曾和老师海顿打过一次赌。他说他能写出一段曲子，老师准弹不了。

世界上竟会有这种怪事？在音乐殿堂早已功成名就的海顿对此岂能轻易相信。

见到老师疑惑不解的样子，莫扎特伏案疾书起来，很快便将一段曲谱交给了老师。

海顿未及细看便很不在乎地坐在钢琴前弹奏起来。但很快海顿就弹不下去了，他惊呼起来："这是什么呀？我两手分别弹响钢琴两端时，怎么会有一个音符出现在键盘中间位置呢？"

接下来海顿以他那精湛的技巧又试弹了几次，还是不成，最后无可奈何地说："真是活见鬼了，看样子任何人也弹奏不了这样的曲子了。"

显然，海顿这里讲的"任何人"其中也包括莫扎特。

只见莫扎特微笑着接过乐谱，坐在琴凳上，胸有成竹地弹奏起来，海顿也屏住呼吸留神观看他的学生究竟会怎样去弹奏那个需要"第三只手"才能弹出来的音符。

令老师大为惊喜的是，当莫扎特遇到那个特别的音符时，他不慌不忙地向前弯下身子，用鼻子点弹而就。

海顿禁不住对自己的高徒赞叹不已。

人生感悟

生活中的很多事情，只要你变通一下思维，就可以变不可能为可能。从成功学的角度讲，没有不能实现的事情。学会变通思维，你将会奏出精彩的人生乐章。

在危机状况下，要保持冷静并正确思考

在第二次世界大战期间，一艘美国驱逐舰停泊在某国的港湾，那天晚上万里无云，明月高照，一片宁静。

一名士兵按例巡视全舰时突然停步站立不动，他看到一个乌黑的大东西在不远的水上浮动着。他惊骇地看出那是一枚触发水雷，可能是从一处雷区脱离出来的，正随着退潮慢慢向着舰身中央漂来。

士兵抓起舰内通讯电话机，通知了值日官，值日官立刻快步跑来。他们也很快地通知了舰长，并且发出全舰戒备讯号，全舰立时动员了起来。

官兵们都愕然地注视着那枚慢慢漂近的水雷，大家都了解眼前的状况，灾难即将来临。

官兵们立刻提出各种办法。他们该起锚走吗？不行，没有足够时间。发动引擎使水雷漂移开？不行，因为螺旋桨转动只会使水雷更快地漂向舰身。以枪炮引发水雷？也不行，因为那枚水雷太接近舰里面的弹药库。那么该怎么办呢？放下一支小艇，用一支长杆把水雷拨走？这也不行，因为那是一枚触发水雷，同时也没有时间去拆下水雷的雷管。

悲剧似乎是没有办法避免了。

有一名水兵一直没有说话，他一直在冷静地思索着。突然，这名水兵想出了一个更好的办法。"把消防水管拿来。"这名水兵大喊着。

大家立刻明白，这个办法的确有道理。他们向舰艇和水雷之间的海面喷水，制造出了一条水流，把水雷带向远方，然后再用舰炮引炸了水雷。

一场险情就这样被化解了。

人生感悟

在面临险情时，切忌慌乱，更不要坐以待毙，而应该保持冷静并正确思考。保持冷静能够集中精神，正确思考可以在最短的时间内想出解决之道。

只有打开固定思维这把锁，才能打开心中的锁

一代魔术大师胡汀尼有一手绝活，他能在极短的时间内打开无论多么复杂的锁，从未失手。

他曾为自己定下一个富有挑战性的目标：要在60分钟之内，从任何牢中挣脱出来，条件是让他穿着特制的衣服进去，并且不能有人在旁边观看。

有一个英国小镇的居民，决定向伟大的胡汀尼挑战，有意给他难堪。他们特别打制了一个坚固的铁牢，配上一把看上去非常复杂的锁，请胡汀尼来看看能否

从这里出去。

胡汀尼接受了这个挑战。他穿上特制的衣服，走进铁牢中，牢门"咣啷"一声关了起来，大家遵守规则转过身去不看他工作。胡汀尼从衣服中取出自己特制的工具，开始工作。

30分钟过去了，胡汀尼用耳朵紧贴着锁，专心地工作着；45分钟，一个小时过去了，胡汀尼头上开始冒汗。两个小时过去了，胡汀尼始终听不到期待中的锁簧弹开的声音。他筋疲力尽地将身体靠在门上坐下来，结果牢门却顺势而开，原来，牢门根本没有上锁，那把看似很厉害的锁只是个摆设。

小镇居民成功地捉弄了这位逃生专家，门没有上锁，自然也就无法开锁。但胡汀尼心中的门却上了锁。

由此可见，胡汀尼能打开真正的锁，却打不开心中的锁。

人生感悟

在我们每个人的心中都有一把巨大的锁，它会锁住许多重要的东西，这把锁就是固定思维。遇事时，应该多思考，打开固定思维这把锁，才会使问题出现转机。

如果一个人是对的，那么他的世界也是对的

一个星期六的早晨，一个牧师正在为明天的讲道题目伤脑筋，他的太太出去买东西了，外面下着雨，小儿子强尼烦躁不安，又无事可做。

后来，牧师随手拿起一本旧杂志翻看起来。他看到一张色彩鲜丽的巨幅图画，那是一张世界地图。于是，牧师把这一页撕下来，把它撕成小片，丢到客厅的地板上说："强尼，你把它拼起来，我就给你一元钱。"

牧师心想他至少会忙上半天，谁知不到10分钟就响起敲门声，儿子已经拼好了。牧师真是惊讶万分：强尼居然这么快就拼好了。每一片纸都整整齐齐地排在一起，整张地图又恢复了原状。

"儿子啊，怎么这么快就拼好了？"牧师问。

"哦，"强尼说，"很简单呀！这张地图的背面有一个人的图画。我先把一张纸放在下面，把人的图画放在上面拼起来，再放一张纸在拼好的图上面，然后翻过来就好了。我想，假使人拼得对，地图也该拼得对才是。"

牧师忍不住笑起来，给他一元钱。

"强尼，你把明天讲道的题目给我了。"牧师高兴地说，"如果一个人是对的，他的世界也是对的。"

人生感悟

在解决一个复杂的问题时，只在这个问题上花费精力，并不见得有成效。这时，不妨从相关的简单的问题下手，把这个问题解决了，那个复杂的问题往往也会随之得到解决。也就是说，要学会正确思考，才能找到解决问题的正确途径。

只有抓住了问题的关键，才能从根本上解决问题

从前，有一位守园人看守着一座官家园林。

园子中长着一棵毒树，这棵树虽有毒，但长得非常好，大大的枝丫伸向空中就像一把撑开的伞。许多游人来到园中游玩观赏，停在这棵毒树下乘凉休息，结果沾上了毒气，有的头痛欲裂，有的腰酸背痛，有的甚至躺在树下再也起不来了。

守园人知道了这是一棵毒树，又亲眼目睹众人在树下休息不是得病就是丧命的遭遇，就决心用斧子砍掉这棵毒树。

他找来一把一丈多长的长柄斧子，远远地站着砍倒了毒树。可奇怪的是，不到十几天，毒树又重新长起来了，而且枝叶变得更加茂盛，团团簇簇，煞是好看，还有那说不出的种种奇妙之处，众人见了没有不喜欢的。

由于众人不知底细，看到这么一个好地方，都纷纷争着抢着到这棵毒树下来乘凉。可是还没等太阳的影子移开，人们就又遭到了毒害的厄运。

守园人见了，又像以前一样，拿着长柄斧子远远地砍树。可是没多久，树又长出来了，而且长得比被砍之前更加好看。就这样，守园人砍了一次又一次，但每次砍后不久，毒树又重新长出更好看的枝叶来。

那个守园人的族人、亲戚、妻子、儿女、仆人等，都是因贪图在这树荫下乘凉享乐而中毒身亡。只剩下守园人孤身一人，日夜忧愁苦闷，哭哭啼啼地在路上走。

不一会儿，他碰到了一位老者，就向老者哭诉自己的不幸遭遇。

老者听后，对守园人说："你的这些不幸遭遇和痛苦，完全都是你自己造成的！要想堵住流水，就得高筑堤坝；要想砍绝毒树，就必须挖掘树根啊！像你

每次砍掉的仅是毒树的枝干，就好比是给毒树修剪枝叶一样，怎么能叫砍树呢？你现在赶紧去挖掉这毒树的根吧！"

人生感悟

在解决一个问题时，不要被问题的表面现象所迷惑，做一些无用功，要找到问题的关键所在。只有抓住了问题的关键，才能从根本上解决问题。

利用好自己的悟性，让它为人生绽放光华

女孩玛利亚·罗塔斯是萨尔瓦多人，她在贫困的印第安人家庭刚刚坠地，就被父母带到美国寻找生路。头几年，父亲靠到市场上找零工、当卡车司机、为人家擦楼窗养家糊口，直到几年以后才找到一份固定工作，并取得了美国国籍。他万万没有想到，小女儿玛利亚·罗塔斯竟会给他带来好运。

玛利亚·罗塔斯刚刚 6 岁时，就对各种玩具表现出极大的兴趣。家中因贫穷买不起更多的玩具，她就用父亲买来的橡皮泥自己捏成各种各样的小动物。她的橡皮泥玩具几乎每天都有新花样，只要她看到过的，她都可以用自己的方式把它捏成她喜欢的玩具，她对玩具有着超常的悟性。

那年过圣诞节，父亲要送她一件礼物。就带她来到世界著名的迪士尼公司经营的一家玩具城，让她自己挑选。但玛利亚·罗塔斯看了半天，竟一件也没有挑中。玛利亚·罗塔斯这怪异的现象，恰好被玩具店的老板唐纳德·斯帕克特发现了。

这位美国著名的玩具商问玛利亚·罗塔斯："你不喜欢我们的玩具吗？"

"是的。"

"那你喜欢什么样的玩具。"

于是，玛利亚·罗塔斯指着一大溜动物玩具开始数落："这种姿式不好，那种颜色不对，这种看着太笨，那种做得不像……"

唐纳德·斯帕克特听后觉得眼前这个小女孩出语不凡，便把她领到后面的办公室，把她刚刚指责的玩具一样一样摆在桌子上，问她应该改变成什么样子。

她便叫人找来橡皮泥，按自己的想象一样一样捏起来……结果让唐纳德·斯帕克特大为折服，立即协商与她签定一项长期合同，破例聘请她为玩具公司的顾问。

后来，迪士尼公司为充分发挥玛利亚·罗塔斯的天赋和智慧，每当世界各地有玩具展销活动时都要带上她，使她的眼界大开，对各种玩具提出的意见和见解更加准确，更能切中要害。

唐纳德·斯帕克特在解释他聘请玛利亚·罗塔斯的动机时说："一个人具备的天赋和超凡的悟性不在于她年老或年少，而是在于她对事物提出的见解。我们所有的玩具设计都犯有一个通病，那就是失去了对童心的直接反应能力，目光陈旧，缺乏激情。"

后来，玛利亚·罗塔斯鉴别的玩具给公司带来了丰厚的利润。在纽约 42 街，公司租了 3 间有电脑、传真机等现代化通讯设备的办公室，有两位女秘书和两位男佣鞍前马后地为她服务。

玛利亚·罗塔斯既要在公司工作，又要到学校去完成学习，所以她的工作时间每周不超过 20 个小时。

后来，她年薪为 20 万美元，加上她在美国通用电器、迪士尼等大公司的股息，玛利亚·罗塔斯的年收入可达 2000 万美元。15 岁时，她作为世界上最年轻的百万富翁和最年轻的商人而被载入《吉尼斯世界大全》。

人生感悟

悟性越好的人创造性越强，悟性好的人理解能力也越强，由此可知，悟性就是我们每个人的深层智慧。我们每个人都有悟性、灵感和才华，我们应该发现它、珍惜它并运用它，它会为我们的人生绽放光华。

充气式自行车轮胎的发明

19 世纪七八十年代，这个时候自行车刚刚发明不久。那时的轮胎是不充气的，只是用铁片做成圆形，裹在车轮上。

有一天，邓禄普的儿子所在的学校举行骑自行车比赛，比赛获得冠军的选手将有丰厚的礼品。邓禄普的儿子本来就是一个喜欢自行车的男孩，一听说自行车比赛，马上就去报名参加。

回到家后，儿子告诉了邓禄普比赛的事情，并在家里勤奋地练习骑自行车，儿子想让自己的速度和稳定性都超过其他同学。可是当时的自行车非常笨重，骑起来也很费力。与其让儿子苦练，不如自己改装一下自行车，让它彻底变得轻便起来。邓禄普这样想。

　　邓禄普围着自行车转了几圈，也没想到什么好方法，苦思无果的他去浇花了。他像往常一样，捏紧水管的一端，水流一下就浇到了远处的花。邓禄普灵光一闪，能不能把水管充水后裹在自行车轮胎上呢？这样不是会轻便很多吗？

　　邓禄普将想法告诉了儿子，儿子双手赞成。父子两个很快截下一截水管，绑在了车轮上。邓禄普试着骑了一圈改装后的自行车，他惊奇地发现，这样改装后自行车轻便多了，而且在不平的路面上也不再颠簸得那么厉害！邓禄普和儿子欣喜若狂。

　　结果可想而知，邓禄普的儿子轻而易举地获得了冠军。后来，邓禄普又对轮胎进行了研究，慢慢将水管换成了性能更好的橡胶管，充水的方式也换成了充气，这样性能比以前更好了。这就是充气式轮胎的雏形。

人生感悟

　　思考是人类的天性，它是一座让人类通向新知识的桥。人类的大脑只有通过不断思考才不会僵化，如果一个人没有了思想，那么只是一副皮囊而已。

巧用劣势

　　有一个10岁的小男孩，在一次车祸中失去了左臂，但是他很想学柔道。

　　最终，小男孩拜一位日本柔道大师做了师傅，开始学习柔道。他学得不错，可是练了3个月，师傅只教了他一招，小男孩有点弄不懂了。

　　他终于忍不住问师傅："我是不是应该再学学其他招数？"

　　师傅回答说："不错，你的确只会一招，但你只需要会这一招就够了。"

　　小男孩并不是很明白，但他很相信师傅，于

是就继续照着练了下去。

几个月后，师傅第一次带小男孩去参加比赛。小男孩自己都没有想到居然轻轻松松地赢了前两轮。第三轮稍稍有点艰难，但对手很快就变得有些急躁，连连进攻，小男孩敏捷地施展出自己的那一招，又赢了。就这样，小男孩迷迷瞪瞪地进入了决赛。

决赛的对手比小男孩高大、强壮许多，也似乎更有经验。小男孩一度显得有点招架不住，裁判担心小男孩会受伤，就叫了暂停，还打算就此终止比赛，然而师傅不答应，坚持说："继续比赛！"

比赛重新开始后，对手放松了戒备，小男孩立刻使出他的那招，制服了对手，由此赢了比赛，得了冠军。

回家的路上，小男孩和师傅一起回顾每场比赛的每一个细节，小男孩鼓起勇气道出了心里的疑问："师傅，我怎么就凭一招就赢得了冠军？"

师傅答道："有两个原因：第一，你几乎完全掌握了柔道中最难的一招；第二，就我所知，对付这一招唯一的办法是对手抓住你的左臂。"

人生感悟

有的时候，人的某方面缺陷未必就永远是劣势，只要善加利用，或者扬长避短，劣势也会转化成优势。

金无足赤；人无完人。每个人都会有自己的劣势和缺陷，有些人面对自己的缺陷，总是想办法遮掩，害怕别人的嘲笑，这样做往往适得其反。正确的态度是坦然面对自己的缺陷，不有意掩饰，敢于挑战自我，并根据自己的具体情况确立自己的目标，就有可能避开自己的缺陷，甚至可能将劣势转化成优势。

利用思维定式，诱导敌人陷入圈套

1943年，第二次世界大战进入白热化的程度。为了更有效地打击法西斯势力，同盟军决定给希特勒设个圈套。

实施这一计划的是盟军之中的英国方面。他们为了让希特勒彻底相信，盟军进攻的重点是萨迪尼亚和希腊的伯罗奔尼撒，而不是西西里，他们决定在海上漂浮一具尸体，在其口袋内装入与进攻计划有关的内容。

他们把实施这个计划的地点确立在西班牙海岸，因为那里的德国人活动频繁。

如果一切进展顺利的话，尸体就会被德国人发现，那么假情报也就会使他们受骗上当。

英国人根据人们的思维定式，把所有的细枝末节都策划到天衣无缝，连尸体都真的像经历一场空难而掉进海里的一样。

经过仔细搜寻，他们终于找到了一具再合适不过的尸体，是一名死于肺炎又暴尸荒野的男性，他们给他取名为威廉姆·马丁少校。

策划者们在尸体的口袋里装入的东西有戏票的票据、银行开出的一张透支通知单、几封未婚妻的情书，当然还有绝密的进攻计划。

在一个风平浪静的日子里，他们悄悄地将"马丁少校"送入了大海……

几个月之后，盟军在西西里登陆，发现敌人的兵力果然分散到了别处，从而轻而易举地赢得了成功。

事后获悉，德军果然因自己的思维定式而中计。

人生感悟

思维定式会使人把对待事物的观点、分析、判断都纳入程序化、格式化的套路，对具体问题的分析判断僵化、机械化，从而失去了分析判断的灵活性。在与对手的较量中，给对方设下一个思维定势的陷阱，无疑是个好方法。

有选择固然好，但选项不一定越多越好

美国哥伦比亚大学、斯坦福大学曾共同进行了一项研究，研究表明，选项愈多反而可能造成负面结果，而不像人们通常所认为的有选择好，选择愈多愈好。

科学家们曾经做了一系列实验，其中有一个实验是让一组被测试者在 6 种巧克力中选择自己想买的，另外一组被测试者在 30 种巧克力中选择。结果，后一组中有更多人感到所选的巧克力不大好吃，对自己的选择有点后悔。

另一个实验是在加州斯坦福大学附近的一个以食品种类繁多的超市进行的。工作人员在超市里设置了两个吃摊，一个吃摊有 6 种口味，另一个吃摊有 24 种口味。结果显示有 24 种口味的摊位吸引的顾客较多：242 位经过的客人中，60% 会停下试吃；而 260 个经过 6 种口味的摊位的客人中，停下试吃的只有 40%。不过最终的结果却是出乎意料：在有 6 种口味的摊位前停下

的顾客 30% 都至少买了一瓶果酱，而在有 24 种口味摊前的试吃者中只有 3%
的人购买东西。

人生感悟

　　有选择的确是件好事，我们可以进行比较，选择我们最喜欢的。但有太多的选项
并不一定就好，因为容易让人游移不定，拿不准主意，即使当时选择了，过后往往会后悔。
其实，选项无论少还是多，我们只要选择自己认为最好的就可以了。

即使在最危急的时刻，也一定会有办法

　　1838 年 9 月 6 日早晨，在英格兰与苏格兰之间的兰斯顿灯塔里，一位年轻的
女子格雷思被外面尖锐恐惧的呼叫声惊醒了。

　　外面正狂风大作，暴雨倾盆如注，海浪在怒吼翻滚，一阵凄厉的呼叫声穿越
呼啸的风声与咆哮的波涛声传来，而她的父母却什么也没有听见。

　　通过望远镜，她看见 9 个弱小的身影，他们正拼命地抓住一艘失事船只的漂
浮木板，而船头却悬挂在了半英里之外的岩石上。

　　"我们对此无能为力。"灯塔的看守人威廉姆·达琳无可奈何地摇摇头说。

　　"不，一定会有办法的，想想办法吧。我们必须把他们救出来。"女儿含泪
苦苦地恳求着父母。

　　父亲终于动摇了："好吧，格雷思，我就按你的要求去试一试。但我知道这
样有悖常理，不合我的判断。"

　　随后，一叶小舟如同狂风中飘零的一片羽毛一样，在汹涌澎湃的大海
上颠簸起伏，穿过疾风骤雨，钻过惊涛骇浪，驶向失事的船只。那些船员们
的尖声呼叫将这位屡弱女子的柔弱身躯变成了钢筋铁骨。不知道从哪儿来的
一股勇气和力量，这个勇敢的姑娘与父亲一道，奋力地划着桨，在暴风雨中
穿行。

　　最后，9 名船员最终得救了，他们安全地到了船上。

　　"愿上帝保佑你，亲爱的姑娘。没想到您这么一位如此单薄瘦弱的姑娘，却
在惊涛骇浪中救了这么多的人。"一位船员难以置信地看着这位女英雄，不禁脱
口称赞道。

　　后来有人评价说："格雷思的所作所为让全英国的人都感到无比光荣，她的

英雄气概让高贵的君王在她面前也黯然失色。"

人生感悟

　　当处于危急时刻时，多数情形看起来都已无能为力。其实，这只是为逃避努力寻找借口而已。无论是别人还是我们自己，当处于危急时刻时，都不应放弃拯救的机会，因为一定会有办法。最好的办法就是积极思考并行动起来。

为了以后着想，要做好长远打算

　　从前，在相邻的两座山上的庙里分别住着两个和尚。两山之间有一条小溪，两个和尚每天都会在同一时间下山去溪边挑水。久而久之，他们便成为好朋友了。

　　时间飞逝，不知不觉，5 年过去了。

　　有一天，左边这座山的和尚没有下山挑水，右边那座山的和尚心想："他大概睡过头了。"便不以为意。哪知第二天，左边山上的和尚还是没有下山挑水，第三天也一样，过了一个星期，还是一样。直到过了一个月，右边那座山的和尚，终于按耐不住了。他心想："我的朋友可能生病了，我要过去探望他，看看能帮上什么忙。"于是他便爬上了左边这座山去探望他的老朋友。

　　当他看到他的老友时，却大吃一惊。因为他的老友正在庙前打太极拳，一点也不像一个月没喝水的人。

　　他好奇地问："你已经一个月没有下山挑水了，难道你不用喝水吗？"

　　左边山上的和尚说："来来来，我带你去看看。"于是，他带着右边山上的和尚走到庙的后院，指着一口井说："这 5 年来，我每天做完功课后，都会抽空挖这口井。虽然我们现在年轻力壮，尚能自己挑水喝，倘若有一天我们都年迈走不动时，我们还能指望别人给我们挑水喝吗？所以，即使我有时很忙，但也从来没有间断过我的挖井计划，能挖多少算多少。如今，终于让我挖出井水了，我就不必再下山挑水，我可以有更多的时间来练习我喜欢的太极拳了。"

人生感悟

　　我们不只是为了现在而活着，还要为了将来而活，这需要我们必须为以后着想，要做好长远打算，并积极行动起来。只有这样，我们才会不用担心未来，同时也会改变自己的现状。

尽可能地选择新视角，力争看到事物的不同面

古代有一个国王缺少一只眼睛和一条腿。

有一次，国王心血来潮，让宫廷画师给自己画像。第一位画师是个老实人，他规规矩矩地画出了国王的本来面目——又瞎又瘸。

国王看后不禁怒从心头起，心想："这个可恶的画师竟敢把我画得如此丑陋，真是该杀。"于是这个老实本分的画师被杀掉了。

国王仍不甘心，便又找了第二个画师来给自己画像，这个画师知道了前边那个同行的悲惨结局，再也不敢照实描绘国王的缺陷了。他在画布上画了一个双眼明亮两腿矫健的国王，心想这下国王该满意了吧，不曾想国王一见画像大发雷霆，骂道："你这该死的东西！这难道还是我吗？"结果，第二个画师也没有逃出被杀害的命运。

这下国王的画师们谁都不敢再给国王画像了，没想到有个小画工自告奋勇地说他要给国王画像，这下可把画师们着实地吓了一跳。小画工画啊画啊，终于给国王画好了。国王一见画像，紧崩的脸变得柔和起来，最后他笑了，直夸小画工聪明。

原来，这个机灵的小画工既没有像第一个画师那样把国王的缺陷完全表现在画布上，也没有像第二个画师那样不顾实际。

机灵的小画工画的国王是这样的：侧身骑在马上，残缺的那条腿隐在马鞍的一侧，双手举着猎枪，眯着一只眼在瞄准，而这只眼正是那只瞎眼。这样一安排，画面上则是一个英姿勃发、骑马打猎的国王，看不出任何缺陷，可谁也不能说他像第二个画师那样改变了国王的本来面目。

那个挑剔的国王这次毫不吝啬地奖励了那个小画工。

人生感悟

在思维过程中改变看问题的角度，往往会收到意想不到的效果。我们要善于学习变换视角的思考方式，不要让旧思想限制自己的思维、总钻死胡同，要尽可能地选择新视角，力争看到事物的不同面。

山穷水尽时，应该另辟蹊径

20世纪二三十年代，美国经济处于大萧条之中，各行各业普遍不景气。在多伦多有位年轻人，是一位画家，当时他家很贫穷。这个画家非常善于画木炭画，但受环境的限制，画得再好也卖不出去。

年轻人整天想着如何把自己的画卖出去，以靠这笔收入养家糊口。但是，人们连饭都吃不上，谁有能力去买画呢？更何况，他只不过是个无名小卒。

后来，年轻人明白，要想靠卖画来养家，只能到富人那里去开拓市场。问题又来了，他的身边没有富人，他也根本不认识有钱人，又怎么跟他们接近呢？

对此他苦思冥想，最后他来到多伦多《环球邮政》报社资料室，从那里借了一份画册，其中有加拿大的一家银行总裁的正式肖像。他回到家，开始画起来。画完了，他把它放在相框里，装订得端端正正的。画得不错，对此他很自信。

但他怎样才能交给对方呢？他在商界没有朋友，所以想得到引见是不可能的。他也知道，如果贸然与对方约会，肯定会被拒绝。写信要求见对方，但这种信可能通不过这位大人物的秘书那一关。这位年轻的画家对人性略知一二，他知道，要想穿过总裁周围的层层阻挡，他必须要抓住对方追求名利的心理，投其所好。

他梳好头发，穿上最好的衣服，来到了总裁的办公室，并要求与他见面。果然不出所料，秘书拦住了他，告诉他事先如果没有约好，想见总裁是不可能的。

"真糟糕，"年轻人说道，同时把画的保护纸揭开，"我只是想拿这个给他瞧瞧。"

秘书看了看画，把它接了过去。她犹豫了一会儿后，说道："坐下吧，我就回来。"秘书马上回来了，并对他说："总裁想见你。"

当画家进去时，总裁正在欣赏那幅画。"你画得棒极了，"他说，"这张画你想要多少钱？"年轻人舒了一口气，告诉他要100美元，结果成交了。要知道，当时的 100 美元，可是一笔不小的收入。

人生感悟

当处于山穷水尽时，千万不可气馁，也不可就此驻足不前，而应该另辟蹊径，试着用别的方法向自己的目标迈进。只有这样，才可以从另一种途径达到自己的目的。

根据问题逐步思考，问题就会轻易地解决

据说，美国华盛顿广场有名的杰弗逊纪念大厦，因年深日久，墙面出现裂纹。为能保护好这幢大厦，有关专家曾进行了专门研讨。

最初，大家认为损害建筑物表面的元凶是酸雨。专家们进一步研究，却发现对墙体侵蚀最直接的原因，是每天冲洗墙壁所含的清洁剂对建筑物有酸蚀作用。每天为什么要冲洗墙壁呢？是因为墙壁上每天都有大量的鸟粪。为什么会有那么多鸟粪呢？因为大厦周围聚集了很多燕子。为什么会有那么多燕子呢？因为墙上有很多燕子爱吃的蜘蛛。为什么会有那么多蜘蛛呢？因为大厦四周有蜘蛛喜欢吃的飞虫。为什么有这么多飞虫？因为飞虫在这里繁殖特别快。而飞虫在这里繁殖特别快的原因，是这里的尘埃最适宜飞虫繁殖。为什么这里最适宜飞虫繁殖？因为开着的窗阳光充足，大量飞虫聚集在此，超常繁殖……

由此发现解决的办法很简单，只要关上整幢大厦的窗户。此前专家们设计的一套套复杂而又详尽的维护方案也就成了一纸空文。

人生感悟

我们在处理一个看起来很难的问题时，若能从问题的源头出发，逐步进行思考，最后就会得到一个最简单也最行之有效的方法，否则，浪费了精力、人力、物力，问题依旧得不到解决。

面对自我的困惑

不能正确地评价自己，做好定位，朝着正确的方向前进，是人成功道路上的一堵墙。正确的做法应该是正确认识自己，找准人生的坐标，改变错误的思维模式。

人们常说"人贵有自知之明"，那就是既不高估自己，也不低估自己。认识到这一点容易，但要做到这一点，却非人人能及。

想拥有更大的权力，想到更能发挥自己才能的岗位上去，想做出比别人更大的成就……几乎所有人都有上进心，都有改善现状的欲望。但是，正确估价自己的人，完全有能力接受自己目前所处的现状和环境，这对于想成功的人来说是非常重要的。

世上没有十全十美的人，有些缺点和性格是与生俱来并要带进坟墓的。只要看看那些伟大的成功者，你就能立即明白——他们都接受了自然的自我。

接受自己，对于正确地评价自我非常重要。纪伯伦曾在其作品里讲了一个狐狸觅食的故事。狐狸欣赏着自己在晨曦中的身影说："今天我要用一只骆驼做午餐呢！"整个上午，它奔波着，寻找骆驼。但当正午的太阳照在它的头顶时，它再次看了一眼自己的身影，于是说："一只老鼠也就够了。"狐狸之所以犯了两次相同的错误，与它选择"晨曦"和"正午的阳光"作为镜子有关。晨曦不负责任地拉长了它的身影，使它错误地认为自己就是万兽之王，并且力大无穷无所不能；而正午的阳光又让它对着自己缩小了的身影忍不住妄自菲薄。

大师笔下的这只狐狸与现实生活中的很多人十分相似。他们对自己的认识不足，过分强调某种能力或者凭空承认无能。在这种情况下，千万别忘了上帝为我们准备了另外一块镜子，这块镜子就是"反躬自省"，这4个字可以照见落在心灵上的尘埃，提醒我们"时时勤拂拭"，使我们认识真实的自己。

尼采曾经说过："聪明的人只要能认识自己，便什么也不会失去。"只有正确认识自己，才能充满自信，才能使人生的航船不迷失方向。只有正确认识自己，才能正确确定人生的奋斗目标。只有有了正确的人生目标并充满自信地为之奋斗终生，才能此生无憾，即使不成功，也会无怨无悔。

一个人的发展在某种程度上取决于自己对自己的评价，这种评价有一个通俗的名词——定位。在心目中你把自己定位成什么，你就是什么，因为定位能决定人生，定位能改变人生。

一个乞丐站在地铁出口处卖铅笔，一名商人路过，向乞丐杯子里投入几枚硬币，匆匆而去。过了一会儿，商人回来取铅笔，他说："对不起，我忘了拿铅笔，因为你我毕竟都是商人。"几年后，商人参加一次高级酒会，遇见了一位衣冠楚楚的先生向他敬酒致谢。这位先生说，他就是当初卖铅笔的乞丐。他生活的改变，得益于商人的那句话：你我都是商人。故事告诉我们：当你定位于乞丐，你就是乞丐；当你定位于商人，你就是商人。

定位概念最初是由美国营销专家里斯和屈特于 1969 年提出的，当时他们的观点是，商品和品牌只有在潜在的消费者心中占有位置，企业经营才会成功。随后定位的外延扩大了，大至国家、企业，小至个人、项目等，均存在定位的问题，事关成败兴衰。

反过来说，就算你给自己定位了，如果定的不切实际，或者没有一种健康的心态，也不会取得成功。

第十六章

心有多大，舞台就有多大

敞开心灵的舞台，去追求你的渴望，实现你的梦想，成就你的憧憬！不管你多么平凡、多么渺小，心有多大，舞台就有多大。

唯有心怀梦想，才有一飞冲天的壮举；唯有志在蓝天，才有盘旋翱翔的雄姿。雏鹰，怀着敞开的心灵，激荡着信心和毅力，历经磨难，终于成为天空中飞翔的精灵。以一双坚强有力的双翅，承载着对梦想的追求，穿越心灵。

信念像一面旗帜，能给人以无穷的精神力量

罗杰·罗尔斯是美国纽约州历史上第一位黑人州长。他出生在纽约声名狼藉的大沙头贫民窟。这里环境肮脏，充满暴力，是偷渡者和流浪汉的聚集地。在这儿出生的孩子，有不少从小逃学、打架、偷窃甚至吸毒，长大后很少有人从事体面的职业。然而，罗杰·罗尔斯是个例外，他不仅考入了大学，而且还成了州长。

在记者招待会上，一位记者向他提问："是什么把你推向州长宝座的？"面对三百多名记者，罗尔斯对自己的奋斗史只字未提，只谈到了他上小学时的校长——皮尔·保罗。

1961年，皮尔·保罗被聘为诺必塔小学的董事兼校长。当时正是美国嬉皮士流行的时代，他走进大沙头诺必塔小学的时候，发现这儿的穷孩子比"迷惘的一代"还要无所事事。他们不与老师合作，旷课、斗殴，甚至砸烂教室的黑板。皮尔·保罗想了很多办法来引导他们，可是没有奏效。后来他发现这些孩子都很迷信，于是在他上课的时候就多了一项内容——给学生看手相。他用这个办法来鼓励学生。

当罗尔斯从窗台上跳下，伸着小手走向讲台时，皮尔·保罗说："我一看你修长的小拇指就知道，将来你是纽约州的州长。"当时，罗尔斯大吃一惊，因为长这么大，只有他奶奶让他振奋过一次，说他可以成为5吨重的小船的船长。这一次，皮尔·保罗先生竟说他可以成为纽约州的州长，着实出乎他的预料。他记下了这句话，并且相信了它。

从那天起，"纽约州州长"就像一面旗帜激励着他。罗尔斯的衣服不再沾满泥土，说话时也不再夹杂污言秽语，他开始挺直腰杆走路。在以后的四十多年间，他没有一天不按州长的标准要求自己。51岁那年，他终于成了州长。

在就职演说中，罗尔斯说："信念值多少钱？信念是不值钱的，它有时甚至是一个善意的欺骗，然而你一旦坚持下去，它就会迅速增值。"

人生感悟

　　信念是一种无形的力量，它就像一面旗帜，不断鼓舞人心，让人精神振奋。在信念的感召之下，困难都会迎刃而解，烦恼和痛苦也无法阻挡前进的脚步。只要我们心中怀有一个坚定的信念，并且坚持下去，走向成功就不是什么难事。

找到自己的优点，确定属于自己的位置

喜剧大师查理·卓别林出生在一个贫寒的演员家庭，一岁时父母离异，他跟随母亲生活。

他母亲 16 岁就开始在剧团演主角，卓别林认为，"她有足够的资格当一名红角儿"。但是她的嗓子常常失润，喉咙容易感染，稍微受了点儿风寒就会患喉炎，一病就是几个星期，然而又必须继续演唱，于是她的声音就越来越差了。

卓别林 5 岁那年的一天晚上，他又一次和母亲去一家下等戏馆演唱。母亲不愿意把他一个人留在那间分租的房子里，晚上常常带他上戏院。

那天晚上，卓别林站在条幕后面看戏，只见他母亲的嗓子又哑了，声音低得像是在说悄悄话。听众开始嘲笑她，有的憋着嗓子唱歌，有的学猫怪叫。他糊里糊涂，也闹不清楚发生了什么事情。但是噪声越来越大，最后母亲不得不离开了舞台，并在条幕后面跟舞台上管事的顶起嘴来。管事的以前曾看到卓别林表演过，就建议让卓别林上场。

在一片混乱中，管事的搀着 5 岁的卓别林走上台，向观众解释了几句，就把卓别林一个人留在舞台上了。面对着灿烂夺目的脚灯和烟雾迷蒙中的人脸，卓别林唱起歌来："一谈起杰克·琼斯，哪一个不知道……可是，自从他有了金条，这一来他可变坏了……"

卓别林刚唱到一半，钱就像雨点儿似的扔到台上来。他立即停下，说他必须先拾起钱，然后才可以接下去唱。这几句话引起了哄堂大笑。舞台管事的拿着一块手帕走过来，帮着他拾起了那些钱。卓别林以为他是要自己收了去，就把这想法向观众说了出来，这一来他们就笑得更欢了。管事的拿着钱走过去，卓别林又急巴巴地紧跟着他，直到管事的把钱交给他母亲，他才返回舞台继续唱。台下的观众笑的笑，叫的叫，还有的吹口哨，气氛更为热烈……

受到这种鼓励，卓别林也来了劲，他无拘无束地和观众们谈话，给他们表演舞蹈，还做了几个模仿动作。有一个节目是模仿他母亲唱一支爱尔兰进行曲："赖利，赖利，就是他那个小白脸叫我着了迷，赖利，赖利，就是那个小白脸中了我的意……那位高贵的绅士，他叫赖利。"在唱歌的时候，他把母亲那种沙哑的声音也模仿得惟妙惟肖，观众被这个 5 岁的小男孩逗得捧腹大笑，扔上了很多钱。

卓别林后来回忆说："那天夜里在台上露脸，是我的第一次，也是母亲的最后一次。"正是那次表演，卓别林找到了自己的优点，确定了自己的位置，从而走上了一条成功之路。

人生感悟

在这个世界上，每一个人都有一个属于他自己的位置，即人生坐标。谁在最短的时间内，找到了自己的人生坐标，谁就取得了获得成功的优先权。

铅笔的五大优点

莎士比亚曾经用一支铅笔来诠释一个人一生的哲学。

第一，无论你写下多少篇令世人欣赏的文章，得到多少追捧和荣誉，请你记得，在你的身上总有一只手来引导你，这只手就是"上帝"。

第二，自己并不是永动机，自己也并不完美，所以每经过一段时间都会迷茫，就像铅笔的笔头会变粗无法再写一样。那时我们必须停下来，找一把小刀重新把自己"削"好。这个过程是疼痛的，但却是一种提高、一种磨炼，经得起这种磨炼的铅笔才能重新变得锐利，再次写出优美的诗歌，而经不起这种磨炼的铅笔就会被上帝抛弃。

第三，铅笔写错是允许橡皮擦掉的，这也就是说没有什么错误不能被纠正，而每一次纠正错误都是为了让整篇诗词更美好，让一个人的一生更完美。

第四，也许每个人用的铅笔不太一样，有些外表高端华丽，有些则看起来碌碌无为，但是请记住，写出字的部分永远不是一支铅笔的外表而是它的"芯"，也就是说，一个人注重的是内心而不是外表。外貌再美的铅笔，都将被削去。

第五，一支铅笔总会用完，一个人终将会死去。但是，无论如何，一支铅笔总会写下些什么让人看到，一个人总会留下一些什么让人记住，这就是印记。所以，任何一个人都不该草草地对待自己的一生。

希望每一个人都做好自己，做好一支铅笔，写下一生的诗。

人生感悟

如果你不能飞，那就奔跑；如果不能奔跑，那就行走；如果不能行走，那就爬行。但无论你做什么，都要把握前行的方向。做一支写字的铅笔，哪怕自己会被消磨殆尽。

人往往不是被对手打败的，而是输在过于轻敌上

有一个美丽的大鱼缸，被主人放在客厅的桌子上。有一幅描绘着海底世界的图片贴在鱼缸的后面，将水映成了深蓝色。鱼缸的里面有一块小假山，假山上生长着翠绿的水草在水中不时地飘动，水泵在夜以继日地吐着泡泡。在这里生活着一群金鱼，它们形态各异，婀娜多姿，有的长着两只大眼睛，有的长着一个大肚皮，有的长着像孔雀开屏似的尾巴，有的眼睛上长着两只大水泡，有的脑袋上鼓起一个大包……

在这群金鱼当中，大部分形体都比较小，只有一只眼睛上长着大水泡的金鱼个头比较大，所以在主人喂食时，"大水泡"总是能最先抢到，有时小金鱼们就会饿着肚子。

有一只小金鱼实在是受不了了，对"大水泡"说："你虽然在我们当中个头最大，也最有力气，可是我们毕竟是生活在一起的同伴，你不能太自私。"

"大水泡"扑哧一笑，说："要是你有本事就和我抢食，没有本事，就饿着肚子。"

小金鱼气得眼睛都快要翻出来了，只能和其他小金鱼们发发牢骚，它们也深有同感，可是又能怎样，谁叫"大水泡"长得魁梧呢？可小金鱼却不这么认为，它感觉"大水泡"也一定有自己的弱点，它在私下里酝酿着一个报复"大水泡"的计划。

接下来的几天里，小金鱼不和"大水泡"抢食了，它心里清楚，即使自己使出浑身解数，也是抢不过它的。

小金鱼在旁边观察着"大水泡"的一举一动，看到它游动时两个水泡晃来晃去，随着水波在动，非常漂亮，于是，它的报复计划在头脑中形成了。

一天，小金鱼又开始和"大水泡"抢食，它明知道抢不过也要抢，其实，它根本的意图并不在食物上，而是在争抢时，趁"大水泡"不注意，在其中的一只水泡上狠狠地咬了一口，结果水泡丝毫未损，只是上面留了个印迹。"大水泡"回过头来轻蔑地看了小金鱼一眼，说："抢不到食物就咬我，那也没用，你照样还得挨饿。"

小金鱼也不在意，游到其他地方去了。过了一会儿，小金鱼又游了回来，在"大

水泡"的水泡上原来有印迹的地方又狠狠地咬了一口，"大水泡"依然是一笑了之，根本没把小金鱼放在眼里。

就这样，小金鱼一连咬了"大水泡"十几口，每次都咬在同一个位置上，此时小金鱼惊喜地发现，这只水泡被咬过的地方开始变薄。

于是，小金鱼对"大水泡"说："我希望你能改变你的主意，不要太贪婪。"

"大水泡"也不搭理小金鱼，仍旧我行我素。小金鱼实在是忍无可忍，冲上去，使出浑身的力气在原来咬过十几次的地方又狠狠地咬了一口，这只水泡应声而破，"大水泡"惨叫一声，从此变成了"独眼龙"。

主人用无奈的眼神看着这只"大水泡"，他知道这只金鱼已经失去了观赏价值，思考了一会儿，用渔网把它捞起来，十分惋惜地扔进了垃圾筒里。

从此，小金鱼们再也不用挨饿了。

人生感悟

很多时候，人往往不是被强大的对手打败的，而是输在过于轻敌上。有句话是这样说的："没有人会被大山绊倒，而令我们摔跟头的往往是那些小石块。"

展示真实的自己

她想要成为一位歌唱家，可是长得并不好看。她的嘴很大，牙齿很暴露，每一次公开演唱的时候——在新泽西州的一家夜总会里——她都想把上嘴唇拉下来盖住她的牙齿。她想要表演得很美，结果呢？她使自己大出洋相，总也逃脱不了失败的命运。

可是，在那家夜总会里听这个女孩子唱歌的一个人，认为她很有天分。"我跟你说，"他很直率地说，"我一直在看你的表演，我知道你想掩藏的是什么，你觉得你的牙长得很难看。"这个女孩子非常窘，可是那个男的继续说道："这是怎么回事？难道说长了龅牙就罪大恶极吗？不要去遮掩，张开你的嘴，观众欣赏的是你的歌声。

再说，那些你想遮起来的牙齿，说不定还会带给你好运呢。"

她接受了他的忠告，没有再去注意牙齿。从那时候开始，她只想到她的观众，她张大了嘴巴，热情而高兴地唱着，后来，她成为电影界和广播界的一流红星。她的名字叫凯丝·达莉。

人生感悟

　　每个人都不可能完美无缺，只有从内心接受自己，喜欢自己，欣赏自己，坦然地展示真实的自己，才能拥有成功快乐的人生。

　　没有必要去掩示自己的缺陷，尽管你是不完美的，但你仍是独一无二、不可替代的。你喜欢自己，别人也会喜欢你。你珍视自己，别人也会珍视你。期待别人完美是不现实的，期待自己完美则是愚蠢的。喜欢不完美的自己，你将获得对自己的认同和理解；勇敢地展示自己，你将会获得意想不到的成功。

　　所以，不要苛求自己，不要被完美所累，要相信真我的精彩。

爱是不放弃

40多年前，一个男婴降生在澳大利亚的一个普通家庭，但他并没有给父母带来欢笑，因为他是一个畸形儿。整个人只有可口可乐瓶子那么大，腿是畸形的，而且没有肛门，躺在医院的观察室里奄奄一息。医生断言这个男孩活不过24小时，悲伤的父亲只好为他准备后事，但当准备好小棺材、小墓地后，这个小生命依然顽强地活着。年轻的夫妇觉得这是儿子在向他们发出想要活下去的讯息。于是，不管多少人劝他们放弃，夫妇二人都坚持要养大这个孩子。

在他们的悉心照料下，这个男孩竟然奇迹般地存活了下来。但是，所有的一切不过刚刚开始。

小时候，这个男孩个子非常小，周围的一切对他来说都是庞然大物，他也非常胆怯，对所有比他大的东西充满了深深的恐惧，连家里的狗都经常欺负他。为了锻炼儿子的胆量，有一天，父亲专门把儿子和狗带到后院，对他说了一句："你必须自己面对一切恐惧，勇敢起来。"之后就关门走了。很快，后院就传来小男孩的阵阵尖叫，还有狗的叫声。父亲强忍着担心和心痛躲在屋里没有出来，附近的邻居听到声音后，报了警。等警察和父亲一起走进后院的时候，大家惊讶地发现，小男孩正骑在那条狗的背上，像骄傲的牛仔。

原来，当那条狗恶狠狠地扑过来的时候，孤立无援的小男孩只好拼尽全力揪住它的尾巴，最终制服了那个讨厌的家伙。"如果你觉得恐惧，那么你就学会去面对它！"父亲给儿子上了人生第一课。

上学之后，这个小男孩的噩梦依然没有结束。同学们总是嘲笑他、侮辱他、欺负他、伤害他。这个男孩十分消沉，儿子的表现引起了母亲的注意，她说："孩子，你是上帝带给我们最好的礼物。无论如何，我们都不会放弃你，也请你一定不要放弃自己。"

在绝望中听到母亲的失声痛哭，男孩突然意识到自己的不幸其实带给父母更大的不幸，他不能自私地放弃自己，那会将父母推向崩溃的边缘。

后来的日子里，这个男孩克服重重困难，成为一名国际著名的残疾激励大师。后来他结婚，有了孩子，但是命运再次捉弄了他，他的孩子仍然不是一个健全人，患有自闭症、肌肉萎缩症、大脑内膜破损、心肌功能障碍等病症。但是他坚持说："我的儿子将来一定会成为最棒的人物！我不会放弃他，因为我的父母从来都不曾放弃过我，爱就是不放弃。"

人生感悟

不放弃最重要的就是爱自己。只有这样，才会认真对待进入你身体、思想、精神、头脑、灵魂、心怀里的一切东西。绝不放纵肉体的需求，要用清洁与节制来珍惜你的身体。绝不让头脑受到邪恶与绝望的引诱，要用智慧和知识使之升华。绝不让灵魂陷入自满的状态，要用深思和祈祷来滋润它。绝不让心胸狭窄，要与人分享，让它成长，温暖整个世界。

把空想和行动结合起来，空想才有价值

有位乡下青年，是一个诗歌爱好者，他从 7 岁起就开始进行诗歌创作，但由于地处偏僻，一直得不到名师的指点。有一年夏天，他因仰慕一位文学大师，故千里迢迢地前来登门拜访年事已高的文学大师，以寻求文学上的指导。

这位青年诗人虽然出身贫寒，但谈吐优雅，气度不凡。与文学大师谈得非常融洽，文学大师对他非常欣赏。临走时，青年诗人留下了薄薄的几页诗稿。文学大师读了这几页诗稿后，认定这位乡下小伙子在文学上将会前途无量，决定凭借自己在文学界的影响大力提携他。

文学大师将那些诗稿推荐给文学刊物发表，但反响不大。他希望这位青年诗人继续将自己的作品寄给他。于是，他们开始了频繁的书信来往。

青年诗人的信一写就长达几页，大谈特谈文学问题，激情洋溢，才思敏捷，表明他的确是个天才诗人。文学大师对他的才华大为赞赏，在与友人的交谈中经常提起这位诗人。青年诗人很快就在文坛有了一点小小的名气。但是，这位青年诗人以后再也没有给他寄诗稿来，信却越写越长，奇思异想层出不穷，言语中开始以著名诗人自居，语气越来越傲慢。

文学大师开始感到不安。凭着对人性的深刻洞察，他发现这位年轻人身上出现了一种危险的倾向。通信一直在继续。文学大师的态度逐渐变得冷淡，成了一个倾听者。

很快，秋天到了。文学大师去信邀请这位青年诗人前来参加一个文学聚会。他如期而至。

在这位文学大师的书房里，俩人有一番对话：

"后来为什么不给我寄稿子了？"

"我在写一部长篇史诗。"

"你的抒情诗写得很出色，为什么要中断呢？"

"要成为一个大诗人就必须写长篇史诗，小打小闹是毫无意义的。"

"你认为你以前的那些作品都是小打小闹吗？"

"是的，我是个大诗人，我必须写大作品。"

"也许你是对的。你是个很有才华的人，我希望能尽早读到你的大作品。"

"谢谢，我已经完成了一部，很快就会发表。"

文学聚会上，这位被文学大师所欣赏的青年诗人大出风头。他逢人便谈他的伟大作品，表现得才华横溢、咄咄逼人。虽然谁也没有拜读过他的大作品，即便是他那几首由文学大师推荐发表的小诗也很少有人拜读过。但几乎每个人都认为这位年轻人必将成大器。否则，文学大师能如此欣赏他吗？转眼间，冬天到了。

青年诗人继续给文学大师写信，但从不提起他的大作品。信越写越短，语气也越来越沮丧。直到有一天，他终于在信中承认，长时间以来他什么都没写。以前所谓的大作品根本就是子虚乌有之事，完全是他的空想。

他在信中很诚恳地写道：

"很久以来我就渴望成为一个大作家，周围所有的人都认为我是个有才华、有前途的人，我自己也这么认为。我曾经写过一些诗，并有幸获得了您的赞赏，我深感荣幸。

使我深感苦恼的是，自此以后，我再也写不出任何东西了。不知为什么，每当面对稿纸时，我的脑中便一片空白。我认为自己是个大诗人，必须写出大作品。在想象中，我感觉自己和历史上的大诗人是并驾齐驱的，包括和尊贵的您。

在现实中，我对自己深感鄙弃，因为我浪费了自己的才华，再也写不出作品了。而在想象中，我是个大诗人，我已经写出了传世之作，已经登上了诗坛的宝座。

"请您原谅我这个狂妄无知的乡下小子……"

从那以后，文学大师再也没有收到这位青年诗人的来信。

人生感悟

> 每个人都曾有过空想，适度的空想对人有一定的积极作用，但如果不行动，只是一味地陷入空想状态中就有些危险了。只有把空想和行动结合起来，空想才有价值，否则，空想只能是空想。

对于自己不熟悉的领域，不要轻易去涉足

从前，有个农夫，由于庄稼种得好，生活过得很惬意。村子里的人都夸他聪明，并有人断言只要他做生意，肯定能发大财。

农夫的心就痒痒了，和妻子商量要做生意。他的妻子是个明白人，知道他不是做生意的料，就劝他打消这个念头，但农夫的主意已定，妻子怎么说都不行。

见劝说无用，妻子就说："做生意总得有本钱吧，你明天就把家中的一只山羊和一头毛驴牵进城去卖了吧。"

妻子找来三个人，对他们叮嘱了一番，说完就回娘家了。

第二天，农夫兴冲冲地上路了。妻子找来帮忙的人偷偷地跟在他的身后。

农夫贪睡，第一个人乘农夫骑在驴背上打盹之际，把山羊脖子上的铃铛解下来系在驴尾巴上，把山羊牵走了。不久，农夫猛一回头，发现山羊不见了，便忙着寻找。

这时第二个人走过来，热心地问他找什么。农夫说山羊被人偷走了，问他看见没有。第二个人随便一指，说看见一个人牵着一只山羊从林子中刚走过去，准是那个人，快去追吧。农夫急着去追山羊，把驴子交给这位"好心人"看管。等他两手空空地回来时，驴子与"好心人"自然都没了踪影。

　　农夫伤心极了，一边走一边哭。当他来到一个水池边时，却发现一个人坐在水池边哭，哭得比他还伤心。

　　农夫挺奇怪：还有比我更倒霉的人吗？就问那个人哭什么。

　　那人告诉农夫，他带着一袋金币去城里买东西，走到水边歇歇脚、洗把脸，却不小心把袋子掉进水里了。农夫说，那你赶快下去捞呀。那人说自己不会游泳，如果农夫给他捞上来，愿意送给他20个金币。

　　农夫一听喜出望外，心想：这下可好了，羊和驴子虽然丢了，可能到手20个金币，损失全补回来还有富余啊。他连忙脱光衣服跳下水捞起来。当他空着手从水里爬上岸，他的衣服、干粮也不见了。

　　当农夫沮丧地回到家时，惊奇地发现山羊和毛驴竟然在家中。

　　他的妻子说："没出事时麻痹大意，出现意外后惊慌失措，造成损失后急于弥补。你连这些基本的风险都预料不到，又怎么能在商海里征战呢，还是老老实实地在家中种地吧！"

人生感悟

　　我们每个人都应该知道自己最适合做什么，并应该把精力放在做最适合自己的事情上，这样才能有所收获，才能获取成功。如果没有足够的本领与能力，对于自己不熟悉的领域，万不可贸然去涉足，否则会失败。

事情是好还是坏，全都取决于一个人的心态

　　约翰被大水困住，只得爬上屋顶。

　　邻居中有人漂浮过来说道："约翰，这次大水真可怕，难道不是吗？"

　　约翰回答说："不，它并不怎么坏。"

　　邻居有点吃惊，就反驳道："你怎么说不怎么坏？你的鸡舍已经被冲走了。"

　　约翰回答说："是的，我知道，但是我6个月以前养的鸭子现在都在附近游泳。"

　　"但是，约翰，这次的水损害了你的农作物。"这位邻居坚持说。

　　约翰仍然不屈服地说："不！我的农作物因为缺水而损坏了，就在上周，代理人还告诉我，我的土地需要更多的水，所以这下就全解决了。"

　　这位悲观的邻居又再次对他那位欢笑的朋友说："但是你看，约翰，大水还在上涨，就要涨到你的窗户上了。"

这位乐观的朋友笑得更开朗，说道："我希望如此，这些窗户实在太脏了，需要冲洗一下。"

人生感悟

当你面临一件事情的时候，如果你用积极的心态来看待它，它很可能就会是一件好事，一件对你有利的事情；如果你用消极的心态来看待它，它就会变成一件坏事，一件对你有威胁的事情。所以，事情是好还是坏，在于你是用什么样的心态来看待它。

如果你不敢尝试，你就没有实现梦想的机会

约翰·坦普登的高中时代是在田纳西州的温彻斯特度过的，他内心里经常梦想着有朝一日成为一家大公司的总裁。虽然这只是他17岁时的梦想，但也是他人生设计的萌芽。

进入耶鲁大学后不久，约翰·坦普登的兴趣就从经营一般企业转移到研究评断公司财务之上。大学二年级时，他的父母由于生活拮据而无法再继续供他念书，迫使他陷入不知是该休学就业，还是该半工半读的窘状。要作这个决定非常困难，但因为约翰有自己的梦想，因此他最后作出了决定：无论如何都要坚持到毕业。他做到了，不但每学期都取得了优异的成绩，而且还利用奖学金及一份兼差工作解决了学费与伙食费的问题。3年后，他除获得经济学士学位外，同时还获得著名的路德奖学金，并取得全国优等生俱乐部耶鲁分会会长的头衔，以极其优异的成绩毕业。以后的两年，他前往英国牛津大学攻读硕士。此行对于他将来从事财务经营有很大的影响。

约翰回到美国后，便与一名田纳西女子结婚。随后，他前往纽约，正式开始追求自己的梦想。他的起步是一家颇具规模的证券公司，他在公司里的职务是投资咨询部办事员。

不久，朋友告诉他有一家公司正在征聘年轻上进的财务经理。这家公司的名称是"国家地理勘察公司"，是一家石油勘探公司。约翰听说之后，便前往应聘，因为他认为这家公司可让他进一步学到许多有关财务经营方面的东西，于是他就进了这家公司，一干就是4年。4年之后，虽然这家公司业务非常稳定，而且他的表现也不错，但是他觉得能学的也学得差不多了，他开始怀念起老本行了。于是，一咬牙，他又回到早先的那家证券公司工作，并等待机会。最后，机会终于被他

等到了，一名资深职员即将退休，这个人拥有 8 个相当有实力的客户，欲以 5000 美元出让。

这对约翰来说是相当大的赌注，5000 美元相当于他的全部财产，若此举失败，他将会变得一贫如洗。而且，这些客户接下来以后，能不能留住还是问题。这时约翰再一次面对重大选择。最后，他一心想自立门户的雄心战胜一切，他接下了这 8 名客户，并且立即前往拜访，十分坦率而且诚挚地向他们说明自己的理想与设计，客户都被他的热情与直率所感动，都表示愿意考察一段时间。当时，约翰才 28 岁。

两年的岁月很快就过去了，约翰几乎每天都在为员工薪金及管理费用忙得焦头烂额。有时候，他连自己的薪金都拿不出来。两年期间，公司便是在这种拮据的情形下惨淡经营，虽然如此，公司要求的服务品质并没有降低，反而愈来愈高。熬到第三年，终于苦尽甘来，公司业务开始蒸蒸日上，客户也有显著增加，约翰自己创业的梦想终于实现了。

后来，他成为一家投资咨询公司的总裁，拥有将近一亿美元的资产，并兼任某大型互助银行的常务董事及数家公司董事。

人生感悟

　　有了梦想，还需有实现梦想的冒险精神，以及坚强的意志与决心。这其中，冒险精神非常重要。这有点风险，谁也无法预料结局会怎样，但如果你不敢尝试，你就没有实现梦想的机会。

无论是谁，都有比其他人做得更好的地方

迈可·兰顿生的奋斗事迹照亮了许多人的人生之路，成为很多人景仰的英雄。

他生长在一个不太和睦的家庭里。在他小的时候，母亲经常闹着要自杀，当火气一来便抓起吊衣架追着他毒打。就是因为生活在这样的环境中，所以他自幼就有些畏缩而身体瘦弱。然而日后在那部叫座的电视影片《草原上的小屋》中，他却扮演了那个殷格索家庭的一家之主，他那坚毅而充满自信的性格给大家留下了深刻的印象。可是，迈可的人生为什么会有这样的改变呢？

在他读高中一年级时的一天，体育老师把这一班的学生带到操场去教他们如何掷标枪，而这一次的经验就此改变了他后来的人生。在此之前，不管他做什么

事都是畏畏缩缩的，对自己一点自信都没有。可是那天奇迹出现了，他奋力一掷，只见标枪越过了其他同学的纪录，多出了足足有 30 英尺。就在那一刻，迈可知道了自己的前途大有可为。在其日后面对《生活杂志》的采访时，他回想道："就在那一天我才突然知道，原来我也有能比其他人做得更好的地方。当时便请求体育老师借给我这支标枪，在那年整个夏天里我就在运动场上掷个不停。"

迈可发现了使他振奋的未来，而他也全力以赴，结果有了惊人的成绩。那年暑假结束返校后，他的体格已有了很大的改变，而随后的一整年中，他特别加强重量训练，使自己的体能更往上提升。高三时的一次比赛，他掷出了全美高中生最好的标枪纪录，因而也让他赢得体育奖学金。这个人生的转变套句他自己的话就是：可真是一只小老鼠变成了一只大狮子。

人生感悟

在这个世界上，我们每个人都有自己独特的一面，都有比其他人做得更好的地方，遗憾的是，很多人都不知道或没有找到。当一个人找到了这个属于自己的领域的时候，他就会由自卑变得自信，并会发挥出自己的潜能。

保持积极的心态，发挥出自身的潜能

早在少不更事，守着电视看奥运会的年纪时，摩拉里的心中就充满了梦想，梦想着即将到来的有趣之事。

1984 年，一个机会出现了。他想在他擅长的项目中，成为全世界最优秀的游泳者，但在洛杉矶的奥运会上，他却只拿了亚军，想象与梦想并没有实现。他重新回到梦想中，回到游泳池里，又开始意象和实际的训练。这一次目标是 1988 年韩国汉城奥运金牌。他的梦想在奥运预选赛时就烟消云散，他竟然被淘汰了。跟大多数人一样，他变得很沮丧。把这份梦想深埋心中，去康乃尔念律师学校。

有三年的时间，他很少游泳。可是心中始终有股烈焰，他无法抑制这份渴望。离 1992 年夏季赛前不到一年的时间，他决定再孤注一掷一次。在这项属于年轻人的游泳赛中，他算是高龄的，这简直就像是拿着枪矛戳风车的现代堂吉诃德。所以，他想赢得百米蝶泳赛的想法简直有点不太现实。

对他来说，这也是一个悲伤艰难的时刻，因为他的母亲因癌症而离世了。她将无法和他一起分享胜利的成果，可是追悼母亲的精神加强了他的决心和意志。

令人惊讶的是，他不仅成为美国代表队成员，还赢得了初赛。他的纪录比世界纪录慢了一秒多，在竞赛中他势必要创造一个奇迹。加强想象，增加意象训练，不停地训练，他在心中仔细规划赛程，他的速度会占尽优势，他希望他能超越他的竞争者，一路领先。

预先想象了赛程，他就开始游了。而那一天，他真的站在了领奖台上，看着星条旗冉冉上升，美国国歌响起，颈上挂着令人骄傲的金牌。凭着他的积极心态，摩拉里将梦想化为胜利，美梦成真。

人生感悟

我们的命运是由我们自己的心态来决定的，积极的心态可以发挥出我们自身的潜能，能吸引财富、成功、快乐和健康；消极心态则能排斥这些东西，夺走生活中的一切，它还会使人终身陷入谷底，即使爬到了巅峰，也会被它拖下来。所以，不管什么时候，都要保持积极的心态。

不要因为利小而不为，要为长远利益做打算

有一位百货公司的经营者向一群业务经理谈话时说：

"我可能有点守旧，但我还是相信使顾客再度光临的最好办法，就是提供友善、殷勤的服务。有一次我到商店巡视，听到一位店员正在跟一位顾客争吵，结果那位顾客很愤怒地离开了。

然后，这位店员对另一位店员说：'我才不会让一个仅值1美元9美分的顾客占去我所有的时间，让我翻箱倒柜去找他要的东西。他根本不值得我这样对待他。'

我听完就走开了，但是一直无法忘记那番话。想到我们的店员认为顾客仅值1美元9美分时，我觉得事态十分严重。我立刻决定，要把这个观念改过来，便请市场研究主任统计去年平均一位顾客在我们商店的花费是多少。结果令我吃惊，数目高达362美元。

接着，我召开人事督导会议。我把情况解释清楚，然后告诉他们一个顾客的真正价值。他们一旦明白一个顾客的价值不是以一次销售金额而是以全年的销售总额来评定，服务态度马上就改善了。"

有一个学生解释他为什么不再去某餐厅吃饭时说：

"有一天午饭时间，我决定去一家几周前新开张的自助餐厅用餐。当时我的经济情况有点紧，必须小心用钱。我在肉品部看到火鸡肉还不错，旁边清楚地标着 39 美分。

当我走到柜台付账时，那位柜台小姐说要 1 美元 9 美分。我礼貌地请她再核查一次。那位小姐不屑一顾地瞪我一眼，重新算过。原来差别就在那份火鸡的价钱。她坚持要收 49 美分。我请她注意那边 39 美分的标价。

这下她火了。'我不管那边标价是怎么写的。这边价目表是 49 美分，有人把那边的价钱标错了，你必须付我 49 美分。'

然后我解释我之所以挑这份火鸡就因为它是 39 美分，如果标明 49 美分，我就会挑别的食物了。

她还是回答：'你还是得付 49 美分。'我照付了，因为我可不想一直站在那里成为大家注目的焦点。当时我就决定永远不再到那里吃饭了。我一年要花 250 美元左右的午餐费，他们保准拿不到一分钱。"

人生感悟

目光短浅的人往往只看到眼前的利益，而看不到长远的利益。不要因为利小而不为，要为长远利益做打算。高估顾客的消费力才能把他们变成稳定的大主顾；反之，则会把他们赶走。

把自己那把快乐的钥匙，掌握在自己手中

著名专栏作家哈理斯和朋友在报摊上买报纸，那位朋友礼貌地对报贩说了声"谢谢"，但报贩却冷口冷脸，没发一言。

"这家伙态度很差，是不是？"他们继续前行时，哈里斯问道。

"他每天晚上都是这样的。"朋友说。

"那么你为什么还是对他那么客气？"哈里斯问他。

朋友答道："为什么我要让他决定我的行为？"

一位女士抱怨道："我活得很不快乐，因为先生常出差不在家。"她把快乐的钥匙放在先生手里。

一位妈妈说："我的孩子不听话，叫我很生气！"——她把钥匙交在孩子手里。

男人可能说："上司不赏识我，所以我情绪低落。"——这把快乐钥匙又被

塞在老板手里。

婆婆说："我的媳妇不孝顺，我真命苦！"

年轻人从文具店里走出来说："那位老板服务态度恶劣，把我气炸了！"

……

每人心中都有把"快乐钥匙"，但我们却常在不知不觉中把它交给别人掌管。

人生感悟

自己的心情要自己控制，自己那把快乐的钥匙也要掌握在自己的手中。如果一个人能握住自己快乐的钥匙，他就不会期待别人能使他快乐，反而能把快乐和幸福带给别人；如果一个人不能握住自己的快乐，就无法掌控自己，只能可怜地任烦恼摆布。

不断挑战自我的极限，就没有什么事是做不到的

1912 年，班·费德雯出生于美国。

1942 年，费德雯加入纽约人寿保险公司。单件保单销售，他曾做到 2500 万美元，一个年度的业绩超过 1 亿美元。

费德雯一生中售出数十亿美元的保单，这个金额比全美 80% 的保险公司的销售总额还高。

在这个专业化导向的行业里，连续数年达到 10 万美元的业绩，便能成为众人追求的，卓越超群的百万圆桌协会会员，而费德雯却做到近 50 年，平均每年的销售额达到近 300 万美元的业绩。放眼寿险史上，没有任何一位业务员能赶上他。而他的一切，仅是在他家住方圆 40 里内，一个人口只有 1.7 万人的东利物浦小镇中创造出来的。

1955 年，没有人敢去想，一名寿险业务员的年度业绩竟能超过 1000 万美元。

1956 年，费德雯超过了。

1959 年，2000 万美元的年度业绩被认为是遥不可及的梦，它是那样不可思议，以致从业人员连想都没想过，除了费德雯以外。

1960 年，他把梦想变成事实。

1966 年，费德雯冲破了 5000 万美元的大关。

1969 年，他缔造 1 亿美元的年度业绩，往后更是屡见不鲜。

1984 年，他获得颁罗素纪念奖，此为保险业的最高荣誉。

虽然费德雯说自己没有任何秘诀，但其实他已把他的"秘诀"公诸于世了。多年来，他总是从早上到晚上，从周一到周日，从不间断地努力工作。

费德雯认为："对自己的生活方式与工作方式完全满意的人，已陷入常规。假如他们没有鞭策力，使自己成为更好的人，或使自己的工作更杰出，那么他们便是在原地踏步。而正如任何一位业务员会告诉你的，原地踏步就等于退步。"

人生感悟

不断努力挑战自我的极限，是一个人成功的必备因素。不论是在工作中还是在生活中，只要我们敢想敢干，不断地鞭策自己，满怀信心地去挑战自我，那么，就没有什么事是做不到的。

第十七章

感谢折磨你的人和事

　　人生在世，总要经受很多折磨，承受各种苦难。其实换一种眼光看世界，这些折磨对人生并不是消极的，反而是一种促进人成长的积极因素。因为，生命是一次次的蜕变过程，唯有经历各种各样的折磨，才能使人生得到升华。如果你已是一个成功者，只要回想一下，就会发现真正促使你进步、成功的，不单是你自己的能力，不单是朋友和亲人的鼓励，更多的时候，是生命中那些折磨过你的人激发了你的潜能，促使你不断进步。因此，你应该感谢那些折磨你的人，不管他们是善意的还是恶意的，他们在折磨你的同时，也在成全你，正是他们让你成长、成熟、成功！

宽待你的敌人，化解他人的敌意

畅销书作家托尼·希勒获得过美国侦探小说家大师奖，他第一次打工是做农场工，而且受益匪浅。

他14岁时，英格拉姆先生敲响了他们在俄克拉荷马的萨克勒哈特农舍的门。这个老佃农住在马路那头大约1公里的地方，想找人帮助收割一块紫苜蓿地。这就是他第一次得到的有报酬的工作——1小时12美分，要知道这在1939年已经很不错了，他们还处在经济大萧条时期。

一天，英格拉姆先生发现一辆装有西瓜的卡车陷在自家的瓜地中。显然，有人想偷走这些西瓜。

英格拉姆先生说车主很快就会回来的，让托尼在那儿看着，长点见识。没过多久，一个在当地因打架和偷窃而臭名昭著的家伙带着两个体格粗壮的儿子出现了。他们看起来非常恼怒。

英格拉姆先生却用平静的口吻说道："哎，我想你们要买些西瓜吧？"

那个男人前沉默了很久才回答："嗯，我想是的。"

"你要多少？25美分1个。"

"好吧，你帮我把车弄出来的话，我看这价格还合适。"

这成了他们夏天里最大的一笔买卖，而且还避免了一场危险的暴力事件。等他们走后，英格拉姆先生笑着对托尼说："孩子，如果不宽恕敌人，就会失去朋友。"

几年以后，英格拉姆先生去世了，但托尼永远忘不了他，也忘不了第一次打工时他教的东西。

人生感悟

当你宽容别人的时候，你就不会感到自己和别人站在敌对的位置。

心眼没有拳眼大的人，折磨他人的同时自己也不好过

在古远时代，摩伽陀国有一位国王饲养了一群象。象群中，有一头象长得很特殊，全身白皙，毛柔细光滑。后来，国王将这头象交给一位驯象师照顾。这位

驯象师不只照顾它的生活起居，也很用心教它。这头白象十分聪明、善解人意，过了一段时间之后，他们已建立了良好的默契。

有一年，这个国家举行一个大庆典。国王打算骑白象去观礼，于是驯象师将白象清洗、装扮了一番，在它的背上披上一条白毯子后，才交给国王。

国王就在一些官员的陪同下，骑着白象进城看庆典。由于这头白象实在太漂亮了，民众都围拢过来，一边赞叹，一边高喊着："象王！象王！"这时，骑在象背上的国王，觉得所有的光彩都被这头白象抢走了，心里十分生气、嫉妒。他很快地绕了一圈后，就不悦地返回王宫。

一回王宫，他问驯象师："这头白象，有没有什么特殊的技艺？"驯象师问国王："不知道国王您指的是哪方面？"国王说："它能不能在悬崖边展现它的技艺呢？"驯象师说："应该可以。"国王就说："好。那明天就让它在波罗奈国和摩伽陀国相邻的悬崖上表演。"

隔天，驯象师依约把白象带到那处悬崖。国王就说："这头白象能以三只脚站立在悬崖边吗？"驯象师说："这简单。"他骑上象背，对白象说："来，用三只脚站立。"果然，白象立刻就缩起一只脚。

国王又说："它能两脚悬空，只用两脚站立吗？""可以。"驯象师就叫它缩起两脚，白象很听话地照做。国王接着又说："它能不能三脚悬空，只用一脚站立？"

驯象师一听，明白国王存心要置白象于死地，就对白象说："你这次要小心一点，缩起三只脚，用一只脚站立。"白象也很谨慎地照做。围观的民众看了，热烈地为白象鼓掌、喝彩！国王愈想愈不平衡，就对驯象师说："它能把后脚也缩起，全身飞过悬崖吗？"

这时，驯象师悄悄地对白象说："国王存心要你的命，我们在这里会很危险。你能腾空飞到对面的悬崖吧？"不可思议的是这头白象竟然真的把后脚悬空飞起来，载着驯象师飞越悬崖，进入波罗奈国。

波罗奈国的人民看到白象飞来，全城都欢呼了起来。国王很高兴地问驯象师："你从哪儿来？为何会骑着白象来到我的国家？"驯象师便将经过一一告诉国王。国王听完之后，叹道："人的心胸为什么连一头象都容纳不下呢？"

人生感悟

真正的王者绝不会容不得他人的光芒存在，就像自己是一块钻石一样，周围的珍珠只会衬托它的雍容、高贵，而不会削减它的魅力。

得罪一个人，就为自己堵住了一条路

库克是英国一家公司的职员，在业务上是公认的尖子，可是在处理人际关系时往往意气用事，得罪了不少人。所以，他在公司干了好几年总是得不到升迁。

有一段时间，库克新搬来的一位女邻居进出时总是把门碰得很响，而且常常在房间里大声哼唱，吵得库克睡不好觉。直到有一天，他们碰到了一起，愤愤不平的库克瞪着女邻居大声喊道："你能不能安静一点，让我好好休息！"

女邻居也瞪圆双眼回敬库克："和谁说话哪！你以为你是谁，是总统！"说完对库克不屑一顾地扭转身走了。

库克咬咬牙心想："我会让你尝尝我的厉害。"

第二天，库克回家时，女邻居也正好回了家。库克故意把门碰得很响，并在房间大声吼叫，也想让她尝尝吵闹的滋味。

可是接下来的几天，邻居的吵闹更厉害，令库克连连叫苦。

"老这样下去能行吗？该怎么办呢？"不久，库克有了一个好主意。

几天后的一个早晨，女邻居一开门就发现地上放着一个信封，她打开一看，只见上面写着：

尊敬的女邻居：

很抱歉我那天向您大喊大叫，这也不是我惯有的作风，只是那天我从信箱里拿到了带来坏消息的信件……我希望您能够原谅我。

您的男邻居

紧接着一个早晨，当库克走出房门时，一眼就发现了地上的信封，他迫不及待地抽出信纸。

尊敬的男邻居：

这些日子我也一直心烦意乱，因为我工作上遇到了麻烦，我很高兴看到您写的便条，我想我会成为您的好朋友的。

您的女邻居

从那以后，每当他们再相见时，都会愉快地微笑着打招呼。

接下来的故事更耐人寻味。女邻居后来当上了一家大公司的董事长，经过一段时间的交往考察以后，她聘请库克担任了公司一个部门的经理。

库克改掉了得罪人的脾气，抱着与人为善的心态面对生活，最终使自己强大起来，由普通职员升迁为公司高层管理人员。

生活中，有很多人总是与别人斤斤计较，结果周围的人都成了自己的敌人，他们把自己陷入了尴尬痛苦的境地。

社会是由不同的人组成的，人活在社会上，不管日常生活、上班，还是经营自己的事业，都会和别人产生一种互动关系。换句话说，人是靠彼此互助才得以生存，即便是流落荒岛的鲁宾逊也得到了一位名叫"星期五"伙伴的帮助，更何况身处竞争激烈、人际往来频繁的我们？

人生感悟

俗话说，多一个朋友多一条路。反过来说，多得罪一个人就少一条路！

化干戈为玉帛，记恨千年不如一世和气

清代康熙、雍正年间，桐城的张英在京城做官。家人在桐城建房子时与邻居发生争执，彼此为3尺宅基地互不相让，官司打到县衙里。张家总管连忙送信给张英，盼望他给县令写信通融。

张英见家书后，复诗一首寄回：

千里求书为道墙，

让他三尺又何妨。

长城万里今犹在，

谁见当年秦始皇？

总管接信后，深深领会张英和睦礼让、豁达明理的胸襟，立即让出3尺地。邻居看见张家退让3尺，也随即后退3尺，两家不仅化解了诉讼，还为过往行人留下了一条6尺宽的通行巷道，大大地方便了邻里乡亲。

人生感悟

不论是邻里之间还是亲朋好友之间，宽恕、礼让都是我们相处的良好法则。人生短暂几十个春秋，和别人斤斤计较所为何来呢？不如爱人爱己，潇洒快活一生。

争辩无法解决问题

列夫·托尔斯泰和屠格涅夫都是闻名于世的俄国大文豪，他们之间曾经有过一段颇为曲折且发人深省的交往。

1855 年，托尔斯泰在彼得堡认识了比他大 10 岁的屠格涅夫。尽管屠格涅夫感到这位新朋友的脾气很大，性格倔强甚至有时候很粗野，但仍然从心眼里喜欢和欣赏他的才华。两人成了关系很好的朋友。

1861 年，屠格涅夫的新作《父与子》脱稿了，他邀请托尔斯泰到自己的庄园来，把稿子给他看。午餐后，托尔斯泰拿起稿子躺在沙发上看，但越看越觉得兴趣索然，渐渐地不禁掩卷入梦。当他醒来后，发现屠格涅夫刚刚背转过身出了门，当天便没有再进来。

第二天，诗人费特邀请他们二人到家中做客。席间，屠格涅夫对自己女儿的家庭教师大加称赞，因为她教导自己的女儿为穷人补衣服，为慈善事业捐款。

不料，托尔斯泰对屠格涅夫的话很是不以为然，居然带着讽刺的口吻说："我设想一位穿着华贵的小姐，膝上放着穷人破烂的衣服，这实在是在表演一幕不真实的舞台剧。"

屠格涅夫本来就对托尔斯泰昨天看稿的表现有所不满，此时一听他这么说，顿时气不打一处来，便怒不可遏地大声咆哮起来："这么说，是我把女儿教坏了？"

托尔斯泰也不示弱，针锋相对地予以反驳。于是，两个人在客厅里从争吵到互相推搡，后来互相抓住对方的头发，乒乒乓乓地大打出手。

就因为这么一件区区小事，两位大作家的关系自此以后中断了 17 年。

直到 1878 年，托尔斯泰在经历了长期的内疚和不安后，主动写信给屠格涅夫表示道歉。他写道："近日想起我同您的关系，我又惊又喜。我对您没有任何敌意，谢谢上帝，但愿您也是这样。我知道您是善良的，请您原谅我的一切！"

屠格涅夫立即回信说："收到您的信，我深受感动。我对您没有任何敌对情感，假如说过去有过，那么早已消除——只剩下了对您的怀念。"

一场积聚多年的冰雪终于化解了。不过，此后不久，另一件事又差点使他们的关系再次陷入危机。幸运的是，吃一堑长一智，他们这次都知道如何避开了。

这一年，在托尔斯泰的盛情邀请下，屠格涅夫到勃艮纳庄园做客。有一天，托尔斯泰请客人一起去打猎。屠格涅夫瞄准一只山鸡，"砰"地开了一枪。

"打死了吗？"托尔斯泰在原地喊道。

"打中了！您快让猎狗去捡。"屠格涅夫高兴地回答。

猎狗跑过去之后很快便回来了，但却一无所获。"说不定只是受了伤。"托尔斯泰说，"猎狗不可能找不到。"

"不对！我看得清清楚楚，'啪'的一声掉下去，肯定死了。"屠格涅夫坚持说。

他们虽然没有吵架，但山鸡失踪无疑给两个人带来了不快之感，仿佛二人之中有一个说了假话。可是，这一次他们都意识到不应再争执下去，便把话题转向别处，尽量在愉快的消遣中打发时光。

当天晚上，托尔斯泰悄悄地吩咐儿子再去仔细搜索。事情终于弄清楚了：山鸡的确被屠格涅夫一枪打中了，不过正好卡在了一枝树杈上面。

当孩子把猎物带回来时，两位老朋友开心得像孩童一般，相视大笑。

人与人之间，没有差异和分歧是不可能的，关键在于能否处理好这些分歧，不要使分歧影响感情和关系。正确的做法是"求大同，存小异""大事化小，小事化了"，以互谅互让的态度而不是用争辩的方法去处理彼此间的分歧。

总之，一切事物都是相对的，在琐屑小事上花费精力争辩太不值得，最明智的作法是相互谅解和谦让。

人生感悟

人与人之间，没有差异和分歧是不可能的，关键在于怎么处理好这些分歧，不要使分歧影响感情和关系。

不要吹毛求疵，善待他人过失

1963 年，应该是春天，在 GE 公司，一名 28 岁的员工经历了一生当中最为恐怖的事件之一——爆炸。

当时，他正坐在匹兹菲尔德的办公室里，街对面正好是实验工厂。这是一次巨大的爆炸。爆炸产生的气流掀开了楼房的房顶，震碎了顶层所有的玻璃。他飞奔出办公室，向出事的办公楼跑去。他跑到三楼，害怕极了。爆炸带来的灾难比他预想的更糟。一大块屋顶和天花板掉到了地板上，不可思议的是，没有人受重伤。

当时，人们正在进行化学实验。在一个大水槽里，他们将氧气灌入一种高挥发性的溶剂中。这时，一个无法解释的火花引发了这次爆炸。非常幸运的是，安全措施起到了一定的保护作用，爆炸产生的冲击波直接冲向了天花板。但作为负责人，他显然有严重的过失。

第二天，他不得不驱车100公里去康涅狄格的桥港，向集团公司的一位执行官查理·里德解释这场事故的起因。这个人对他是很信任的，但他还是准备好了挨批。他已经做好了最坏的准备。

他知道这时可以解释为什么会发生这次爆炸，并提出一些解决这个问题的建议。但是由于紧张，失魂落魄，他的自信心就像那爆炸的楼房一样开始动摇。

这是他第一次走进这位领导的办公室。查理·里德很快就使面前的年轻人平静了下来。作为一名从麻省理工学院毕业的化学工程博士，查理·里德是一个有着很深专业素养的杰出科学家。实际上，查理·里德在1942年加入GE公司以前，还在麻省理工学院当过5年应用数学的教师。对技术也同样有着很大的热情，他是个跟企业结婚的单身汉，是GE公司中级别最高的有着切身化学经验的执行官。查理·里德知道在高温环境下做高挥发性气体实验会发生什么。

查理·里德表现得异常通情达理。"我所关注的是你能从这次爆炸中学到了什么东西。你是否能够修改反应器的程序？"

年轻人没有想到查理·里德会问这些。

"你们是否应该继续进行这个项目？"查理·里德的表情和口吻充满理解，看不到一丝情绪化的东西或者愤怒。

"好了，我们最好现在就对这个问题有个彻底的了解；而不是等到以后，等我们进行大规模生产的时候。"查理·里德说道，"感谢上帝，没有任何人受伤。"

查理·里德的行为给这个年轻人留下了深刻的印象。

这个28岁的年轻人就是杰克·韦尔奇。当回忆起这段经历时，他说："当人们犯错误的时候，他们最不愿意看到的就是惩罚。这时最需要的是鼓励和信心的建立。首要的工作就是恢复自信心。"

人生感悟

宽容比惩罚更能使一个人反省、改过。如果因为过失就对他人吹毛求疵，可能结果会适得其反。

宽容带你走出沙漠

这是一场惨烈的战争，几乎所有的士兵都丧命于敌人的刀剑之下。

命运将两个地位悬殊的人推到一起：一个是年轻的指挥官，一个是年老的炊事员。

他们在奔逃中相遇，两个人不约而同地选择了相同的路径——沙漠。追兵止于沙漠的边缘，因为他们不相信有人会从那儿活着出去。

"请带上我吧，丰富的阅历教会了我如何在沙漠中辨认方向，我会对你有用的。"老人哀求道。指挥官麻木地下了马，他认为自己已经没有了求生的资格，他望着老人花白的双鬓，心里不禁一颤："由于我的无能，几万个鲜活的生命从这个世界上消失，我有责任保护这最后一个士兵。"他扶老人上了战马。

到处是金色的沙丘，在这茫茫的沙海中，没有一个标志性的东西，使人很难辨认方向。"跟我走吧。"老人果敢地说。指挥官跟在他的后面。灼热的阳光将沙子烤得如炙热的煤炭一样，喉咙干得几乎要冒烟。他们没有水，也没有食物。老人说："把马杀了吧！"年轻人怔了怔，唉，要想活着也只能如此了。他取下腰间的军刀。

"现在，马没了，就请你背我走吧！"年轻人又一怔，心想："你有手有脚，为什么要我背着走，这要求着实有点过分。"但，长期以来，他都处在深深的自责之中，老人此时要在沙漠中逃生，也完全是因为他的不称职。他此刻唯一的信念就是让老人活下去，以弥补自己的罪过。他们就这样一步一步地前行，在大漠上留下了一串深陷且绵延的脚印。

1天、2天……10天。茫茫的沙漠好像无边无际，到处是灼烧的沙砾，满眼是弯曲的线条。白天，年轻人是一匹任劳任怨的骆驼；晚上，他又成了最体贴周到的仆从。然而，老人的要求却越来越多，越来越过分。他会将两人每天总共的食物吃掉一大半，会将每天定量的马血喝掉好几口。年轻人从没有怨言，他只希望老人能活着走出沙漠。

他俩越来越虚弱，直到有一天，老人奄奄一息了。"你走吧，别管我了。"老人愤愤地说，"我不行了，还是你自己去逃生吧。"

"不，我已经没有了生的勇气，即使活着我也不会得到别人的宽恕。"

一丝苦笑浮上了老人的面容，"说实话，这些天来难道你就没有感到我在刁难、拖累你吗？我真没想到，你的心可以包容下这些不平等的待遇。"

"我想让你活着，你让我想起了我的父亲。"年轻人痛苦地说。老人此刻解下了身上的一个布包，"拿去吧，里面有水，也有吃的，还有指南针，你朝东再走一天，就可以走出沙漠了，我们在这里的时间实在太长了……"老人闭上了眼睛。

"你醒醒，我不会丢下你的，我要背你出去。"老人勉强睁开眼睛："唉，难道你真的认为沙漠这么漫无边际吗？其实，只要走3天，就可以出去，我只是带你走了一个圆圈而已。我亲眼看着我2个儿子死在敌人的刀下，他们的血染红了我眼前的世界，这全是因为你。我曾想与你同归于尽，一起耗死在这无边的沙漠里，然而你却用胸怀融化了我内心的仇恨，我已经被你的宽容大度所征服。只有能宽容别人的人才配受到他人的宽容。"老人永远地闭上了眼睛。

指挥官震惊地立在那儿，仿佛又经历了一场战争、一场人生的战斗。他得到了一位父亲的宽容。此时他才明白武力征服的只是人的躯体，只有靠爱和宽容大度才能赢得人心。

他放平老人的身体，怀着宽容之心，向希望走去。

人生感悟

有位先哲曾说："人如果没有宽容之心，生命就会被无休止的报复和仇恨所支配。"世界上海洋是宽阔的，比海洋宽阔的是天空，比天空更宽阔的是人的胸怀。

因此，在生活中，一定要学会宽容，宽容是做人的需要。

宽容并非奢侈品

一次，楚庄王因为打了大胜仗，十分高兴，便在宫中设盛大晚宴，招待群臣，宫中一片热闹景象。楚王也兴致高昂，叫出自己最宠爱的妃子许姬，轮流着替群臣斟酒助兴。

忽然一阵大风吹进宫中，蜡烛被风吹灭，宫中立刻漆黑一片。黑暗中，有人扯住许姬的衣袖想要亲近她。许姬便顺手拔下那人的帽缨并赶快挣脱离开，然后许姬来到庄王身边告诉庄王说："有人想趁黑暗调戏我，我已拔下了他的帽缨，请大王快吩咐点灯，看谁没有帽缨就把他抓起来处置。"

庄王说："且慢！今天我请大家来喝酒，酒后失礼是常有的事，不宜怪罪。

再说，众位将士为国效力，我怎么能为了显示你的贞洁而辱没我的将士呢？"说完，庄王不动声色地对众人喊道："各位，今天寡人请大家喝酒，大家一定要尽兴，请大家都把帽缨拔掉，不拔掉帽缨不足以尽欢！"

于是群臣都拔掉自己的帽缨，庄王命人重又点亮蜡烛，宫中一片欢笑，众人尽欢而散。

3年后，晋国侵犯楚国，楚庄王亲自带兵迎战。交战中，庄王发现自己军中有一员将官，总是奋不顾身，冲杀在前，所向无敌。众将士也在他的影响和带动下，奋勇杀敌，斗志高昂。这次交战，晋军大败，楚军大胜回朝。

战后，楚庄王把那位将官找来，问他："寡人见你此次战斗奋勇异常，寡人平日好像并未给过你什么特殊好处，你为什么如此冒死奋战呢？"

那将官跪在庄王阶前，低着头回答说："3年前，臣在大王宫中酒后失礼，本该处死，可是大王不仅没有追究、问罪，反而还设法保全我的面子，臣深受感动，对大王的恩德牢记在心。从那时起，我就时刻准备用自己的生命来报答大王的恩德。这次上战场，正是我立功报恩的机会，所以我才不惜生命，奋勇杀敌，就是战死疆场也在所不辞。大王，臣就是3年前那个被王妃拔掉帽缨的罪人啊！"

一番话使楚庄王和在场将士大受感动。楚庄王走下台阶将那位将官扶起，那位将官已是泣不成声。

人生感悟

用一种宽容、豁达的胸怀对待"冒犯"你的人，不必采取任何行动，问题便会自动消失，心灵也可以获得一份宁静。

用爱去宽恕，用真诚去回报

在《圣经》中有一则约瑟接纳他的哥哥的故事。

约瑟是雅各的第十一子，遭兄长嫉妒，在年少时他被卖往埃及为奴，后来做了宰相。

有一年因为饥荒，他的哥哥们到埃及来寻求食物，约瑟夫见到了兄长。

当约瑟发现自己的哥哥们时，在众多仆人面前终于控制不住自己，他吩咐仆人："所有的人都走吧！"

众仆人都离开了，这时约瑟对哥哥们说："我是约瑟，我的父亲还好吗？"

他的哥哥们无法回答，一个个都目瞪口呆了。

接着，约瑟又对哥哥们说："走近些。"

当他们走近，他说："我是你们的兄弟约瑟，你们曾经把我卖到埃及。"兄长们还是不敢相信。但是，当他们明白一切都是真的时，他们看着眼前的弟弟如此威风、如此荣耀，更是吓得说不出话来了。但是，这时他们听到约瑟说："现在，你们不要因为把我卖到这里而感到难过或谴责自己，那是上帝为了救你们的命把我早些送来这里的。老家发生饥荒已经两年了，接下来还有五年时间所有的土地将颗粒无收。上帝把我早些送来，是为了让你们继续存活，以特殊的方式搭救你们的性命，所以是上帝而不是你们把我送到这儿来的，他使我成为法老的父亲，所有财产的主人，整个埃及的统治者。"

对整个人类充满爱心而去真诚爱护每一个人，这是千百年来人类总结出来的处世智慧。

学会从硬币的另一面看待福祸的关系，今天的祸也许是明天的福。对待敌人能用爱心去宽恕，对待朋友能用真诚去回报，你方能成为最强大的人。因为最强大的人是那些能够化敌为友的人。

谅解和接受曾经伤害过你的人，才是最好的待人之道，这样就能得到希望的回报。

人生感悟

最强大的人是那些能够化敌为友的人。

不为仇恨而存在

不要将仇恨作为生存的意义，放弃仇恨，生命会更加有意义。

在美国东部的一个州，有一位年轻的警察叫杰布。在一次追捕行动中，杰布被歹徒用冲锋枪射中右眼和左腿膝盖。3个月后，从医院里出来时，他完全变了个样：一个曾经高大魁梧、双目炯炯有神的英俊小伙现已成了一个又跛又瞎的残疾人。

这时，有线电台记者采访了他，问他将如何面对现在遭受到的厄运。他说："我只知道歹徒现在还没有被抓获，我要亲手抓住他！"记者看到，他那只完好的左眼里透射出一种令人战栗的愤怒之光。

从那以后，杰布不顾任何人的劝阻，参与了抓捕那个歹徒的无数次行动。他几乎跑遍了整个美国，甚至有一次为了一个微不足道的线索独自一人乘飞机去了欧洲。

10年后，那个歹徒终于被抓获了。当然，杰布起了非常关键的作用。在庆功会上，他再次成了英雄，许多媒体称赞他是全美最坚强、最勇敢的人。

不久，杰布却在卧室里割脉自杀了。在他的遗书中，人们读到了他自杀的原因：

"这些年来，让我活下去的信念就是抓住凶手……现在，伤害我的凶手被判刑了，我的仇恨被化解了，生存的信念也随之消失了。面对自己的伤残，我从来没有这样绝望过……"

人生感悟

　　人总有存在的意义，如果我们只为一个仇恨的目的而生存，那么当这个目的实现后，生命也就失去了意义。

　　放弃仇恨吧，用宽容的心去对待遭遇的一切，你的生命才会更加有意义，生活才会更加丰富多彩。

一个小偷

在一个漆黑的夜晚，小偷劳拉悄悄地潜入了琼斯的家里。琼斯是一个家财万贯的女商人。此时，琼斯一家正在熟睡，劳拉凭借多年的开锁经验，顺利地打开了卧室门口的保险箱，盗走了一颗价值非凡的珍珠，临走时还顺走了琼斯的一颗钻石戒指。不巧的是，劳拉在离开琼斯家的时候，一脚踩空，一下从七八米的阳台上重重地摔在了水泥地上。

劳拉顿时疼得哇哇大叫起来，不明真相的邻居们听到劳拉的号叫，都从窗户探出头来一探究竟。

琼斯这时也听到了劳拉的叫声，她没有看热闹，而是飞奔下楼，简单查看了劳拉的伤势之后，马上拨打了求救热线。救护车很快赶到了楼下，将劳拉送到了最近的医院。

医生检查后发现劳拉的左臂骨折了，不过并没有生命危险，很快医生就给劳拉做了接骨手术。整个过程中，都是琼斯陪着劳拉。劳拉对琼斯十分感激，同时也非常羞愧，她将自己在琼斯家偷的东西还给了她。出院后便决定不再做偷东西的勾当，而是决定找一份稳定的工作。

这天，劳拉去应聘仓库管理员。在面试的时候，碰巧公司老板走进了面试的房间。

劳拉抬头一看，老板竟然就是之前曾经救过自己的琼斯！看到琼斯后劳拉心想这下可完了，这家公司肯定不会录用我的。但是，琼斯却聘用了劳拉，因为她相信一个懂得感恩和羞愧的人，一个愿意改过自新的人是值得人们给她一个机会的。其实，劳拉根本不知道，她在琼斯房间里偷盗的时候，琼斯已经醒了。

人生感悟

我们应该用宽容的心去对待别人，给他人以自我反省的机会，也给自己修炼身心的时间，化干戈为玉帛。如果心里充满了对别人的仇恨，不但使别人生活于痛苦之中，自己的心灵更无法得到解脱。

别把自己囚禁在仇恨里

一个人在他 20 多岁时被人陷害，在牢房里待了 10 年。

后来冤案告破，他终于走出了监狱。出狱后，他开始了几年如一日地反复控诉、咒骂："我真不幸，在最年轻有为的时候竟遭受冤屈，在监狱度过本应最美好的一段时光。那样的监狱简直不是人居住的地方，狭窄得连转身都困难。唯一的细小窗口里几乎看不到阳光，冬天寒冷难忍，夏天蚊虫叮咬……真不明白，上帝为什么不惩罚那个陷害我的家伙，即使将他千刀万剐，也难解我心头之恨啊！"

75 岁那年，在贫病交加中，他终于卧床不起。

弥留之际，牧师来到他的床边："可怜的人，去天堂之前，忏悔你在人世间的一切罪恶吧……"

牧师的话音刚落，病床上的他声嘶力竭地叫喊起来："我没有什么需要忏悔的，我需要的是诅咒，诅咒那些给予我不幸命运的人……"

牧师问："您因受冤屈在监狱待了多少年？离开监狱后又生活了多少年？"他恶狠狠地将数字告诉了牧师。

牧师长叹了一口气："可怜的人，您真是世上最不幸的人，对您的不幸，我真的感到万分同情和悲痛！他人囚禁了你区区 10 年，而当你走出监牢本应获取永久自由的时候，您却用心底里的仇恨、抱怨、诅咒囚禁了自己整整 50 年！"

人生感悟

把仇恨一直埋在心里，既浪费感情和精力，也让自己颓废和空虚。人生短暂，要做的事情很多，包容一下一切都会过去。不知道原谅别人而让自己痛苦，才是最大的不幸。

原谅比辱骂更有用

原谅比辱骂更能让一个人醒悟与进步。

包布·胡佛是一位著名的试飞员，并且常常在航空展览中做飞行表演。一天，他在圣地亚哥航空展览中表演完毕后飞回洛杉矶。正如《飞行》杂志所描写的，在空中 300 米的高度，两个引擎突然熄火。由于技术熟练，他操纵飞机成功着陆，但是飞机严重损坏，所幸的是没有人受伤。

在迫降之后，胡佛的第一个行动是检查飞机的燃料。正如他所预料的，他所驾驶的第二次世界大战时的螺旋桨飞机，居然装的是喷气式飞机燃料而不是汽油。

回到机场以后，他要求见见为他保养飞机的机械师。那位年轻的机械师为所犯的错误极为难过。当胡佛走向他的时候，他正泪流满面。他造成了一架非常昂贵的飞机的损坏，差一点使 3 个人失去了生命。

可以想象胡佛必然大为震怒，并且预料这位极有荣誉心、事事要求精确的飞行员必然会痛斥机械师的疏忽。但是，胡佛并没有责骂那位机械师，甚至没有批评他。相反，他用手臂抱住那个机械师的肩膀，对他说："为了表示我相信你不会再犯错误，我要你明天再为我保养飞机。"

人生感悟

辱骂除了让我们的情绪变坏外别无所获，有时甚至会越骂越糟，导致双方关系的破裂或留下伤痕。因此，无论怎样比较你都会发现原谅是一个有益的选择。

宽容别人是在升华自己

当佛陀在世时，有位阿阇世王，为了夺取王位，害死了自己的父王频婆娑罗王，自立为王。但是，没过多久，他知道弑父的罪孽后，开始心生悔恼，由此而全身发热生疮，臭秽不可闻，经治疗后，病情不但没有减轻，反而越发严重。虽经别人劝请，往佛陀处求取忏悔解救，但仍自惭形秽不愿去。

频婆娑罗王虽被儿子杀害，但他生前信佛虔诚，深知身心的虚幻无常，故不只没有任何的怨恨，而且在知道儿子的情况后，反而显灵劝告儿子，告诉他，自己是佛陀的弟子，愿以佛陀的慈悲来原谅他，而且佛陀就快入灭了，如果不赶快去，就再也见不到佛陀了，因为除了佛陀能救他，使他不坠入地狱外，再也没有任何人可以解救他了。受到父王的宽宥和催促，阿阇世王因此前往求见佛陀，而得以获救。

频婆娑罗王的宽容，真是令人感动，他展现了宽容的真义，如此难能可贵的宽容，他不只原谅了儿子，也更升华了自己！

人生感悟

宽容，不止是一种思想，更是一种可以实践的本质，学会宽容别人，就是在升华自己。给别人一个改过的机会，就是给自己一个更广阔的空间！

你可以改变心情

多年以前，有一个女孩被强暴了，非常痛苦。她就到庙里去烧香求签，看到她一脸悲伤，一位老和尚问她发生了什么事。

这个女孩哭了，她泣不成声地说："我好惨啊，我多么的不幸啊，我这一辈子都忘不了这件事情了……"

听罢她的陈述，老和尚对她说："这位小姐，你被强暴是你自愿的。"

这个女孩被老和尚的这句话吓了一跳，说："你说什么，我怎么可能自愿被强暴？"

老和尚对她说："你被他强暴一次，但在你的心里天天心甘情愿地被他强暴一次，那你一年下来，就被他强暴 365 次。"

"这是什么意思呢？"女孩不解地问。

"在你身边发生了一件不好的事情，你好像看了一场不好的电影一样，天天在回想，这不是很笨的事情吗？这与重蹈覆辙有什么区别呢？你改变不了环境，但你可以改变自己；你改变不了事实，但你可以改变态度；你改变不了过去，但你可以改变现在；你不能控制他人，但你可以掌握自己；你不能预知明天，但你可以把握今天；你不可以样样顺利，但你可以事事尽心；你不能延伸生命的长度，但你可以决定生命的宽度；你不能左右天气，但你可以改变

但你今天做的汤可以打 100 分。

老公，升职考试我又没及格。

心情……"

人生感悟

不管生活中有哪些不幸和挫折，我们都应以欢悦的态度微笑着面对。

人生在世，谁都难免会遭受一些意外的打击，当事情已经发生，并且无法挽回时，最好的办法是学会遗忘，改变心情，不要沉浸在没完没了的痛苦中。

有些痛苦是外力强加的，但更多的痛苦是自己选择的，比如，强迫自己去反复回忆痛苦的往事，这就是给自己强加的另一种痛苦。

人生的光阴只有短短几十年，但我们常常浪费很多时间，为一些一年内就能被遗忘的事情发愁，这是多么可怕的损失！

除了不能改变过去，你可以改变的事情很多，包括你的现在和未来。所以，应该换一个角度、换一种思维、换一份心情去生活。

别让仇恨的种子"遗传"

一位画家在集市上卖画，不远处，前呼后拥地走来一位大臣的孩子，这位大臣在年轻时曾经把画家的父亲欺诈得心碎地死去。这孩子在画家的作品前流连忘返，并且选中了一幅，画家却匆匆地用一块布把它遮盖住，并声称这幅画不卖。

从此以后，这孩子因为心病而变得憔悴，最后，他父亲出面了，表示愿意以高价买下画家的画。可是，画家宁愿把这幅画挂在自己画室的墙上，也不愿意出售。他阴沉着脸坐在画前，自言自语地说："这就是我的报复。"

每天早晨，画家都要画一幅他信奉的神像，这是他表示信仰的唯一方式。

可是现在，他觉得这些神像与他以前画的神像日渐相异。

这使他苦恼不已，他不停地找原因。然而有一天，他惊恐地丢下手中的画，跳了起来，他刚画好的神像的眼睛，竟然是那大臣的眼睛，而嘴唇也是那么的酷似。

他把画撕碎，并且高喊："我的报复已经回报到我的头上来了！"

人生感悟

人活在世上，不能不在乎某些东西。如果对于伤害过我们的人，变本加厉地伤害他们，报复他们，周而复始，我们终会被仇恨吞噬，成了报复的囚徒。苍白了信仰，空虚了精神，丢掉了理想，可惜了美德，得到的只是伤害。痛苦之中，问一问自己："我凭什么就不可以被伤害？"而后，宽容地活着。

世界上最宽阔的是人的胸怀

皇帝骑马旅行到某地私访。一天，他来到一个乡镇，为进一步了解民情，他决定徒步旅行。当他穿着没有任何军衔标志的平纹布衣走到一个三岔路口时，记不清返回所住客栈的路了。

皇帝无意中看见有个军人站在一家旅馆门口，于是他走上去问道："朋友，你能告诉我去客栈的路吗？"

那军人叼着一只大烟斗，头一扭，高傲地把这位身着平纹布衣的旅行者上下打量一番，傲慢地答道："朝右走！"

皇帝又问道："请问离客栈还有多远？"

"1千米。"那军人生硬地说，并瞥了陌生人一眼。

皇帝道别后离开了，刚走出几步又停住了，回来微笑着说："请原谅，我可以再问你一个问题吗？如果你允许我问的话，请问你的军衔是什么？"

军人猛吸了一口烟说："猜猜看。"

皇帝风趣地说："中尉？"

那烟鬼的嘴唇动了动，意思是说不止中尉。

"上尉？"

烟鬼摆出一副很了不起的样子说："还要高些。"

"那么，你是少校？"

"是的！"他高傲地回答。

于是，皇帝敬佩地向他敬了礼。

少校转过身来摆出对下级说话的高贵神气，问道："假如你不介意，请问你是什么官？"

皇帝乐呵呵地回答："你猜？"

"中尉？"

皇帝摇头说："不是。"

"上尉？"

"也不是！"

少校走近仔细看了看说："那么你也是少校？"

皇帝静静地说："继续猜！"

少校取下烟斗，那副高贵的神气一下子消失了。他用十分尊敬的语气低声说："那么，你是部长或将军？"

"快猜着了。"大帝说。

"殿……殿下是陆军元帅吗？"少校结结巴巴地说。

皇帝说："我的少校，再猜一次吧！"

"皇帝陛下！"少校的烟斗从手中一下掉到了地上，猛地跪在皇帝面前，忙不迭地喊道，"陛下，饶恕我！陛下，饶恕我！"

"饶恕你什么？朋友。"皇帝笑着说，"你没伤害我，我向你问路，你告诉了我，我还应该谢谢你呢！"

人生感悟

"宽以待人"既是一种待人接物的态度，而且还是一种高尚的道德品质，它能够化解人和人之间的许多矛盾，增强人和人之间的友好情感。同时，一个人如果能够具有"宽以待人"的优良品德，就一定可以在同他人的相处中，严格要求自己，宽恕地善待他人，不断提高自己的思想境界，使自己成为一个道德高尚的人。

心量如天空

有位道行很深的禅师叫白隐，无论别人怎样评价他，他都会淡淡地说："就是这样的吗？"在白隐禅师所住的寺庙旁，有一对夫妇开了一家食品店，家里有一个漂亮的女儿。无意间，夫妇俩发现女儿的肚子无缘无故地大了起来。这种见不得人的事，使得她的父母震怒异常！在父母的一再逼问下，她终于吞吞吐吐地说出"白隐"二字。

她的父母怒不可遏地去找白隐理论，但这位大师不置可否，只若无其事地答道："就是这样的吗？"孩子生下来后，就被送给白隐抚养。此时，他已名誉扫地，但他并不以为然，只是非常细心地照顾孩子——他向邻居乞求婴儿所需的奶水和其他用品，虽不免横遭白眼，或是冷嘲热讽，但他总是处之泰然，仿佛他是受托抚养别人的孩子一样。

事隔1年后，这位未婚妈妈终于不忍心再欺瞒下去了。她老老实实地向父母吐露真情：孩子的生父是住在同村的一位青年。

她的父母立即将她带到白隐那里，向他道歉，请他原谅，并将孩子带回。

白隐仍然是淡然如水，他只是在交回孩子的时候，轻声说道："就是这样的吗？"仿佛不曾发生过什么事，即使有，也只像微风吹过耳畔，霎时即逝！

人生感悟

佛经云："心包太虚，量周沙界。"你能把虚空宇宙都包容在心中，那么你的心量自然就能如同天空一样广大。无论荣辱悲喜、成败冷暖，只要心量放大，自然能做到风雨无惊。

来自对手的钦佩

林肯参选总统时，他的竞争对手为着某些原因而憎恨他，对手想尽办法在公众面前侮辱他，毫不保留地攻击他的外表，故意制造事端来为难他。当林肯当选美国总统时，需选任几个人组成内阁与他一同策划国家大事。其中包括一位最重要的参谋总长，他不选别人，却选了那个竞争对手。

当消息传出时，有很多人不理解林肯的做法。有人对林肯说："恐怕您选错人了吧！您不知道他从前如何诽谤你吗？他一定会扯您的后腿，您要三思而后行啊！"

林肯不为所动，他回答说："我也知道他从前对我的批评，但为了国家的前途，我认为他最适合这份职务。"果然，这个对手为国家以及林肯做了不少的事。

过了几年，当林肯被暗杀后，许多颂赞的话语都在形容这位伟人。然而，所有赞颂的话语中，要算这个曾经的对手的话最有分量了。他说："林肯是世人中最值得敬佩的人，他的名字将流芳百世。"

人生感悟

宽容是人生的甘泉，滋润所有人的心灵；仇恨却是毒液，只会腐蚀灵魂。宽容不但可以使对方的心灵得到救赎与解放，而且可以为自己赢得美誉。高尚的宽容之心使林肯赢得了对手的敬佩，他的风度和胸襟令世人折服。

原谅是一种无声的教育

有个十几岁的男孩从家里偷了一笔钱离家出走了，父母找了几个月都没找到他。

在外面混了半年后，这个孩子把钱全花光了，他又冷又饿，这才想起家的好处。

犹豫了好久，他才给家里写信，信是这样写的：

亲爱的爸爸妈妈：

我知道我错了，只有出门在外，才能想起家的温暖，这些日子，我无时无刻不在想念你们。由于对你们怀着深深的内疚，我无颜见人，我准备在某一个黑暗的夜晚回家。假如你们还肯原谅我，那么就请在家门口为我挂起一盏灯笼吧！

你们的儿子

信发出后，这个男孩就踏上了回家的旅程。

经过长途跋涉，他终于走到了村外的一道山梁后面，他躲在那里吃了些干粮，等到夜色降临，他才悄悄爬上那道山梁。当他登上山梁，含着眼泪往村里看的时候，不由惊得目瞪口呆，整个村庄都亮成了一片，所有人家的门口都挂着一个灯笼！

人生感悟

原谅是一种无声的教育。人的一生，特别是在青少年时期，难免会犯错误、走弯路，如果得不到原谅，必将在错误的路上越滑越远，以致最后自暴自弃，无可救药。而原谅能让我们悔过自新，迷途知返。

人品因宽容而更完美

托尔斯泰虽然很有名，又出身贵族，却喜欢和平民百姓在一起，与他们交朋友，从不摆大作家的架子。

一次，他长途旅行，路过一个小火车站。他想到车站上走走，便来到月台上。

这时，一列客车正要开动，汽笛已经拉响了。托尔斯泰正在月台上慢慢走着，忽然，一位女士从列车车窗里冲他直喊："老头儿！老头儿！快替我到候车室把我的手提包取来，我忘记提过来了。"

原来，这位女士见托尔斯泰衣着简朴，还沾了不少尘土，把他当作车站的搬运工了。

托尔斯泰赶忙跑进候车室拿来提包，递给了这位女士。

女士感激地说："谢谢啦！"随手递给托尔斯泰1枚硬币，"这是赏给你的。"

托尔斯泰接过硬币，瞧了瞧，装进了口袋。

正巧，女士身边有个旅客认出了这位风尘仆仆的"搬运工"，就大声对女士叫道："太太，您知道这位先生是谁吗？他就是列夫·托尔斯泰呀！"

"啊！老天爷呀！"女士惊呼起来，"我这是在干什么事呀！"她对托尔斯泰急切地解释说："托尔斯泰先生！托尔斯泰先生！看在上帝的面儿上，请别计较！请把硬币还给我吧，我怎么会给您小费，多不好意思！我这是干的什么事啊。"

"太太，您干吗这么激动？"托尔斯泰平静地说，"您又没做什么坏事！这个硬币是我挣来的，我得收下。"

汽笛再次长鸣，列车缓缓开动，带走了那位惶恐不安的女士。

托尔斯泰微笑着，目送列车远去，又继续他的旅行了。

人生感悟

> 宽容就是潇洒。"处处绿杨堪系马，家家有路到长安。"宽厚待人，容纳非议，乃生活幸福美满之道。事事斤斤计较、患得患失，活得也累。难得在人世走一遭，潇洒最为重要。

宽容铺建了一条五彩路

一个小学校长在他的校园里巡视，当他走到教学楼后面一条正在铺筑水泥的小路时，他发现还没有完全凝固的水泥面上有两只玻璃球。他绕过去，尽量靠近那两只玻璃球。他想，一定是孩子们在课间玩耍时一不留神儿把玻璃球弹到了这里，如果现在不赶快把它们抠出来，等水泥完全凝固了，那玻璃球就成了永远的镶嵌物。他弯下腰，准备伸手去抠玻璃球。突然，有两个男孩吃吃地笑着，手拉手从他身边飞快跑过，跑出几十米后，又警觉地回头，似乎是担心会遭到校长的批评。校长愣了一下，猛地意识到了什么，他摆摆手，示意那两个男孩过来。

男孩吐着舌头不情愿地走过来，手紧紧捂着口袋。校长微笑着对他们说："你们能不能借给我一样东西？"两人齐声问："什么东西？"校长说："你们口袋里的东西——玻璃球。"两个男孩惊讶万分，低着头，不敢迎视校长的目光。口袋里一阵脆响之后，他们把10多只玻璃球交到了校长手里。

校长俯下身子，像个淘气的孩子，把玻璃球一只一只按到了水泥路面上。两个男孩连忙向校长认错，承认原先那两只玻璃球是他俩按进去的，并表决心说："我俩再也不敢了。"校长听了爽声大笑起来。他说："为什么要认错呢？我表扬你们两个还怕来不及呢！你们看，水泥路面原本多么灰暗、多么单调，但是，镶上了几个玻璃球后就显得那么精神、那么漂亮！快去，告诉你们的同学，让大家把玩过的玻璃球、小贝壳、彩石子全都拿来，砌出你们自己喜欢的图案——心形、圆形、三角形，什么图形都可以，咱们要把这条路铺成一条五彩路！"

多少年过去，当年的孩子又有了孩子。当他们满怀信任地将自己的孩子再度送进自己的母校时，总忘不了牵着孩子的手，带他们来走这条五彩路。

人生感悟

> 那些美丽自由的图案深藏着少年花样的梦想，被一条缎带般的甬路阐释得具体而透辟。不再年少的心澎湃着，激荡着，在分享不尽的一份包容与睿智面前，再一次感受了生活的美好，再一次汲取了奋进的力量。

原谅自己仇人的人最高尚

从前有一个富翁，他有3个儿子，在他年事已高的时候，富翁决定把自己的财产全部留给3个儿子中的一个。可是，到底要把财产留给哪一个儿子呢？富翁于是想出了一个办法：他要3个儿子都花1年时间去游历世界，回来之后看谁做了最高尚的事情，谁就是财产的继承者。

1年时间很快就过去了，3个儿子陆续回到家中，富翁要3个人都讲一讲自己的经历。

大儿子得意地说："我在游历世界的时候，遇到了一个陌生人，他十分信任我，把一袋金币交给我保管，可是那个人却意外去世了，我就把那袋金币原封不动地交还给了他的家人。"

二儿子自信地说："当我旅行到一个贫穷落后的村落时，看到一个可怜的小乞丐不幸掉到湖里了，我立即跳下马，从河里把他救了起来，并留给他一笔钱。"

三儿子犹豫地说："我没有遇到两个哥哥碰到的那种事，在我旅行的时候遇到了一个人，他很想得到我的钱袋，一路上千方百计地害我，我差点死在他手上。可是有一天我经过悬崖边，看到那个人正在悬崖边的一棵树下睡觉，当时我只要抬一抬脚就可以轻松地把他踢到悬崖下，我想了想，觉得不能这么做，正打算走，又担心他一翻身掉下悬崖，就叫醒了他，然后继续赶路了。这实在算不了什么有意义的经历。"

富翁听完 3 个儿子的话，点了点头说道："诚实、见义勇为都是一个人应有的品质，称不上是高尚。有机会报仇却放弃，反而帮助自己的仇人脱离危险的宽容之心才是最高尚的。我的全部财产都是老三的了。"

人生感悟

宽容对一个人来说，永远是一种高尚的品质。事实上，每个人都有不尽如人意的地方，问题在于我们怎样去帮助后进的人，使他进步，切莫让他随波逐流，这才是真正的宽容所在。

逆来顺受被人欺，要懂得捍卫自己的利益

一天，史密斯把孩子的家庭教师尤丽娅·瓦西里耶夫娜请到他的办公室来，需要结算一下工钱。

史密斯对她说："请坐，尤丽娅·瓦西里耶夫娜！让我们算算工钱吧。你也许要用钱，你太拘泥于礼节，自己是不肯开口的。唉，我们和你讲妥，每月 30 卢布。"

"40 卢布。"

"不，30，我这里有记载，我一向按 30 付教师的工资的。唉，你待了两月。"

"两月零 5 天。"

"整两月，我这里是这样记的。这就是说，应付你 60 卢布。扣除 9 个星期日，实际上星期日你是不和柯里雅搞学习的，只不过游玩。还有 3 个节日……"

尤丽娅·瓦西里耶夫娜骤然涨红了脸，牵动着衣襟，但一语不发。"3 个节

日一并扣除，应扣 12 卢布。柯里雅有病 4 天没学习，你只和瓦里雅一人学习。你牙痛 3 天，我内人准你午饭后歇假。12 加 7 得 19，扣除……还剩……嗯……41 卢布。对吧？"

尤里娅·瓦西里耶夫娜两眼发红，并且满眶湿润，下巴在颤抖。她神经质地咳嗽起来，擤了擤鼻涕，但一语不发！

"新年底，你打碎一个带底碟的配套茶杯，扣除 2 卢布，按理茶杯的价钱还高，它是传家之宝，我们的财产到处丢失！而后，由于你的疏忽，柯里雅爬树撕破礼服，扣除 10 卢布。女仆盗走瓦里雅皮鞋一双，也是由于你玩忽职守，你应负一切责任，你是拿工资的嘛，所以，也就是说，再扣除 5 卢布。1 月 9 日你从我这里支取了 9 卢布……"

"我没支过！"尤里娅·瓦西里耶夫娜嗫嚅着。

"可我这里有记载！"

"哎，那就算这样，也行。"

"41 减 26 净得 15。"

尤里娅两眼充满泪水，长而修美的小鼻子渗着汗珠，多么令人怜悯的小姑娘啊！

她用颤抖的声音说道："有一次我只从您夫人那里支取了 3 卢布……再没支过……"

"是吗？这么说，我这里漏记了！从 15 卢布再扣除。呐，这是你的钱，最可爱的姑娘，3 卢布……3 卢布……又 3 卢布……1 卢布再加 1 卢布……请收下吧！"

史密斯把 12 卢布递给了她，她接过去，喃喃地说："谢谢。"

史密斯一跃而起，开始在屋内踱来踱去。

"为什么说'谢谢'？"史密斯问。

"为了给钱。"

"可是我洗劫了你，鬼晓得，这是抢劫！实际上我偷了你的钱！为什么还说'谢谢'？"

"在别处，根本一文不给。"

"不给？怪啦！我和你开玩笑，对你的教训是太残酷。我要把你应得的 80 卢布如数付给你！呐，事先已给你装好在信封里了！你为什么不抗议？为什么沉默不语？难道生在这个世界口笨嘴拙行吗？难道可以这样软弱吗？"

史密斯请她对自己刚才所开的玩笑给予宽恕，接着把使她大为惊疑的 80 卢布递给了她。

她羞羞地过了一下数，就走出去了。

人生感悟

勇气减轻了命运的打击。

没有你的同意，任何人都不能羞辱你

有一位青年画家，在成名前，住在一间狭隘的小房子里，靠画人像维持生计。一天，一个富人经过，看他的画工细致，很喜欢，便请他帮忙画一幅人像。双方约好酬劳是 1 万元。

一个星期后，人像完成了，富人依约前来拿画。这时富人心里起了歹念，欺他年轻又未成名，不肯按照原先的约定付给酬金。富人心中想着："画中的人像是我，这幅画如果我不买，那么绝没有人会买。我又何必花那么多钱来买呢？"

于是富人赖账，他说只愿花 3000 元买这幅画。青年画家呆住了，他从来没碰过这种事，心里有点慌，费了许多唇舌，向富人据理力争，希望富人能遵守约定，做个有信用的人。"我只能花 3000 元买这幅画，你别再说了。3000 元，卖不卖？"

青年画家知道富人故意赖账，心中愤愤不平，他以坚定的语气说："不卖。我宁可不卖这幅画，也不愿受你的屈辱。今天你失信毁约，将来一定要你付出 20 倍的代价。"

"笑话，20 倍，是 20 万耶！我才不会笨得花 20 万买这幅画。"

"那么，我们等着瞧好了。"青年画家对悻悻然离去的富人说。

经过这件事的刺激后，画家搬离了这个伤心地，重新拜师学艺，日夜苦练。功夫不负苦心人，十几年后，他终于闯出了一片天地，成为当地艺术界一位知名的人物。那个富人呢？自从离开画室后，第二天就把画家的画和话淡忘了。

直到有一天，富人的好几位朋友不约而同地来告诉他："朋友！有一件事好奇怪喔！这些天我们去参观一位成名艺术家的画展，其中有一幅画不二价，画中的人物跟你长得一模一样，标示价格 20 万。好笑的是，这幅画的标题竟然是——《贼》。"

好像被人当头打了一棍，富人想起了 10 多年前与画家的事。他立刻连夜赶去找青年画家，向他道歉，并且花了 20 万买回那幅人像画。青年凭着一股不服输的志气，让富人低了头。

人生感悟

　　这个世界没有人可以真正羞辱自己，我们每个人都要告别校园，在社会上行走，为了更好地活着，我们必须读懂人性。

遭遇"不公"时，要从自己身上找原因

　　生活中经常出现我们意料不到的事，往往是当时我们并不介意，过了好久才会咂出一些绵远悠长的味儿来，并让我们打个激灵。

　　1994 年，林少平在一家公司打工，老板是位广东人，对下属非常严厉，从不给一个笑脸，但他是个说一不二的人，该给你多少工资、奖金，不会少你一个子儿，所以，员工都拼命工作。

　　公司有个规定，不准相互打听谁得多少奖金，否则"请你走好"。虽然很不习惯，他们还是一直遵守着、努力克制着从小就养成的好奇心和窥私癖。有一个月，他们都发现自己的奖金少了一大截，开始不敢说，但情绪总会流露出来，渐渐地大家都心照不宣了。那天中午，吃工作餐时，大家见老板不在公司，就有人摔盆碰碗地发脾气，很快得到众人响应，一时怨声盈室。

　　有一位来公司不久的中年妇女，一直安安静静地吃饭，与热热闹闹的抱怨太不相称，引起了大家的注意。

　　他们问她："难道你没有发现你的奖金被老板无端扣掉一截？她有些吃惊地回答："没有啊！"大家比她更吃惊了，整个饭厅一下子安静下来，每个人都一脸疑惑，每个人都在心里揣摩，人人都被扣了，为何她得以逃脱？莫非她与老板有那种瓜葛？她这把年纪，至少有三十几了吧，且瘦得一把骨头一张皮的，哪个男人会对这种肉干一样的女人感兴趣？那么是什么原因使她独享优惠政策？后来才知道她是被扣得最多的一个。不久她被提升了，大家又嫉妒又羡慕，她的工资会高出一大截来，还有奖金。

　　很久以后，她向林少平描述当时自己的心情，她的确没有装蒜，她是这样想的：这个月自己一定做得不好，所以只配拿这份较少的奖金，下个月一定努力。为何别的人没有这样的想法呢？她是这样分析的，那时她工作了近 20 年的工厂亏损得已很厉害，常常发不出工资，开工不足，工人们都在等待 (那时还没有下岗的说法），她等不下去了，因为家庭负担太重，上有生病的老人，下有读书的孩子，还有因车祸落下残疾的丈夫，于是她就出来打工了，收入比起她以前的工资要高出百十元钱，这让她喜出望外，非常珍惜这份工作，甚至有一种感激的心情。

后来，林少平离开了那家公司，跳了几次槽，一直都没有跳到一个满意的地方。在 2006 年 10 月，在一次商务茶会上林少平又碰到她。她认出了林少平，而林少平已认不出她来，不仅是因为她胖了些、白了些，那身合体的米雪儿职业装和与脸型非常相称的发型，把她烘托得雅致且老道，那神态有一种阅尽人世变迁的沉稳与成熟，让人一见就会产生与她打交道做生意是可靠的有保障的感觉，此时，她已做到了经理助理的位置，公司的二老板，是标准的白领丽人，谁能想到 4 年前，她不过是个战战兢兢的下岗女工，且人到中年。看她很熟练且极有分寸地与人周旋，小林内心的感慨是无法用语言来描述的。

林少平一下子就明白了许多道理，他想他是得重新审视一下自己了。

由于我们年轻，拥有很多优势，所以我们总是觉得应该得到更多更好的东西，对生活，我们从不习惯放低姿态，面对眼前五光十色、流金淌银的社会，我们认为索取是最重要的，于是，我们越是不满足，越是得不到想要得到的林林总总。

其实，海纳百川，成汪洋之势，是因为它位置最低。

人生感悟

抱怨不如行动，对于刚参加工作不久的年轻人尤其要懂得努力与感恩。不要想公司为你带来了什么，多问一下自己为公司奉献了什么。

夸夸其谈地标榜自己，只会适得其反

肖恩是一个刚刚毕业的大学生，不但相貌英俊，而且热情开朗。他决定找一份与人交往的工作，以发挥自己的长处。很快，他得到一个好机会——一家五星级宾馆正在招聘前台工作人员。

肖恩决定去试试。于是第二天清早就去了那家宾馆。主持面试的经理接待了他。看得出来，经理对肖恩俊朗的外表和富有感染力的热情相当满意。他拿定主意，只要肖恩符合这项工作的几个关键指标的要求，他就留下这个小伙子。

他让肖恩坐在自己对面，并且开门见山地说："我们宾馆经常接待外宾，所有前台人员必须会说4国语言，这一指标你能达到吗？"

"我大学学的是外语，精通法语、德语、日语和阿拉伯语。我的外语成绩是相当优秀的，有时我提出的问题，教授们都支支吾吾答不上来。"肖恩回答说。事实上，肖恩的外语成绩并不突出，他是为了获取经理的信赖，自己标榜自己。但显然，他低估了经理的智商。事实上，在肖恩提交自己的求职简历时，公司已经收集了有关的详细信息，其中包括肖恩的大学成绩单。

听了肖恩的回答，经理笑了一下，但显然不是赏识的笑容。接着他又问道："做一名合格的前台人员，需要多方面的知识和能力，你……"

经理的话还没说完，肖恩就抢先说："我想我是不成问题的。我的接受能力和反应能力在我所认识的人中是最快的，做前台绝对会是很出色的。"

听完他的回答，经理站了起来，并且严肃地对他说："对于你今天的表现，我感到很遗憾，因为你没能实事求是地说明自己的能力。你的外语成绩并不优秀，平均成绩只有70分，而且法语还连续两个学期不及格；你的反应能力也很平庸，几次班上的活动你都险些出丑。年轻人，在你想要夸夸其谈时，最好给自己一个警告。因为每夸夸其谈一次，诚实和谦逊都要被减去十分。"

人生感悟

比尔·盖茨曾说："如果我们有了一点成功便觉得了不起，这是不可取的行为。然而如果我们为自己的成功自鸣得意时，有一个人来教训我们一番，那么，我们就可以称之幸运了。"

与其抱怨周围环境，不如及早适应世界

有一个人在社会上总是很落魄，不得志，有人就向他推荐智者。

他找到智者，诉说了自己的困窘和苦恼。智者沉思良久后，默然舀起一瓢水，问他："这水是什么形状？"

那个人摇摇头："水哪有什么形状呀？"

智者不答，只是把水又倒入杯子。那个人若有所悟："我知道了，水的形状像杯子！"

智者无语，再把杯中水倒入旁边的花瓶。那个人恍然大悟："我明白了，您是想通过水告诉我，社会处处像一个规则的容器，人应该像水一样，盛进什么容

器就像什么形状。您的意思是要我必须适应社会啊！"

智者点头默认，轻轻提起花瓶，把水又倒入一个盛满沙土的花盆。刚才晶莹清亮的水，一下子便渗入沙土，不见了。智者低身抓起一把沙土，叹道："看，水就这么消逝了！"

那个人陷入了沉默的思索，对智者的话咀嚼良久，然后高兴地说："人生就像这水一样，如果掺入的杂质像沙土一样多，超过了自身的承受力，就会迅速地消逝，失去自我。"

"是这样。"智者捋须，转而又说，"但又不完全是这样！"说完，他走出门去，那个人紧随其后。

在屋檐下，智者俯身用手在青石台阶上摸了一会儿，然后停住了。那个人也把手指伸向智者的手指所触之地，他感到有一个凹处。他有些不解，不知道这个本来平滑的石阶上的小窝中藏有什么玄机。

智者点拨道："每到雨天，雨水就会不停地从屋檐落下来，这个凹处就是水滴下来的结果。"

那个人终于醒悟："人生在世，经常会被装入各种各样的容器，所以人应当像水一样学会适应，但是，如果容器中杂质的含量过多，超过了水的承载能力，水就会消失，所以人不能一味只知适应社会，失去自我。做人，要像这小小水滴一样，通过不懈的努力来改变这坚硬的青石板，直到冲破容器的限制和束缚！"

人生感悟

老子在《道德经》中提到"上善若水"，我们都应当像水一样具有极强的可塑性。改变世界很难，改变自己却很容易。

想要赢得他人敬重，就要学会与人合作

安德森是个非常优秀的青年，头脑一向很聪明，在大学期间是令人羡慕的学习尖子。或许正是因为他太优秀了，所以其他人在他眼里简直不值一提。

他是一个特立独行的人，时时感到自己是"鹤立鸡群"。不仅周围的同学他看不上眼，而且连一些教授他也不放在眼中，因为他们讲的课程对安德森来说实在太简单了。

学业上的优秀使安德森逐渐形成了一种心理优越感，因而在人际交往上常常

变得极为挑剔，容不得别人犯一点毛病。一次，有位同学向他借了一本书，书还回来时弄破了一点，虽然那位同学一再向他表示道歉，但安德森仍然无法原谅他。碍于面子，他当时什么话也没说，然而从那以后他再也不愿理睬那个借书的同学了。

渐渐地，安德森成了其他同学眼中的"怪人"，大家不敢再和他交往，甚至不愿意和他交往。当然，这种"集体排斥"并没有阻碍安德森在学业上的成功。

安德森的功课门门都很优秀，年年都获得了奖学金，还曾代表学校参加过国际性竞赛，并获得了奖项。许多老师和学生都一致认为，他是一个难得的天才。

数年寒窗苦读后，安德森以优异的成绩毕业，顺利进入一家待遇优厚的大公司。他心中对未来充满了憧憬，准备干出一番轰轰烈烈的事业来。

不过，上班后的生活远远不像在学校里那样简单，每天都少不了和上司、同事、客户等各种各样的人打交道。安德森对此感到十分厌烦。原因在于，他在与人交往时仍然抱着那种挑剔的心理，一旦与人接触就对他人的弱点非常敏感。

毕竟，安德森太优秀了，很少有人能够和他相提并论。他对别人的挑剔越来越严重，逐渐发展成对他人的厌恶。他讨厌那些平庸的同事、低能的上司，有时甚至说不清对方有什么具体的缺陷，但他就是感觉不对劲。

长此以往，安德森与周围的人关系搞得很紧张，彼此都感到很别扭。他经常与同事闹得不可开交，也往往因一些微不足道的小事而与上司发生口角。

终于有一天，安德森彻底变成了一个无人理睬的闲人了。尽管他确实很有才干，但上司却不再派给他任何任务，同事们也像躲避瘟疫一样远离他。在走投无路之际，他被迫写了一份辞职书，结果马上得到批准。

随后，安德森又到别处应聘，可是一连换了四五家单位，竟然没有一处令他感到满意。这位原本前途远大的青年，心情变得越来越苦闷，日益形单影只。在巨大的痛苦煎熬下，他的精神逐渐崩溃，最后被送入了一家精神病医院。

人生感悟

在现代社会，一个不会与人合作共赢的人，其本身就算实力再强，也难免会惨遭失败。

第十八章

学会爱，超越爱

许多时候，含蓄的天性，让我们总是不敢说爱，不好意思示爱，却往往错过了爱可以发挥的力量；等到失去了，错过了机会，一切都难再从头开始，难过、失落与伤怀，都很难被抚平。

美国作家海伍德说："爱不贵亲爱，而贵长久。"一同走过人生风雨的爱情，才能迎来幸福的阳光和彩虹。

懂得了爱的意义，你的人生将愈加厚重、深沉，幸福也会更长久。

爱的力量是伟大的，因为爱可以创造奇迹

有一少妇在回家的路上，马上要到家时，习惯性地看一下4楼自家的阳台，可爱的儿子正在阳台上期待着妈妈回来。

当看到妈妈时，儿子开始招手，这时少妇也有意识地招手，突然少妇意识到这样可能会有危险，但已经晚了。儿子由于要迎接妈妈，身体前倾，突然失去平衡，从阳台上掉了下来。

这时房间里的人惊呆了，纷纷跑到阳台上呼叫。

再看这位妈妈，当发现儿子掉下来，就奋不顾身地去救儿子，奇迹发生了，儿子被妈妈接住了，并且安然无恙。

人们都觉得很奇怪，一个少妇怎么跑得那样快，并能接住自己的儿子？因为按当时少妇跑的速度，应该已打破了百米世界记录。

后来人们找百米世界冠军做了一个试验：同样的距离，从阳台上掉下同样重量的物体，看能否接得住。结果是，无论如何也接不住。让这位少妇再来一次，结果也是再也没有看到打破百米世界记录的速度。

最后人们总结为：爱的力量是伟大的。

人生感悟

我们每个人都有超越平凡的潜能，这种潜能就隐藏在我们体内。当危急时刻出现时，这种潜能最容易被激发出来。除此之外，爱的力量是伟大的，因为爱也可以激发潜能，更能创造奇迹。

无论在什么时候，爱总是永恒不败的

玛莎10岁了，两个月前父亲不幸身亡，玛莎只有和多病的母亲相依为命。

明天就是圣诞节了，母亲给了玛莎仅有的5美元，让她上街给自己买一件自己喜欢的圣诞礼物。玛莎拿着钱找到了妈妈的主治医生奥克多医生。玛莎把5美元递给奥克多医生，并小声请求道："奥克多医生，您能帮我母亲做一次腰椎按

摩吗？"

奥克多医生摇了摇头，无奈地说道："玛莎，5 美元不够的——最少也得 50 美元……"玛莎失望地走出了诊所。

玛莎走在大街上，发现大街上的一个角落里围了很多人，她挤进去一看，是一个街头的轮盘赌局。轮盘上依次刻着 26 个阿拉伯数字，每个数字对应一个英文字母。赌局规则是：不管你押多少钱，也不管你押什么数字，只要轮盘转两圈后，指针能停在你的选择上，那么你都将获得 10 倍的回报。

玛莎犹豫了一会儿：如果我赢了的话，就可以让医生给妈妈做腰椎按摩了。

玛莎把手中的 5 美元放在了第十二格上。轮盘转两圈后，真的停在了第十二格，玛莎的 5 美元变成了 50 美元。

第二局开始了，轮盘再次旋转，玛莎把 50 美元放在了第十五格。玛莎又赢了，50 美元变成了 500 美元。人们开始注意玛莎。

庄家问："孩子，你还玩吗？"玛莎没有回答。

第三局又开始了，玛莎看着轮盘，把 500 美元放在了第二十二格。结果，她拥有了 5000 美元。

庄家的声音颤抖了："孩子，继续吗？"玛莎没有理会，认真地望着轮盘。

第四局开始时，玛莎镇定地把 5000 美元押在了第五格。所有的人都屏住了呼吸。不到一分钟后，有人忍不住惊呼："上帝啊，她又赢了！"

庄家快哭了："孩子，你……"

玛莎看了看庄家认真地说道："我不玩了，这些钱足够请奥克多医生为我妈妈做长期的按摩了——我非常爱我的妈妈！"

玛莎走出人群后，旁观的人看着她的身影，有人开始计算连续 4 次猜对的概率有多少。庄家则像个呆子似地凝望着自己的轮盘。突然，他喊道："我知道我输在哪里了，这孩子是用她的'爱'在跟我赌博啊！"

这时旁观的人们这才注意到，玛莎投注的"12、15、22、5"4 个数字，对应的英文字母正是"L、O、V、E"，因为"爱"总是永恒不败的！

人生感悟

爱是世界上最伟大的力量，只要带着爱去做事，不但会得到更多的爱，也会更容易成功。因为无论在什么时候，爱总是永恒不败的。

付出自己的爱心，可以创造生命的奇迹

方妈妈的儿子方亮，因勇敢阻击抢劫犯张君一伙歹人而遭到枪击。子弹是从他的太阳穴射进去的，方亮的大脑几乎全被破坏了。

当方妈妈赶到医院里，看到已经是植物人的儿子时，她有些不相信，两天前儿子还是活蹦乱跳地站在她的面前呀！方亮一直昏迷不醒，方妈妈一直陪着他，吃住在他身边，嘴里只有一句话："儿子，你醒醒吧，你醒醒吧。"

7天后，方亮的肌肉因为血液流通不畅开始萎缩。方妈妈就开始给儿子按摩肌肉，夜晚的时候，方妈妈为了增加儿子的温度，把儿子没有知觉的腿放在自己的怀里暖着。

方亮一直处于昏迷不醒的状态，当所有医护人员都束手无策的时候，细心的方妈妈发现，每当她叫儿子名字的时候，昏迷着的方亮的心脏都会跳动一下，而且表现非常明显，这说明方亮已经有了感应。当这一结果被医生发现的时候，一些专家也称其为医学界的奇迹。

方亮昏迷49天后，方妈妈在给方亮揉完腿以后，开始给方亮讲他小时候的故事，然后流着泪问方亮："孩子，你听见妈的话了吗？你要是听见就眨一下眼睛，好吗？"这时方亮的睫毛动了一下，他的眼角处流出了一滴眼泪。方妈妈创造了又一个奇迹。

方亮在病床躺了15个月以后，医生让他下床练习走路。在两个医护人员的帮助下，方亮下了床，但他的两条腿已经没有知觉了，是方妈妈跪在地上，先挪他的左腿，然后再挪他的右腿，然后再往前走一步，再跪下来……

方亮入院18个月后，他终于第一次开口了，他的口形变化了很多次，但反复只说着一个字："妈，妈，妈……"

人生感悟

当我们遇到困难的时候，当我们遭受不幸的时候，当我们濒临绝境的时候，都不要忘记付出我们的爱，都不要忘记用爱心来呵护我们的生活和生命。因为付出自己的爱心，可以创造生命的奇迹。

在危难降临的时候，是父母为我们护航

这是发生在美国洛杉矶一带的大地震。在短短的时间里，地震造成了巨大的破坏和伤害。

在混乱和废墟中，一个年轻的父亲安顿好受伤的妻子，便冲向他 7 岁的儿子所在的学校。然而，在他眼前，昔日那个充满孩子们欢声笑语的漂亮的三层教学楼，已经变成一片废墟。

顿时，他感到眼前一片漆黑，他用尽力气大喊："阿曼达，我的儿子！"他跪在地上大哭了一阵后，猛地想起自己常对儿子说的一句话："不论发生什么，我总会跟你在一起！"于是，他坚定地站起身，向那片废墟走去。

他知道儿子的教室在楼的一层左后角处。他疾步走到那里，开始动手。

在他清理挖掘时，不断地有孩子的父母急匆匆地赶来，看到这片废墟后，他们痛哭并大喊："我的儿子！""我的女儿！"然而，哭喊过后，他们都绝望地离开了。有些人拉住这位父亲说："太晚了，他们已经死了。"这位父亲双眼直直地看着这些好心人，问道："谁愿意来帮助我？"没有人给他肯定的回答，他便埋头接着挖。

救火队长挡住他："太危险了，随时可能发生起火爆炸，请你离开。"

这位父亲问："你是不是来帮助我？"

警察走过来："你很难过，难以控制自己，可这样不但不利于你自己，对他人也有危险，马上回家去吧。"

"你是不是来帮助我的？"

人们都摇头叹息着走开了，都认为这位父亲因失去孩子而精神失常了。

但这位父亲心中只有一个念头："儿子在等着我。"

他挖了 8 小时、12 小时、24 小时、36 小时，没有人再来阻难他。他满脸灰尘，双眼布满血丝，浑身上下破烂不堪，到处是血迹。到 38 小时，奇迹出现了，他突然听见底下传出孩子的声音："爸爸，是你吗？"

是儿子的声音！父亲大喊："阿曼达！我的儿子！"

"爸爸，真的是你吗？"

"是我，是爸爸！我的儿子！"

"我告诉同学们不要害怕，说只要我爸爸活着就一定来救我，就能救出大家。因为你说过不论发生什么，你总会和我在一起！"

"你现在怎么样？有几个孩子活着？"

"我们这里有 14 个同学，都活着，我们在教室的墙角，房顶塌下来架了个大三角形，我们没被砸到。"

父亲大声向四周呼喊："这里有 14 个孩子，都活着！快来人。"

过路的几个人赶紧上前来帮忙。50 分钟后，一个安全的小出口开辟出来。

父亲声音颤抖地说："出来吧！阿曼达。"

"不！爸爸。先让别的同学出去吧！我知道你会跟我在一起，我不怕。不论发生了什么，我知道你总会跟我在一起。"

最后，这对父子在经过巨大的磨难后，紧紧地拥抱在一起，流下了幸福的泪水。

人生感悟

父母之爱是世上最伟大的爱。在我们历经风雨时，在我们身处危难时，是父母在为我们护航。不管你以前是怎么对待自己的父母，从现在开始，好好爱自己的父母吧，他们是最值得我们去爱的人。

爱，就是为对方着想

这是一个现代都市里的浪漫爱情故事。他得了绝症，她辞掉了自己的工作，专心在医院里照顾他。他们纯洁的恋情打动了所有的人。

整整两年，他们的病友换了一个又一个，有的康复出院，有的进了太平间。

而小伙子的病情不见好转也不见恶化。终于有一天，医生告诉他们一个沉痛的消息：小伙子的生命挺不过这一周了。女孩儿失声痛哭，小伙子却长舒了一口气。报社的记者们知道了这个感人的故事也匆忙赶来了。

记者们提出给两个人拍一张照，女孩儿拢了拢自己的头发，准备配合记者拍照，小伙子却拦住了："还是不要拍了吧？"

"为什么？"

"将来她还要嫁人呢！我不想影响她以后正常的生活。"

她扑进他怀里失声痛哭。

第二天报纸上登出的是女孩的侧面照，一张美丽得让人心碎的侧影。

人生感悟

真正的爱情不是占有，而是无私的付出，是时刻为对方着想。为对方着想，不仅体现在遭遇不幸的时候，也体现在日常相处的点点滴滴。

许多失败的婚姻根源就在于双方只知道要求得到对方的爱，却没有真诚地为对方着想。他们不知道自己的另一半在想什么，工作状况怎样，什么事情让他愁眉不展，不知道他有哪些朋友……总之，对对方的一切都漠不关心，更谈不上在对方需要的时候能给予安慰、指点或帮助了。

爱他就多为他着想，这样做你也会得到他更多的爱。

花点时间去行善，心灵会得到慰藉

在美国新墨西哥州的富瓦社区，生活着 3 名流浪汉，他们持有行乞证，并在这个社区生活了 13 年。但在 1998 年 11 月 6 日，新墨西哥州政府却通过了一项法案，对行乞 10 年以上的乞丐停发行乞证，理由是他们已非常富裕，不再具有行乞资格。没办法，3 名流浪汉只好离开新墨西哥前往佛罗里达。

当富瓦社区的萨姆神父得知此事后，立即表示反对，并致信州政府，要求把 3 位乞丐重新召回。他说："社区里不能没有乞丐，州政府的这种做法，完全是对善良人的亵渎，是对人性的漠然和不尊重。该法案必须进行修改。"

起初，大家都以为萨姆神父是出于对弱者的同情，可后来发现根本不是这么回事。

萨姆神父是这样说的："40 年来，我曾在富瓦等 6 个社区担任神父，这 6 个社区的人口和富裕程度都差不多，可是其中有一个社区找我解决心灵问题的人最少，来教堂忏悔的人也不如其他社区多。为什么会出现这种情况呢？难道是这儿的人不够虔诚吗？有一段时间，我非常困惑。后来我发现，原来这个社区有一家孤儿收养中心，那儿有 5 名孤儿，正是这 5 名孤儿给他们带来了福音，因为孤儿唤起了他们的善行，孤儿使他们有了行善的地方。而经常行善的人，心灵是不会出现问题的，再说心灵出现问题的人去行善，心灵也会得到慰藉。富瓦社区的3名流浪汉也是富瓦社区的福音。现在把他们赶走了，富瓦社区的人想通过布施获得心灵安慰和满足的机会也就没有了，作为一名神父，我能接受这样的法案吗？"

后来，经过萨姆神父和群众的共同努力，3名富瓦社区的流浪汉被警察护送着从佛罗里达返回新墨西哥州。

在迎接3名流浪汉归来时，富瓦社区的人全部出动，他们举着标语，喊着口号，欢呼他们的胜利。其中有这样两幅标语："花时间去帮助别人，会医治自己的创伤。""一个小小的善举，可媲美于运动一小时后所得的舒畅。"

人生感悟

> 行善是一种美德，是因为行善可以帮助别人。但除此之外，不可否认，经常花点时间行善，的确可以得到心灵的安慰和满足，甚至可以说，行善确实是一种维护人性的需要。

告诉你要感谢的人，他们对你是重要的

一位在纽约任教的老师决定告诉她的学生他们是如何重要。她将学生逐一叫到讲台上，然后告诉大家这位同学对整个班级和对她的重要性，再给每人一条蓝色缎带，上面以金色的字写着："我是重要的。"

之后那位老师想做一个班上的研究计划，来看看这样的行动对一个社区会造成什么样的冲击。她给每个学生3个缎带别针，教他们出去给别人相同的感谢仪式，然后观察所产生的结果，一个星期后回到班级报告。

班上一个男孩子到邻近的公司去找一位年轻的主管，因他曾经指导他完成生活规划。那个男孩子将一条蓝色缎带别在他的衬衫上，并且又多给了2个别针，接着解释："我们正在做一项研究，我们必需把蓝色缎带送给自己感谢和尊敬的人，再给他们多余的别针，让他们也能向别人进行相同的感谢仪式。下次请告诉我这么做产生的结果。"

过了几天，那位年轻主管去看他的老板。从某些角度而言，他的老板是个易怒、不易相处的人，但极富才华，他向老板表示十分仰慕他的创作天分，老板听了十分惊讶。那位年轻主管接着要求他接受蓝色缎带，并允许他帮他别上。一脸吃惊的老板爽快地答应了。

那位年轻人将缎带别在老板左胸前正上方的外套上，并将所剩的别针送给他，然后对他说："您是否能把这缎带也送给您所感谢的人？这是一个男孩子送我的，他正在进行一项研究。我们想让这个感谢的仪式延续下去，看看对大家会产生什么样的效果。"

那天晚上，那位老板回到家中，坐在14岁儿子的身旁，告诉他："今天发生了一件不可思议的事。在办公室的时候，有一个年轻的同事告诉我，他十分仰慕我的创造天分，还送我一条蓝色缎带。他认为我的创造天分如此值得尊敬，甚至将印有'我很重要'的缎带别在我的夹克上，还多送我一个别针，让我也送给自己感谢和尊敬的人，当我今晚开车回家时，就开始思索要把别针送给谁呢？我想到了你，你就是我要感谢的人。

"这些日子以来，我回到家里并没有花许多精力来照顾你、陪你，我真是感到惭愧。有时我会因你的学习成绩不够好、房间太过脏乱而对你大吼大叫。但今晚，我只想坐在这儿，让你知道你对我有多重要，除了你妈妈之外，你是我一生中最重要的人。好孩子，我爱你。"

他的孩子听了十分惊讶，他开始呜咽啜泣，最后哭得无法自制，身体一直颤抖。他看着父亲，泪流满面地说："爸，我原本计划明天要自杀，我以为你根本不爱我，现在我想那已经没有必要了。"

人生感悟

在我们的一生中，我们要感谢的人很多，但出于某些原因，我们却很少表达出来。心中有爱，却不表达出来，这实在是一件遗憾的事。该表达时，就应该告诉你要感谢的人，他们对你是重要的。这样不仅能加深彼此的情感，还会给别人带来光明，从而化解彼此的误会。

爱心在哪里开花，就会在哪里结果

有一个名叫弗西姆的妇人，住在波斯尼亚的一个小村庄里，她有两个可爱的儿子和一个善良的丈夫。她的丈夫在奥地利工作，有一天，她丈夫从奥地利带回两条金鱼，养在鱼缸里。

不久，波斯尼亚战争爆发了，弗西姆的丈夫为国家献出了生命，而战火也毁灭了他们的家园，弗西姆只好带着孩子到他乡逃难。临行前，弗西姆并没有忘记那两条金鱼，因为那也是两条生命啊，她爱惜它们，而且它们还是丈夫给自己和孩子的礼物。于是，她把金鱼轻轻地放入一个小水坑里，然后出发了。

几年以后，战争结束了，弗西姆和孩子们重返家园。而家乡仍是一片废墟。弗西姆不知道怎么才能使自己的家重现生机。

忽然，她发现，在她曾放入金鱼的小水坑里，浮动着点点金光，原来是一群可爱的小金鱼。它们一定是那两条金鱼的后代。弗西姆突然间看到了希望，她想到了丈夫的鼓励。她和孩子们精心饲养起那些金鱼来。她相信，生活会像金鱼一样，越来越好。

弗西姆和金鱼的故事逐渐流传开来。人们为这个故事而感动，并从各地赶来，观赏这些金鱼，当然，走的时候也不会忘记买上两条金鱼带回家。也许，那金鱼象征着希望。没用多长时间，弗西姆和孩子们凭着卖金鱼的收入，过上了幸福的生活。

不得不承认，这一切都得益于弗西姆的爱心，她没有放弃任何表达爱心的机会，哪怕只是拯救两条金鱼。

人生感悟

　　爱心是人类高尚的情感，一个有爱心的人，也会被别人所爱。要表达自己的爱心是件很容易的事，重要的是，不要放弃任何表达爱心的机会。我们要相信，爱心不管在哪里开花，终究有一天会在哪里结出果实。

给予别人一份爱，比接受一份爱更快乐

圣诞节时，保罗的哥哥送给他一辆新车。

圣诞节当天，保罗离开办公室时，一个男孩绕着那辆闪闪发亮的新车，十分赞叹地问："先生，这是你的车？"

保罗点点头："这是我哥哥送给我的圣诞节礼物。"男孩满脸惊讶，支支吾吾地说："你是说这是你哥哥送的礼物，没花你半毛钱？我也好希望能……"

当然，保罗以为他是希望能有个送他车子的哥哥，但那男孩却说："我希望自己能成为送车给弟弟的哥哥。"

保罗惊愕地看着那男孩，冲口而出地邀请他："你要不要坐我的车去兜风？"

男孩兴高采烈地坐上车，绕了一小段路之后，那孩子眼中充满兴奋地说："先生，你能不能把车子开到我家门前？"

保罗微笑，他心想那男孩必定是要向邻居炫耀，让大家知道他坐了一部大车子回家。没想到保罗这次又猜错了。"你能不能把车子停在那两个阶梯前？"男孩要求。

男孩跑上了阶梯，过了一会儿，保罗听到他回来的声音，但动作似乎有些缓慢。原来他带着跛脚的弟弟出来，将他安置在台阶上，紧紧地抱着他，指着那辆新车。

只听那男孩告诉弟弟："你看，这就是我刚才在楼上告诉你的那辆新车。这是保罗他哥哥送给他的！将来我也会送给你一辆同样的车，到那时候你便能去看看那些挂在窗口的圣诞节漂亮饰品了。"

保罗走下车子，将跛脚男孩抱到车子的前座。那男孩也上了车，坐在弟弟的旁边。就这样，他们3人开始一次令人难忘的兜风。

在这个圣诞节，保罗明白了一个道理：给予比接受令人更快乐。

人生感悟

卢梭说过，人在心中应该设身处地想到的不是那些比我们更幸福的人，而是那些比我们更值得同情的人。同情别人，最好的礼物就是爱。送一份爱给别人，比接受一份爱更快乐。

金钱替代不了亲情

从前有个特别爱财的国王，一天，他跟神说："请教给我点金术，让我伸手所能摸到的都变成金子，我要使我的王宫到处都金碧辉煌。"

神说："好吧。"

于是第二天，国王刚一起床，他伸手摸到的衣服就变成了金子，他高兴得不得了。然后他吃早餐，伸手摸到的牛奶也变成了金子；摸到的面包也变成了金子，他这时觉得有点不舒服了。因为他吃不成早餐，得饿肚子了。他每天上午都要去王宫里的大花

园散步。当他走进花园时，看到一朵红玫瑰开放得非常娇艳，情不自禁地上前抚摸了一下，玫瑰立刻也变成了金子。他感到有点遗憾。这一天里，他只要一伸手，所触摸的任何物品全部变成金子。后来，他越来越恐惧，吓得不敢伸手了。他已经饿了一整天。到了晚上，他最喜欢的小女儿来拜见他，他拼命地喊着："女儿别过来！"可是天真活泼的女儿仍然像往常一样径直跑到父亲身边，伸出双臂来拥抱他，结果女儿变成了一尊金像。

这时国王大哭起来，他再也不想要这个点金术了，他跑到神那里，跟神祈求："神啊，请宽恕我吧，我再也不贪恋金子了，请把我心爱的女儿还给我吧！"

神说："那好吧，你去河里把你的手洗干净。"

国王马上到河边拼命地搓洗双手，然后赶快跑去拥抱女儿，女儿又变回了天真活泼的模样。

人生感悟

> 人，不光需要财富，更离不开亲情和爱。人是感情的动物，小气冷漠，只会割断亲情，使自己成为孤家寡人。过分贪婪者会失掉许多最美好的东西。
>
> 金钱固然重要，但如果因为索取金钱而抛弃亲情，则金钱带来的满足绝不会持久。能够持久地使人身心健康，愉快自如地应付生活中的一切挑战的，唯有亲情所赋予的力量。
>
> 所以，任何时候，都要善待你的家人，不要让贪心毁了亲情。

爱能创造出力量，这力量能使人变得杰出

25年前，有位大学教授曾叫班上的学生到巴尔的摩的贫民窟调查200名男孩的成长背景和生活环境，并对他们未来的发展作出评估。结果，每个学生的结论都是"他们毫无出头的机会"。

25年后，另一位教授发现了这份研究，他叫学生作后续调查，看昔日那些男孩今天是何状况。调查结果是，除了有20名男孩搬离或过世，剩下的180名中有176名成就非凡，其中担任律师、医生或商人的比比皆是，还有一些成了作家或国家干部。

这位教授在惊讶之余，决定深入调查此事。他亲自拜访了当年曾受评估的那些年轻人，并跟他们请教同一个问题："你今日会成功的最大原因是什么？"结

果他们都不约而同地回答："因为我遇到了一位好老师。"

这位老师当时仍然健在，虽然年迈，但还是耳聪目明。教授找到她后，问她到底有何绝招，能让这些在贫民窟长大的孩子个个出人头地。

这位老太太眼中闪着慈祥的光芒，嘴角带着微笑回答道："其实也没什么，只因为我爱这些孩子们，这就是他们奋进的最大力量。"

人生感悟

爱可以创造力量，这力量能使平庸变得杰出。把爱给你的孩子，你的另一半，你的朋友，然后你的邻居……让每个接近你的人都有被关爱的感觉，这对于他们的成功大有益处。

爱不需要回报，它需要的是心心相传

在美国东部的一个风雪交加的夜晚，推销员克雷斯的汽车坏在了冰天雪地的山区。

野地四处无人，克雷斯焦急万分，因为如果不能离开这里，他就只能活活冻死。

这时，一个骑马的中年男子路过此地，他二话没说，就用马将克雷斯的小车拉出了雪地，拉到了一个小镇上。

当克雷斯拿出钱对这个陌生人表示感谢时，中年男子却说："我不要求回报，但我要你给我一个承诺。当别人有困难的时候，你也尽力去帮助他。"

在后来的日子里，克雷斯帮助了许许多多的人，并且将那位中年男子对他的要求，同样告诉了他所帮助的每一个人。

6年后，克雷斯被一次骤然发生的洪水围困在一个小岛上，一位少年帮助了他。

当他要感谢少年时，少年竟然说出了那句克雷斯永远也不会忘记的话："我不要求回报，但你要给我一个承诺……"

克雷斯的心里顿时涌起了一股暖流。

人生感悟

每个人都有爱心，只要心心相传，用爱心传递爱心。这样，我们就会生活在爱的世界里。

奉献一点爱心，就可以收获美好的人生

乔治是华盛顿一家保险公司的营销员。

有一次他为女友买花，认识了一家花店的老板本。其实也只是认识而已，他总共只在本的花店里买过两次花。

后来，乔治因为为客户理赔一笔保险费，被莫名其妙地控以诈骗罪投入监狱，他要坐10年的牢。听到这个消息后，他的女友离开了他。他更是心灰意冷了，因为10年的时间太长了，他过惯了热烈、激情的生活，不知自己该如何打发这漫长的既没有爱，也看不到光明的日子，他对自己一点儿信心也没有了。

乔治在监狱里过了郁闷的第一个月，他几乎要疯了。这时，有人来看他。他有些纳闷，在华盛顿他没有一个亲人，他想不出有谁还记着他。

在会见室里，他不由地怔住了，原来是花店的老板本。本给他带来了一束花。

虽然只是一束花，却给乔治的牢狱生活带来了生机，也使他看到了人生的希望。他在监狱里开始大量地读书，钻研电子科学。

6年后，他获释。他先在一家电脑公司做雇员，不久自己开了一家软件公司，两年后，他身价过亿。

成为富豪的乔治去看望本，却得知本已于两年前破产了，一家人贫困潦倒，举家迁到了乡下。

乔治把本一家接回来，给本一家买了一套楼房，又在公司里为本留了一个位置。乔治说："是你那年的一束花使我留恋人世的爱和温暖，给予了我战胜厄运的勇气，无论我为你做什么，都不能回报当年你对我的帮助，我想以你的名义捐一笔钱给北美机构，让天下所有不幸的人都感受到你博大的爱心。"

后来，乔治果然捐了一大笔钱出来，成立了"华盛顿·本陌生人爱心基金会"。

人生感悟

奉献一点爱心，去爱每一个人，是每个人都很容易做到的事。一句话、一个微笑、一束花就够了，这对我们来说并没有什么，但可以帮助别人走出困境，同时也会使自己的人生更加美好。

恶念需要摈除，善念需要觉悟

生长在北极圈附近的人们靠猎杀动物为生。对于猎人来说，猎杀貂是一件很容易的事，不像猎杀北极熊之类的大动物风险那么大，而且身手笨拙的猎人可能会因此而搭上身家性命。而猎杀貂的风险就小多了。虽然貂的肉很少，但貂皮却可以卖上一个好价钱。

美国的一位摄影记者曾经记录了猎人猎杀貂的过程，十分"残忍"。

夜幕降临时，猎人穿上厚厚的棉衣出发，到貂类经常出没的地方躺下，假装快要冻死的样子。貂生性慈悲，看到有人卧在雪地里，它们会从暖暖的洞穴里跑出来，用自己的身体温暖那些假装冻死的人。于是，猎人就十分轻易地抓到了貂。

这种令人齿寒的捕貂方法被记者报道后，引起了美国动物保护协会的抗议，并且信奉上帝的西方人也无法接受，他们认为这是人类最为丑陋、最为险恶的行为。

很多人认为，应该对那些惨无人道的猎人加以制裁，希望通过政府的力量，对该国的经济进行制裁，以惩罚那些捕貂者。

但是，当地人并不认为这有悖于人道。他们认为，这只不过是貂的习性，而这种捕貂的方法更是流行了上千年，他们的祖祖辈辈一直是这样捕貂的。

但严厉的谴责还是让那些捕貂者重新认识到了自己的行为，迫于舆论压力，当地开始制止这种"忘恩负义"的捕貂行为。

在经过十几年的禁猎后，这种捕貂行为被当地猎人所废弃，如果还有人采用这种捕貂方法，会被同行所不齿，并无法加入捕猎大型动物的猎人组织行列。

人生感悟

有时候人的恶念是被惯性所牵引着的，久而久之，恶念便成了一种常事而被人忽视。所以，对于恶念，我们需要常常摈除。善念需要觉悟，需要我们不断地提及。当善念战胜恶念时，这个世界才会平和安祥。

有清白的良心，我们才能安然入睡

午后，张林薇倚于床头闲翻杂志，他看到一个句子："清白的良心是一个温柔的枕头。"就随手记在纸上，细细体味。这个句子让张林薇想起发生在自己母亲身上的事来。

那是一个夏天的晚上，张林薇和母亲在院中纳凉。突然有一只小白兔从门缝里钻进张林薇家中，赶也赶不走。母亲说："天色已晚，让小兔子往哪去呢？弄不好会让一些坏人给吃了。不如先留它一夜，明天早上谁来找它，咱们再把小兔子还给谁。"张林薇就找出一个笼子把小兔子安置下来。

第二天，并没有人来找小兔子，也没有人吆喝少了兔子，就这样又过了好多天，还是没人找。小兔子在张林薇家一天天心安理得地住了下来，而母亲却越来越感到不安。

母亲在一天晚饭后再也忍不住了，那晚母亲一边给小兔子喂青草，一边说："我怎么总觉得眼皮跳，耳根发热？好像有人在说我什么似的，小兔子，你说是喂你还是放了你？"兔子只顾埋头津津有味地吃草，并没有理会她的言词。

母亲叹了口气，从张林薇父亲的皮夹里抽出两块钱就出去了。过了一会儿，母亲回来了，如释重负地对张林薇说："我把两块钱放在西边大路口了。谁要是捡了去，就当赎了这只小兔子了，省得晚上我睡觉也不踏实。"

人生感悟

作为一个人，总是与一些事物相联系着。有些事情，也许不为人所知，但躲不过良心的审视。清白的良心是一个温柔的枕头，枕着它我们才能得以安然入睡。

能让我们超越极限的力量，是一次次漫过心底的爱

易容和妻子正在观看电视台播放的一档新节目，名为《超越极限》。参赛者被选中后，须在规定时间内吃掉一盘让人毛骨悚然的食物——活的蚯蚓、蜘蛛……场面刺激，直接挑战人的嘴、胃和心理承受能力。

那期节目从头到尾，尝试者不乏其人，但几番努力，终于还是败下阵来，到最后竟无一人从容过关。

妻子说："换了我，我无论如何也吃不下去，真恶心。"在女人中，妻子算勇敢的了，一次在车上遭遇小偷，人人明哲保身，视而不见，唯有妻子挺身而出，用包甩过去，将小偷的刀打落在地。

"那要是给你很多钱呢？"易容故意问，"比如说两万，你敢不敢吃下去？"

妻子毫不犹豫地摇头。

"两万太少，要是两千万呢？一辈子锦衣玉食，你吃不吃？"易容接着寻找妻子可能接受的条件。

妻子想了一会儿，仍摇头："确实诱人。但要真吃下那盘东西，我想我下半辈子再也吃不下任何东西了。生无乐趣，要那些钱有什么用？"

易容说："如果发生灾难，不幸被压在石堆下等待救援，无食无水，只有这些东西可以维持生命，我想那时候任何人都吃得下去了。"

妻子说："也许那时我会吃吧，饿得晕头转向，求生的本能会战胜一切恐惧和恶心。"

"所以说想要超越极限，必须将人置于死地，否则人的潜能就不会发挥到极致。"易容得意地总结。

妻子沉思着。良久，她开口，一字一顿："只有在一种条件下，我一定会将它整盘吃下去，毫不勉强，心甘情愿。"

易容问："什么？"

妻子说："如果能让父亲回来。"

妻子的父亲去年因肝癌去世，妻子在病榻前陪伴数月，用尽所有办法，却最终无力回天，眼睁睁看着老人怀着对人世无比的留恋而离去。那一段刻骨铭心的记忆遂成妻心口永远的痛，时至今日，每每午夜梦回，泪湿枕巾，常说又见到父亲笑容依旧，宛如生时。

"如果能让父亲回来，那算得了什么呢？"妻子的眼圈红了，面容却透着坚定。

人生感悟

许多时候，能让我们超越极限的力量不是名利，不是财富，甚至连自己的生命都不是，而是血管里涌动的、一次次漫过心底的爱。

在这个世界上，真正的上帝是人们的爱心

在美国的大街上，一个小男孩捏着1美元硬币，一家一家商店地询问着："请问您这儿有上帝卖吗？"店主要么说没有，要么认为他在捣乱，把他撵出店门。这时天就快黑了，小男孩已跑了28家商店了，但他并没有灰心。

就在他进了第二十九家商店的时候，店主热情地接待了男孩。店主是个六十多岁的老头儿，满头银发，慈眉善目。他笑眯眯地问男孩："告诉我，孩子，你买上帝干吗？"

男孩流着泪告诉老头儿，他叫邦迪，父母很早就去世了，他是被叔叔帕特鲁普抚养大的，而且叔叔每天教他读书，增加知识，还教他做人的道理。

邦迪的叔叔是个建筑工人，前不久从脚手架上摔了下来，至今昏迷不醒。医生说，只有上帝才能救他。邦迪想，上帝一定是种非常奇妙的东西，我把上帝买回来，让叔叔吃了，伤就会好。

这时的老头儿眼圈湿润了，问："你有多少钱？"

邦迪如实说："只有1美元。"

"孩子，眼下上帝的价格正好是1美元。"老头儿接过硬币，从货架上拿了瓶"上帝之吻"牌饮料说，"拿去吧，孩子，你叔叔喝了这瓶'上帝'就没事了。"

邦迪想也没有想，把1美元递给了店主，将饮料抱在怀里，兴冲冲地回到了医院。一进病房，他就开心地叫着道："叔叔，我把上帝买回来了，你很快就会好起来！"

不久，帕特鲁普真的出院了，出院时，他看到医疗费账单上那个天文数字，差点儿吓昏过去。可院方告诉他，有个老头儿帮他把钱付清了，而且是他请了一个由世界上顶尖的医学专家组成的医疗小组来到了医院，对他进行会诊，他们采用了世界上最先进的医疗技术，才治好了帕特鲁普的伤。

原来那老头儿是个亿万富翁，从一家跨国公司董事长的位置上退了下来后，隐居在本市，开了家杂货店打发时光。帕特鲁普激动不已，他立即和邦迪去感谢老头儿，可老头儿已经把杂货店卖掉，出国旅游去了。

帕特鲁普找不到老头儿，也就不再去想了。他和邦迪继续过着平淡、幸福的生活。

突然有一天，帕特鲁普接到了一封信，是那老头儿写来的，信中说："年轻人，你能有邦迪这个侄儿，实在是太幸运了。为了救你，他拿着1美元到处购买上帝——感谢上帝，是他挽救了你的生命。但你一定要永远记住，在这个世界上，真正的上帝是人们的爱心！希望你以后还能继续教给他做人的道理。"

人生感悟

在被各种欲望包围时，我们的爱心也会被淹没，有时甚至不如一个孩子，这不能不让我们汗颜。我们经常向上帝祈祷能带给我们好运，殊不知，在这个世界上，真正的上帝是人们的爱心。

爱，需要自由的空间

莉莎和男朋友分手了，处在情绪低落中，从他告诉她应该停止见面的一刻起，莉莎就觉得自己整个被毁了。她吃不下睡不着，工作时注意力集中不起来。人一下消瘦了许多，有些人甚至认不出莉莎来。一个月过后，莉莎还是不能接受和男朋友分手这一事实。

一天，她坐在教堂前院子的椅子上，漫无边际地胡思乱想着。不知什么时候，身边来了一位老先生。他从衣袋里拿出一个小纸口袋开始喂鸽子。成群的鸽子围着他，啄食着他撒出来的面包屑，很快就飞来了上百只鸽子。他转身向莉莎打招呼，并问她喜不喜欢鸽子。莉莎耸耸肩说："不是特别喜欢。"他微笑着告诉莉莎："当我是个小男孩的时候，我们村里有一个饲养鸽子的男人。那个男人为自己拥有鸽子感到骄傲。但我实在不懂，如果他真爱鸽子，为什么把它们关进笼子，使它们不能展翅飞翔，所以我问了他。他说：'如果不把鸽子关进笼子，它们可能会飞走，离开我。'但是我还是想不通，你怎么可能一边爱鸽子，一边却把它们关在笼子里，阻止它们要飞的愿望呢？"

莉莎有一种强烈的感觉，老先生在试图通过讲故事，给她讲一个道理。虽然他并不知道莉莎当时的状态，但他讲的故事和莉莎的情况太接近了。莉莎曾经强迫男朋友回到自己身边。她总认为只要他回到

自己身边，一切都会好起来的。但那也许不是爱，只是害怕寂寞罢了。

老先生转过身去继续喂鸽子。莉莎默默地想了一会儿，然后伤心地对他说："有时候要放弃自己心爱的人是很难的。"他点了点头，但是，他说："如果你不能给你所爱的人自由，你就不是真正地爱他。"

长相厮守的意义不是用柔软的爱捆住对方，而是让他带着爱自由飞翔。

生活中一些事情常常是物极必反的：你越是想得到他的爱，越要他时时刻刻不与你分离，他越会远离你，背弃爱情。你多大幅度地想拉人向左，他则多大幅度地向右荡去。

所以我们应该让爱人有自己的天地去做他的工作，譬如集邮，或是其他任何爱好。在你看起来，他的嗜好也许傻里傻气，但是你千万不可嫉妒它，也不要因为你不能领会这些事情的迷人之处就厌恶它。你应该适时地迁就他。

爱人有了特殊的嗜好以后，我们还必须给他另外一个好处：有些时候要让他独自去做他喜爱的事，使他觉得拥有真正属于自己的东西。

毫无疑问，爱人时常需要从捆在他脖子上的爱的锁链里挣脱出来。如果我们能够帮助并支持他们，去培养一些有趣的嗜好——并且给他们合理的机会享受完全的自由——那么我们就是在做一些使他们快乐的事了。

人生感悟

真正的爱是可以超越时间、空间的。因此，作为婚姻的双方，在魅力的法则上，请留给彼此一个距离，这距离不仅仅包含空间的尺度，同样包含心灵的尺度：留下你自己独特的性格，不要与我如影随形；留下你自己内心的隐私，不要让我感到你是曝光后苍白的底片；留下你一份意味深长与朦胧的神秘……不要试图挽留我离去的脚步，不要幻想我的目光永远专注于你，一切都应是自然形成，在你我之间留下一段距离，让彼此能够自由呼吸。

理解老人们的某些行为，并且要多陪陪他们

那是个七十多岁的老读者，背驼得厉害，但老读者风雨无阻，几乎天天泡在图书馆的报刊阅览室里。不仅如此，在所有读者中，他总是第一个进去，最后一个走。有时读者都走光了，他也不走，天天如此，阅览室管理员对这个读者烦透了，打心眼里烦。

那个老读者每次来到阅览室，翻翻这、看看那，看上去毫无目的，纯粹是来

消磨时光的。管理员越来越看不上这个驼背的老头儿，他一来她就烦，别的管理员也如此，对他一点儿好感也没有。有一天偶然发生的一件事，让管理员从此改变了对老头儿的看法。

那天在下班的路上，同事突然问她："你母亲是不是被聘为我老婆的那个商场的监督员了？"

管理员愕然："没听母亲说过呀。"

同事说："我的老婆在某商场当营业员，她们商场每天开门，迎来的第一个顾客常常是你母亲。而且老人什么也不买，却挨个看柜台，还要问这问那。时间一长，营业员们就以为老人是商场领导雇的监督员，是来监督他们工作的——因为商场领导有话在先。营业员们就对老人很戒备，同样也很反感。"

管理员径直回到母亲家，她父亲两年前病故，母亲一个人生活。管理员把同事所说的事情一说，问母亲是否真的在给人家做监督员。母亲矢口否认："没有这回事呀？他们大概是误会了，我就是闲逛而已。"

管理员开始数落着母亲。

管理员的母亲长叹了一声，伤感地说："我们这些老人一天到晚太寂寞了，逛逛商店，消磨一下时间，可时间一长就养成习惯了，一天不去就觉得不得劲儿。要不，你要我干什么呢……"母亲说到这里，垂下花白的头，悄悄地流下了眼泪。

就在一刹那间，她突然感到心里酸酸的。母亲有一儿两女，可由于很多方面的原因，他们很少来看母亲，陪在老人身边，陪她聊聊天，母亲需要的是排解寂寞和孤独呀！那天她没有回家住，而是陪母亲住了一晚，聊了一晚上的天。

第二早上，管理员上班很早，但驼背的老头儿仍然等候在阅览室门前，也不知怎么她心中突然涌起一股柔情，她第一次没有用以前的那种眼光来看这个老头儿。

管理员面带微笑，对他说："早啊，大爷，这么早就来了，来了就进来吧。"

人生感悟

老年人大多很寂寞、很孤独，有朝一日，当我们老了的时候，也是这样。明白了这个道理，我们就不难理解老年人的一些行为了，比如，喜欢向人倾诉（俗称唠叨），找些看似无聊的事来做，等等。我们不但要理解老人们的这种行为，更要经常陪陪他们，这样才能使他们有一个愉快的晚年生活。

爱，超越死亡

那是一个晴朗的夏日。

美国加州攀岩俱乐部正在举行一次无防护徒手攀岩。罗夫曼和妻子莫莉亚丝都是其中的成员，此时他们正同时攀登一个悬崖。罗夫曼的攀登速度要比莫莉亚丝快一些，他很快成了莫莉亚丝仰视的风景。他们没有任何防护，挑战自然也挑战自己。他们稳健地向悬崖上方攀登，就像岩壁上会呼吸的岩石。罗夫曼离顶峰越来越近了，还有几米就要达到终点了。参观的人群情不自禁地欢呼起来。

然而就在此时，位于莫莉亚丝右上方约5米处的罗夫曼突然一声惨叫，他失足了！正攀岩的莫莉亚丝蓦然瞥见险象，她毅然脱离了崖壁，伸出双手准确地搂接住了从她上方迅速下坠的罗夫曼。两人紧紧拥抱着共同坠入万丈深谷……

这一瞬间的惨剧让在场的每一个人都惊呆了。

莫莉亚丝那个漂亮的搂接动作，被现场的摄影师定格成了旷世经典。

所有的人，包括莫莉亚丝自己都知道——她根本无力救罗夫曼的生命，却知其不可为而为之。她虽然不能挽救爱人的生命，但是她救起了爱。

人生感悟

生命诚可贵，爱情价更高。真正的爱情不仅仅只有花前月下、甜言蜜语的浪漫，而是将两人的命运紧紧联系在一起，有福同享，有难同当，在面临生死选择的那一瞬，为了爱，为了永恒的爱，甚至能为对方付出生命。

真正的爱情是超越生命的。能够逝去的是生命，不是爱！生命逝去，留下的是一份已经超越了死亡、永恒地存在着的爱情交响曲。

孩子的心愿不但简单，而且朴素真挚

晚饭过后，母亲忙着似乎永远也忙不完的家务。刚上五年级的女儿大声问："妈妈，问你个问题，你的心愿是什么？"

母亲先是一愣，接着不耐烦回答："心愿很多，跟你说没用。"

女儿执拗地要求："您就说说看，这对我很重要。"

母亲看见女儿坚持的样子，就回答说："好吧，就说给你听听。第一，希望你努力学习，保持好成绩；第二，希望你听话，不让大人操心；第三，希望你将来考上名牌大学；第四……"

女儿打断母亲的回答："哎，妈妈，你不要总是围着我打转转，说说你自己的心愿吧！"

母亲有滋有味地历数着，沉浸在对美好未来的种种设想之中："我嘛——一是希望身体健康，青春长驻；二是希望工作顺心，事业有成；三是希望家庭和睦，美满幸福；四是……"

女儿再次打断母亲的回答："哎呀，妈妈，您说的这些又大又空，能不能说点实际的？比如你想要……"

母亲猛然好像发现了什么似的，有些要发火似的打断女儿的话："我就知道你跟我玩心眼儿，一定是老师留了关于心愿的作文题目，你写不出来就想到我这里挖材料对不对？实话告诉你吧，我的心愿多着呢！我想要别墅，我想要小轿车，我想要高档时装，看，我的皮包坏了，还想要一只鳄鱼皮手袋，你看这些实际不实际？这些你都能满足我吗？跟你说顶什么用？好了，心愿说完了，你去写作业吧。"

女儿回到自己的房间，屋子空荡荡的，安静得只听见墙上的钟摆声。母亲觉得有些话还意犹未尽，又站起身推开女儿的房门。女儿正在写作业，串串泪珠滚落，不停地用手背擦着，母亲的无名火又上来了，比刚才的声音还要高出几个分贝，吼道："你还觉得挺委屈是不是？你想偷懒是不是？你故意气我是不是？"

女儿解释："妈妈，我不是……"

"还敢顶嘴！告诉你，9点钟之前写不完这篇作文有你好看的！"母亲很权威地命令着，一扭身"嘭"地关上了门。

第二天晚上吃完饭，女儿照例进屋写作业，母亲照例重复着每日必做的家务。蓦然间，她发现茶几上多出一束鲜花，鲜花旁放了一个包装袋，包装袋上放了一张小字条，字条上面写着：

妈妈：

今天是您的生日，我用平时攒的零花钱和这两年的压岁钱给您买了一只鳄鱼皮包。让您高兴，这是我最大的心愿。

想给您一份惊喜却不小心惹您生气的孩子

母亲的心颤抖了，呆呆地坐在沙发上说不出一句话。

人生感悟

很多时候，大人的心愿太高太大，不切合实际，烦恼往往由此而生；而孩子的心愿简单，朴素真挚，却往往在不经意间被大人忽略了。相比而言，孩子们稚嫩的童心和美好的心愿正是我们所缺少的。

不应忘记别人的恩惠，更不应忽视父母的恩情

一个小女孩经常跟妈妈吵架，有时候都不知为什么事情而吵。有一天，小女孩又和妈妈吵起来了，一气之下，小女孩就跑了出去。

小女孩走着走着，也不知走了多久，她发现前面有个面摊，这时才发觉自己还没有吃饭，肚子有点儿饿了。可是，她摸遍了身上的口袋，连一个硬币也没有，也许是刚才跑出来时太急了没有带钱。

面摊的主人是一个很和蔼的老婆婆。老婆婆看到小女孩站在那里，就问："孩子，吃碗面吧？"

小女孩羞涩地说："我忘了带钱了。"

老婆婆面带微笑地说："没关系，我请你吃。"老婆婆端来一碗馄饨，还送了一碟小菜。

小女孩满怀感激，刚吃了几口，眼泪就掉了下来，每个泪珠都落在碗里。

老婆婆关切地问："你怎么了？"

她忙擦眼泪，对老婆婆说："我没事，我只是很感激，我们并不认识，而你却对我这么好，愿意煮馄饨给我吃。可是我妈妈，我跟她吵了几句嘴，她竟然把

我赶了出来，还告诉我不要再回去了。"

老婆婆听了之后，拍了拍小女孩的头，平静地说道："孩子，你怎么会这么想呢？你想想看，我只不过煮了一碗馄饨给你吃，你就这么感激我，那你妈妈煮了十多年的饭给你吃，你怎么会不感激她呢？你怎么还要跟她吵架？"

小女孩愣住了，这时，女孩的眼泪又开始掉了下来，想起老师曾经讲过："别人给予的小恩小惠感激不尽，却对亲人一辈子的付出的恩情视而不见。"

小女孩匆匆把老婆婆盛的馄饨吃完，吃完之后开始往家走去。当小女孩刚走到家附近时，一眼就看到母亲正在路口四处张望……

小女孩的母亲看到女儿回来，脸上马上露出了喜色，疼爱地说："饭早就给你做好了，你再不回来吃，菜都要凉了，赶快回家吃吧！"

人生感悟

在生活中，有这样一个现象：我们往往会牢记别人对我们的好，却对父母的恩情视为理所当然。这对我们的父母是一种巨大的伤害。无论与父母之间有隔阂还是闹情绪，都不应该忽视父母的恩情，因为那种恩情是不求回报的，是无私的。

在最危急的时刻，表达出的爱才最真挚

老师出了一个题目：《爱的表达方式》，要求每个人说一种，但不能重复。

答案五花八门，有的说可以用宽容来表达；有的说用鲜花和语言来表达；有的说痛苦一个人承受，快乐两个人分享，这就是爱的最好的表达方式……

有一个叫秦依的东北女孩，讲了这样一个故事。

有一对年轻夫妇，都是生物学家，很恩爱，他们经常一起深入原始森林考察。

有一天，他们像往常一样钻进了森林，可当他们爬过那块熟悉的山坡时，顿时僵住了，有只老虎正盯着他们。他们没带猎枪，逃跑也不可能了。

他们脸色苍白，一动不动。老虎也站在那儿一动不动。僵持了几分钟后，老虎朝他们走来，继而开始小跑，然后越跑越快。就在这时，那个男的突然喊了一声，然后自顾自地飞快跑开了。奇怪的是，快跑到那女的面前的老虎也突然改变了方向，朝那男的追了过去。随后那边就传来了惨叫声，而女的却平安地逃了回来。

这时候，几乎所有的人都说了声"活该"。也就在这时候，秦依问大家知不知道那男的喊的是什么。几十个学生大致给出了两种答案。一是：老婆，对不起啊！

二是：赶快逃，逃一个算一个。

秦依说："错了！那个男的对他的妻子喊的是：'照顾好依依，好好活下去！'"这时，秦依的脸上已经挂满了泪水。

面对着大家的惊愕和不解，她接着说道："在那种情况下，老虎绝对只会攻击逃跑的人，这是老虎的特性。"

最后，秦依说："在最危险的时刻，我爸爸一个人跑开了，但他用这种方式表达了对我妈妈最真挚的爱……"

教室里沉寂了一会儿，接着响起了掌声。

人生感悟

对于爱的表达方式，可谓五花八门，多不胜数。有些人深谙此道，但有些人却不善于表达。其实，用什么方式表达和是否善于表达并不重要，重要的是，表达爱一定要真挚。

爱是一种责任，用金钱是无法衡量的

有一天，一对中年的夫妇带着两个儿子到郊区游玩。途中经过风景优美的地方，他们停下来准备拍照留念。家人都是由左手边的门下车的，只有开车的爸爸因为坐在驾驶座上，所以打开右边的门准备下车。正要下车的一刹那，后面一辆高速驾驶的摩托车把他撞倒了，腿部受了重伤，导致大量出血，伤者马上被送往医院急救。本来一家人乐融融地去游玩，谁也想不到，瞬间酿成了一场悲剧。

被送往医院急救的爸爸需要马上输血，但符合血型的只有11岁的男孩次郎。

"为了救你的父亲，可以抽取你的血吗？"次郎思索了一下，点了点头，说："可以。"

爸爸的生命已没有危险，旁人听到这件事情都非常感动，对他说："次郎，你真了不起。你想要点什么来奖励？"刚抽完血的次郎一脸苍白，静静地坐在房间的角落里。

"我什么都不要。"

"为什么呢？次郎，你救了爸爸，这是多么了不起的事，只要你提出要求，我都会买给你。"

次郎想了想说："我真高兴救了爸爸，但我还有几分钟会死呢？"

原来这小男孩误会了，他以为输血给父亲，就会牺牲自己的小生命，但在这种情形下，他还是毅然决定献出自己的生命！

人生感悟

爱是人世间最珍贵的一种感情，无论你用多少金钱都是买不到的。爱是一种责任，当一个人深爱的人身处危难之时，他往往能义无反顾、不惜一切代价地去救助，甚至不惜牺牲自己的生命。

幸福就是送人玫瑰，手有余香

什么是幸福？幸福就是送人玫瑰，手有余香。这是一条让人间充满爱和希望的路，是我们应该执着追求、坚持走下去的一条路，我们会在坚持中感受着人生的快乐和幸福！

在我们的生活中，我们总会遇到这样的好人，他们给别人以真诚的帮助和扶持，而自己也从中得到慰藉，心中充满快乐和阳光。这样的人是幸福的，于人于己，他们这样做都是值得的。

公交车上，一位中年男人上车后翻遍口袋也没有找到零钱，司机用非常恶劣的态度督促他："没钱就下车！早干嘛去了！"这已经是晚上八九点钟，公交车也是等了好久才来了一趟，下车就不一定能再等上公交了。中年男人尴尬地说："现在确实找不出来了，要不到站了我再拿给你。"司机依旧不依不饶地说着难听的话，车上的乘客虽然有些看不惯，却不好说什么。这时，一位老太太从口袋里拿出1元钱给了中年男人，说："先投进去吧。"中年男人有些不好意思，推诿几番，扭不过老人，就接过去投了进去，这下，司机停止了抱怨，车上人赞许的目光都投在老太太身上，老太太依然保持着和善的笑容。

只是1元钱，说实话，我们谁都不会说特别在乎那1块钱，但愿意在别人困难之时拿出1元钱的又有多少呢？1元钱，平息了司机的愤怒，中年男人的尴尬，而且老太太心中想必此时是幸福的，因为她觉得她花这1元钱是值得的，帮助了别人，内心也会无比快乐。我们是否想过，我们很少感到幸福，是不是因为自己太过吝啬？有时只是举手之劳便可救别人于危难，我们或许怀着多一事不如少一事的态度不肯出手帮忙，却也因此错失了得到幸福的机会。帮助别人的时候，自己内心不但会得到满足，或许也正是在为自己以后埋藏一个种子，总有一天，你会尝到丰收的硕果。幸福并非那么遥不可及，是我们每个人只要迈出小小的一步就能得到的东西。

送人玫瑰，手有余香。需要我们在生活中用心体验这句话的深刻与博大的意蕴。

善待生活就是善待生命，善待别人就是善待自己。当我们在生活中播撒爱心，也会使温暖与感动长存心间。如果每个人都能心怀善良、心怀感激，都能无私地帮助别人，那么阳光将洒满内心，幸福也会随之降临。

俗话说："花无百日红，人无千日好。"生活是现实的，我们自己也总有遇到困难需要帮助的时候，你曾不计回报地帮助过别人，别人也会在你危难之时伸出援手。幸福不仅仅是索取，幸福是相互的，你给了别人幸福，自己也会感到幸福。要收获幸福，就要有赠人玫瑰的大方，付出的过程也是收获的过程。

人生感悟

善待生活就是善待生命，善待别人就是善待自己。当我们在生活中播撒爱心时，也会使温暖与感动长存心间。

时间越久，越能体现出爱的深沉与伟大

从前，有一个小岛，上面住着快乐、悲哀、知识和爱，还有其他各类情感。

一天，情感们得知小岛快要下沉了。大家都准备船只，决定离开小岛，只有爱留了下来，它想要坚持到最后一刻。

过了几天，小岛真的要下沉了，爱想请人帮忙。

这时，富裕乘着一艘大船经过。

爱说："富裕，你能带我走吗？"

富裕答道："不，我的船上有许多金银财宝，没有你的位置。"

爱看见虚荣在一艘华丽的小船上，说："虚荣，帮帮我吧！"

"我帮不了你，你全身都湿透了，会弄坏了我这漂亮的小船。"

悲哀过来了，爱向它求助："悲哀，让我跟你走吧！"

"哦……爱，我实在太悲哀了，想独自待一会儿！"悲哀答道。

快乐走过爱的身边，但是它太快乐了，竟然没有听到爱在叫它！

突然，一个声音传来："过来！爱，我带你走。"

这是一位长者。爱大喜过望，竟忘了问它的名字。登上陆地以后，长者独自走开了。

爱对长者感恩不尽，问知识老人："帮我的那个是谁？"

"他是时间。"知识老人答道。

"时间？"爱问道，"它为什么要帮我？"

知识老人笑道："因为只有时间才能理解爱有多么伟大。"

人生感悟

> 人世间最珍贵的情感莫过于爱。然而，有很多时候，特别是在短时间内，真爱却往往不被人们所理解和接受。当然，这只是暂时的。真爱是最经得起时间考验的，时间越久，越能体现出其深沉与伟大。

母亲最需要的不是别的，而是有一个好儿子

有一天，在一个关着一些死刑犯的牢房里，死刑犯们翻着杂志在那里闲聊。

一名犯人指着杂志中的珠宝说："我母亲她没有一件像样的首饰，如果戴上这些首饰一定会很高兴。"

另一名犯人指着上面的房屋说："家里的房子已经很旧了，我的母亲如果有这么一间漂亮的房子该多好。"

第三个犯人指着上面的汽车说："要是我的母亲有这么一辆车子，就可以常来看我了，不用每天走着来看我了。"

杂志最后传到一个犯人的手中，他拿着杂志，很长很长时间看着上面的珠宝、房子、汽车……

他沉思许久流着泪说："我们从出生，母亲一口奶一口饭哺育我们、关怀我们，我们是母亲牵挂的根源，更是母亲幸福的寄托。我们的一言一行、一举一动都牵连着母亲的心，我们是母亲心中终生的痛。母亲的付出并不是希望得到物质的回报。是的，珠宝、别墅、汽车的确是能给母亲带来快乐。但是，在母亲的心底，终极的幸福永远是有个优秀的儿子！如果我们的母亲有一个好儿子就好了！"

这时，所有的人都低下了头。

人生感悟

> 母亲最需要的不是珠宝、别墅、汽车之类的东西，而是有一个好儿子。明白了母亲的需要，我们就懂得了母爱的伟大与无私；明白了母亲的需要，就要懂得，为了母亲，我们更应该走好脚下的路。

常怀感恩之心

一只老鼠掉进了一只桶里，怎么也爬不出来。老鼠吱吱地叫着，它发出了哀鸣，可是谁也听不见。可怜的老鼠心想，这只桶大概就是自己的坟墓了。正在这时，一只大象经过桶边，用鼻子把老鼠吊了出来。

"谢谢你，大象。你救了我的命，我希望能报答你。"

大象笑着说："你准备怎么报答我呢？你不过是一只小小的老鼠。"

过了一些日子，大象不幸被猎人捉住了。猎人们用绳子把大象捆了起来，准备等天亮后运走。大象伤心地躺在地上，无论怎么挣扎，也无法把绳子扯断。

突然，小老鼠出现了。它开始咬着绳子，终于在天亮前咬断了绳子，替大象松了绑。

"你看到了吧，我履行了自己的诺言。"小老鼠对大象说。

人生感悟

我们每个人在生活的流程中，都会得到别人的帮助，接受他人的恩惠。我们应该用心记住这些，并且用感恩之情回报这个世界，那么生活在我们眼里会变得越来越美好。

如果你想要拥有美好的人生，那就常怀一颗感恩的心吧！想一些令你觉得心怀感激的事，让自己全心全意地浸润其中。令你心怀感谢的或许是孩子的健康平安；或许是朋友对你从来不间断的关爱；也许你会为早晨能从舒适的床悠悠醒来，并且有早餐可吃而心存感激；也许你经历了长久以来种种自我毁灭的行径之后，仍能存活至今而谢天不已。不要保留、不要抗拒，就让自己淹没在感恩的洪流里吧，人的快乐就在其中。

第十九章

世事本不完美，
人生当有不足

　　追求完美是人类正常的渴求，也是人类最大的悲哀，因为现实生活中"完美"这个字眼的诞生原来就伴有缺憾。世界上本无完美之事物，如果你一味地将追求完美的茧一层一层地套在身上，那么你最终也会死在这重重的包裹之中。"完美"实在是生命中没有必要一定要承载的重量，所以，人生旅途中，你永远不要背负"完美"的包袱上路，否则你将永远陷入无法自拔的矛盾之中，最后也只能在哀叹中终老而亡。

太能算计者，快乐与他绝缘

美国心理专家威廉根据多年的实践，列出了 500 个测试题，测试一个人是否是一个"太能算计者"。这些测试题很有意思。比如，是否同意把 1 分钱再分成几份花？是否认为银行应当和你分利才算公平？是否梦想别人的钱变成你的？出门在外是否常想搭个不花钱的顺路车？是否经常后悔你买来的东西根本不值？是否常常觉得你在生活中总是处在上当受骗的位置？是否因为给别人花了钱而变得闷闷不乐？买东西的时候，是否为了节省 1 块钱而付出了极大的代价，甚至你自己都认为，跑的冤枉路太长了？……

只要你如实地回答这些问题，就能测出你是否是一个"太能算计者"。

威廉认为，凡是对金钱利益太过于算计的人，都是活得相当辛苦的人，又总是感到不快乐的人。在这些方面，他有许多宝贵的总结。

第一，一个太能算计的人，通常也是一个事事计较的人。无论他表面上多么大方，他的内心深处都不会坦然。算计本身首先已经使人失掉了平静，掉在一事一物的纠缠里。而一个经常失去平静的人，一般都会引起较严重的焦虑症。一个常处在焦虑状态中的人，不但谈不上快乐，甚至是痛苦的。

第二，爱算计的人在生活中，很难得到平衡和满足，反而会由于过多的算计引起对人对事的不满和愤恨，常与别人闹意见，分歧不断，内心充满了冲突。

第三，爱算计的人，心胸常被堵塞，每天只能生活在具体的事物中不能自拔，习惯看眼前而不顾长远。更严重的是，世上千千万万事，爱算计者并不是只对某一件事情算计，而是对所有事都习惯于算计。太多的算计埋在心里，如此积累便是忧患。忧患中的人怎么会有好日子过？！

第四，太能算计的人，也是太想得到的人。而太想得到的人，很难轻松地生活。

第五，太能算计的人，必然是一个经常注重阴暗面的人。他总在发现问题，发现错误，处处担心，事事设防，内心总是灰色的。

人生感悟

难得糊涂是一种生活智慧与生存哲学。洒脱大方的人会给他人带来欢笑，同时也给自己赢得愉悦的感受。

不要太在意你的着装，尝试过一种随性的生活

爱因斯坦成为全世界瞩目的科学家之后，经常有来自各地的邀约请他去演讲。他贤惠的妻子总是替他打点行李，把整个行程要穿的衣服一一准备好。奇怪的是，每次爱因斯坦回来，箱子里的衣服都折叠得整整齐齐，连摆放的次序都没有变动。在妻子追问下，爱因斯坦才承认，他根本没有打开过皮箱，他从头到尾都是穿着那套皱得不成样子的旅行装，就上台演讲了。

有一回，他要在一项非常重要的会议上演讲，几乎所有与会者都穿着正式的礼服，主办单位负责的女士问他需不需要换正式服装，爱因斯坦回答，他不打算换衣服，如果她想要让所有人更尊敬他，他可以挂上一块牌子，上面写着：

这套衣服刚刚洗过。

人生感悟

我们不必时刻都保持绅士、淑女的派头，这样容易让人觉得很累，不能很好享受它的轻松、舒适。但无论服装怎样，心灵都需要保持整洁。

抱怨压力过大的人，也许可以学习南瓜的哲学

美国麻省 Amherst 学院曾经进行了一个很有意思的试验。试验人员用很多铁圈将一个小南瓜整个箍住，以观察当南瓜逐渐地生长时，对这个铁圈产生的压力有多大。最初他们估计南瓜最多能够承受大约 500 千克的压力。

在实验的第一个月，南瓜承受了 500 千克的压力；实验到第二个月时，这个南瓜承受了 1500 千克的压力，当它承受到 2000 千克的压力时，研究人员必须对铁圈加固，以免南瓜将铁圈撑开。

最后当研究结束时，整个南瓜承受了超过 5000 千克的压力后瓜皮才产生破裂。

他们打开南瓜并且发现它已经无法再食用，因为它的中间充满了坚韧牢固的层层纤维，试图想要突破包围它的铁圈。为了吸收充分的养分，以便突破限制它成长的铁圈，它的根部甚至延展超过 3 万米，所有的根往不同的方向全方位地伸展，

最后这个南瓜独自控制了整个花园的资源。

人生感悟

压力越大，动力越大。我们的心灵承受力大大超过我们自身的估量。

放慢脚步，才能欣赏到沿途的风景

一位年轻的总裁，以较快的车速，开着他的新车经过住宅区的巷道。他必须小心游戏中的孩子突然跑到路中央，所以当他觉得小孩子快跑出来时，就要减慢车速，就在他的车经过一群小朋友的时候，他的车门被一个小朋友丢的一块砖头打到了，他很生气地踩了刹车并后退到砖头丢出来的地方。

他走出车外，抓住那个小孩，把他顶在车门一旁说："你知道你刚刚做了什么吗？"接着又吼道，"你知不知道你要赔多少钱来修理这辆新车？你到底为什么要这样做？"

小孩哀求着说："先生，对不起，我不知道我还能怎么办，我丢砖块是因为没有人停下来。"小孩一边说一边流着眼泪。

他接着说："我哥哥从轮椅上掉下来，我没办法把他抬回去。"那男孩啜泣着说，"您可以帮我把他抬回去吗？他受伤了，而且他太重了我抱不动。"

这位年轻的总裁听到这些话后深受感动，他决定帮这个小男孩的哥哥一把，于是他抱起男孩受伤的哥哥，帮他坐回轮椅上，并拿出手帕擦拭他哥哥的伤口。

那个小男孩感激地说："谢谢您，先生，上帝保佑您。"然后男孩推着他哥哥离开了。年轻的总裁慢慢地、慢慢地走回车上，他决定不修它了。他要让那个凹洞时时提醒自己，不要等周围的人丢砖块过来了，自己才注意到生命的脚步已走得太快。

人生感悟

生命是场奇妙的人生之旅，我们大可不必步履匆匆，完全可以放慢脚步，否则错过沿途的风景太可惜——它不会给你第二次回首的机会。

把工作当作一件快乐的事情，就不会再有紧张

非洲的某个土著部落迎来了从美国来的旅游观光团，部落里的人们虽然还没有什么市场观念，可面对这样好的赚钱商机，自然也是不会放过。

部落中有一位老人，他正悠闲地坐在一棵大树下面，一边乘凉，一边编织着草帽，编完的草帽他会放在身前一字排开，供游客们挑选购买。他编织的草帽造型非常别致，而且颜色的搭配也非常巧妙，可以称得上是巧夺天工了，游客们纷纷驻足购买。

这时候一位精明的商人看到了老人编织的草帽，他脑袋里立刻盘算开了，他想："这样精美的草帽如果运到美国去，我敢保证一定卖个好价钱，至少能够获得10倍的利润吧。"

想到这里，他不由激动地对老人说："朋友，这种草帽多少钱一顶呀。"

"10块钱一顶。"老人冲他微笑了一下，继续编织着草帽，他那种闲适的神态，真的让人感觉他不是在工作，而是在享受一种美妙的心情。

"天哪，如果我买10万顶草帽回到国内去销售的话，我一定会发大财的。"商人欣喜若狂，不由得为自己的经商天才而沾沾自喜。

于是商人对老人说："假如我在你这里定做1万顶草帽的话，你每顶草帽给我优惠多少钱呀？"

他本来以为老人一定会高兴万分，可没想到老人却皱着眉头说："这样的话啊，那就要100元一顶了。"

要每顶100元，这是他从商以来闻所未闻的事情呀。"为什么？"商人冲着老人大叫。

老人讲出了他的道理："在这棵大树下没有负担地编织草帽，对我来说是种享受，可如果要我编1万顶一模一样的草帽，我就不得不夜以继日地工作，不仅疲惫劳累，还成了精神负担。难道你不该多付我些钱吗？"

人生感悟

换种态度对待你的工作，你就不会觉得累。享受工作带来的快乐与成就感，你才感觉不到压力的影踪。

411

走一段，歇一段，会跑得更快

有一位讲师正在给学生们上课，大家都认真地听着。寂静的教室传出一个浑厚的声音："各位认为这杯水有多重？"说着，讲师拿起一杯水。有人说200克，也有人说300克。

"是的，它只有200克，那么，你们可以将这杯水端在手中多久？"讲师又问。

很多人都笑了：200克而已，拿多久又会怎么样！

讲师没有笑，他接着说："拿1分钟，各位一定觉得没问题；拿一个小时，可能觉得手酸；拿1天呢？1个星期呢？那可能得叫救护车了。"大家又笑了，不过这回是赞同的笑。

讲师继续说道："在准确无误的同样重量下，随着我拿着它的时间延长，重量也发身变化。其实这杯水的重量很轻，但是你拿得越久，就觉得越沉重。这如同把压力放在身上，不管压力是否很重，时间长了就会觉得越来越沉重而无法承担，我们必须做的是放下这杯水，休息一会儿后再拿起，只有这样我们才能拿得更久。所以，我们所承担的压力，也应该在适当的时候放下，好好地休息一下，然后再重新拿起来，如此才可承担更久。"

说完，教室里一片掌声。

压力谁都会有，谁都能感受到压力的存在。我们该如何面对压力呢？这个问题很难回答，也许最好的办法是别给自己太大的压力。

人生感悟

在人生的大风浪中，我们应常学学船长的样子，在狂风暴雨之下把笨重的货物扔掉，以减轻船的重量。

幽默是生活里的救生圈，让它缓解你紧绷的心弦

南北战争时期的林肯总统经常用幽默来缓解自己和周围工作人员所面临的心理压力。

有一次，一位急匆匆迎面而来的军官在作战部大楼的走廊上一头撞到了林肯身上。当他看清了被撞的竟是总统先生的时候，立刻赔不是。

"1万个抱歉！"这位军官恭敬地说。

"1个就足够了。"林肯回答说，接着又补上一句，"但愿全军的行动都能如此迅速。"

还有一次在有关兵力问题的讨论中，有人问林肯，南方军在战场上有多少人？

"120万。"林肯回答说。

这个数字远远超过了南方军的实际兵力。望着周围一张张充满惊愕和疑虑的脸，林肯接着说："一点不错——120万。你们知道，我们的那些将军们每次作战失利后，总是对我说寡不敌众，敌人的兵力至少多于我军3倍，而我又不得不相信他们。目前我军在战场上有40万人，所以南方军是120万，这毫无疑问。"

人生感悟

很多时候，我们的压力都是内在的。这时，幽默可以帮我们缓解压力，舒缓心智，很多压抑的情绪都可以在幽默的气氛中一扫而光。

如果一件事已发生了，那么痛苦是过一日，快乐也是过一日，何不选择快乐呢？

发现生活的美

从前有两个重病人，同住在一家大医院的小病房里。房间很小，只有一扇窗子可以看见外面的世界。其中一个人，在他的治疗中，被允许在下午坐在床上一个小时（有仪器从他的肺中抽取液体）。他的床靠着窗，但另外一个人终日都得平躺在床上。

生活如同炼狱，真不想再活。

人生处处美好，好想再活五百年。

每当下午睡在窗旁的那个人在那个小时内坐起的时候，他都会描绘窗外景致给另一个人听。从窗口可以看到公园里的湖。湖内有鸭子和天鹅，孩子们在那儿撒面包片，放模型船，年轻的恋人在树下携手散步，在鲜花盛开、绿草如茵的地方人们玩球嬉戏，后头一排树顶上则是美丽的天空。

另一个人倾听着，享受每一分钟。一个孩子差点跌到湖里，一个美丽的女孩穿着漂亮的夏装……他朋友的述说几乎使他感觉自己亲眼目睹外面发生的一切。

然而，在一个天气晴朗的午后，他心想：为什么睡在窗边的人可以独享看外头的权利呢？为什么我没有这样的机会？他觉得不是滋味，他越这么想，就越想换位子。他一定得换才行！有天夜里他盯着天花板瞧，另一个人忽然惊醒了，拼命地咳嗽，一直想用手按铃叫护士来。但这个人只是旁观而没有帮忙——尽管他感觉同伴的呼吸已经停止了。第二天早上，护士来的时候那人已经死了，只能静静地抬走他的尸体。

过了一段时间后，这人开口问，他是否能换到靠窗户的那张床上。他们搬动了他，帮他换位子，使他觉得很舒服。他们走了以后，他用手肘撑起自己，吃力地向窗外望去……

窗外只有一堵空白的墙。

人生感悟

心中有快乐，才能看到窗外的美。

心态不同，所以看到的景致也不同。一个热爱生活的人，无论置身何处，都会发现生活中的美，感受到生活的乐趣，哪怕即将到来的是死亡。

快乐就在你心里，只要你抛掉名利的羁绊，挣脱精神的枷锁，打破对逆境的恐惧，用豁达开朗的心境去面对生活的磨难，快乐就会与你常相随。

记住：人生得意时要珍惜生活，清醒头脑；人生失意时更要热爱生活，振作精神。

过分紧张会影响发挥，做事情不能患得患失

美国著名的高空走钢索表演者瓦伦达在一次重大的表演中，不幸失足身亡。他的妻子在事后说："我知道这一次一定会出事，因为他上场前总是不停地说：'这次太重要了，不能失败，绝不能失败'；而以前每次成功表演，他只想着走钢索这件事本身，而不去管这件事可能带来的一切后果。"后来，人们就把专心致志于事情本身而不去管这件事的意义，没有患得患失的心态，叫作"瓦伦达心态"。

格罗根指出："无论做什么事情，开始时，最为重要的是不要让那些爱唱反

调的人破坏了你的理想。"美国斯坦福大学的一项研究也表明，人脑里的某一图像会像实际情况那样刺激人的神经系统。比如，当一个高尔夫球手击球时一再告诉自己不要把球打进水里时，他的大脑里往往就会出现掉进水里的情景，而结果往往是球真的掉进水里。这项研究从另一个方面证实了"瓦伦达心态"。

人生感悟

　　"先投入战斗，然后再见分晓。"拿破仑如是说。只有行动起来，才能让我们忘却焦虑、紧张。

别开生面的一堂课，让我们受益良多

　　在美国的一所大学里，教授在为自己的学生们上一节心理课，主题是《谁是我们一生最重要的人》，主要是让学生们了解一下在自己内心深处所渴望的恒久慰藉。换言之，让同学们清楚自己最终将情归何处。因为不管男人还是女人，在临终前都希望自己的亲朋好友或是至亲至爱的人在身边，但最希望的会是哪一位呢？

　　教授说："我和大家来做一个游戏，谁愿意配合我一下呢？"

　　一名女生走上台来。

　　教授说："请在黑板上写下你难以割舍的20个人的名字。"

　　女生照做了，她写下了一连串自己邻居、朋友和亲人的名字。

　　教授说："请你画掉一个这里面你认为最不重要的人。"女生画掉了一个她邻居的名字。

　　教授又说："请你再画掉一个。"女生又画掉了一个她的同事。

　　教授再说："请你再画掉一个。"女生又画掉一个……最后，黑板上只剩下了4个人：她的父亲、母亲、丈夫和孩子。

　　这时教室里静悄悄的，同学们感觉这似乎已不再是一个游戏了，而特别像一个残酷的现实。

　　教授平静地说："请再画掉一个。"女生迟疑着，艰难地做着选择……她举起粉笔，选择画掉了自己父亲、母亲的名字。

　　"请再画掉一个。"教授的声音再度传来。

　　这名女生惊呆了，她颤巍巍地举起粉笔，缓慢地画掉了儿子的名字。

她再也忍不住了"哇"的一声哭了，样子非常痛苦。

教授待了一会儿，等她稍微平静后问道："和你最亲的人应该是你的父母和你的孩子，因为父母是养育你的人，孩子是你亲生的，而丈夫是可以重新去找的，但为什么他反倒是你最难割舍的人呢？"

同学们静静地看着自己那位女同学，等待着她的回答。

女生缓慢而又坚定地说："虽然丈夫可以重新去找，但随着时间的推移，父母会先我而去，孩子长大成人后独立了，肯定也会离我而去，而能真正陪伴我度过一生的只有我的丈夫！"

人生感悟

> 人的终极宿命是孤独的。你独自来到人世，这一切你无法抉择。每个人都要独自面对一切难题，成长的困惑；蜕变的阵痛，衰老的到来……
>
> 一切的一切只有你自己，当然如果有幸还会有同样一个寂寞的个体陪伴我们。那个人的名字叫伴侣。

太在意你的外表，有时反而会成为你的负担

桃乐丝身高不足 1.55 米，她的体重是 62 公斤。她唯一的一次去美容院的时候，美容师说桃乐丝的脸对她来说是一个难题。然而桃乐丝并不因那种以貌取人的社会陋习而烦忧不已，她依然十分快乐、自信、坦然。其实最初桃乐丝并不像现在这样乐观，那么是什么改变了她呢？

桃乐丝还记得自己第一次跳舞时的悲伤心情。舞会对一个女孩子来说总是意味着一个美妙而光彩夺目的场合，正值青春妙龄的桃乐丝对这样的场合自然充满幻想和期待。那时假钻石耳环非常时髦，桃乐丝在她为准备那个盛大的舞会练跳舞的时候老是戴着它，以致她疼痛难忍而不得不在耳朵上贴了膏药。也许是由于这膏药，舞会上没人和她跳舞，整场舞会下来，桃乐丝在那里坐了整整一个晚上。当她回到家里，桃乐丝告诉父母亲，自己玩得非常痛快，跳舞跳得脚都疼了。他们听到桃乐丝舞会上的成功都很高兴，欢欢喜喜地去睡觉了。桃乐丝走进自己的卧室，撕下了贴在耳朵上的膏药，伤心地哭了一整夜。

有一天，桃乐丝独自坐在公园里，心里担忧如果自己的朋友从这儿走过，在他们眼里她一个人坐在这儿是不是有些愚蠢。当她开始读一段散文时，读到有一

行写到了一个总是忘了现在而幻想未来的女人，她不禁想："我不也像她一样吗？"显然，这个女人把她绝大部分时间花在试图给人留下印象上了，而很少时候她是在过自己的生活。在这一瞬间，桃乐丝意识到自己数年光阴就像是花在一个无意义的赛跑上了。从此桃乐丝完全改变了自己。

人生感悟

　　每个人都有其独特的作用与人生的价值，不要因为天生的相貌而妄自菲薄，这样只会使你发挥不出正常的水平，常常让你错失良机。

不过一碗饭，不过一念间

　　两个不如意的年轻人，一起去拜望师父。"师父，我们在办公室被欺负，太痛苦了，求你开示，我们是不是该辞掉工作？"两个人一起问。

　　师父闭着眼睛，隔半天，吐出 5 个字："不过一碗饭。"就挥挥手，示意年轻人退下了。

　　才回到公司，一个人就递上辞呈，回家种田，另一个安然不动。

　　日子真快，转眼 10 年过去了。回家种田的以现代方法经营，加上品种改良，居然成了农业专家。另一个留在公司的，也不差，他忍气吞声，努力学习，渐渐受到器重，成了经理。

　　有一天两个人相遇了。

　　"奇怪，师父给我们同样'不过一碗饭'这 5 个字，我一听就懂了。不过一碗饭嘛，日子有什么难过？何必硬待在公司？所以我就辞职了！"

　　农业专家问另一个人："你当时为何没听师父的话呢？"

　　"我听了啊，"那经理笑道，"师父说'不过一碗饭'，多受气，多受累，我想不过为了混碗饭吃，老板说什么是什么，少赌气，少计较，就成了，师父不是这个意思吗？"

　　两个人又去拜望师父，师父已经很老了，仍然闭着眼睛，隔半天，说了 5 个字："不过一念间。"然后挥挥手……

人生感悟

　　人生是自己抉择的结果。不同的选择带来不同的命运，我们就是自己命运的建筑师。

播下什么样的种子，就会结出什么样的果实

从前有一位智慧的老人，每天坐在加油站外面的椅子上，向开车经过镇上的人打招呼。

这天，他的孙女儿坐在他身旁，陪他慢慢地共度光阴。他俩坐在那里看着人们经过，一位身材很高看来像个游客的男人（他们认识镇上每个人）到处打听，想要找地方住下来。

陌生人走过来说："你居住的地方怎样？"

老人慢慢抬起头来回答道："你来自怎样的城镇？"

游客说："在我原来住的地方，大家喜欢背后说三道四，互相指责、抱怨。我在那里实在待不下去了，能够换个地方住真是令人愉快的事情。"

摇椅上的老人对陌生人说："那我得告诉你，其实这里也差不多。"

没多久一辆载着一家人的大卡车在这里停下来加油。车子慢慢转进加油站，停在老先生和他孙女儿坐的地方。母亲带着两个小孩子下来问哪里有洗手间，老人指着一扇门，上面有根钉子悬着扭歪了的牌子。

父亲也下了车，问老人说："住在这市镇不错吧！"

坐在椅子上的老人回答："你原来住的地方怎样？"

父亲说："我原来住的城镇每个人都很亲切，人人都愿帮助邻居。无论去哪里，总会有人跟你打招呼，说谢谢。我真舍不得离开。"

老先生转过来看着父亲，脸上露出和蔼的微笑："其实这里也差不多。"然后那家人回到车上，说了谢谢，挥手再见，驱车离开。

等到那家人走远，孙女儿抬头问祖父："爷爷，为什么你告诉第一个人这里很可怕，却告诉第二个人这里很好呢？"

祖父慈祥地看着孙女儿美丽的眼睛说："不管你搬到哪里，你都会带着自己的态度；那地方的人是可亲还是可厌，在于你抱有怎样的一颗心！"

人生感悟

爱人者人恒爱之。当你选择了用怎样的态度对待周遭的人，也就等于选择了他人如何对待你。

生命的旅途中，只取自己需要的东西

这是一个听来的故事。

说是龙山出产彩石。彩石非常非常的美，远近闻名。有两个喜欢彩石的城里人，在一天早上，各自背了一个背篓，上路了。

两人走啊走，走了很久。把腿都走细了，把太阳走到了头顶，才走到龙山。

彩石真多啊，五光十色，千姿百态。

两人认真地捡。两人中一个年长，一个年轻。年长的叫"你"，年轻的叫"我"。

"我"从没见过这么多的彩石，"我"高兴坏了。"我"欢呼着，捡了一块又一块。

一路捡下去，到太阳落山的时候，"我"捡了满满一篓。

可"你"却只捡了一块。

其实"你"也捡了好多，也有满满一篓呢，可"你"把这些彩石都放到了一起，在这么多的彩石中挑了一块，也就是说挑了这堆彩石中最精美的一块。

"我"和"你"又在约定的地方会合了。"你"看"我"背了这么一满篓子，笑了。"我"看到"你"篓里只有一块，也笑了。

两个人就踏上归路了，那时太阳快落山了。

"你"背着背篓轻松地走，一路上走得轻松从容、不急不躁。

可"我"却不行了，刚开始上路时还没觉着，走着走着就觉着沉了，觉得累，就跟不上"你"的脚步。"我"只好捡篓里不满意的彩石往外扔了。扔一块，"我"就心疼一次。"我"就惋惜地对"你"说："你看，这块彩石多美啊！"

"你"就笑。"你"看着前边的路对"我"说，丢了吧，丢了就轻松了。

走了一路，"我"也就丢了一路。"我"觉得这一路走得狼狈极了。回到城里时，"我"发觉背篓里只剩下可怜的几块。

"我"望着"你"，"你"始终走得不紧不慢，悠闲从容。走了这么一段路，"你"没出一滴汗，不像"我"，出了一身。"我"羡慕死"你"了。"我"唯一感到欣慰的是，篓里剩的彩石比"你"的多。想到自己篓里的彩石比"你"的多，"我"心里好受了很多。

后来，两人背着篓子，各自回家了。

又过了很久，这两个人都老了，在一天的黄昏，在一条小河边，"我"和"你"又相遇了。那时"你"领着老伴儿，老伴儿牵着"你"的手在散步。"你"看着"我"，"我"像只孤单的鸵鸟。

"我"对"你"一笑说："活了这一辈子，累坏了，你看我背都驼了。""我"看着鹤发童颜的"你"，问："你为什么活得这么年轻呢？"

"你"想给"我"说出原因。也许"你"觉得"我"理解不了，就问"我"："还记得很早以前咱们去龙山捡彩石吗？"

"我"说："怎么不记得呢！"

"你"问："知道你的篓为什么沉吗？"

"我"说："我捡得太多，背了满满的一篓呢！"

"你"又问："后来你为什么丢了呢？"

"我"说："太沉了，不丢，走不回家呢！"

"我"说到这儿显得很惋惜，又说："那些石头太好了，我真不舍得丢下啊！"

"你"笑了。"你"说："太美的石头太多了，你都要捡着，这就是你活得累的原因啊！"

"我"不明白。

"你"说："人来到尘世，就好比咱们去龙山捡彩石，一路上，各种欲望、名利就好比一块块光彩夺目的彩石。你不想放弃，所以你的背篓越来越重，你也就活得越来越累，越不轻松。所以说你走了一路，就累了一路，辛苦了一路。"

"我"明白了。"我"低下了头。"我"知道"你"说得太对了。猛地，"我"像想起什么似的问："你还记得你背篓里的那块石头吗？"

"你"说："记得啊，那是一块很精美的石头啊！"

"我"问："你那块彩石是什么呢？"

"你"知道"我"为什么这么问。"你"用手牵了一下老伴儿的手，给她理了理耳前的碎发。"你"说："那块彩石是爱情啊！"

人生感悟

人生一世赤条条地来，孤零零地走，没有人能够把生前的名利带走。既然如此，何不学会放下，让自己活得轻松一点呢？

放下，幸福的妙方

佛陀在世时，有一位叫黑指的婆罗门拿了两个花瓶前来献佛。

佛陀对他说："放下！"

黑指就把他左手拿的那个花瓶放下了。

佛陀又说："放下！"

黑指又把他右手拿的那个花瓶放下。

佛陀还是对他说："放下！"

黑指说："能放下的我已经都放下了，我现在两手空空，没有什么可以再放下了，你到底让我放下什么呢？"

佛陀说："我让你放下的，你一样也没有放下；我没有让你放下的，你全都放下了。花瓶是否放下并不重要，我要你放下的是你的六根、六尘和六识。你的心已经被这些东西充满了，只有放下这些，你才能从生活的桎梏中解脱出来，才能懂得真正的生活。"

黑指终于明白了。

佛陀说"放下"这两个字听起来容易，做起来却很难。有的人追求功名，他放不下功名；有了金钱，就放不下金钱；有了爱情，就放不下爱情；有了嫉妒，就放不下嫉妒。世人能有几个能真正地"放下"呢！

放下是一种心境。要真正学会放下，必得有宽放之胸怀、磊落之行止，必得有高远之志向、进取之心态，必得以热切之心入世，以淡泊之心出世，才能做到完全放下，经得起时光的流逝、岁月的痕迹，经得起人世间的恩怨情仇。人一旦真的放下，就能登临山巅，见远黛苍茫，天高地阔，听鸟鸣啁啾，松涛呼啸，并有野花、泥土、树木、青草之香陶然熏面，胸怀于是豁然开朗，牵绊于是顿然消逝，只觉耳聪目明、神色俊逸、心神飞扬……

禅语说："一切放下，一切自在；当下放下，当下自在。"

放下重负的时候，才知道自己已经很辛苦了；放下痴心妄想的时候，才发现自己应该很满足了。

放下一些问题的时候，才能体会到一些问题其实并不需要放在心里；放下一些负担的时候，才能体会到一些负担并不需要挑在肩上。

放下一些实的东西，才能感受到简单生活的乐趣；放下一些虚的东西，才能感受到心灵飞翔的快感。

人生感悟

压力要重于手上的花瓶，"放下"，不失为一条追求幸福的绝妙方法！

脱下"习惯"的帽子，就会发现一片艳阳天

据说，很久以前，哈佛的校长为一次错误判断，付出了很大的代价。

一对老夫妇，女的穿着一套褪色的条纹棉布衣服，而她的丈夫则穿着廉价的西装，也没有预约，就直接去拜访哈佛的校长。

校长的秘书在片刻间就断定这两个乡下人不可能与哈佛有业务来往。

老先生轻声地说："我们要见校长。"

秘书很礼貌地说："他整天都很忙！"

女士回答说："没关系，我们可以等。"

过了几个钟头，秘书一直不理他们，希望他们知难而退，自己走开。他们却一直在那里等。

秘书终于决定告知校长："也许他们跟您讲几句话就会走开。"

校长不耐烦地同意了。

校长很傲慢而且心不甘情不愿地面对这对夫妇。

女士告诉他："我们有一个儿子曾经在哈佛读过一年，他很喜欢哈佛，他在哈佛的生活很快乐。但是去年，他出了意外而去世了。我丈夫和我想在校园里为他留一个纪念物。"

校长并没有感动，反而觉得很可笑，粗声地说："夫人，我们不能为每一位曾读过哈佛而后死亡的人树立雕像的。如果我们这样做，我们的校园看起来就会像墓园一样。"

女士说："不是的，我们不是要竖立一座雕像，我们想要捐一栋大楼给哈佛。"

校长仔细地看了一下他们的条纹棉布衣服及粗布西装，然后吐了一口气说："你们知不知道建一栋大楼要花多少钱？我们学校的建筑物都超过了750万美元。"

这时，女士沉默了。校长很高兴，总算可以把他们打发了。

这位女士转向她丈夫说："只要750万就可以建一座大楼？我们为什么不建

一座大学来纪念我们的儿子？"

就这样，斯坦福夫妇离开了哈佛，到了加州，创立了斯坦福大学，以此来纪念他们的儿子。

人生感悟

骄傲与谦恭像水与火一样不相容，自大的人往往眼睛高过头顶，所以看问题也就不能接近真实。

以貌取人的人其心理上一般都带有浓厚的优越感，正是这种优越感让他们显得不够谦恭。正因为骄傲的代价很大，所以人们才学会了谦虚。

错过花，你将收获雨

人生在世，爱情全仗缘分，缘来缘去，不一定需要追究谁对谁错。爱与不爱又有谁可以说得清？爱着的时候只管尽情地去爱，爱失去的时候就潇洒地挥一挥手吧，人生短短几十年而已，自己的命运把握在自己手中，没必要在乎得与失、拥有与放弃、热恋与分离。

有这样一对性格不和的夫妇，丈夫8次提出离婚要求，而妻子就是死活不离。在法院判决中，女方总是胜诉，就这样一直拖了29年。29年的岁月过去了，这位妇女的青春年华在拖延中消失了，乌黑的头发已成白发，红润的脸颊变黄了，刻上了一道道岁月的伤痕，身体也被折磨得满身病痛。

由于妻子的坚持，婚姻仍然存在，然而爱情早已荡然无存。她失去了幸福的家庭，失去了自己的青春，失去了健康的身体，也失去了再婚的机会，孩子也没有因此追回父爱。

结果，法院还是判离了。离婚后不到两年，这位不幸的妇女就因病情加重而离开了人世。

学会放弃，在落泪以前转身离去，留下简单的背影；学会放弃，将昨天埋在心底，留下最美的回忆；学会放弃，让彼此都能有个更轻松的开始，遍体鳞伤的爱并不一定就刻骨铭心。这一程情深缘浅，走到今天，已经不容易，轻轻地抽出手，说声再见，真的很感谢，这一路上有你。曾说过爱你的人，今天仍是爱你。只是，爱你，却不能与你在一起。一如爱那原野上的火百合，爱它，却不能携它归去。

每一份感情都很美，每一程相伴也都令人迷醉。是不能拥有的遗憾让我们更感缱绻；是夜半无眠的思念让我们更觉留恋。感情是一份没有答案的问卷，苦苦地追寻并不能让生活更圆满。也许一点遗憾、一丝伤感，会让这份答卷更隽永，也更久远。

爱情没有永久保证书。但，你可以保证洒脱与幸福。

人生感悟

> 收拾起心情，继续走吧，错过花，你将收获雨；错过她，我才遇到了你。继续走吧，你终将收获自己的美丽。

放弃完美才幸福

世上没有十全十美的人或事物，苛求完美，会人为地制造一个思想枷锁将自己束缚，给自己层层设卡。

在美国，历史文件《独立宣言》的地位也许仅次于联邦宪法。《独立宣言》的原件珍藏于华盛顿国家档案馆，是美国的无价之宝。

令人难以想象的是，这样一份神圣的、庄严的文件，其中竟有两处"缺憾"！

原来，当初这份文件成稿后，大家发现遗漏了两个字母，没有人认为应该重新抄写一遍，只是在行间把这两个字母加了上去，并打上了"∧"的脱字符号。在上面签字的56位美国精英，并未因此认为这有辱这份赋予国家自由的文件的圣洁。

《独立宣言》篇幅不大，重新抄写得工整漂亮并不难做到。但这种细枝末节的完美于问题的实质有无影响呢？值不值得把宝贵的时间、精力花费在这上面呢？

56位胸怀全局、不拘小节、务实而又浪漫的精英们签下自己的大名，就迅速地为了文件的内容而奋斗去了。世上完美无缺的文件很多，但成为国宝的有几件呢？

其实人生也是如此，永远是有缺憾的。

佛家把这个世界叫作"娑婆世界"，翻译成中文就是能忍耐许多缺憾的世界。人的世界本来就有诸多缺憾，不完美才是完美，太完美了就是缺陷。

从前有一个圆，被弄掉了一个边，它总想找到那个小边，好让自己变成一个完美的圆。可是，由于它的不完整而滚动得非常慢，也因而领略了沿途鲜花的美丽，它和虫子们聊天，它充分享受阳光的温暖。它找到许多不同的碎片，但都不是原来那一块。

它坚持着找寻……直到有一天，它实现了自己的愿望。然而，成了一个圆以后，它滚得太快了，错过了花开的时节，忽略了虫鸣……当它意识到这一切时，它毅然放弃了历尽千辛万苦找回的碎片。

在生活中，我们不要为有缺憾而烦闷和忧愁，应当积极地去面对人生。这样，我们就会发现正是缺憾让我们达到了人生真正意义上的完美。

你的生活中是不是也有缺憾呢？还在为它而烦恼吗？要想寻求到快乐，就必须学会放弃完美。

人生感悟

一个完美的人永远无法体会有所追求、有所希冀的感受，他无法体会到他所爱的人带给他一直追求而得不到的东西的喜悦。

接纳不完美的自己

天生我材必有用。要勇于直面不完善的自我，要相信自己总有能做得很好的事情。

自我容纳的人能够实事求是地看自己，能从自身条件不足和所处的不利环境的局限中解脱出来，去做自己想做的事。

一位挑水夫，有两个水桶，分别吊在扁担的两头，其中一个桶子有裂缝，另一个则完好无缺。在每趟长途挑运之后，完好无缺的桶，总是能将满满一桶水从溪边送到主人家中，但是有裂缝的桶到达主人家时，却剩下半桶水。

两年来，挑水夫就这样每天挑一桶半的水到主人家。当然，好桶对自己能够送满整桶水感到很自豪。破桶呢？对于自己的缺陷则非常羞愧，它为只能负起一半的责任，感到很难过。

你虽然不帅，但是很有才华。

饱尝了两年失败的苦楚，破桶终于忍不住，在小溪旁对挑水夫说："我很惭愧，必须向你道歉。""为什么呢？"挑水夫问道，"你为什么觉得惭愧？""过去两年，因为水从我这边一路地漏，我只能送半桶水到你主人家，我的缺陷使你作了全部的工作，却只收到一半的成果。"破桶说。挑水夫替破桶感到难过，他满有爱心地说："我们回到主人家的路上，我要你留意路旁盛开的花朵。"

果真，他们走在山坡上，破桶眼前一亮，看到缤纷的花朵，开满路的一旁，沐浴在温暖的阳光之下，这景象使它开心了很多！但是，走到小路的尽头，它又难受了，因为一半的水又在路上漏掉了！破桶再次向挑水夫道歉。挑水夫温和地说："你有没有注意到小路两旁，只有你的那一边有花，好桶的那一边却没有开花呢？我明白你有缺陷，因此我善加利用，在你那边的路旁撒了花种，每回我从溪边来，你就替我一路浇了花！两年来，这些美丽的花朵装饰了主人的餐桌。如果你不是这个样子，主人的桌上也没有这么好看的花朵了！"

人生感悟

把自己最弱的部分转化成强项，对任何人都很重要，你可参照以下步骤：

1. 孤立弱点，将它研究透彻，然后设计一个计划加以克服。
2. 详细列出你期望达到的目标。
3. 想象一幅将你自己的弱势变成强势的景象。
4. 立即开始成为你希望的强人。

要适时躲开束缚自己的囚笼

生活中，既然道路是弯的，就必须不断地放弃原来的方向；既然有绝壁和死胡同，就必须放弃固执。

在海洋中，一只章鱼的体重，可以达30多千克。但是，如此庞大的家伙，身体却非常柔软，柔软到几乎可以将自己塞进任何想去的地方。

因为没有脊椎，这使得章鱼可以穿过一个银币大小的洞。它们最喜欢做的事情，就是将自己的身体塞进海螺壳里躲起来，等到鱼虾走近时，就咬断它们的头部，注入毒液，使其麻痹而死，然后美餐一顿。对于海洋中的其他生物来说，它可以被称为狡猾、阴险的动物之一。

然而，它再狡猾，人类也有办法制服它，而且正是利用了它的这种天性，人类才想出了一个绝妙的办法。渔民们将小瓶子用绳子串在一起沉入海底。章鱼一看见小瓶子，都争先恐后地往里钻，不论瓶子有多么小、多么窄。

就这样，这些在海洋里无往不胜的章鱼，一下子变成了瓶子里的囚徒，变成了渔民的猎物，变成了人类餐桌上的美餐。是什么囚禁了章鱼？是瓶子吗？不，瓶子放在海里，瓶子不会走路，更不会去主动捕捉。囚禁章鱼的，不是别的，而是它们自己。它们向着最狭窄的路越走越远，不管那是一条多么黑暗的路，即使那条路是死胡同。

这世上有不少人也如同那些顽固的章鱼，遇到苦恼、烦闷、失意、诱惑的瓶子，都喜欢往里钻。其实在广阔的人生海洋里，有更多值得争取的东西。一味地向瓶子里挤，只会使我们的思想空间越来越狭窄。

只有自觉地撤退，才能更好地组织下一轮进攻，才会有意想不到的收获。

人生感悟

　　固执于囚笼、死胡同，不会转弯和回头的人，在曲折、坎坷的人生旅途中，要么失控，要么停滞，要么悲壮。

年轻人要懂得的人生哲理